中国科学院院长 白春礼院士题

论低维并说器件
致广大而尽精微

白春礼
戊戌春月

低维材料与器件丛书

成会明　总主编

高分子纳米纤维及其衍生物：制备、结构与新能源应用

刘天西　著

科学出版社

北京

内 容 简 介

本书为“低维材料与器件丛书”之一。全书以高分子纳米纤维为基础，系统介绍了高分子纳米纤维及其衍生物的种类与制备、结构与形态、表征方法及其在新能源领域的应用。内容涉及高分子纳米纤维及其衍生物的特性、应用前景及发展方向；高分子纳米纤维及其衍生物的种类与制备、结构与形态、表征方法；高分子纳米纤维及其衍生物在光电催化、燃料电池、太阳能电池、超级电容器、锂二次电池、其他二次电池等能源转换与存储领域，以及传感、智能响应、发光、热电等功能与智能材料方面的应用研究。

本书可供从事高分子纳米纤维材料领域的研究人员阅读，也可供高等院校高分子相关专业的师生参考学习。

图书在版编目(CIP)数据

高分子纳米纤维及其衍生物：制备、结构与新能源应用/刘天西著. —北京：科学出版社，2019.1

(低维材料与器件丛书/成会明总主编)

ISBN 978-7-03-059234-7

Ⅰ. ①高… Ⅱ. ①刘… Ⅲ. ①高分子材料-纳米材料-复合纤维-研究②高分子材料-纳米材料-衍生物-研究 Ⅳ. ①TB383②TQ342

中国版本图书馆 CIP 数据核字(2018)第 242005 号

责任编辑：翁靖一/责任校对：杜子昂

责任印制：张 伟/封面设计：耕者设计工作室

科学出版社 出版

北京东黄城根北街 16 号

邮政编码：100717

http://www.sciencep.com

北京建宏印刷有限公司 印刷

科学出版社发行 各地新华书店经销

*

2019 年 1 月第 一 版 开本：720×1000 1/16

2021 年 8 月第四次印刷 印张：17 1/4

字数：328 000

定价：128.00 元

(如有印装质量问题，我社负责调换)

总　序

人类社会的发展水平，多以材料作为主要标志。在我国近年来颁发的《国家创新驱动发展战略纲要》、《国家中长期科学和技术发展规划纲要（2006—2020年）》、《“十三五”国家科技创新规划》和《中国制造2025》中，材料都是重点发展的领域之一。

随着科学技术的不断进步和发展，人们对信息、显示和传感等各类器件的要求越来越高，包括高性能化、小型化、多功能、智能化、节能环保，甚至自驱动、柔性可穿戴、健康全时监/检测等。这些要求对材料和器件提出了巨大的挑战，各种新材料、新器件应运而生。特别是自20世纪80年代以来，科学家们发现和制备出一系列低维材料（如零维的量子点、一维的纳米管和纳米线、二维的石墨烯和石墨炔等新材料），它们具有独特的结构和优异的性质，有望满足未来社会对材料和器件多功能化的要求，因而相关基础研究和应用技术的发展受到了全世界各国政府、学术界、工业界的高度重视。其中富勒烯和石墨烯这两种低维碳材料的发现者还分别获得了1996年诺贝尔化学奖和2010年诺贝尔物理学奖。由此可见，在新材料中，低维材料占据了非常重要的地位，是当前材料科学的研究前沿，也是材料科学、软物质科学、物理、化学、工程等领域的重要交叉，其覆盖面广，包含了很多基础科学问题和关键技术问题，尤其在结构上的多样性、加工上的多尺度性、应用上的广泛性等使该领域具有很强的生命力，其研究和应用前景极为广阔。

我国是富勒烯、量子点、碳纳米管、石墨烯、纳米线、二维原子晶体等低维材料研究、生产和应用开发的大国，科研工作者众多，每年在这些领域发表的学术论文和授权专利的数量已经位居世界第一，相关器件应用的研究与开发也方兴未艾。在这种大背景和环境下，及时总结并编撰出版一套高水平、全面、系统地反映低维材料与器件这一国际学科前沿领域的基础科学原理、最新研究进展及未来发展和应用趋势的系列学术著作，对于形成新的完整知识体系，推动我国低维材料与器件的发展，实现优秀科技成果的传承与传播，推动其在新能源、信息、光电、生命健康、环保、航空航天等战略新兴领域的应用开发具有划时代的意义。

为此，我接受科学出版社的邀请，组织活跃在科研第一线的三十多位优秀科学家积极撰写“低维材料与器件丛书”，内容涵盖了量子点、纳米管、纳米线、石墨烯、石墨炔、二维原子晶体、拓扑绝缘体等低维材料的结构、物性及其制备方法，并全面探讨了低维材料在信息、光电、传感、生物医用、健康、新能源、环境保护等领域的应用，具有学术水平高、系统性强、涵盖面广、时效性高和引领性强等特点。本套丛书的特色鲜明，不仅全面、系统地总结和归纳了国内外在低维材料与器件领域的优秀科研成果，展示了该领域研究的主流和发展趋势，而且反映了编著者在各自研究领域多年形成的大量原始创新研究成果，将有利于提升我国在这一前沿领域的学术水平和国际地位、创造战略新兴产业，并为我国产业升级、提升国家核心竞争力提供学科基础。同时，这套丛书的成功出版将使更多的年轻研究人员和研究生获取更为系统、更前沿的知识，有利于低维材料与器件领域青年人才的培养。

历经一年半的时间，这套“低维材料与器件丛书”即将问世。在此，我衷心感谢李玉良院士、谢毅院士、俞书宏教授、谢素原教授、张跃教授、康飞宇教授、张锦教授等诸位专家学者积极热心的参与，正是在大家认真负责、无私奉献、齐心协力下才顺利完成了丛书各分册的撰写工作。最后，也要感谢科学出版社各级领导和编辑，特别是翁靖一编辑，为这套丛书的策划和出版所做出的一切努力。

材料科学创造了众多奇迹，并仍然在创造奇迹。相比于常见的基础材料，低维材料是高新技术产业和先进制造业的基础。我衷心地希望更多的科学家、工程师、企业家、研究生投身于低维材料与器件的研究、开发及应用行列，共同推动人类科技文明的进步！

中国科学院院士，发展中国家科学院院士
清华大学，清华-伯克利深圳学院，低维材料与器件实验室主任
中国科学院金属研究所，沈阳材料科学国家研究中心先进炭材料研究部主任
Energy Storage Materials 主编
SCIENCE CHINA Materials 副主编

前　言

能源问题在工业社会中一直是困扰经济发展的重要问题，能源利用带来的经济利益与人居环境之间的矛盾日益突出。新型能量转换与存储装置作为人类赖以生存的重要组成部分，与经济、社会和环境的发展密不可分。太阳能、风能等清洁能源的开发利用需要能量存储装置，未来的电动汽车或者混合动力汽车等需要大功率的动力装置，高效率的电池和电容器则是实现上述应用的核心器件。因此，与之直接相关的新能源材料的设计和开发是近年来迅速崛起和飞速发展的研究领域，已成为化学、材料、物理、能源等学科交叉研究的前沿热点之一。

高分子纳米纤维及其衍生物具有孔隙率高、比表面积和长径比大、表面能和活性高、纤维精细程度和均一性高等特点，而且纳米材料的一些特殊性质（如量子尺寸效应和宏观量子隧道效应等）也给纳米纤维带来了特殊的电学、磁学和光学性质，因而这些结构优势也使其在许多新兴的高科技领域显示出了巨大的应用前景。例如，将其置于太阳能电池中，纳米纤维可以最大限度地暴露在太阳光下；作为燃料电池电极材料时，碳纳米纤维直径小、比表面积大、导电性好等特点使其 sp^2 杂化的碳纳米结构表面可以发生尽可能多的催化反应；作为新型二次电池或超级电容器电极材料使用时，一维碳纳米纤维材料可以提供高效的离子和电子传输路径，使更多的活性位点参与到高效的氧化还原反应中。此外，电子设备正向着轻薄化、柔性化和可穿戴的方向发展，因而与之相适应的轻薄且柔性的电化学储能器件亟待开发。然而传统的锂离子电池、超级电容器等产品是刚性的，在弯曲、折叠时，容易造成电极材料和集流体分离，影响电化学性能，甚至导致短路，发生严重的安全问题。因此，为适应下一代柔性电子设备的发展，柔性储能器件已成为近年来的研究热点。而纳米纤维材料具有柔性、易编织等优点，易被集成到各种光伏设备、电子设备中。不仅如此，当前纳米纤维材料的发展已由单一组成向多组分复合材料、简单的一维实心结构向多级结构构筑以及单一功能性向多功能性的方向发展，其低成本、高效、循环性能稳定等综合优势必将在未来显示出巨大的市场竞争力。

作者及其团队长期以来一直从事高分子纳米纤维及其衍生物材料的基础与应用研究工作，并仔细调研了高分子纳米纤维及其衍生物材料在新能源领域的发展与应用情况。鉴于高分子纳米纤维及其衍生物材料在新能源领域的高速发展势头及其商品化的潜在应用价值，我们组织编写了此书，旨在详细介绍和推动高分子纳米纤维及其衍生物在新能源领域的国内外学术界的发展和工业界的应用。本书第 1～4 章先后介绍了高分子纳米纤维及其衍生物的特性、发展，种类与制备，结构与形态，表征方法等；第 5 章、第 6 章介绍了高分子纳米纤维及其衍生物在光电催化、燃料电池、太阳能电池、超级电容器、锂二次电池、其他二次电池等能源转换与存储领域的应用研究；第 7 章介绍了高分子纳米纤维及其衍生物在传感、智能响应、发光、热电等功能与智能材料方面的应用研究。希望本书能对高分子纳米纤维及其衍生物在新能源领域的发展起到抛砖引玉的作用。

本书主要素材来自作者课题组十多年来的理论及应用研究成果，特别感谢团队中缪月娥、赖飞立、黄云鹏、樊玮、张超、王丽娜等人的科研贡献和在本书撰写、修改过程中给予的大力支持。诚挚感谢成会明院士和“低维材料与器件丛书”编委会专家为本书所提出的宝贵意见。此外，感谢国家杰出青年科学基金项目（高分子纳米复合材料，资助号：51125011）；国家自然科学基金重点项目（纳米碳基高分子复合材料的可控制备及其在新能源领域的应用基础研究，资助号：51433001）；国家自然科学基金面上项目（静电纺聚酰亚胺纳米纤维复合膜的多级结构可控构筑及其性能研究，资助号：51373037）及青年科学基金项目（锂硫电池用新型聚合物纳米复合纤维 Janus 隔膜的可控制备及其性能研究，资助号：21604010）对本书出版的支持。

由于本书成稿时间较为仓促，加之作者的水平有限，且基于高分子纳米纤维及其衍生物的新能源材料发展速度很快，书中难免会有疏漏或不尽人意之处，恳请同行专家和广大读者批评指正！

刘天西

2018 年 9 月于上海

目　录

第1章 概述

1.1 一维纳米材料

随着纳米科技的飞速发展，纳米材料已成为推动当代科学技术进步的重要支柱之一。广义上，纳米材料是指微观结构上至少在一维方向上受纳米尺度(1～100 nm)调制的各种固体超细材料。因此，纳米材料的基本单元分为三类：零维(如纳米颗粒、原子团簇)、一维(如纳米棒、纳米线、纳米管、纳米纤维)和二维(如纳米片、超薄膜)。由于纳米尺度形成特殊量子尺寸效应、体积效应、宏观量子隧道效应以及介电限域效应等，纳米材料在力学、电学、磁学、热学、光学和催化等方面都表现出特殊的性能，从而在电子、冶金、航天、化工、生物和医学等领域都显示了广阔的应用前景。在过去的几十年中，纳米材料科学已经得到了飞跃式发展，新的理论和实验技术方兴未艾，并且在现代材料科学发展中起到越来越重要的作用。

一维纳米材料是指在空间上有两维处于纳米尺度，而长度方向为宏观尺度的一类新型纳米材料[1]。它作为纳米材料的一个重要分支，不但具有传统纳米材料所具有的纳米尺度效应，而且其特有的长径比和维度限域效应使其成为研究电子传输行为、光学特性及力学性能等性质的理想体系，因而在纳米电子学与光学器件、传感器等方面显示出了重要的应用价值[2, 3]。与零维、二维纳米材料相比，一维纳米结构为研究电/热传递以及力学性质等与尺寸/维数之间的关系问题(量子效应)提供了更适合的研究模型[3]。

按照纳米材料的形貌划分，一维纳米材料可分为纳米管、纳米纤维、纳米棒、纳米线、纳米带及纳米电缆等[4]，如图 1-1 所示。通常纳米管是指纵向形态较长的具有空心结构的一维管状材料[图 1-2(a)]；纳米纤维是指直径为纳米级、长度为微米级的一维纳米材料[图 1-2(b)]；纳米棒与纳米线的区别不明显，纳米棒通常指长度较短的具有柱状结构的一维实心材料[图 1-2(c)]，而纳米线则指长度较长、形态表现为竖直或弯曲实心结构的一维纳米材料[图 1-2(d)]，它们的横断面皆为圆形；纳米带与以上两种结构的差别较大，其带状的纵向长度较长，横截面则呈现四边形[图 1-2(e)]；纳米电缆则是指直径为纳米级的电缆，其芯部通常为半导体或导体的纳米丝，外面包敷异质纳米壳体(导体、半导体或绝缘体)，外部的壳体和芯部的丝是共轴的[图 1-2(f)]。此外，基于一维纳米材料的结构构筑，还实现了很多三维结构复合材料的可控制备，如核壳结构纳米复合材料、树枝状纳米复合材料，以及与其他维数材料组成的复合材料等。根据组成的不同，可以将一维纳米材料分为以下几大类[5]：①高分子基一维纳米材料；②碳基一维纳米材料；③金属基一维纳米材料；④无机非金属基一维纳米材料。可见，随着研究的不断深入，一维纳米材料的开发已经取得了较大进展，但材料的纯度、均匀度、直径分布、产量等的调控问题也是研究中迫切需要解决的重要课题。

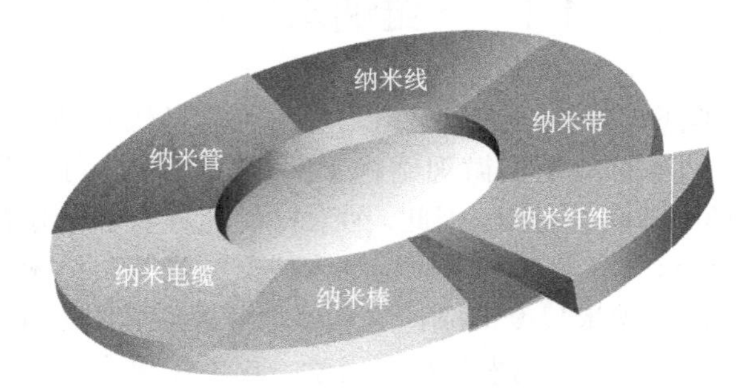

图 1-1　一维纳米材料按形貌分类

图 1-2　不同一维纳米材料的典型形貌照片

(a)纳米管[2]；(b)纳米纤维[1]；(c)纳米棒[6]；(d)纳米线[4]；(e)纳米带[3]；(f)纳米电缆[7]

1.2　高分子纳米纤维及其衍生物的特性

纳米纤维是一维纳米材料的典型代表之一(图 1-1)，它的两个重要特征是：大长径比(α＞1000)和较小的纤维直径。狭义上，纳米纤维是指直径在 1～100 nm 范围内的纤维，而广义上 1 μm 以下的纤维均可称作纳米纤维；而较细的纤维直径是保证材料表现出一定柔韧性的前提，因此纤维超细化是纤维科学发展中的一个重要方向。此外，纳米纤维具有孔隙率高、比表面积大、长径比大、表面能和活性高、纤维精细程度和均一性高等特点，而且纳米材料的一些特殊性质(如量子尺寸效应和宏观量子隧道效应等)也给纳米纤维带来了特殊的电学、磁学和光学性质。因而纳米纤维在聚合物增强、分离和过滤、生物及医学治疗、电池材料、电子和光学设备等许多领域都具有广阔的应用前景。

根据其组成，纳米纤维可分为高分子纳米纤维、无机纳米纤维及有机/无机复合纳米纤维[8, 9]。由于高分子结构不同，高分子纳米纤维具有聚合物分子量可调、质轻、密度小，以及优异的力学性能、绝热性能、隔热性能等特点，因而在机械工程、建筑工业、包装行业、交通运输等工农业生产和人们的衣食住行中起到了不可替代的作用。无机纳米纤维一般是由高分子纳米纤维及其复合材料前驱体经过高温煅烧、高温还原等后处理工艺获得的衍生纳米纤维材料，包括碳纳米纤维、金属纳米纤维和氧化物纳米纤维等。无机纳米纤维(如碳纳米纤维)通常具有高强度、高模量、低密度和高导电性等优点，因而在催化剂及其载体、高效吸附剂、结构增强、超级电容器和锂离子电池等众多领域都具有重要的应用价值。但是，无机纳米纤维脆性较大的问题也极大地限制了其应用性能和范围，因此柔性无机纳米纤维的开发是亟待解决的一个重要课题。而且，随着科学技术的发展，纳米材料的高性能化和多功能化已成为材料研究领域的重要课题，而单一组分有机或无机纳米纤维的性能还不能完全满足某些特定的需求，因此复合纳米纤维的设计和开发成为当前研究的一大热点和前沿领域。例如，将无机纳米材料(如金属或金属氧化物，碳纳米管、石墨烯等碳纳米粒子)分散在高分子纤维基体中，借助静电纺丝技术、表面修饰后处理等方法即可获得具有特殊功能的纳米纤维复合材料，如碳纳米材料/高分子复合纳米纤维、氧化物/高分子复合纳米纤维、金属/高分子复合纳米纤维等，将其进一步高温碳化或热处理还能得到碳纳米纤维复合材料。这种复合技术不仅能充分发挥高分子基体可纺性好、力学性能优异、具有高柔性和可折叠性等优点，而且还能有效克服低维功能纳米粒子易团聚、成膜性差等缺点，进而充分发挥其因小尺寸效应和表面效应等所特有的光、电、磁等特性，从而拓宽其在高效催化、高温过滤、光电器件等诸多领域的潜在应用。

随着纳米纤维材料在各领域应用技术的不断发展，纳米纤维的制备技术也得到了进一步的开发与创新。目前，纳米纤维的制备方法主要包括模板法、相分离法、自组装法、水热碳化法和纺丝加工法等[9, 10]。其中，纺丝加工法被认为是规模化制备高分子纤维最有前景的方法之一，主要包括熔融纺丝法、溶液纺丝法、液晶纺丝法、胶体纺丝法和静电纺丝技术等，然而传统纺丝加工法如熔融纺丝法、溶液纺丝法、液晶纺丝法和胶体纺丝法等得到的纤维直径一般在 5～500 μm，无法实现直径小于 100 nm 的纤维的制备。因此，综合考虑设备复杂性、工艺可控性、适纺范围以及纤维尺度可控性等因素，静电纺丝技术被视为一种能够直接、连续制备高分子纳米纤维的方法，并且具备可纺物质种类多、成本低廉、工艺和纤维尺度可控性强等多方面的综合优势，近年来已成为有效制备纳米纤维材料的主要途径之一。而且由静电纺丝技术制备的高分子纳米纤维具有直径分布可调控范围宽(从纳米级到微米级)的特点，图 1-3(a)为由静电纺丝技术获得的聚乙烯醇(polyvinyl alcohol, PVA)纳米纤维与人体一根头发丝的微观形貌比较照片，可见静电纺高分子纳米纤维的直径非常小；因而由这种纳米纤维形成的膜材料具有比表面积大、孔径小、孔隙率高(通常>80%)和连续性好等特性[11]。此外，结合高速滚筒接收、辅助电极法等纺丝收集装置，还可实现纳米纤维在较长距离范围内沿着某一特定方向的定向排列，图 1-3(b)为静电纺聚酰亚胺(polyimide, PI)取向纳米纤维的扫描电子显微镜(scanning electron microscopy, SEM)照片[12]。研究表明，高度取向的排列方式可以赋予高分子纳米纤维膜在某特定方向上独特的光学、电学和磁学等特性[13]。当然，每种方法都有其各自的优点和不足，随着纳米纤维技术的进步和商业化发展的加快，越来越多的厂家将投向纳米纤维的应用研究和市场开发，功能化纳米纤维的发展必将引起人们的日益关注。

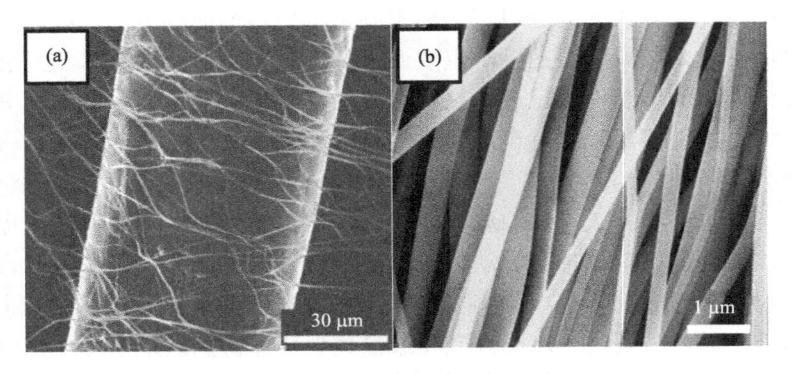

图 1-3　静电纺高分子纳米纤维的扫描电子显微镜照片

(a)无规堆叠的 PVA 纳米纤维与一根头发丝比较[11]；(b)PI 取向纳米纤维[12]

1.3 高分子纳米纤维及其衍生物的应用前景及发展方向

1.3.1 高分子纳米纤维及其衍生物的应用前景

1. 组织工程

组织工程支架具有多孔结构，特别是细胞基质，它能支撑和引导细胞组织生长，并呈现三维空间结构来帮助细胞再生。采用纳米纤维制成的纺织制品支架已成功应用于组织工程中，如皮肤养护多孔膜、血管与中枢神经再生的管状纳米纤维制品、骨骼和软组织再生的三维空间组织支架等[14]。目前使用的纳米纤维多采用静电纺丝技术与相分离法制得，直径范围在100～900 nm。

2. 药物控释系统

对于临床患者来说，药物控释系统是生理上最可接受的方法，也是医学领域十分关注的课题。一般情况下，药剂粉粒尺寸相对较小，需要人工包敷材料予以封装，以更利于人体吸收。通过高分子纳米纤维进行药物控释的基本原理为：药物粉粒的溶解度是基于药剂和载体比表面积的变化而变化的[15]。一般在纳米纤维药物控释系统中药剂与载体的混合方式主要有以下几种：①在纳米纤维成形过程中，将药剂负载于纤维载体表面；②将药剂与载体分别进行静电纺丝，并将两种纳米纤维交混并合；③将药剂与载体混合，通过静电纺丝制成复合纳米纤维；④使用的载体材料经静电纺丝后形成管状纳米纤维，再进行药剂封装。因此，对于药剂组分来说，纳米纤维可以改变药剂的溶解度，即可使药剂呈持续或脉冲方式输送。

3. 创伤敷料

高分子纳米纤维材料还可作为止血材料用于人体皮肤创伤和烧伤处理。采用静电纺丝方式将生物可降解高分子直接喷纺于人体皮肤的损伤部位，形成纤维网状包扎层，可促进皮肤组织生长从而促进伤口愈合，同时可减轻或消除传统创伤处理方式造成的疤痕[16]。创伤用非织造布高分子纳米纤维膜具有的孔隙尺寸通常为500～1000 nm，足以防止细菌通过气溶胶颗粒形式渗透。而且纳米纤维材料具有高比表面积，一般为5～100 m^2/g，这对于液体吸收和表面输送也是非常有利的。

4. 高效过滤材料

高效过滤技术主要表现在提高过滤介质的比表面积和减小介质材料的孔径尺寸方面。纳米纤维过滤介质主要用于气体、液体和分子过滤中，且其组成决定着高效过滤介质的基本性能。作为过滤材料，纳米纤维可以有效屏蔽危害环境的工业灰尘(颗粒直径一般为 5～200 μm)、炭黑(0.01～0.5 μm)等，还可阻断威胁人们健康的细菌(0.5～4 μm)，甚至病毒(200～300 nm)[17]。E-Spin Nanotech 公司开发了一种由聚丙烯腈(polyacrylonitrile, PAN)基纳米纤维网经过稳定、碳化及活化处理得到的碳纳米纤维网。该材料在气溶胶和化学过滤操作中表现出优异的过滤性能。此外，静电纺聚酰胺纳米纤维材料也可用于石油气透平、压缩机和发电机组的过滤装置中。意大利 CNR-ISMAC 微分子研究所以聚氧化乙烯(polyethylene oxide, PEO)、聚酰胺 6(polyamide 6, PA6)、聚乙烯醇(PVA)为原料，通过静电纺丝方法制得了直径为 70～500 nm 的纳米纤维网，并将其敷于常规非织造布或机织物表面。当将这种复合过滤介质用于气体和液体的过滤时，效率明显得到了提高。而且多层复合过滤介质的空气透过能力可以通过纳米纤维层的厚度变化和停留时间进行调控。与常规的超细纤维过滤材料相比，纳米纤维过滤介质具有更为理想的孔径。

5. 防护服装

军用防护服要求产品在极端天气、射击作战以及热核、生物、化学等交战环境下具有极佳的耐久性；而且工业防护服装应能够抵御化学制剂或有毒气体对人体的侵袭。目前使用的防护服多使用活性炭进行吸附，其不仅限制了服装的透气性，而且使服装的质量大大增加。高分子纳米纤维比表面积大，通过选择合适种类的高分子制备复合纳米纤维，在用于中和化学制剂的同时，还能保证防护服较好的空气和水汽透过性。因此，与常规纺织品比较，静电纺纳米纤维织物的透湿性能更好，悬浮颗粒捕集效率更高，被视为一种十分理想的防护服面料[18]。例如，美国陆军对静电纺纳米纤维网垫制品的传输性能进行了研究，他们发现，以 PEO、聚碳酸酯(polycarbonate, PC)和聚氨酯(polyurethane, PU)为原料制备的纳米纤维非织造布具有非常好的过滤效率，其中 PU 织物具有更优的负载能力。PU 和 PA6 纳米纤维多孔材料制品与活性炭层的空气阻力对比实验，证实了气流阻力、过滤效率及过滤介质孔径尺寸的调节都可以通过调控包覆的纳米纤维网的规格来实现。

6. 能源存储与转换应用

碳纳米纤维在结构上与碳纳米管相似，其直径约为 100 nm、纤维长度从 100 μm 至数百微米，因而其具有可比拟于碳纳米管的机械和电子传输性能。目前，碳纳米纤维已被成功添加于增强复合材料中，并赋予产品一些新的物理与机械性能，如热传导性能、热膨胀性能、电磁辐射吸收与分散功能、电传导性能、电子发射功能与振荡减幅功能等。不仅如此，导电高分子纳米纤维等也可用于微型电器与机械装备上，如传感器及制动系统等。鉴于电化学反应与电极表面积成正比的机理，导电纳米纤维膜也适用于多孔电极制造，对于开发高性能新型二次电池具有重要意义[10]。此外，导电纳米纤维膜还可用于静电消除器、电磁干扰防护以及新型光电装置等的开发。

1.3.2 高分子纳米纤维及其衍生物的发展方向

在工业社会中，能源问题一直是困扰经济发展的重要问题，粗放型传统能源的使用对于环境造成的影响不可逆转，能源利用带来的经济利益与人居环境之间的矛盾日益突出，空气质量问题的加剧也让社会不得不重新审视人类的生存问题及能源消费的结构问题。新型能量转换与存储装置作为人类赖以生存的重要组成部分，与经济、社会和环境的发展密不可分。太阳能、风能等清洁能源的开发利用需要能量存储装置，未来的电动汽车或者混合动力汽车等需要大功率的动力装置，高效率的电池和电容器则是实现上述应用的核心器件。因此，与之直接相关的新能源材料的设计和开发是近年来迅速崛起和飞速发展的研究领域，已成为化学、材料、物理、能源等学科交叉研究的前沿热点之一。

纳米纤维比表面积高、长径比大等结构优势也使其在这些新兴的高科技领域显示出了巨大的应用前景[10]。例如，将其置于太阳能电池中，纳米纤维可以最大限度地暴露在太阳光下；作为燃料电池电极材料时，碳纳米纤维直径小、比表面积大、导电性好等特点使其 sp^2 杂化的碳纳米结构表面可以发生尽可能多的催化反应；作为新型二次电池或超级电容器电极材料使用时，一维碳纳米纤维材料可以提供高效的离子和电子传输路径，使更多的活性位点参与氧化还原反应。此外，电子设备正向着轻薄化、柔性化和可穿戴的方向发展，因而与之相适应的轻薄且柔性的电化学储能器件亟待开发。然而，传统的锂离子电池、超级电容器等产品是刚性的，在弯曲、折叠时，容易造成电极材料和集流体分离，影响电化学性能，甚至导致短路，发生严重的安全问题。因此，为适应下一代柔性电子设备的发展，柔性储能器件已成为近年来的研究热点。纳米纤维材料具有柔性、易编织等优点，因而可集成到各种光伏设备、电子设备中。而且当前纳米纤维材料的发展已由单一组成向多组分复合材料、简单的一维实心结构向多级结构构筑，以及单一功能性向多功能性的方向发展，其低成本、高效、循环性能稳定等综合优势必将在未来显示出巨大的市场竞争力。当然，在纳米纤维材料制备过程中如何有效调控功能性纳米粒子的聚集方式、其与聚合物基体间的界面结构以及加工复合工艺等，从而制备出适合需要的、集高性能与多功能一体化的高性能纳米纤维复合材料是未来研究中的关键。

参考文献

[1] Li D, Xia Y. Fabrication of titania nanofibers by electrospinning [J]. Nano Letters, 2003, 3(4): 555-560.

[2] Li D, Xia Y. Direct fabrication of composite and ceramic hollow nanofibers by electrospinning [J]. Nano Letters, 2004, 4(5): 933-938.

[3] Huang L, Mcmillan R A, Apkarian R P, Pourdeyhimi B, Conticello V P, Chaikof E L. Generation of synthetic elastin-mimetic small diameter fibers and fiber networks [J]. Macromolecules, 2000, 33(8): 2989-2997.

[4] Wang K, Huang J, Wei Z. Conducting polyaniline nanowire arrays for high performance supercapacitors [J]. The Journal of Physical Chemistry C, 2010, 114(17): 8062-8067.

[5] Wei Q, Xiong F, Tan S, Huang L, Lan E H, Dunn B, Mai L. Porous one-dimensional nanomaterials: Design, fabrication and applications in electrochemical energy storage [J]. Advanced Materials, 2017, 29(20): 1602300.

[6] Liu B, Aydil E S. Growth of oriented single-crystalline rutile TiO_2 nanorods on transparent conducting substrates for dye-sensitized solar cells [J]. Journal of the American Chemical Society, 2009, 131(11): 3985-3990.

[7] Qian H S, Yu S H, Luo L B, Gong J Y, Fei L F, Liu X M. Synthesis of uniform Te@carbon-rich composite nanocables with photoluminescence properties and carbonaceous nanofibers by the hydrothermal carbonization of glucose [J]. Chemistry of Materials, 2006, 18(8): 2102-2108.

[8] Miao Y E, Huang Y P, Zhang C, Liu T X. Hierarchically organized nanocomposites derived from low-dimensional nanomaterials for efficient removal of organic pollutants [J]. Current Organic Chemistry, 2015, 19(6): 498-511.

[9] Liang H W, Liu J W, Qian H S, Yu S H. Multiplex templating process in one-dimensional nanoscale: Controllable synthesis, macroscopic assemblies, and applications [J]. Accounts of Chemical Research, 2013, 46(7): 1450-1461.

[10] Chen L F, Feng Y, Liang H W, Wu Z Y, Yu S H. Macroscopic-scale three-dimensional carbon nanofiber architectures for electrochemical energy storage devices [J]. Advanced Energy Materials, 2017, 7(23): 1700826.

[11] Greiner A, Wendorff J H. Electrospinning: A fascinating method for the preparation of ultrathin fibers [J]. Angewandte Chemie International Edition, 2007, 46(30): 5670-5703.

[12] Chen D, Miao Y E, Liu T. Electrically conductive polyaniline/polyimide nanofiber membranes prepared via a combination of electrospinning and subsequent *in situ* polymerization growth [J]. ACS Applied Materials & Interfaces, 2013, 5(4): 1206-1212.

[13] Liu M, Du Y, Miao Y E, Ding Q, He S, Tjiu W W, Pan J, Liu T. Anisotropic conductive films based on highly aligned polyimide fibers containing hybrid materials of graphene nanoribbons and carbon nanotubes [J]. Nanoscale, 2015, 7(3): 1037-1046.

[14] Holzwarth J M, Ma P X. Biomimetic nanofibrous scaffolds for bone tissue engineering [J]. Biomaterials, 2011, 32(36): 9622-9629.

[15] Sridhar R, Lakshminarayanan R, Madhaiyan K, Amutha Barathi V, Lim K H C, Ramakrishna S. Electrosprayed nanoparticles and electrospun nanofibers based on natural materials: Applications in tissue regeneration, drug delivery and pharmaceuticals [J]. Chemical Society Reviews, 2015, 44(3): 790-814.

[16] Rieger K A, Birch N P, Schiffman J D. Designing electrospun nanofiber mats to promote wound healing—A review [J]. Journal of Materials Chemistry B, 2013, 1(36): 4531-4541.

[17] Feng C, Khulbe K C, Matsuura T, Tabe S, Ismail A F. Preparation and characterization of electro-spun nanofiber membranes and their possible applications in water treatment [J]. Separation and Purification Technology, 2013, 102: 118-135.

[18] Long Y Z, Li M M, Gu C, Wan M, Duvail J L, Liu Z, Fan Z. Recent advances in synthesis, physical properties and applications of conducting polymer nanotubes and nanofibers [J]. Progress in Polymer Science, 2011, 36(10): 1415-1442.

第2章

高分子纳米纤维及其衍生物的种类与制备

随着纳米技术的飞速发展，高分子纳米纤维及其衍生物已成为纤维科学的前沿和研究热点，并在电子、机械、生物医学、化工、纺织等产业领域得到应用。高分子纳米纤维及其衍生物包括单组分或多组分的天然高分子和合成高分子纳米纤维，与无机组分复合后获得的有机/无机复合纳米纤维，以及由高分子纳米纤维衍生的碳纳米纤维、氧化物纳米纤维、金属纳米纤维等无机纳米纤维。在高分子纳米纤维研究初期，人们将注意力主要集中在高分子纳米纤维的制备方法及工艺参数的优化等方面。功能纳米材料的发展使得有机/无机复合纳米纤维逐渐被大家认识，将碳纳米材料、无机氧化物、金属等无机组分添加到高分子基体中，就能获得具有特殊功能的复合纳米纤维材料。通过选取合适的方法去除有机/无机复合纳米纤维中的有机成分，可以获得纤维微观形貌保持良好的无机纳米纤维材料。高分子纳米纤维及其衍生物的制备方法有多种，主要包括模板合成法、自组装技术、静电纺丝技术等。其中，静电纺丝技术是制备高分子基纳米纤维的最主要方法，也是近年来研究的热点。

2.1　高分子纳米纤维及其衍生物的种类

2.1.1　高分子纳米纤维

1. 单组分高分子纳米纤维

(1) 天然高分子纳米纤维

天然高分子主要有多糖类生物高分子(纤维素及其衍生物、甲壳素、壳聚糖、透明质酸等)、蛋白类生物高分子(胶原蛋白、明胶、丝素蛋白、弹性蛋白)和核酸类生物高分子等。

1) 纤维素及其衍生物。

纤维素是地球上最丰富的天然可再生资源之一，几乎存在于所有植物中。植物的基本组成单元是细胞，而其主要结构为纤维素纳米纤维。纤维素纳米纤维不仅直径小，而且纤维素分子链可以拉伸和结晶，其质量仅为钢铁的 1/5，强度却是钢铁的 5 倍以上，其弹性模量约为 140 GPa，强度约为 2～3 GPa。另外，其线性热膨胀系数极小，是玻璃的 1/50，而且其弹性模量在–200～200 ℃范围内基本保持不变。利用高压高速搅拌、冷冻粉碎、超声波分丝等传统加工方法对木材浆粕等植物类纤维材料在低浓度(约百分之几)下进行处理可以制造纤维素纳米纤维材料。低浓度下的纤维分解法有利于获得均一的纤维素纳米纤维，但其存在分解效率低、脱水工艺成本高以及产生大量纤维废弃物等问题。因此，发展高效的纤维素纳米纤维制造工艺，可以对废弃物中的纤维素加以充分利用，从而降低生产成本、减少资源浪费。

纤维素纳米纤维重要的特征之一是可以用所有的植物资源作为原料。除木材外，还可以从稻秆和麦秆等农业废弃物、废纸、甘蔗/马铃薯的榨渣以及烧酒气体等工业废弃物中制得直径为 10～50 nm 的纳米纤维。日本等发达国家已经实现了纤维素纳米纤维的工业化生产。轻量、高强度的纤维素纳米纤维作为复合材料纳米增强填料，可用于制造汽车零部件和家电产品外壳、建筑材料等；利用其气体阻隔性可制造屏障薄膜；利用其透明性可制作显示器和彩色滤光器、太阳能电池板等；利用其耐热性可制造半导体封装材料和柔性基板、绝缘材料等；利用其黏弹性能，可生产化妆品、药品、食品、伤口敷料、分离器和过滤器以及特殊功能纸张等。例如，Wang 等[1]和 Li 等[2]先后采用喷涂法在静电纺纳米纤维膜表面复合了纤维素纳米纤维层，获得了性能优异的超滤膜材料；Cai 等[3]以醋酸纤维素(CA)为原料，利用静电纺丝技术制备了单轴取向的纤维素纳米纤维[其微观结构如图 2-1(a)和(b)所示]，进一步将其用于增强聚乙烯醇(PVA)基体，获得 CA/PVA 复合薄膜材料。研究发现，不透明的电纺纤维素纳米纤维膜用于填充 PVA 基体后得到了具有高透光率、接近 PVA 本体透明色的复合薄膜材料。而且利用单轴取向纤维增强的复合薄膜材料展示出优异的力学性能。

2) 细菌纤维素。

细菌纤维素(bacterial cellulose, BC)是利用醋酸杆菌、假单胞杆菌、土壤杆菌、无色杆菌、八叠球菌等菌属合成出的天然高分子材料[4, 5]。细菌纤维素由葡萄糖分子以 β-1, 4-糖苷键聚合形成没有支链的高分子，这些线型葡萄糖链通过分子内和分子间氢键形成网状结构。在纤维形成过程中，这些分子发生了特征性的聚合和结晶，形成了细菌纤维素超细的结构，从而造就了细菌纤维素良好的结构稳定性(主要体现为较强的吸水性和亲水性等)。细菌纤维素的高持水性、高结晶度、超细纳米纤维网络、高弹性模量和抗拉强度等独特性质使其被广泛应用于食品及医学领域。目前，研究人员也已通过对特定品种细菌的培养来批量生产细菌纤维薄膜，由此开启了细菌纤维素商业化应用的新篇章。

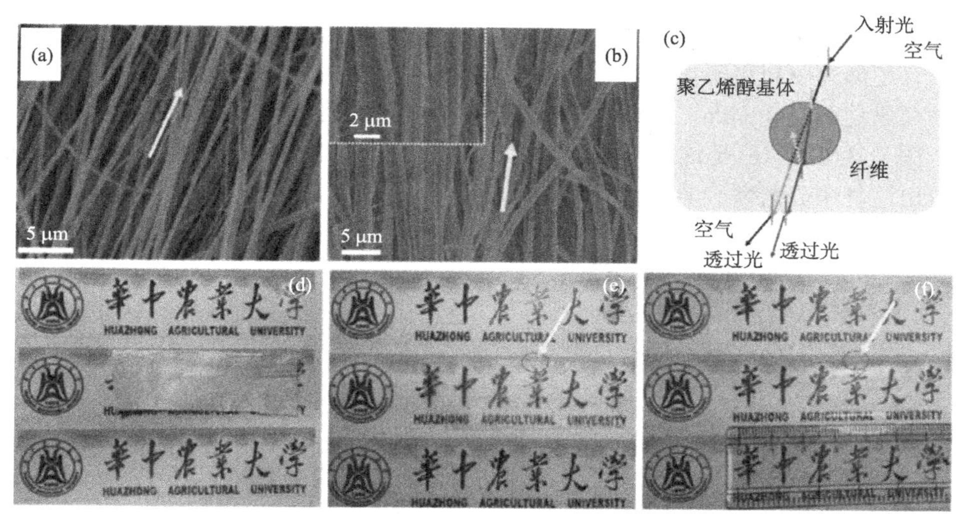

图 2-1　纤维素纳米纤维单轴取向的纤维素扫描电子显微镜照片[3]

(a) 无规堆积；(b) 单轴取向；(c) 光透过 CA 纳米纤维膜增强 PVA 树脂的示意图；(d)～(f) 为透明性比较：(d) CA 纳米纤维膜；(e) CA 纳米纤维膜增强 PVA 树脂；(f) PVA 基体膜

鉴于细菌纤维素的诸多优点，各国科学家们已经开发了多种 BC 基的复合材料[6]，并将其广泛应用在生物医药、环境科学、光电科学等领域。细菌纤维素被视为一类比较特殊的生物基纳米纤维材料，在自然界中很难再找到第二种与其相似的直径在纳米尺寸，且纯度高、孔隙率高的碳纳米纤维前驱体材料。研究发现，由其高温碳化制备得到的碳纳米纤维具有长径比大、比表面积高、导电性好、纤维连通性强等特点。因此，科研人员也将细菌纤维素衍生的碳纳米纤维广泛应用于超级电容器、锂离子电池、电化学催化剂等能量存储与转换领域，如图 2-2 所示[7]。

3) 甲壳素与壳聚糖。

甲壳素即甲壳质 (chitin)，是广泛存在于虾、蟹等甲壳类动物壳体及菌类、藻类细胞壁中的仅次于纤维素的第二大类多糖生物高分子。研究证实[8]，甲壳素与其他多糖一样，其分子链呈螺旋形，由 X 射线衍射给出的螺距为 0.515 nm，一个螺旋平面由 6 个糖残基组成。壳聚糖则是由甲壳素脱 *N*-乙酰基的产物。一般而言，*N*-乙酰基脱去 55%以上就可称为壳聚糖，或者将能在 1%醋酸或 1%盐酸中溶解 1%的脱乙酰甲壳素称为壳聚糖。由甲壳素和壳聚糖溶液再生改制而形成的纤维分别称为甲壳素纤维和壳聚糖纤维。目前较普遍采用的纺制甲壳素或壳聚糖纳米纤维的方法是静电纺丝法和自组装法。Zhang 等[9]通过自组装方法将虾壳中的甲壳素制成甲壳素纳米纤维膜[图 2-3 (a)～(c)]，发现其具有优异的力学性能、热稳定性和电解液浸润性，且其作为锂/钠离子电池隔膜时展现出优异的倍率性能和循环稳定性。Jin 等[10]利用离心浇铸法，以甲壳素纳米纤维为原料制备出一种透明的薄膜，并探究了这种材料在发光二极管中的应用[图 2-3(d)～(f)]。他们在研究中证实了该超薄薄膜材料不仅具有很好的柔性和可折叠性，其光学透明度高达 92%，弹性模量达到 4.3 GPa，因此其非常有望作为柔性绿色电子器件的显示屏得到应用。图 2-3(d)、(e)是这种甲壳素纳米纤维薄膜材料的透明性验证图，从图中可以看出这种甲壳素薄膜具有优异的透明性。

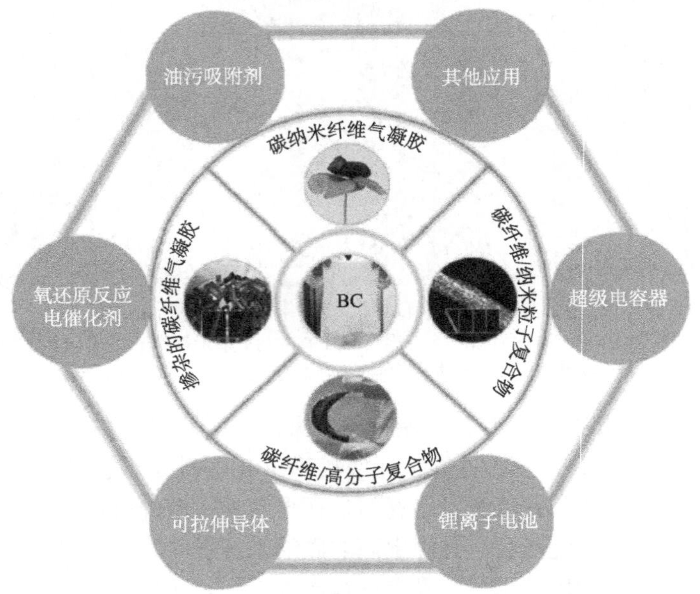

图 2-2　由细菌纤维素衍生的碳纳米纤维气凝胶功能材料的应用示意图[7]

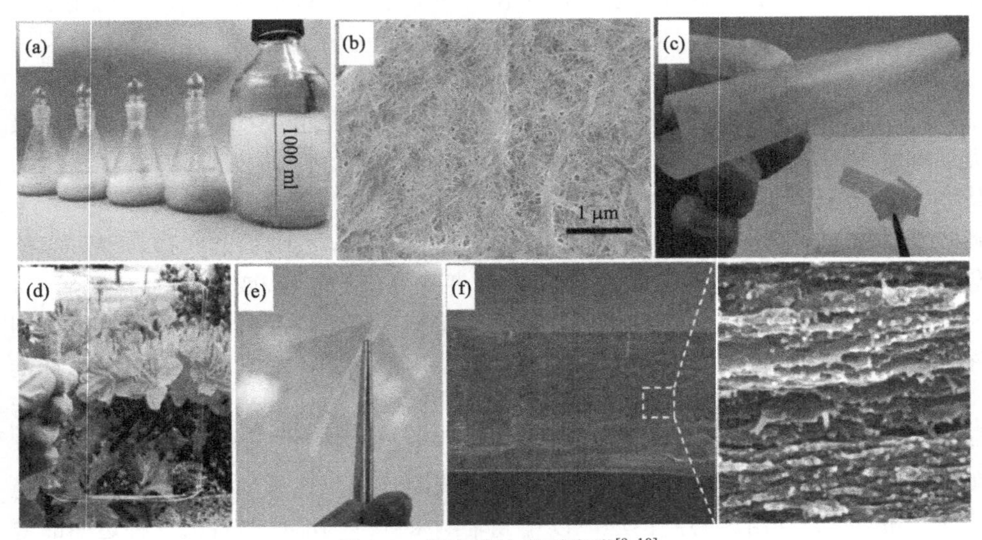

图 2-3　甲壳素纳米纤维膜[9, 10]

(a)溶液；(b)微观形貌；(c)自组装形成的宏观薄膜照片；(d, e)透明性演示；(f)离心浇铸薄膜截面的 SEM 照片

由于壳聚糖分子链中含大量的氨基，纯壳聚糖纤维的静电纺丝加工过程非常困难[11]。Geng 等[12]将 7%的壳聚糖溶解在浓度为 90%的醋酸中，调节静电纺电场强度为 4 kV/cm，获得了平均直径为 130 nm 的壳聚糖纳米纤维。研究发现，醋酸浓度必须高于 30%，因为醋酸浓度的增加可以显著降低壳聚糖溶液的表面张力。壳聚糖的分子结构具有刚性，其在普通有机溶剂中的溶解度有限，因此纺丝液黏度不足使得静电纺壳聚糖纳米纤维的制备具有很大的挑战。虽然静电纺纯壳聚糖纳米纤维非常困难，但可以对壳聚糖进行改性，生成新的衍生物进行静电纺丝。Ahmed 等将壳聚糖与 2-硝基苯甲醛在不同的比例下混合，使 2-硝基苯甲醛和氨基基团发生反应生成邻硝基苯甲醛衍生物。这种改性方法可以显著提高壳聚糖在三氟乙酸中的溶解度，并电纺得到直径范围为 100～600 nm 的均匀纤维。

4)胶原蛋白与明胶。

胶原蛋白是许多细胞外基质的主要成分，作为组织工程支架材料具有其他材料不可比拟的优越性。Matthews 等[13]最先报道了将胶原蛋白溶解在六氟异丙醇中，通过静电纺丝将胶原蛋白纺成纳米纤维膜，这种电纺胶原蛋白纤维与天然细胞基质中的胶原纤维直径十分接近。而且研究者通过生物实验证实了这种电纺纤维对平滑肌细胞的生长具有促进作用，是一种理想的组织工程支架材料。同时，他们发现 2,2,2 -三氟乙醇(TFE)可以在室温下溶解明胶，使其在不加入任何成纤材料的条件下单独经由静电纺丝得到纳米纤维。

明胶是一种由动物结缔或表皮组织中的胶原部分水解得到的蛋白质，其化学本质是由胶原的三螺旋肽链水解成的单螺旋肽链。明胶是一种极性很强的生物高分子，几乎没有可以溶解明胶的高极性有机溶剂，只有氟化乙醇(如三氟乙醇和六氟异丙醇)是多肽生物高聚物如胶原的良溶剂。Huang 等[14]用 TFE 作溶剂，将由猪皮得到的 A 型高分子明胶粉末溶于其中，质量分数在 2.5%～15%之间，室温溶解并搅拌 6 h 制成透明溶液，成功地通过电纺获得了直径在 100～340 nm 的纳米纤维(图 2-4)。他们发现，浓度小于 5%或大于 12.5%的溶液很难电纺形成纳米纤维。进一步的力学测试表明，过高和过低质量分数的溶液电纺得到的纳米纤维膜并不能获得最优的力学性能，而 7.5%的溶液电纺得到的纳米纤维膜表现出最大的拉伸模量和拉伸强度，其数值分别比其他浓度(10%和 12.5%)所得纤维膜高 40%和 60%。这是因为纤维的直径和表面珠状体都会影响电纺纳米纤维膜的力学性能，纤维直径越细的薄膜具有越高的拉伸模量和极限拉伸强度。

明胶在室温下易溶于甲酸，因此 Ki 等[15]成功地用明胶/甲酸溶液电纺制得了明胶纳米纤维。他们还通过测量溶液黏度随时间的变化来评价明胶/甲酸浓溶液的稳定性，发现明胶在甲酸中会发生降解(5 h 后其黏度显著减小)，但是这并不影响

溶液的可纺性和电纺明胶纤维的形态。通过调控合适的溶液浓度，得到了直径70～170 nm不等的明胶纳米纤维。而且在纳米纤维的制备过程中需要很好地控制电场和纺丝距离(电场强度为1.0 kV/cm，喷嘴与接收屏距离为10 cm)，尤其是浓度参数是影响直径和珠状体形成的主要因素。红外光谱和圆二色谱的结构分析表明，电纺明胶纳米纤维呈现无规线团和螺旋构象。当用甲酸溶解明胶时，明胶的结构则在一定程度上发生了从螺旋(α-螺旋和三螺旋)到无规线团构象的转变。

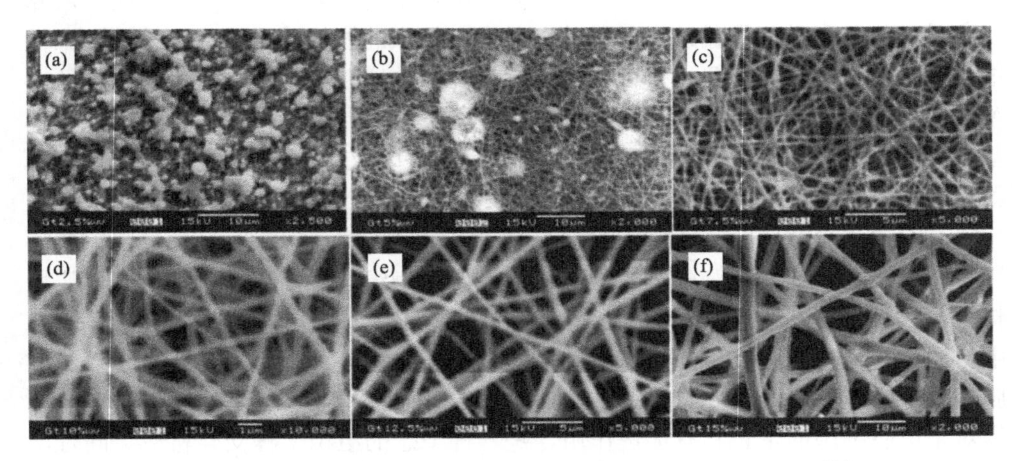

图2-4　不同纺丝液浓度下得到的电纺明胶纳米纤维SEM照片[14]

(a) 2.5%；(b) 5%；(c) 7.5%；(d) 10%；(e) 12.5%；(f) 15%

5) 丝素蛋白。

丝素蛋白是蚕丝的主要组分，是一种天然的高分子嵌段共聚物，由18种氨基酸组成。一个丝素蛋白分子中包含5263个氨基酸，主要由非活性的甘氨酸(43%)、丙氨酸(30%)组成，也含有少量的活性氨基酸：丝氨酸(12.1%)、酪氨酸(5.3%)、苏氨酸(0.9%)、谷氨酸(0.6%)、天冬氨酸(0.5%)、赖氨酸(0.2%)，可用于化学交联改性，为制备丝素蛋白功能性材料提供了可能[16]。丝素蛋白具有良好的生物相容性和机械性能，对机体无毒性、无致敏和刺激作用，又可生物降解，其降解产物本身不仅对组织无毒副作用，还对皮肤、牙周组织等有营养与修复的作用。目前，丝素蛋白作为一种常见的组织修复材料，已经成功用于皮肤、血管、韧带、骨、神经等多种组织再生的基础和临床研究[17-20]。

利用丝素蛋白制备高分子纳米纤维的一个关键问题是丝素蛋白的溶解。目前关于丝素蛋白溶解的研究报道主要有以下几类[21]：NaSCN溶液法、溴化锂/乙醇法、$CaCl_2$溶剂法。通过静电纺丝得到的丝素蛋白纳米纤维支架具有大的表面积、高孔隙率、细胞黏附和增殖的相互作用，在组织工程应用中可替代明胶。但是，由于其机械强度低，静电纺丝素蛋白纳米纤维支架仍然局限于骨组织置换。

(2) 合成高分子纳米纤维

近年来，通过静电纺丝技术已经实现了几十种不同合成高分子的成功制备，主要包括水溶性高分子，如聚乙烯醇(PVA)[22]、聚丙烯酸(PAA)[23]、聚氧化乙烯(PEO)[24]等；可溶于有机溶剂的合成高分子，如聚苯乙烯(PS)[25]、聚丙烯腈(PAN)[26]、聚酰亚胺(PI)[27]等；可生物降解高分子，如聚乳酸(PLA)[28]、聚谷氨酸(PGA)[29]、聚己内酯(PCL)[30]等。例如，Fukushima 等[31]报道了静电纺丝法制备超细聚酰亚胺纳米纤维，其直径范围仅为(33 ± 5) nm。他们探究了空气湿度和盐溶液浓度对纳米纤维直径的影响，发现空气中的湿度越小，越有利于制备超细聚酰亚胺纳米纤维；通过增加盐溶液的浓度，可以增加高分子电导率，从而降低纤维的直径。Zhou 等[32]利用熔融法制备了聚乳酸纳米纤维。他们指出，利用无溶剂的方法生产亚微米级的纤维比一般的溶液静电纺丝工艺更环保，并能显著提高产率。结果表明，温度是形成亚微米纤维的关键因素之一，PLA 纤维的高度取向结构在 95 ℃左右时会产生冷结晶；而且随着退火程度的增加，纤维的结晶度增大(图 2-5)。

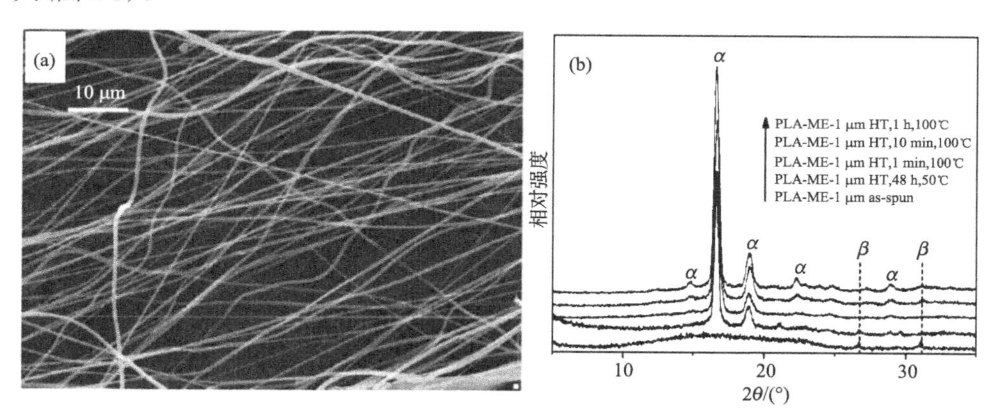

图 2-5　熔融法制备聚乳酸纳米纤维[32]

(a) SEM 照片；(b) 结晶度随退火程度的变化；PLA-ME，熔融法制备的聚乳酸纤维；HT，热处理；as-spun，纺丝得到

2. 多组分高分子复合纳米纤维

由于单一组分高分子在化学组成或结构上存在难以满足不同材料的应用需求或某些单一组分高分子的可纺性差等问题，研究者们又开发了多种方法来获得多组分高分子复合纳米纤维材料，以实现不同种类高分子材料的功能复合与协同增强。

例如，利用简单便捷的共混静电纺丝、同轴静电纺丝、多喷头静电纺丝和多层混合静电纺丝等方法就可实现多组分高分子纳米复合纤维的制备，通过调节各组分的比例可有效调控复合纤维的物理化学性能。

(1) 共混静电纺丝

高分子共混体系发生相分离时，相区尺寸一般在微米范围内。因此，将不相容的高分子体系进行静电纺丝，共混体系相分离尺寸降低，可显著改善不相容体系的相容性。静电纺丝过程中，纺丝液带有静电、喷丝头中的剪切作用、纤维成形时间短，可有效阻止高分子共混体系相分离过程的进行，从而有利于改善共混体系的相容性。共混静电纺丝是分别将两种高分子纺丝液按照一定比例混合，再用传统的静电纺丝装置纺制纳米纤维。共混静电纺丝步骤、装置相对简单，并且可以实现多组分多功能的复合。例如，将纺丝较困难的单一聚合物体系甲壳素/壳聚糖与其他合成高分子共混电纺[34]，不仅能显著提高混合溶液的可纺性，还能充分发挥甲壳素/壳聚糖的生物相容性、生物降解性和抗菌性等特性，进而实现其在生物医学领域的应用。而且共混静电纺丝还能实现比单一组分聚合物纤维材料更适用于组织工程的仿生复合纤维支架材料，载有蛋白质、生物因子等特殊生物试剂的复合纤维药物控释体系，以及对甲醛、氨气具有快速响应性的复合纤维传感材料等多功能性复合纤维材料的可控制备和潜在应用[33]。

(2) 多喷头静电纺丝

传统单喷头静电纺丝的生产效率低，限制了静电纺纳米纤维的产业化应用。因此，如何提高静电纺纳米纤维的生产效率已成为静电纺丝技术中最为重要的研究课题之一。多射流静电纺丝法是解决此问题的一个有效途径，即将不同高分子分别放在不同的喷头里，然后施加高电压就可以制备不同高分子纤维复合而成的纤维膜材料。

Angammana 等[35]设计了一个多针头静电纺装置(图 2-6)，在此基础上研究了 2～4 针头静电纺丝过程。研究发现，在其他条件相同时，随针头数的增加，纳米纤维的产量显著提高。但是，通过模拟局部静电场分布发现，纺丝过程中产生射流所需的初始电压增大、电场干扰增强，使得两侧的射流偏移角增加，生产出的纳米纤维平均直径减小且不匀度增加。

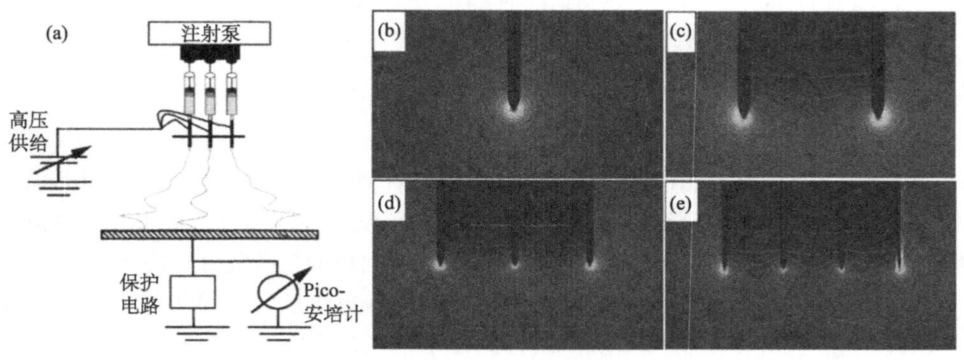

图 2-6　(a) 多针头静电纺丝示意图；(b)～(e) 不同针头数的静电场分布模拟图[35]

(3) 多层混合静电纺丝

多层混合静电纺丝就是依次将不同高分子材料进行静电纺丝，这些材料一层一层地沉积在收集器上形成多层复合纤维膜，且每层的高分子纤维膜种类不同。混合静电纺丝是载有不同高分子溶液的两个或多个喷丝头同时纺丝。这两种方法都可以根据具体的要求得到针对性较强的细胞支架，在组织工程支架的制备方面有很好的发展前景。2005 年，Kidoaki 等[36]首次提出了多层静电纺丝和混合静电纺丝的概念，其原理如图 2-7 所示，他们以 I 型胶原、苯乙烯化明胶和聚氨酯为原材料，在混合静电纺丝过程中使聚氨酯和聚氧化乙烯分别从两个不同的喷嘴同时层层沉积到一个高速水平运动的收集器上，从而获得了具有多层结构的两种高分子交织的复合纤维膜。将这种复合纤维膜应用到人工血管支架材料中，可以大幅提高支架材料的孔径和孔隙率，有效促进细胞的增殖和生长。

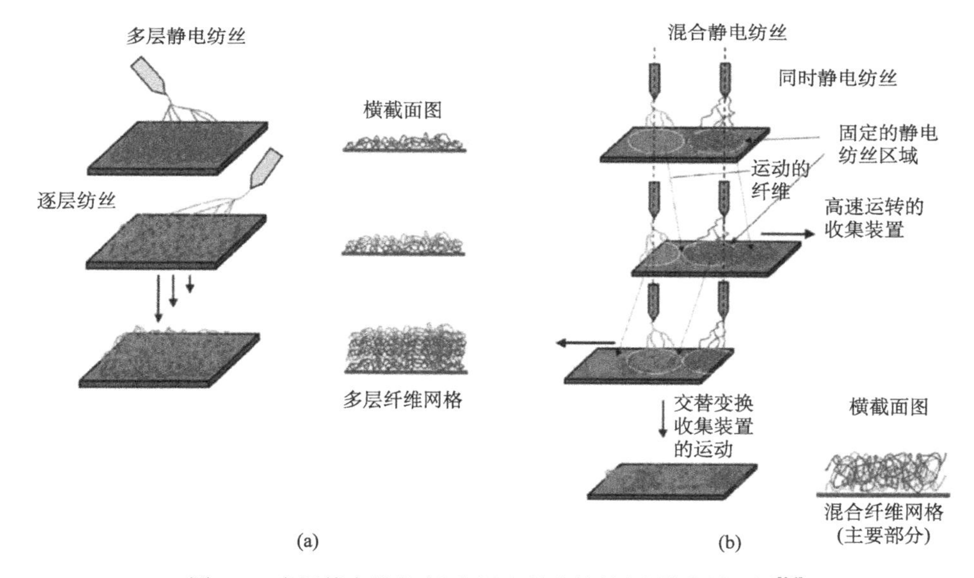

图 2-7　多层静电纺丝 (a) 和混合静电纺丝 (b) 技术原理图[36]

(4) 同轴静电纺丝

同轴静电纺丝是在传统静电纺丝技术上发展起来的一种新方法，可一步制备具有连续核壳和中空结构的纳米纤维材料。在同轴静电纺过程中，需要将核层和壳层材料的溶液分别装在两个不同的注射器中，喷丝系统由两个同轴但是不同内径的毛细管组成，在高压电场作用下，外层液体流出后与核层液体汇合，固化前两种液体不会混合到一起。壳层液体经高频拉伸，高速喷射时内外层溶液交界面将产生强大的剪切应力，这时核层溶液在剪切应力作用下，沿着壳层同轴运动，弯曲甩动变形并固化成为超细同轴复合纳米纤维。若将核层材料通过加热或溶解去掉，留下壳层材料，即得到中空纤维。早在 2003 年，Sun 等[37]开创了国内同轴静电纺丝技术的研究先河，通过同轴静电纺丝技术制备出了多种核壳结构纳米纤维，并指出这种核壳结构纳米纤维可应用于过滤器、光学以及微电子学等领域。随后，各个研究组通过改变溶液组成、溶液浓度以及喷丝头直径、纺丝条件等，分别获得了可应用于不同领域、具有不同直径的纳米结构纤维[38, 39]。例如，通过改变喷丝头结构，由原来的单通道纳米纤维发展到多通道纳米纤维。Zhao 等[40]在原来单根内管的基础上，采用数量连续增加的方法，制备出了数量可控的多通道微/纳米管，通道数量可多达 5～6 个。

2.1.2　无机纳米纤维

1. 碳纳米纤维

碳纳米纤维具有高强度、高模量、低密度和高导电性等优点，在催化剂及其载体、高效吸附剂、结构增强、超级电容器和锂离子电池等众多领域都具有重要的应用价值[41, 42]。20 世纪初，碳纤维的制备方法主要有气相生长法和等离子体增强化学气相沉积法，但这两种方法制备过程复杂、成本高。1998 年，Reneker 等率先利用聚丙烯腈和中间相沥青为原丝进行静电纺丝，再经预氧化处理和碳化过程制备了直径为几百纳米到几微米的碳纤维。

最初，静电纺制备碳纳米纤维所用的原丝主要为聚丙烯腈，其是由交替的带有氰基的饱和碳原子骨架构成的高分子，含碳量高且不存在氧，故将其热处理后的碳收率很高。预氧化过程是直接影响碳纤维结构和性能的重要因素之一，主要包括环化反应、脱氢反应(图 2-8)[43]，从而使聚丙烯腈分子链形成热稳定性更好

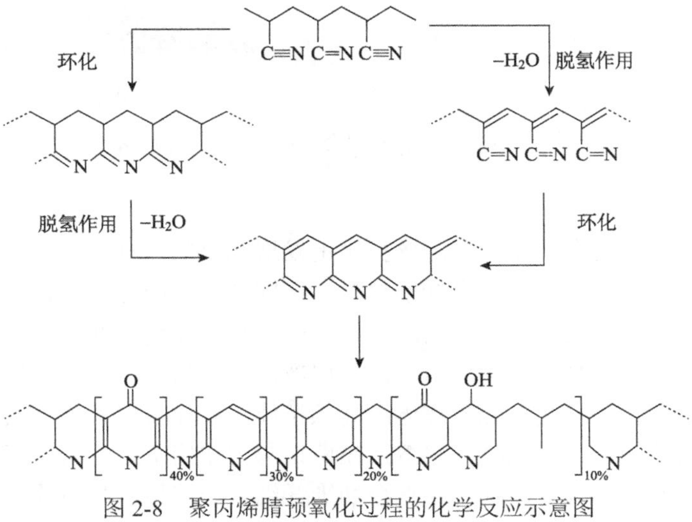

图 2-8　聚丙烯腈预氧化过程的化学反应示意图

的梯形结构。碳化过程则包括中温碳化过程和高温碳化过程两个阶段，分别在预氧化的基础上进一步促进碳网络结构的扩大和稳定。Wang 等[44]详细研究了聚丙烯腈的静电纺丝过程行为及其碳纳米纤维的结构与导电性关系。结果表明，随处理温度的升高，碳纳米纤维的石墨化程度增高，进而使其导电性显著增大。之后，Gu 等[45]和 Liu 等[46]也分别研究了预氧化和碳化处理对聚丙烯腈环化交联、热解及纤维形态与结构等方面的影响，进一步促进了静电纺碳纳米纤维技术的理论和应用研究。

聚酰亚胺(PI)是 20 世纪 50 年代发展起来的一类主链含有稳定芳杂环结构单元(图 2-9)，具有高强度、高耐热性以及尺寸稳定性等优异性能的特种工程塑料[47]。PI 分子中高度共轭的结构使碳化后的 PI 碳纳米纤维具有高于碳化腈纶纳米纤维的良好导电性能。Nah 等[48]率先将静电纺丝技术应用于 PI 纳米纤维无纺布的制备，其单丝直径最小达到几十纳米；Kim 等[49]以均苯四甲酸二酐和 4,4′-二氨基二苯醚为缩聚单体制备了含刚性官能团的聚酰胺酸前驱体溶液，通过高压静电纺丝技术，结合高温热处理制备了 PI 碳纤维毡，其电导率高达 2.5 S/cm，作为电容器使用时，在 10 mV/s 的扫描速率下电容值可达 175 F/g。Cui 等[50]采用联苯四甲酸二酐和对苯二胺为单体制备碳纳米纤维，发现在 2200℃获得的 PI 基碳纳米纤维的电导率高达 835 S/cm，最大拉伸强度及弹性模量分别为 173.2 MPa 和 19.7 GPa。因此，PI 基碳纳米纤维在纳米电子器件、催化、储氢、电极材料、高强度碳纤维复合材料等国防军工和民用工业领域都有着广阔的应用前景。

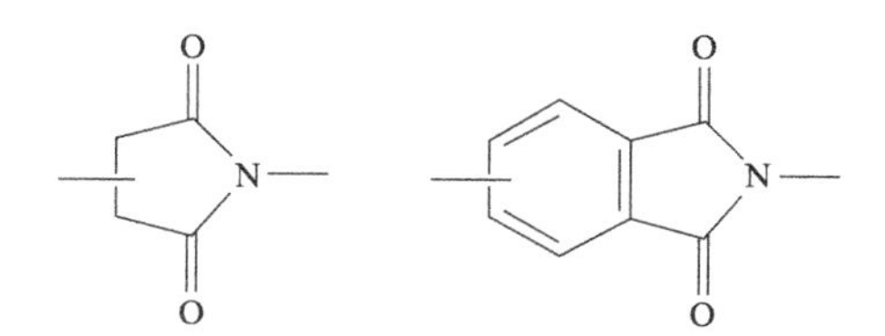

图 2-9 聚酰亚胺的典型结构示意图

2. 氧化物纳米纤维

与静电纺有机高分子溶液的过程相似，静电纺无机氧化物纳米纤维的制备首先需要获得具有可纺性的前驱体溶液[51, 52]。其通常包括两种：一种是金属盐类溶胶，另一种是可水解的金属醇盐与高分子的混合溶液。2003 年，Shao 等[53]采用静电纺丝技术制备了 SiO_2/聚乙烯醇(PVA)复合纳米纤维，再通过煅烧方法首次制备了无定形 SiO_2 纤维。之后，其他研究小组通过控制前驱体溶胶黏度、反应时水解和缩合的速度等也成功制备了其他种类的氧化物纳米纤维(如 TiO_2、ZnO、SnO_2、CuO、Fe_2O_3 等)。不仅如此，将多种金属盐类前驱体共混分散到高分子基体中，经溶胶-凝胶转变，结合高温煅烧的后处理过程还获得了多种合金或复合氧化物纳米纤维(如 $MnCo_2O_4$、$In_2O_3/ZnO/ZnGa_2O_4$、MnO_2/Fe_2O_3 等)[52]，其分别在锂-空气电池正极催化剂、场效应晶体管及气体传感等领域表现出协同增强的效应。

3. 金属纳米纤维

Cui 等[54]将 CuO 纳米纤维进一步在还原性气氛中处理获得 Cu 纳米纤维，其具有良好的热稳定性和电导率，因而有望应用于光电、传感和高温过滤等领域。近期，他们又以静电纺纳米纤维为模板，通过表面涂层后移除模板的方式得到半中空金纳米纤维凹槽(图 2-10)[55]，其作为透明导电电极使用时表现出优于导电玻璃 ITO 的光电性能以及很好的力学性能，因此有望代替 ITO 电极用于太阳能电池、触屏传感、平板显示器等柔性电子器件领域。

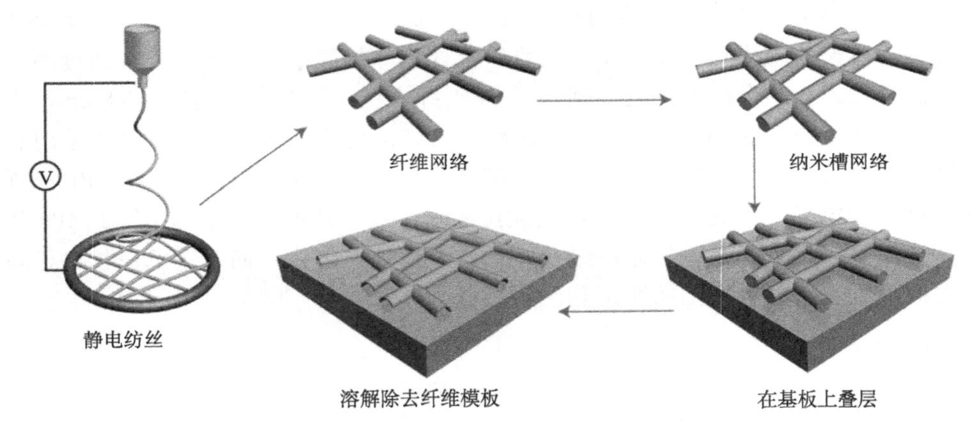

图 2-10　半中空金纳米纤维凹槽的制备过程示意图[55]

2.1.3　有机/无机复合纳米纤维

随着科学技术的发展，纳米材料的高性能和多功能化已成为材料研究领域的重要课题，而单一组分有机或无机纳米纤维的性能还不能完全满足某些特定的需求，因此复合纳米纤维的设计和开发成为了当前研究的热点。将无机纳米材料(如金属和金属氧化物，碳纳米管、石墨烯等碳纳米粒子)分散在高分子纤维基体中，借助静电纺丝技术即可获得具有特殊功能的纳米纤维复合材料，主要包括碳纳米材料/高分子复合纳米纤维、氧化物/高分子复合纳米纤维、金属/高分子复合纳米纤维，将其进一步高温碳化或热处理还能得到碳纳米纤维复合材料。其具体制备方法主要有：①将无机纳米组分直接分散在高分子溶液中，即分散混合静电纺；②将无机纳米组分相应的前驱体混合在高分子溶液中，结合溶胶-凝胶转变过程得到复合纳米纤维；③对高分子纳米纤维进行后处理(如原位还原、原位生长、气固异相反应等)制备相应的复合纳米纤维。

1. 碳纳米材料/高分子复合纳米纤维

碳纳米材料(如碳纳米管和石墨烯)特殊的尺度和结构赋予了其独特的力学、电学、光学与热学性能。目前，已有较多的研究利用静电纺丝技术制备了含碳纳米管(CNT)的高分子纳米纤维复合材料，用以提高高分子基体(如聚丙烯腈、聚乳酸、聚酰亚胺、聚氨酯等)的导电、导热及力学性能[56, 58]。

碳纳米管独特的尺寸和结构赋予了其超高的力学性能、独特的电学性能以及热学、光学、场发射、吸附等多种优异的性能，使得其在多领域具有极大的研究和发展潜力。在高分子中加入少量 CNT 会极大改善复合材料的力学、电学及热学性能。但是，碳纳米管非常容易团聚而影响其在溶剂或高分子基体中的分散和排列。因此，获得高性能碳纳米管/高分子纳米复合材料的关键在于采用有效的方法提高碳纳米管和高分子基体之间的界面结合力，使碳纳米管在聚合物基体中进行有序排列。目前，利用对碳纳米管进行表面改性、原位反应、原子转移自由基聚合等方法可以显著改善碳纳米管和高分子基体间的相互作用；也可以利用静电场的喷射力使碳纳米管在高分子基体中沿轴向排列，从而赋予高分子纤维更优异的性能。因此，静电纺丝技术已成为制备碳纳米管/高分子复合纳米纤维的有效方法之一。2004 年，Hou 课题组采用静电纺丝法成功实现了 CNT 在聚丙烯腈纳米纤维内的取向[59]，如图 2-11 所示，尽管复合纳米纤维的直径不够均匀，且表面形态粗糙，但 CNT 沿着纤维轴向具有较好的取向度。而且，利用二维广角 X 射线衍射证实了 CNT 在纤维内部的有序排列明显高于 PAN 晶体的有序性。

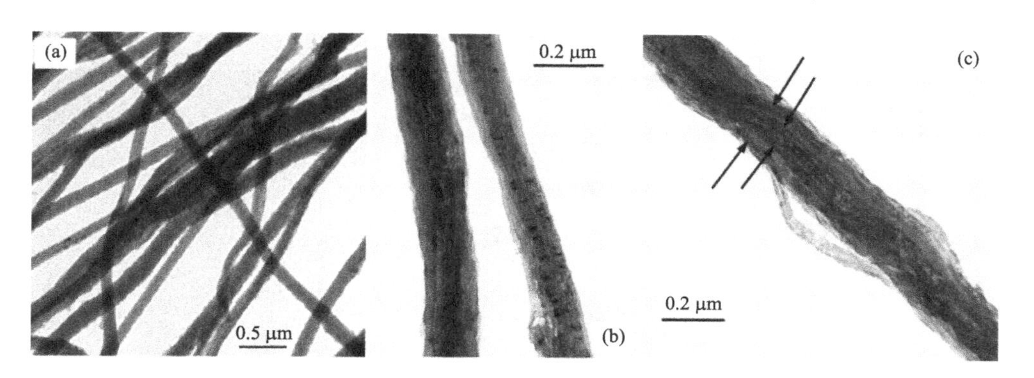

图 2-11　含不同质量分数碳纳米管的聚丙烯腈基复合纳米纤维的透射电子显微镜照片[59]

(a, b) 10%；(c) 35%

此外，静电纺丝技术中采用高速旋转的接收器便可实现纤维的取向排列，可以满足一些应用中对实现纳米材料在某一特定方向的取向排列的需求，从而发挥其独特的电学、光学和力学性能。因此，研究者们制备出了高度取向的 CNT/高分子纳米复合纤维，有效实现了 CNT 在纤维内部沿轴向的均匀分散与高度取向。Chen 等[60]采用静电纺丝及高速转轮接丝法制备得到了高度取向的纯聚酰亚胺及 CNT 含量为 1 %～10 %(质量分数)的聚酰亚胺纳米复合纤维膜。拉伸测试结果表明，高度取向的纯聚酰亚胺纳米纤维膜的拉伸强度和断裂韧性较传统涂覆法得到的薄膜显著提高。而且经化学改性后的 CNT 可在聚合物基体中均匀分散并高度取向，而未改性的 CNT 则易在基体中形成团聚体，并向纤维表面迁移。由于改性后的 CNT 与聚酰亚胺基体间存在强界面相互作用，且能在聚合物纤维内高度取向，最终制得的高度取向的纳米复合纤维膜表现出优异的力学性能。Meng 等[61]发现，CNT/聚氨酯复合纤维的取向结构及 CNT 的引入协同起到了细胞外信号指令作用，有效地促进了血管内皮细胞的增殖和细胞外Ⅳ型胶原蛋白的分泌。

具有单原子层结构的石墨烯(graphene)二维片层材料也因其特殊的电子特性及优异的力学、光学和热学性能受到了广泛的关注。Bao 等[62]将低浓度的石墨烯(0.07 %，质量分数)分散在聚醋酸乙烯酯(PVAc)溶液中电纺，首次得到了含石墨烯的高分子纳米纤维复合材料，如图 2-12 所示。结果表明，石墨烯的加入有效提高了纤维膜的力学、热学和光学性能，该复合纤维膜材料有望用于光纤激光器，高效产生超短脉冲。Zhu[63]和 Kim[64]等分别采用一步电纺法和纺丝后表面修饰的方法制备得到了 TiO_2/graphene/PAN 纳米复合纤维，进一步煅烧获得碳纳米纤维复合材料，他们发现，石墨烯的负载不仅能显著改善 TiO_2 纳米粒子的分散性，还可以起到电子受体和光敏剂的作用，有效减缓 TiO_2 的电子-空穴结合，进而提高复合材料的光催化效果。

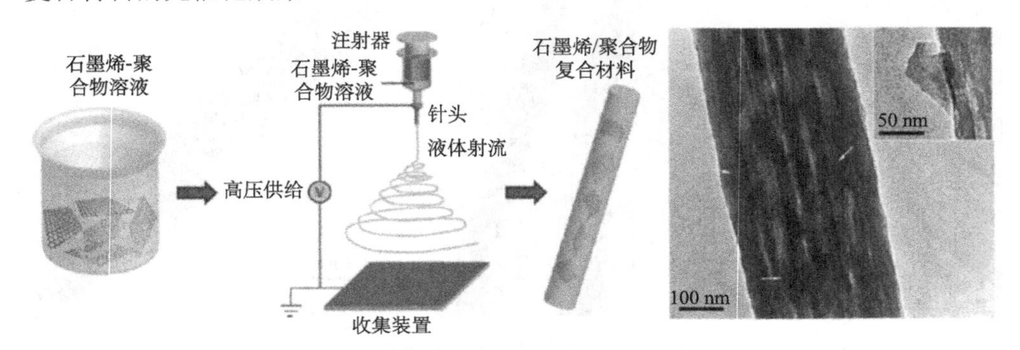

图 2-12 graphene /PVAc 复合纤维制备工艺简图及其复合纳米纤维的 TEM 照片[62]

Liu 等[65]还将带状石墨烯(GNR)/碳纳米管(CNT)二元杂化材料作为填料加入到聚酰胺酸(PAA)前驱体溶液中，利用静电纺丝技术成功制备了带状石墨烯/

碳纳米管/聚酰亚胺取向复合纤维膜。基于带状石墨烯/碳纳米管这种三维碳基杂化材料与聚酰胺酸基体之间良好的相互作用，实现了其在聚合物纤维基体中的均匀分散和高度取向。同时，由于三维碳基纳米杂化材料只在单根聚合物纤维基体中形成良好的导电网络或通路，而外层的聚酰亚胺层则起到了很好的绝缘作用，因而获得了具有导电各向异性的纳米碳基聚合物纤维复合材料，其在纤维取向方向的导电性能(8.3×10^{-2} S/cm)较垂直方向(7.2×10^{-8} S/cm)高约6个数量级，这为其在柔性的新能源器件、传感器件、光电子检测以及其他电子元器件中的潜在应用提供了重要依据。

2. 氧化物/高分子复合纳米纤维

氧化物/高分子复合纳米纤维在早期研究中主要采用溶胶-凝胶技术与静电纺丝相结合的方法来制备，该方法具有工艺简单、成本低廉等特点。Shao 等[53]将 SiO_2 溶胶与聚乙烯醇溶液共混制备了 SiO_2/PVA 复合纤维材料，其热稳定性较PVA有了显著提高。Xia 等[66, 67]采用溶胶-凝胶静电纺丝技术先后实现了 TiO_2、$NiFe_2O_4$ 等纳米粒子与高分子基体的复合，得到了具有光学、磁学等特殊功能的纳米纤维复合材料。Liu 等[68]也利用正硅酸四乙酯(TEOS)在聚酰胺酸(PAA)溶液中的溶胶-凝胶反应，通过溶胶-凝胶(sol-gel)法和静电纺丝技术结合的方式制备了 SiO_2/聚酰亚胺(PI)复合纳米纤维非织造布。其中，SiO_2 的含量主要通过TEOS的用量来调节。热稳定性测试结果表明，与纯PI纳米纤维相比，SiO_2 质量分数为17.6%的 SiO_2/PI复合纳米纤维的分解温度提高了40 ℃，说明 SiO_2 纳米粒子的加入大大提高了PI纳米纤维的热稳定性。

此外，也可以直接将氧化物纳米粒子分散到高分子溶液中进行电纺。例如，Jin 等[69]采用一步法纺丝工艺将 SiO_2 纳米粒子负载到PVA纤维内部，通过调控 SiO_2 粒子的直径实现了其在纤维中逐个聚集排列的项链结构复合纤维的制备(图2-13)。ZnO[70]、NiO[71]、In_2O_3[72]等纳米粒子也先后被成功用于静电纺制备高分子复合纳米纤维材料。然而，无机组分纳米粒子之间的强相互作用使其极易发生自团聚，进而引起高分子溶液的黏度变化，从而影响静电纺丝过程的稳定性。因此，如何获得纳米颗粒分散性良好的高分子基复合纤维材料，从而充分发挥无机组分的纳米效应，是当前静电纺纳米纤维研究领域亟待解决的关键问题之一。

氧化物的选择也直接影响氧化物/高分子复合纳米纤维的力学性能。一般情况下，将氧化物纳米粒子与高分子简单共混复合会导致高分子力学性能下降。但是，如果氧化物纳米粒子与高分子基体具有良好的界面相互作用，而且氧化物纳米粒子尺寸较小，则复合材料的拉伸强度会提高。2011年，Nguyen 课题组[73]开发了一种具有光催化效应的 TiO_2/PVA 复合过滤膜，其可用于有机污染物的分解。他们首先通过静电纺丝技术制备了含有不同质量分数 TiO_2(20%、30%、40%和50%)的PVA

基复合纳米纤维膜。该复合纳米纤维的直径及均匀分布在纤维内部的 TiO_2 纳米粒子的直径分别介于 100～150 nm 和 15～30 nm 之间。力学测试结果表明，TiO_2/PVA 电纺纤维的拉伸强度随 TiO_2 含量增加而增大，但拉伸应变有所下降。图 2-14 为含有不同质量分数 TiO_2 的电纺 TiO_2/PVA 复合纳米纤维的 SEM 照片。

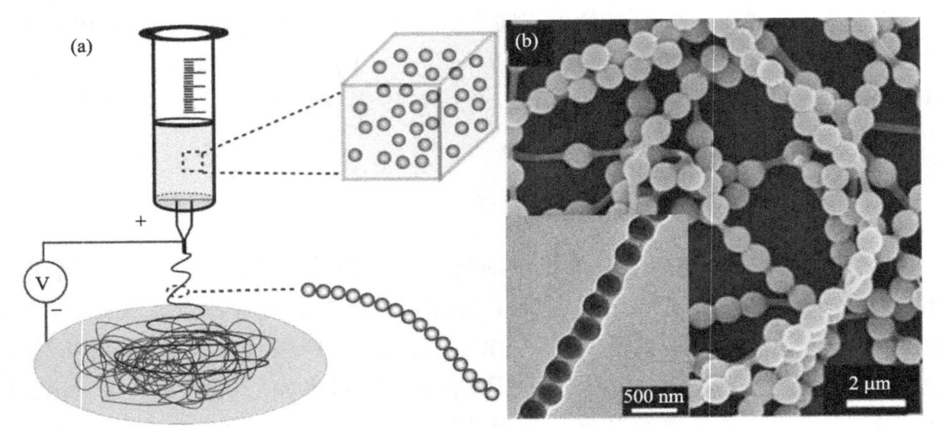

图 2-13　项链状 SiO_2/PVA 纳米纤维[69]

(a)制备过程示意图；(b)扫描电镜和透射电镜照片

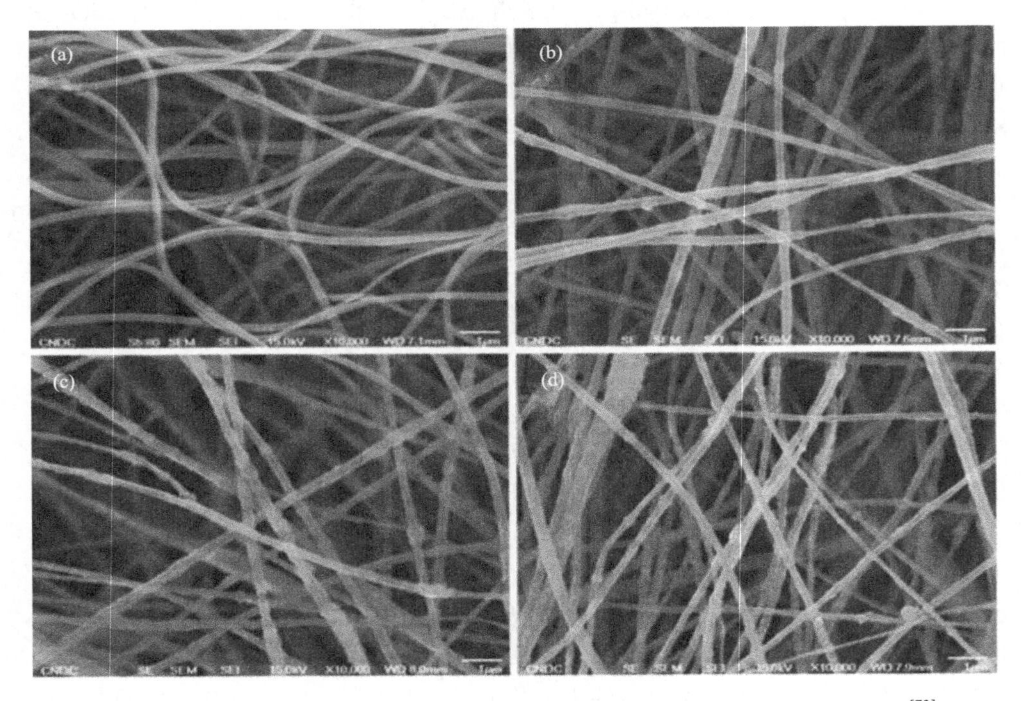

图 2-14　含有不同质量分数 TiO_2 的电纺 TiO_2/PVA 复合纳米纤维的 SEM 照片[73]

(a)0%；(b)20%；(c)30%；(d)40%

3. 金属/高分子复合纳米纤维

金属纳米颗粒具有很好的催化、导电和光学性质，在催化、光学、电学、磁学等领域具有广泛的应用前景。然而，金属纳米粒子通常具有很高的比表面能，易于团聚，导致其性能减弱甚至消失。将金属纳米粒子与高分子混合可以有效避免金属粒子的团聚，并显著提高高分子材料参与电子转移和运输的能力，拓宽其应用范围。此外，金属包埋在高分子基体中所形成的复合材料可以保护金属纳米粒子，有利于其回收利用[74]。因此，金属/高分子纳米复合材料的制备和应用均具备较强的多学科交叉性，并且引起了越来越多科研人员的兴趣。

近年来，在静电纺丝技术中引入金属纳米粒子的报道有很多，其中最常见的金属纳米颗粒是银纳米颗粒。早在 2003 年，Yang 等[75]就将 Ag 纳米颗粒混合在 PAN 溶液中，并通过静电纺丝技术率先制备出了 Ag/PAN 复合纳米纤维。他们发现，Ag 纳米颗粒在外电场的作用下可以均匀分散在聚丙烯腈纳米纤维内部，而且 Ag 粒子的引入在一定程度上增加了复合纤维的直径和导电性。除了直接共混静电纺丝法之外，紫外线还原法也是制备 Ag 纳米粒子的方法之一，目前已有许多报道通过对含有 $AgNO_3$ 的高分子复合纳米纤维进行紫外线照射来制备 Ag/聚丙烯腈、Ag/聚乙烯醇、Ag/醋酸纤维素等复合纳米纤维。结果表明，紫外线照射并没有改变纳米纤维的微观结构，而且经紫外线照射后的复合纳米纤维还具有一定的杀菌性能。

利用电纺纤维(或经过处理后的电纺纤维)和无机粒子(或其前驱体)之间存在的各种相互作用(如配位、氢键、静电力作用等)，还可以将无机金属纳米粒子吸附于纤维表面获得复合纤维[76]。Carlberg 课题组[77]首先使用 KOH 溶液对 PI 纤维进行预处理，然后利用预处理后所得纤维上 K^+和 Ag^+之间的离子交换作用进行表面吸附，如图 2-15 所示。吸附 Ag^+的纤维再通过热还原法或化学还原法得到 Ag/PI 复合纤维。实验表明，改变 KOH 溶液处理的浓度、温度和时间，即可调控 PI 纤维表面官能化的程度，进而控制热还原后纤维上 Ag 纳米粒子的形貌。Xiao 课题组[78]则利用了正负离子之间存在的静电作用力，首先电纺得到了含碳纳米管的聚丙烯酸/聚乙烯醇(PAA/PVA)的复合纤维，通过加热交联提高纤维耐水性后，将薄膜浸入含有 Fe^{3+}粒子的溶液中，利用 PAA 所含有的羧基和 Fe^{3+}之间的静电力，在纤维表面吸附了 Fe^{3+}，并通过 $NaBH_4$ 还原得到了零价 Fe 纳米粒子。

金属纳米粒子的内部电子在一定频率的外界电磁场作用下会进行规则运动而产生表面等离子体共振，从而使粒子周围的电磁场得到极大增强，产生某些表面增强效应，如表面增强拉曼散射。在表面增强拉曼光谱研究中，新型增强基底的制备是该领域的一大研究热点。人们尝试了多种方法将 Ag 和 Au 纳米颗粒组装成特殊结构以作为表面增强拉曼基底。Zhang 等[79]将银纳米粒子均匀分散在 PVA 溶液中，进一步采用静电纺丝技术得到了有银纳米粒子镶嵌的聚乙烯醇纳米纤维，这种复合纳米纤维不仅可用作抗菌剂，同时还可作为表面增强拉曼基底。图 2-16 为含不同浓度 Ag 纳米颗粒的 Ag/PVA 复合纳米纤维的扫描电镜照片。

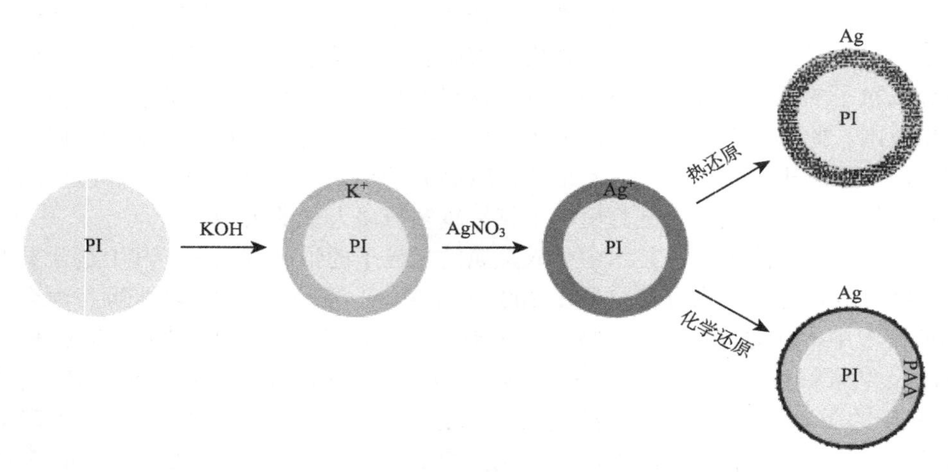

图 2-15　Ag/PI 复合纤维制备工艺流程图[77]

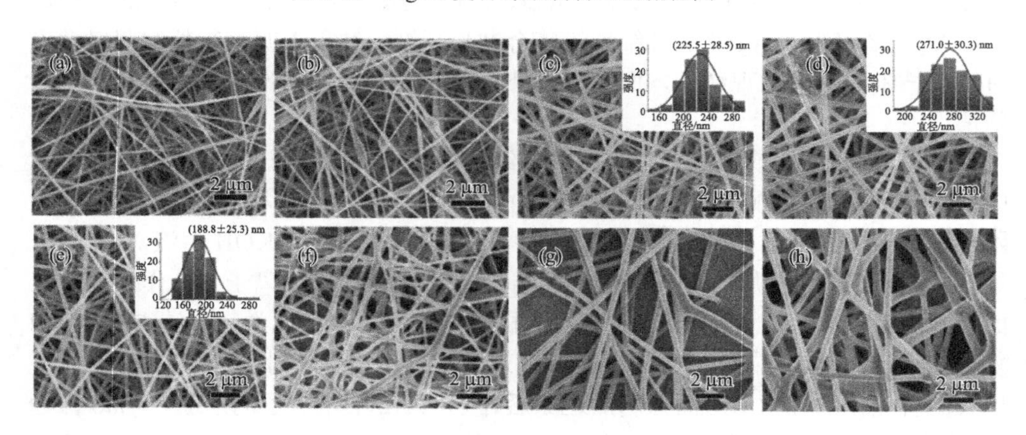

图 2-16　不同浓度 Ag 纳米颗粒电纺得到的 Ag/PVA 复合纳米纤维的扫描电镜照片[79]

(a,b) 6wt%；(c,d) 7wt%；(e,f) 8wt%；(g) 9wt%；(h) 10wt%

运用静电纺丝技术也可以将 Au 纳米粒子掺杂到高分子纳米纤维中，从而得到含有特殊功能的复合纳米纤维。制备这种 Au 掺杂的高分子纳米纤维的难点就是如何制得 Au 纳米颗粒。已报道的方法有两相溶液还原法[80]、柠檬酸钠还原法[81]、硼氢化钠还原法[82]等。将由还原法制得的 Au 纳米粒子与高分子溶液充分混合，电纺后即可获得 Au/高分子电纺纳米纤维。Kim 等[83]采用两相溶液还原法首先制得 Au 纳米粒子，然后与聚氧化乙烯溶液混合，经电纺后获得 Au/聚氧化乙烯复合纳米纤维，并且发现 Au 纳米粒子在纤维轴向方向呈一维链状排列(图 2-17)。Wang 等[84]则使用戊二醛交联 PVA 纳米纤维，然后与含巯基的硅烷偶联剂反应，由于巯基与 Au 纳米粒子之间存在配位作用，通过浸泡在 Au 胶体中，纤维表面负载 Au 纳米粒子。这种复合纤维有潜力应用于过氧化氢生物传感器。

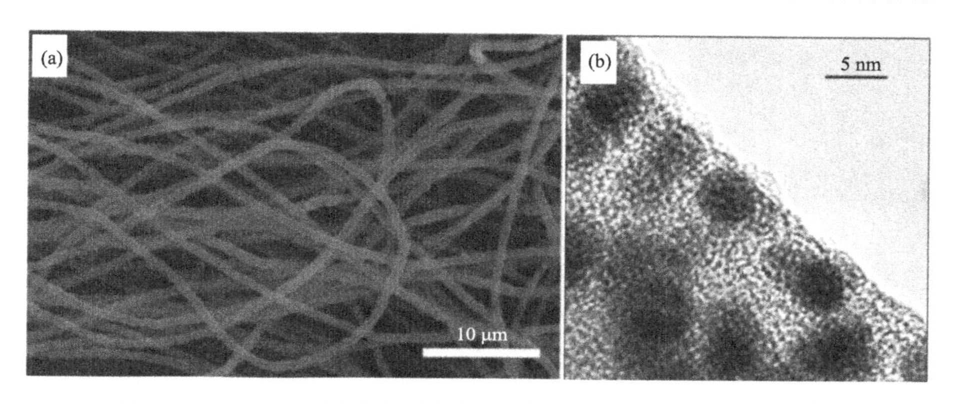

图 2-17　Au/PEO 复合纳米纤维的扫描电镜(a)和透射电镜(b)照片[83]

2.2　高分子纳米纤维及其衍生物的制备

高分子纳米纤维及其衍生物的制备方法有多种，主要包括静电纺丝技术、模板合成法、自组装技术、水热碳化法、化学气相沉积法等。其中，静电纺丝技术是制备高分子纳米纤维及其衍生物的主要方法之一，也是近年来科学研究的热点。

2.2.1　静电纺丝技术

静电纺丝技术最早起源于 19 世纪末 Rayleigh 等发现的液滴在电场中不稳定喷射形成带电小液滴的一种静电喷射现象，该现象被称为瑞利不稳定性(Rayleigh instability)[85]。1934 年，Formhals 发明并申请了世界上首个利用静电场力制备高分子纳米纤维的专利并对该纺制过程进行了详细研究，这被公认为是静电纺丝技术的开端[86]。然而，那时的高压静电纺丝技术并没有受到足够的重视，直到 20 世纪 90 年代才引起人们的关注[87]。1996 年，美国阿克伦大学 Reneker 研究小组对静电纺丝技术进行了较为深入和广泛的研究，他们采用静电纺丝技术实现了二十多种高分子纤维的制备，并提出了高压静电纺丝过程的不稳定机理。由此引起了世界各国科研界和工业界对静电纺丝技术的极大兴趣和广泛关注。

静电纺丝装置简单，由高压电源、液体供给(注射泵)及喷丝装置、收集装置三个部分组成，如图 2-18(a)所示[77, 88]。静电纺丝技术的基本原理是：具有一定黏度的高分子溶液或熔体由注射泵推进，流经与高压电源相连接的金属针头形成带电液滴，其在喷丝端口受电场力、表面张力、重力等作用形成泰勒锥(Taylor cone)[89]。当电压增大至某一临界值时，液滴所受电场力克服其自身的表面张力形成喷射流，在带相反电荷的收集装置作用下，喷射流将沿电场方向加速，该过程中发生流动变形、分裂及细化，并伴随着溶剂的挥发而凝聚固化形成高分子纤维[图 2-18(b)]。

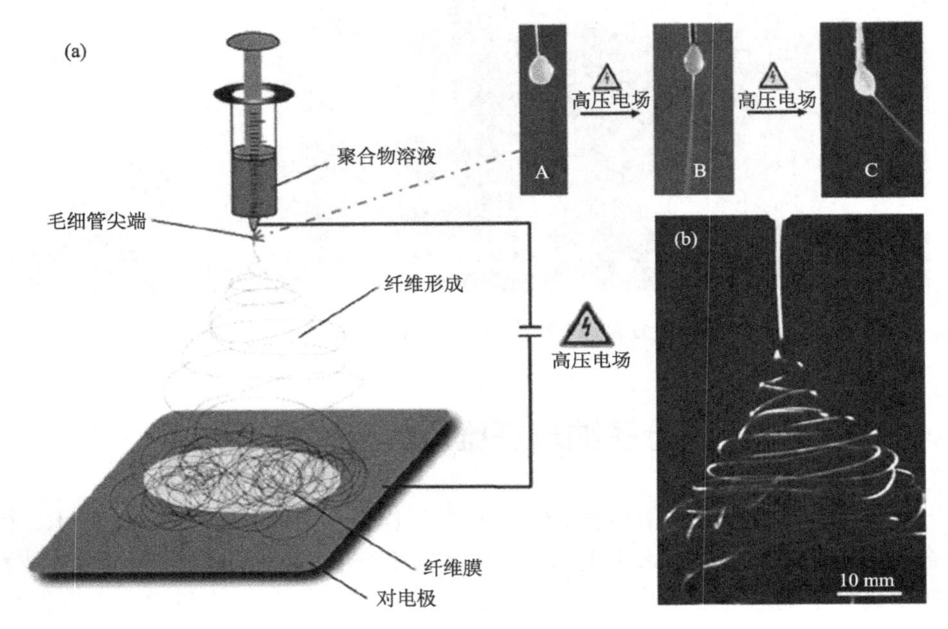

图 2-18 (a)静电纺丝装置示意图；(b)非稳定阶段的喷射流高速照片[77, 88, 89]

静电纺丝方法具有工艺简单、制备快捷、成本低廉、环境友好等诸多优点，被视为最具工业化前景的生产纳米纤维材料的技术之一[90]。借助该方法制备的纤维直径分布可调控范围宽(从纳米级到微米级)，由这些纤维构成的膜材料具有比表面积大、孔径小、孔隙率高(通常>80%)和连续性好等特性。此外，虽然静电纺丝技术设备和操作并不复杂，但纤维的形成过程受到很多因素的影响。因而需要通过对高分子溶液性质(包括高分子溶液浓度和黏度、表面张力、导电性和溶剂性质)[90]和纺丝工艺参数(包括加工参数，如电压、溶液注射速度、接收距离、喷丝头直径；环境参数，如温度、湿度和气体氛围)[91]的调节，有效调控纤维的结构形态和性能，进而实现其在能源、传感、催化、生物医学等众多领域的广泛应用。

静电纺纳米纤维的直径明显小于传统纺丝法制得的纤维直径，其数值一般在几十纳米至几微米之间。因此，静电纺纳米纤维及其膜材料具有如下特点：

第一，纤维直径小，由其形成的非织造布在力学性能、导电性、吸附性等方面表现出优良的性质；第二，具有高比表面积，纤维直径减小 1～2 个数量级，能使其比表面积增大几个数量级；第三，具有高吸附性，静电纺纳米纤维材料具有的高比表面积决定了其高吸附性，因而很多无毒、吸附性好的高聚物被制成纳米级纤维非织造布，用作生物医用材料或细胞培养基体(包括组织工程、人造器官、药物控释、创伤包扎)。此外，静电纺纳米纤维材料也被广泛应用于其他多个应用研究领域，包括复合增强材料、过滤、分离膜、防护服以及燃料电池等领域。

2.2.2　模板合成法

模板合成法，包括硬模板法和软模板法，是制备纳米结构材料的常用方法之一，其可用来制备具有各种纳米结构的多种物质(如球形颗粒，一维纳米棒、纳米纤维、纳米管，以及二维有序阵列等)。硬模板法多是以材料的内表面或外表面为模板，使填充到模板内的单体进行一定程度的化学或电化学氧化聚合后，除去模板以得到导电聚合物纳米颗粒、纳米棒、纳米线或纳米管等。软模板法通常是利用双亲性分子中亲水基与疏水基之间的相互作用使其进行自组装而形成有序聚集体。

硬模板法是合成纳米结构材料的通用方法，硬模板在制备纳米结构方面有着很强的限域作用，能够严格控制纳米材料的大小和尺寸：其模板孔径大小可调控，具有单分散的特点，因此制得的产品同样具有单分散性。但是，硬模板法合成低维材料的后处理一般都比较麻烦，往往需要用一些强酸、强碱或有机溶剂除去模板，这不仅增加了工艺流程，而且容易破坏模板以外的聚合物纳米结构。另外，聚合单体与模板的相容性也影响着聚合物纳米结构的形貌。经常使用的硬模板包括介孔分子筛、多孔氧化铝膜、径迹刻蚀聚合物膜、聚合物纤维、纳米碳管和聚苯乙烯微球等。例如，Blaszczyk-Lezak 等[92]通过阳极氧化铝(OAA)模板法制备了三种不同孔径的 PMMA 纳米纤维，三种模板的孔径分别为 27.9 nm、34.8 nm 和 62.1 nm，如图 2-19 所示。

与硬模板法采用的物理模板不同，软模板法通常使用的是具有特殊性质的化学分子。例如，表面活性剂分子经常被用于软模板法中，因为它的有序组合体呈现出结构和形态的多样性。与硬模板法相比，软模板法中的表面活性剂通过水或乙醇洗涤就可以比较容易地除去。因此，表面活性剂作为结构指导剂来合成导电聚合物纳米结构，已经成为人们研究的热点之一。此外，常见的软模板主要包括胶束、反相微乳液、液晶等。Zhang 等[93, 94]在阳离子表面活性剂存在下，通过调控吡咯单体的浓度变化，并使用过硫酸铵作为引发剂进行氧化聚合，获得了聚吡咯(PPy)纳米线和纳米带(图 2-20)；他们也考察了阳离子表面活性剂、烷基链长和不同氧化剂对 PPy 形貌的影响，发现当过硫酸铵加入到含有表面活性剂和吡咯单体的中性质子液中时会形成白色沉淀，而用 $FeCl_3$ 作为氧化剂却不能获得 PPy 纳米线和纳米带，因而提出了有机/无机层状结构为模板的机理。

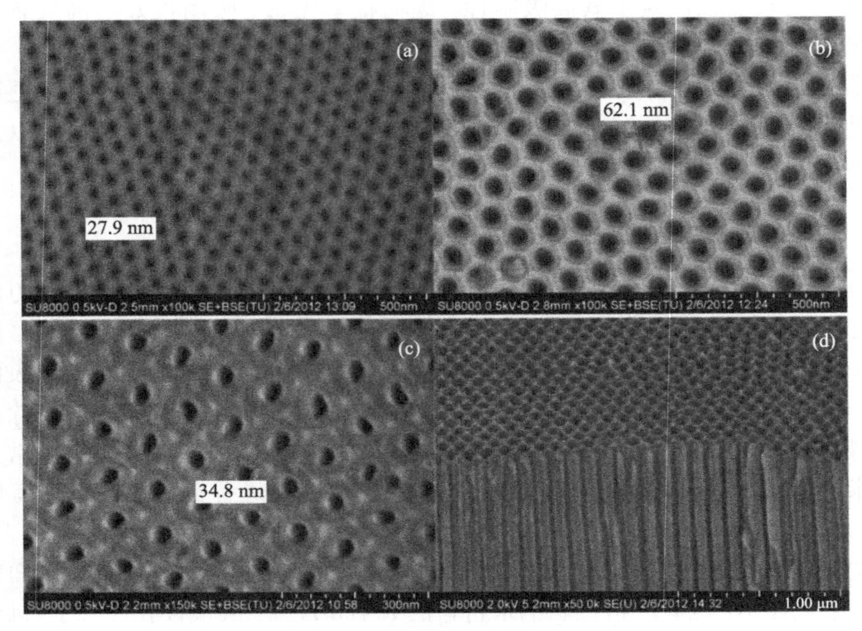

图 2-19　三种不同孔径尺寸的 OAA 模板的 SEM 照片及截面图[92]

(a) 27.9nm；(b) 62.1nm；(c) 34.8nm；(d) 与 (c) 对应孔径的模板截面图

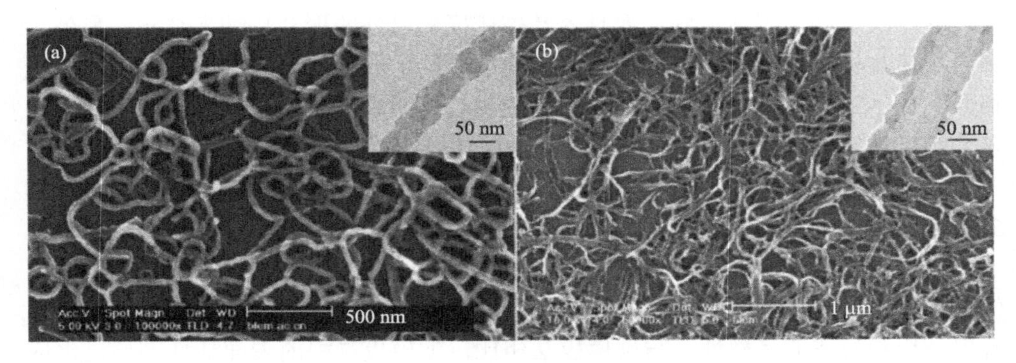

图 2-20　由软模板法制备 PPy 纳米线 (a) 和纳米带 (b) 的 SEM 照片[93, 94]

2.2.3　自组装技术

自组装技术是制备纳米结构的几种为数不多的方法之一。自组装是在无人为干涉条件下，由组装单元自发地组织形成一定形状与结构的过程。自组装纳米结构的形成过程、表征及性质测试，吸引了众多化学家、物理学家与材料科学家的兴趣，目前已经成为一个非常活跃并正飞速发展的研究领域。一般它利用非共价作用将组元(如分子、纳米晶体等)组织起来，这些非共价作用包括氢键、范德华力、静电力等。通过选择合适的化学反应条件，有序的纳米结构材料能够通过简单的自组装过程形成，也就是说，这种结构能够在没有外界干涉的状态下，通过它们自身的组装产生。因此，自组装已成为纳米科技一个重要的核心理论和技术。近年来，虽然制备纳米纤维的技术有很多种，但是大规模高产量的制备方法仍然具有挑战性。2015 年，Tan 等[95]就报道了一种高产量大规模制备一维纳米纤维的自组装方法。如图 2-21 所示，他们将一维纳米结构材料多壁碳纳米管与二维纳米结构材料(包括 MoS_2、TiS_2、TaS_2、WSe_2 等)混合，在剧烈搅拌下自组装获得了具有手性的复合纳米纤维。

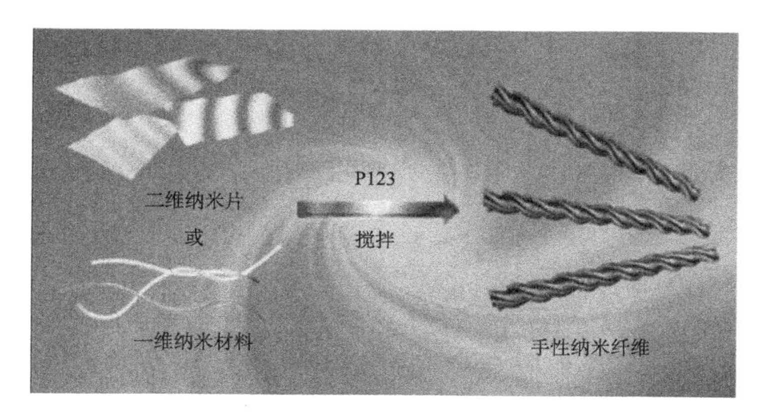

图 2-21　通过自组装技术制备具有手性的复合纳米纤维材料的示意图[95]

2.2.4　水热碳化法

水热碳化(hydrothermal carbonization, HTC)法是指在一个封闭体系下，以小分子化合物或木质纤维素为原料，以水为反应溶剂，在一定温度(130～250℃)和压力下，经过一系列复杂化学反应而转变成碳材料的过程。HTC 法是一种简单、高效、绿色的制备碳材料的途径，为开发新型碳材料和碳基复合材料及扩大这些材料的应用奠定了扎实的技术基础。HTC 的过程是一个典型的放热过程，反应过程中涉及一系列副反应，过程十分复杂，但主要是通过脱水和脱羧反应来降低原料中 O、H 的含量，从而形成水热碳。目前，被广泛接受的水热反应机理是由 Sevilla 等提出的三步反应法[96]：①前驱体的水解使体系 pH 降低；②单体脱水及聚合；③芳构化反应生成最终产物。2001 年，Wang 等[97]首次报道了一种均匀碳球的制备方法，同时指出该类材料具有优异的储能性能，进而掀起了人们研究水热碳的热潮。

然而，由于碳纳米纤维材料特殊的一维形貌，其很难通过一步水热碳化法直接得到，通常需要借助模板，经过多步处理后得到。因此，Qian 等[76]和 Hu 等[98]利用 Te 纳米线模板实现了水热碳化法制备碳纳米纤维。他们利用在水相中均匀分散的 Te 纳米线模板实现了葡萄糖分子在上面的吸附、聚合，通过碳化、刻蚀等步骤得到直径可控且均一的碳纳米纤维(图 2-22)。研究表明，在缺少 Te 纳米线时，葡萄糖分子将发生严重的自聚现象，从而形成固体碳球，无法形成碳纳米纤维，而模板导向的水热碳化法制备碳纳米纤维最大的优点是可以精确且便捷地控制纤维直径，只需对水热反应时间、温度、Te 纳米线与葡萄糖比例等参数进行调节[99, 100]。

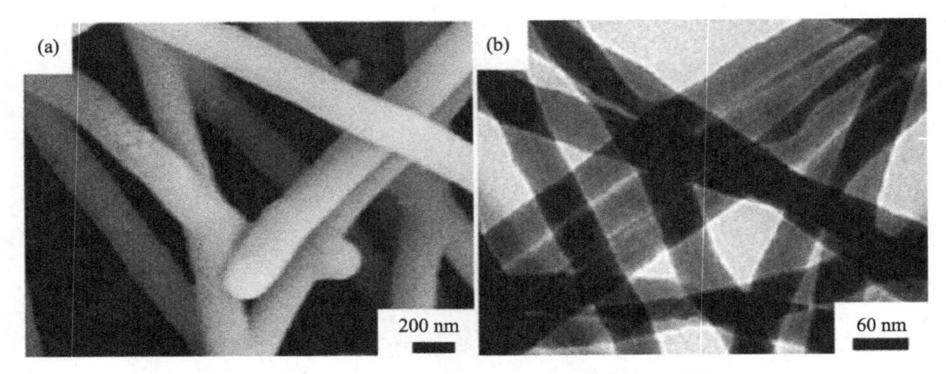

图 2-22 水热碳化法制备碳纳米纤维的 SEM(a)和 TEM(b)照片[76, 98]

2.2.5 化学气相沉积法

化学气相沉积(chemical vapor deposition，CVD)是一种被广泛应用在半导体工业领域，用于沉积多种材料的技术。CVD 方法是将两种或两种以上的气态原材料通入到有基材的反应室中，利用空间气相化学反应在基体表面上沉积出新材料的方法。

通过 CVD 方法也可以制备碳纳米纤维材料，根据生长机理的不同，所得的碳纤维可能出现两种碳原子结构[101]：锥形和平面形(图 2-23)，其中具有锥形碳原子结构的碳纤维最早由 Ge 等于 1994 年发现并报道[102]。

利用 CVD 方法制备碳纤维往往需要借助金属或合金作为催化剂，并在催化剂作用下生成过渡化合物——金属碳化物，常用的催化剂有铁、钴、镍、铬、钒等。根据所用碳源的不同，CVD 所用的温度范围在 700～1200 K 之间，其中常用的碳源有甲烷、一氧化碳、合成煤气(H_2/CO)、乙炔或乙烯等。通常所制备的碳纳米纤维的结构由催化剂金属纳米颗粒的形状决定，而碳纳米纤维的生长机理可归纳为两步：①碳氢化合物在金属颗粒当中溶入；②石墨碳在金属催化剂表面生成。图 2-24 和图 2-25 分别就 CVD 法制备锥形和平面形碳结构碳纳米纤维的生长机理给出了相应的解释[102, 103]。

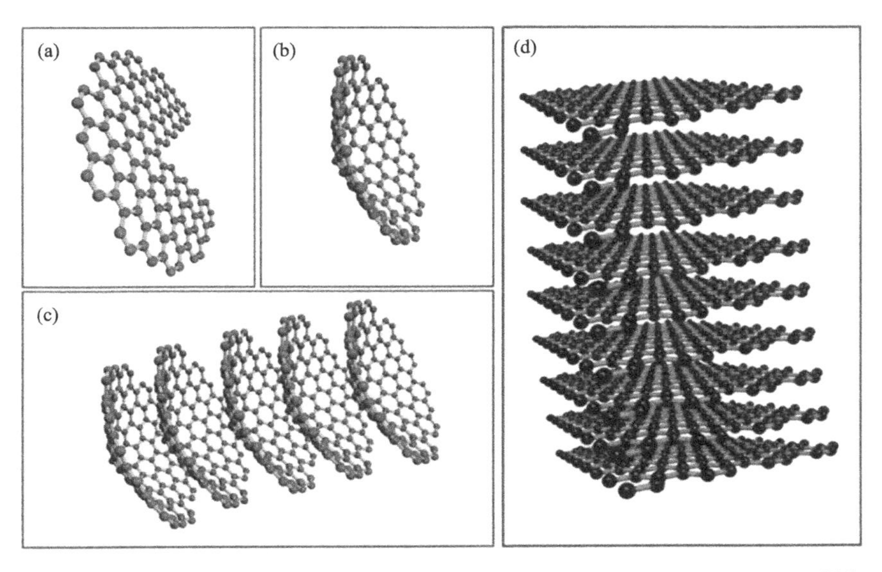

图 2-23　(a~c)锥形碳纤维的形成过程示意图；(d)平面形碳纤维结构示意图[101]

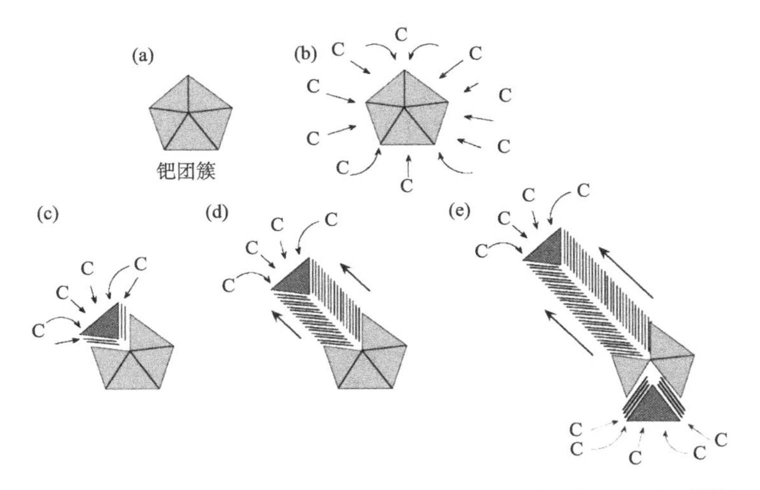

图 2-24　CVD 法制备锥形碳结构碳纳米纤维的生长机理示意图[102]

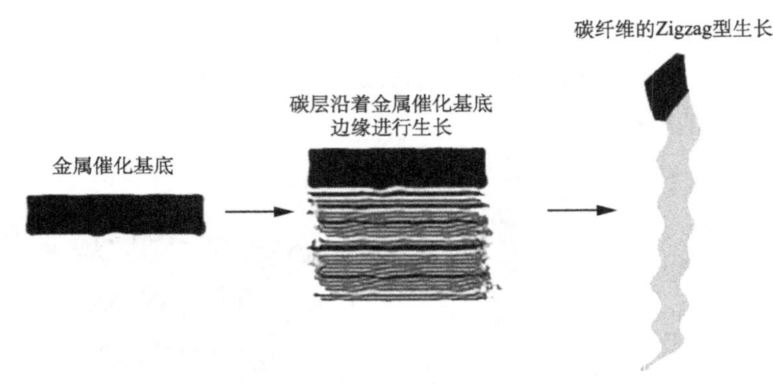

图 2-25 CVD 法制备平面形碳结构碳纳米纤维的生长机理示意图[103]

参 考 文 献

[1] Wang Z, Ma H, Chu B, Hsiao B S. Fabrication of cellulose nanofiber-based ultrafiltration membranes by spray coating approach [J]. Journal of Applied Polymer Science, 2017, 134(11): 44583.

[2] Li D, Xia Y. Fabrication of titania nanofibers by electrospinning [J]. Nano Letters, 2003, 3(4): 555-560.

[3] Cai J, Chen J, Zhang Q, Lei M, He J, Xiao A, Ma C, Li S, Xiong H. Well-aligned cellulose nanofiber-reinforced polyvinyl alcohol composite film: Mechanical and optical properties [J]. Carbohydrate Polymers, 2016, 140: 238-245.

[4] Hu W, Chen S, Yang J, Li Z, Wang H. Functionalized bacterial cellulose derivatives and nanocomposites [J]. Carbohydrate Polymers, 2014, 101: 1043-1060.

[5] Huang Y, Zhu C, Yang J, Nie Y, Chen C, Sun D. Recent advances in bacterial cellulose [J]. Cellulose, 2014, 21(1): 1-30.

[6] Shah N, Ul-Islam M, Khattak W A, Park J K. Overview of bacterial cellulose composites: A multipurpose advanced material [J]. Carbohydrate Polymers, 2013, 98(2): 1585-1598.

[7] Wu Z Y, Liang H W, Chen L F, Hu B C, Yu S H. Bacterial cellulose: A robust platform for design of three dimensional carbon-based functional nanomaterials [J]. Accounts of Chemical Research, 2016, 49(1): 96-105.

[8] Franca E F, Leite F L, Cunha R A, Oliveira Jr O N, Freitas L C. Designing an enzyme-based nanobiosensor using molecular modeling techniques [J]. Physical Chemistry Chemical Physics, 2011, 13(19): 8894-8899.

[9] Zhang T W, Shen B, Yao H B, Ma T, Lu L L, Zhou F, Yu S H. Prawn shell derived chitin nanofiber membranes as advanced sustainable separators for Li/Na-ion batteries [J]. Nano letters, 2017, 17(8): 4894-4901.

[10] Jin J, Lee D, Im H G, Han Y C, Jeong E G, Rolandi M, Choi K C, Bae B S. Chitin nanofiber transparent paper for flexible green electronics [J]. Advanced Materials, 2016, 28(26): 5169-5175.

[11] Haider S, Park S Y. Preparation of the electrospun chitosan nanofibers and their applications to the adsorption of Cu(Ⅱ) and Pb(Ⅱ) ions from an aqueous solution [J]. Journal of Membrane Science, 2009, 328(1): 90-96.

[12] Geng X, Kwon O H, Jang J. Electrospinning of chitosan dissolved in concentrated acetic acid solution [J]. Biomaterials, 2005, 26(27): 5427-5432.

[13] Matthews J A, Wnek G E, Simpson D G, Bowlin G L. Electrospinning of collagen nanofibers [J]. Biomacromolecules, 2002, 3(2): 232-238.

[14] Huang Z M, Zhang Y, Ramakrishna S, Lim C. Electrospinning and mechanical characterization of gelatin nanofibers [J].

Polymer, 2004, 45(15): 5361-5368.

[15] Ki C S, Baek D H, Gang K D, Lee K H, Um I C, Park Y H. Characterization of gelatin nanofiber prepared from gelatin–formic acid solution [J]. Polymer, 2005, 46(14): 5094-5102.

[16] Vepari C P, Kaplan D L. Surface modification of silk fibroin matrices with poly(ethylene glycol) useful as anti-adhesion barriers and anti-thrombotic materials [P]: US 9427499. 2016-08-30[2018-03-01].

[17] Aykac A, Karanlik B, Sehirli A O. Protective effect of silk fibroin in burn injury in rat model [J]. Gene, 2018, 641: 287-291.

[18] Melke J, Midha S, Ghosh S, Ito K, Hofmann S. Silk fibroin as biomaterial for bone tissue engineering [J]. Acta biomaterialia, 2016, 31: 1-16.

[19] Gholipourmalekabadi M, Samadikuchaksaraei A, Seifalian A M, Urbanska A, Ghanbarian H, Hardy J G, Omrani M, Mozafari M, Reis R L, Kundu S C. Silk fibroin/amniotic membrane 3D bi-layered artificial skin [J]. Biomedical Materials, 2018, 13(3): 035003.

[20] Koh L D, Cheng Y, Teng C P, Khin Y W, Loh X J, Tee S Y, Low M, Ye E, Yu H D, Zhang Y W, Han M Y. Structures, mechanical properties and applications of silk fibroin materials [J]. Progress in Polymer Science, 2015, 46: 86-110.

[21] Kim U J, Park J, Kim H J, Wada M, Kaplan D L. Three-dimensional aqueous-derived biomaterial scaffolds from silk fibroin [J]. Biomaterials, 2005, 26(15): 2775-2785.

[22] Sharma R, Singh N, Gupta A, Tiwari S, Tiwari S K, Dhakate S R. Electrospun chitosan-polyvinyl alcohol composite nanofibers loaded with cerium for efficient removal of arsenic from contaminated water [J]. Journal of Materials Chemistry A, 2014, 2(39): 16669-16677.

[23] Khampieng T, Wnek G E, Supaphol P. Electrospun DOXY-h loaded-poly(acrylic acid) nanofiber mats: *in vitro* drug release and antibacterial properties investigation [J]. Journal of Biomaterials Science, Polymer Edition, 2014, 25(12): 1292-1305.

[24] Xu X, Wang H, Jiang L, Wang X, Payne S A, Zhu J, Li R. Comparison between cellulose nanocrystal and cellulose nanofibril reinforced poly(ethylene oxide) nanofibers and their novel shish-kebab-like crystalline structures [J]. Macromolecules, 2014, 47(10): 3409-3416.

[25] Liu Z, Yan J, Miao Y E, Huang Y, Liu T. Catalytic and antibacterial activities of green-synthesized silver nanoparticles on electrospun polystyrene nanofiber membranes using tea polyphenols [J]. Composites Part B: Engineering, 2015, 79: 217-223.

[26] Xue G, Zhong J, Cheng Y, Wang B. Facile fabrication of cross-linked carbon nanofiber via directly carbonizing electrospun polyacrylonitrile nanofiber as high performance scaffold for supercapacitors [J]. Electrochimica Acta, 2016, 215: 29-35.

[27] Miao Y E, Zhu G N, Hou H, Xia Y Y, Liu T. Electrospun polyimide nanofiber-based nonwoven separators for lithium-ion batteries [J]. Journal of Power Sources, 2013, 226: 82-86.

[28] Sampath M, Lakra R, Korrapati P, Sengottuvelan B. Curcumin loaded poly(lactic-*co*-glycolic) acid nanofiber for the treatment of carcinoma [J]. Colloids and Surfaces B: Biointerfaces, 2014, 117: 128-134.

[29] Santos D P, Zanoni M V B, Bergamini M F, Chiorcea-Paquim A M, Diculescu V C, Brett A M O. Poly(glutamic acid) nanofibre modified glassy carbon electrode: Characterization by atomic force microscopy, voltammetry and electrochemical impedance [J]. Electrochimica Acta, 2008, 53(11): 3991-4000.

[30] Xue J, He M, Niu Y, Liu H, Crawford A, Coates P, Chen D, Shi R, Zhang L. Preparation and *in vivo* efficient anti-infection property of GTR/GBR implant made by metronidazole loaded electrospun polycaprolactone nanofiber membrane [J]. International Journal of Pharmaceutics, 2014, 475(1): 566-577.

[31] Fukushima S, Karube Y, Kawakami H. Preparation of ultrafine uniform electrospun polyimide nanofiber [J]. Polymer journal, 2010, 42(6): 514-518.

[32] Zhou H, Green T B, Joo Y L. The thermal effects on electrospinning of polylactic acid melts [J]. Polymer, 2006, 47(21): 7497-7505.

[33] Wang X, Ding B, Sun M, Yu J, Sun G. Nanofibrous polyethyleneimine membranes as sensitive coatings for quartz crystal microbalance-based formaldehyde sensors [J]. Sensors and Actuators B: Chemical, 2010, 144(1): 11-17.

[34] Ding F, Deng H, Du Y, Shi X, Wang Q. Emerging chitin and chitosan nanofibrous materials for biomedical applications [J]. Nanoscale, 2014, 6(16): 9477-9493.

[35] Angammana C J, Jayaram S H. The effects of electric field on the multijet electrospinning process and fiber morphology [J]. IEEE Transactions on Industry Applications, 2011, 47(2): 1028-1035.

[36] Kidoaki S, Kwon I K, Matsuda T. Mesoscopic spatial designs of nano-and microfiber meshes for tissue-engineering matrix and scaffold based on newly devised multilayering and mixing electrospinning techniques [J]. Biomaterials, 2005, 26(1): 37-46.

[37] Sun Z, Zussman E, Yarin A L, Wendorff J H, Greiner A. Compound core-shell polymer nanofibers by co-electrospinning [J]. Advanced Materials, 2003, 15(22): 1929-1932.

[38] Jiang H, Wang L, Zhu K. Coaxial electrospinning for encapsulation and controlled release of fragile water-soluble bioactive agents [J]. Journal of Controlled Release, 2014, 193: 296-303.

[39] Man Z, Yin L, Shao Z, Zhang X, Hu X, Zhu J, Dai L, Huang H, Yuan L, Zhou C, Chen H, Ao Y. The effects of co-delivery of BMSC-affinity peptide and rhTGF-β_1 from coaxial electrospun scaffolds on chondrogenic differentiation [J]. Biomaterials, 2014, 35(19): 5250-5260.

[40] Zhao Y, Cao X, Jiang L. Bio-mimic multichannel microtubes by a facile method [J]. Journal of the American Chemical Society, 2007, 129(4): 764-765.

[41] Kim C, Yang K. Electrochemical properties of carbon nanofiber web as an electrode for supercapacitor prepared by electrospinning [J]. Applied Physics Letters, 2003, 83(6): 1216-1218.

[42] Kim C, Yang K S, Kojima M, Yoshida K, Kim Y J, Kim Y A, Endo M. Fabrication of electrospinning-derived carbon nanofiber webs for the anode material of lithium - ion secondary batteries [J]. Advanced Functional Materials, 2006, 16(18): 2393-2397.

[43] Rahaman M S A, Ismail A F, Mustafa A. A review of heat treatment on polyacrylonitrile fiber [J]. Polymer Degradation and Stability, 2007, 92(8): 1421-1432.

[44] Wang Y, Serrano S, Santiago-Aviles J J. Raman characterization of carbon nanofibers prepared using electrospinning [J]. Synthetic Metals, 2003, 138(3): 423-427.

[45] Gu S, Ren J, Vancso G. Process optimization and empirical modeling for electrospun polyacrylonitrile(PAN) nanofiber precursor of carbon nanofibers [J]. European Polymer Journal, 2005, 41(11): 2559-2568.

[46] Liu J, Yue Z, Fong H. Continuous nanoscale carbon fibers with superior mechanical strength [J]. Small, 2009, 5(5): 536-542.

[47] 丁孟贤. 聚酰亚胺：化学、结构与性能的关系及材料 [M]. 北京：科学出版社, 2006.

[48] Nah C, Han S H, Lee M H, Kim J S, Lee D S. Characteristics of polyimide ultrafine fibers prepared through electrospinning [J]. Polymer International, 2003, 52(3): 429-432.

[49] Kim C, Choi Y O, Lee W J, Yang K S. Supercapacitor performances of activated carbon fiber webs prepared by electrospinning of PMDA-ODA poly(amic acid) solutions [J]. Electrochimica Acta, 2004, 50(2): 883-887.

[50] Cui R, Pan L, Deng C. Synthesis of carbon nanocoils on substrates made of plant fibers [J]. Carbon, 2015, 89: 47-52.

[51] Kim I D, Rothschild A. Nanostructured metal oxide gas sensors prepared by electrospinning [J]. Polymers for Advanced Technologies, 2011, 22(3): 318-325.

[52] Long Y Z, Yu M, Sun B, Gu C Z, Fan Z. Recent advances in large-scale assembly of semiconducting inorganic nanowires and nanofibers for electronics, sensors and photovoltaics [J]. Chemical Society Reviews, 2012, 41(12): 4560-4580.

[53] Shao C, Kim H Y, Gong J, Ding B, Lee D R, Park S J. Fiber mats of poly(vinyl alcohol)/silica composite via electrospinning [J]. Materials Letters, 2003, 57(9): 1579-1584.

[54] Wu H, Hu L, Rowell M W, Kong D, Cha J J, Mcdonough J R, Zhu J, Yang Y, Mcgehee M D, Cui Y. Electrospun

metal nanofiber webs as high-performance transparent electrode [J]. Nano Letters, 2010, 10(10): 4242-4248.

[55] Wu H, Kong D, Ruan Z, Hsu P C, Wang S, Yu Z, Carney T J, Hu L, Fan S, Cui Y. A transparent electrode based on a metal nanotrough network [J]. Nature Nanotechnology, 2013, 8: 421.

[56] Serrano M C, Gutiérrez M C, Del Monte F. Role of polymers in the design of 3D carbon nanotube-based scaffolds for biomedical applications [J]. Progress in Polymer Science, 2014, 39(7): 1448-1471.

[57] Chen S, Han D, Hou H. High strength electrospun fibers [J]. Polymers for Advanced Technologies, 2011, 22(3): 295-303.

[58] Huang L, Mcmillan R A, Apkarian R P, Pourdeyhimi B, Conticello V P, Chaikof E L. Generation of synthetic elastin-mimetic small diameter fibers and fiber networks [J]. Macromolecules, 2000, 33(8): 2989-2997.

[59] Ge J J, Hou H, Li Q, Graham M J, Greiner A, Reneker D H, Harris F W, Cheng S Z. Assembly of well-aligned multiwalled carbon nanotubes in confined polyacrylonitrile environments: electrospun composite nanofiber sheets [J]. Journal of the American Chemical Society, 2004, 126(48): 15754-15761.

[60] Chen D, Liu T X, Zhou X P, Tjiu W C, Hou H Q. Electrospinning fabrication of high strength and toughness polyimide nanofiber membranes containing multiwalled carbon nanotubes [J]. Journal of Physical Chemistry B, 2009, 113(29): 9741-9748.

[61] Meng J, Han Z, Kong H, Qi X, Wang C, Xie S, Xu H. Electrospun aligned nanofibrous composite of MWCNT/polyurethane to enhance vascular endothelium cells proliferation and function [J]. Journal of Biomedical Materials Research Part A, 2010, 95(1): 312-320.

[62] Bao Q, Zhang H, Yang J X, Wang S, Tang D Y, Jose R, Ramakrishna S, Lim C T, Loh K P. Graphene-polymer nanofiber membrane for ultrafast photonics [J]. Advanced Functional Materials, 2010, 20(5): 782-791.

[63] Zhu P, Nair A S, Shengjie P, Shengyuan Y, Ramakrishna S. Facile fabrication of TiO_2-graphene composite with enhanced photovoltaic and photocatalytic properties by electrospinning [J]. ACS Applied Materials & Interfaces, 2012, 4(2): 581-585.

[64] Kim C H, Kim B H, Yang K S. IT02. TiO_2 nanoparticles loaded on graphene/carbon composite nanofibers by electrospinning for increased photocatalysis[C]. Proceedings of the Physics and Technology of Sensors(ISPTS), 2015 2nd International Symposium, 2015. IEEE.

[65] Liu M, Du Y, Miao Y E, Ding Q, He S, Tjiu W W, Pan J, Liu T. Anisotropic conductive films based on highlyaligned polyimide fibers containing hybrid materials of graphene nanoribbons and carbon nanotubes [J]. Nanoscale, 2015, 7(3): 1037-1046.

[66] Ostermann R, Li D, Yin Y, Mccann J T, Xia Y. V_2O_5 nanorods on TiO_2 nanofibers: A new class of hierarchical nanostructures enabled by electrospinning and calcination [J]. Nano Letters, 2006, 6(6): 1297-1302.

[67] Li D, Herricks T, Xia Y. Magnetic nanofibers of nickel ferrite prepared by electrospinning [J]. Applied Physics Letters, 2003, 83(22): 4586-4588.

[68] Liu L, Lv F, Li P, Ding L, Tong W, Chu P K, Zhang Y. Preparation of ultra-low dielectric constant silica/polyimide nanofiber membranes by electrospinning [J]. Composites Part A: Applied Science and Manufacturing, 2016, 84: 292-298.

[69] Jin Y, Yang D, Kang D, Jiang X. Fabrication of necklace-like structures via electrospinning [J]. Langmuir, 2009, 26(2): 1186-1190.

[70] Ding B, Ogawa T, Kim J, Fujimoto K, Shiratori S. Fabrication of a super-hydrophobic nanofibrous zinc oxide film surface by electrospinning [J]. Thin Solid Films, 2008, 516(9): 2495-2501.

[71] Guan H, Zhou W, Fu S, Shao C, Liu Y. Electrospun nanofibers of NiO/SiO_2 composite [J]. Journal of Physics and Chemistry of Solids, 2009, 70(10): 1374-1377.

[72] Li Z, Fan Y, Zhan J. In_2O_3 nanofibers and nanoribbons: Preparation by electrospinning and their formaldehyde gas-sensing properties [J]. European Journal of Inorganic Chemistry, 2010, 2010(21): 3348-3353.

[73] Linh N T B, Lee K H, Lee B T. Fabrication of photocatalytic PVA-TiO_2 nano-fibrous hybrid membrane using the electro-spinning method [J]. Journal of Materials Science, 2011, 46(17): 5615-5620.

[74] Liu B, Aydil E S. Growth of oriented single-crystalline rutile TiO_2 nanorods on transparent conducting substrates for dye-sensitized solar cells [J]. Journal of the American Chemical Society, 2009, 131(11): 3985-3990.

[75] Yang Q, Li D, Hong Y, Li Z, Wang C, Qiu S, Wei Y. Preparation and characterization of a PAN nanofibre containing Ag nanoparticles via electrospinning [C]. Proceedings of the ICSM 2002: Proceedings of the 2002 International Conference on Science and Technology of Synthetic Metals, 2003. Elsevier SA.

[76] Qian H S, Yu S H, Luo L B, Gong J Y, Fei L F, Liu X M. Synthesis of uniform Te@carbon-rich composite nanocables with photoluminescence properties and carbonaceous nanofibers by the hydrothermal carbonization of glucose [J]. Chemistry of Materials, 2006, 18(8): 2102-2108.

[77] Carlberg B, Ye L L, Liu J. Surface-confined synthesis of silver nanoparticle composite coating on electrospun polyimide nanofibers [J]. Small, 2011, 7(21): 3057-3066.

[78] Xiao S L, Shen M W, Guo R, Huang Q G, Wang S Y, Shi X Y. Fabrication of multiwalled carbon nanotube-reinforced electrospun polymer nanofibers containing zero-valent iron nanoparticles for environmental applications [J]. Journal of Materials Chemistry, 2010, 20(27): 5700-5708.

[79] Zhang Z, Wu Y, Wang Z, Zou X, Zhao Y, Sun L. Fabrication of silver nanoparticles embedded into polyvinyl alcohol (Ag/PVA) composite nanofibrous films through electrospinning for antibacterial and surface-enhanced Raman scattering (SERS) activities [J]. Materials Science and Engineering: C, 2016, 69: 462-469.

[80] Tan C, Zhang H. Two-dimensional transition metal dichalcogenide nanosheet-based composites [J]. Chemical Society Reviews, 2015, 44(9): 2713-2731.

[81] Dong H, Wang D, Sun G, Hinestroza J P. Assembly of metal nanoparticles on electrospun nylon 6 nanofibers by control of interfacial hydrogen-bonding interactions [J]. Chemistry of Materials, 2008, 20(21): 6627-6632.

[82] Chinnappan A, Kim H. Nanocatalyst: Electrospun nanofibers of PVDF-dicationic tetrachloronickelate (Ⅱ) anion and their effect on hydrogen generation from the hydrolysis of sodium borohydride [J]. International Journal of Hydrogen Energy, 2012, 37(24): 18851-18859.

[83] Kim G M, Wutzler A, Radusch H J, Michler G H, Simon P, Sperling R A, Parak W J. One-dimensional arrangement of gold nanoparticles by electrospinning [J]. Chemistry of Materials, 2005, 17(20): 4949-4957.

[84] Wang J, Yao H B, He D, et al. Facile fabrication of gold nanoparticles-poly(vinyl alcohol) electrospun water-stable nanofibrous mats: efficient substrate materials for biosensors [J]. ACS Applied Materials & Interfaces, 2012, 4(4): 1963-1971.

[85] Rayleigh L. XX. On the equilibrium of liquid conducting masses charged with electricity [J]. The London, Edinburgh, and Dublin Philosophical Magazine and Journal of Science, 1882, 14(87): 184-186.

[86] Anton F. Process and apparatus for preparing artificial threads [P]: US 50028330A. 1934-10-02[2018-03-01].

[87] Reneker D H, Chun I. Nanometre diameter fibres of polymer, produced by electrospinning [J]. Nanotechnology, 1996, 7(3): 216.

[88] Han T, Reneker D H, Yarin A L. Buckling of jets in electrospinning [J]. Polymer, 2007, 48(20): 6064-6076.

[89] Taylor G. Electrically driven jets[C]. Proceedings of the Royal Society of London A: Mathematical, Physical and Engineering Sciences, 1969. The Royal Society.

[90] Doshi J, Reneker D H. Electrospinning process and applications of electrospun fibers [J]. Journal of Electrostatics, 1995, 35(2-3): 151-160.

[91] Tan S, Inai R, Kotaki M, Ramakrishna S. Systematic parameter study for ultra-fine fiber fabrication via electrospinning process [J]. Polymer, 2005, 46(16): 6128-6134.

[92] Blaszczyk-Lezak I, HernáNdez M, Mijangos C. One dimensional PMMA nanofibers from AAO templates. Evidence of confinement effects by dielectric and Raman analysis [J]. Macromolecules, 2013, 46(12): 4995-5002.

[93] Zhang X, Zhang J, Liu Z, Robinson C. Inorganic/organic mesostructure directed synthesis of wire/ribbon-like polypyrrole nanostructures [J]. Chemical Communications, 2004, (16): 1852-1853.

[94] Zhang X, Zhang J, Song W, Liu Z. Controllable synthesis of conducting polypyrrole nanostructures [J]. The Journal of Physical Chemistry B, 2006, 110(3): 1158-1165.

[95] Tan C, Qi X, Liu Z, Zhao F, Li H, Huang X, Shi L, Zheng B, Zhang X, Xie L. Self-assembled chiral nanofibers from ultrathin low-dimensional nanomaterials [J]. Journal of the American Chemical Society, 2015, 137(4): 1565-1571.

[96] Sevilla M, Fuertes A B. The production of carbon materials by hydrothermal carbonization of cellulose [J]. Carbon, 2009, 47(9): 2281-2289.

[97] Wang Q, Li H, Chen L, Huang X. Monodispersed hard carbon spherules with uniform nanopores [J]. Carbon, 2001, 39(14): 2211-2214.

[98] Hu B, Wang K, Wu L, Yu S H, Antonietti M, Titirici M M. Engineering carbon materials from the hydrothermal carbonization process of biomass [J]. Advanced Materials, 2010, 22(7): 813-828.

[99] Hu B, Zhao Y, Zhu H Z, Yu S H. Selective chromogenic detection of thiol-containing biomolecules using carbonaceous nanospheres loaded with silver nanoparticles as carrier [J]. ACS Nano, 2011, 5(4): 3166-3171.

[100] Liang H W, Wang L, Chen P Y, Lin H T, Chen L F, He D, Yu S H. Carbonaceous nanofiber membranes for selective filtration and separation of nanoparticles [J]. Advanced Materials, 2010, 22(42): 4691-4695.

[101] Feng L, Xie N, Zhong J. Carbon nanofibers and their composites: A review of synthesizing, properties and applications [J]. Materials, 2014, 7(5): 3919-3945.

[102] Ge M, Sattler K. Observation of fullerene cones [J]. Chemical Physics Letters, 1994, 220(3): 192-196.

[103] Zheng R, Zhao Y, Liu H, Liang C, Cheng G. Preparation, characterization and growth mechanism of platelet carbon nanofibers [J]. Carbon, 2006, 44(4): 742-746.

第3章

高分子纳米纤维及其衍生物的结构与形态

3.1 单根纤维的结构与形态

3.1.1 多孔结构纳米纤维

多孔材料是指含有孔洞、通道、缝隙的材料，按孔径大小可分为微孔(< 2 nm)、介孔(2～50 nm)和大孔(> 50 nm)材料。静电纺多孔纤维的孔径多处于微孔与介孔的尺度范围内。多孔结构能显著增大静电纺纳米纤维的比表面积，提高其在相关领域的应用性能，尤其是催化剂及其载体、过滤材料、药物控释体系、电极材料等。目前，静电纺丝法制备多孔纳米纤维的方法主要分为一步法和多步法两种。

1. 一步法制备多孔纳米纤维

利用静电纺丝技术一步法直接制备多孔纳米纤维，主要是通过将疏水性聚合物溶解在高挥发性溶剂中，使高分子的微小液体流在高压静电场中高速拉伸，并伴随着溶剂快速挥发促使液体流发生快速的相分离，从而形成聚合物富集相和溶剂富集相，而聚合物富集相固化后最终形成纤维骨架，溶剂富集相则形成纤维的孔道。

一般有机多孔纳米纤维的制备通过引发相分离而形成，包括溶剂挥发诱导相分离、非溶剂诱导相分离和共混物电纺相分离。Bognitzki 等[1]最先将聚乳酸(PLA)、聚碳酸酯(PC)溶解在二氯甲烷中，通过静电纺丝制备表面带有多孔结构的纳米纤维，孔宽在 100～200 nm 之间，其表面孔结构就是溶剂快速挥发引起相分离，聚合物快速固化所致。Megelski 等[2]以聚苯乙烯(PS)、聚甲基丙烯酸甲酯(PMMA)、聚碳酸酯(PC)、聚氧化乙烯(PEO)为聚合物基体，*N,N*-二甲基甲酰胺(DMF)、四氢呋喃(THF)、丙酮等为溶剂，研究了不同聚合物-溶剂体系以及静电纺工艺参数对纤维表面形态的影响。结果表明，对于质量分数为 18%～35%的 PS/THF 溶液，随着质量分数的增加，纤维直径变得较为均匀，表面的孔隙尺寸分布变大；随着所加电压的升高，纤维直径减小，表面孔径分布变化不大；接收距离对纤维表面影响不大；随着注射速度提高，纤维表面孔径变大，孔径分布范围变宽；混合溶剂DMF/THF体系的组分比会影响PS纤维表面的孔径大小；PMMA分别溶于丙酮、三氯甲烷和THF后纺丝得到的纤维表面都形成孔，但孔径差别不大；PC/三氯甲烷体系得到的纤维表面成孔致密，PEO/三氯甲烷、PEO/丙酮体系得到的纤维表面没有孔。Casper 等[3]以 PS/THF 体系研究了环境湿度和聚合物分子量对纤维表面形态的影响。结果表明，随着静电纺丝环境湿度的增加，纤维表面孔的数量和直径增大，孔径分布范围变宽；随着聚合物分子量的增加，纤维表面孔径尺寸的均匀性降低。图 3-1 为不同分子量的 PS 在不同湿度下纺丝得到的纤维的原子力显微镜(atomic force microscopy, AFM)照片。

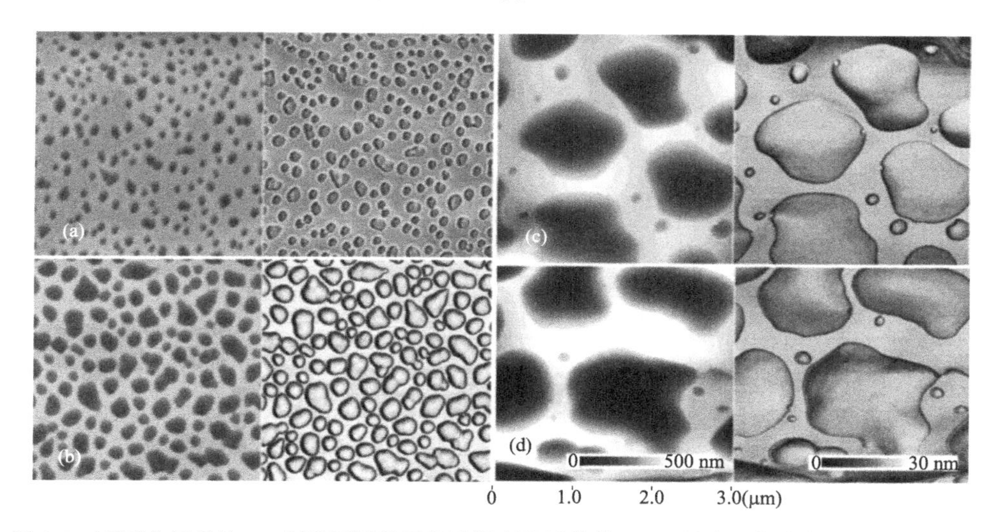

图 3-1　不同分子量的 PS 在不同湿度下纺丝得到的纤维的 AFM 照片，左边为拓扑结构，右边为相结构[3]

(a)分子量为 190000，湿度为 50%～59%；(b)分子量为 190000，湿度为 60%～72%；(c)分子量为 560900，湿度为 50%～59%；(d)分子量为 560900，湿度为 60%～72%

Han 等[4]研究了二氯甲烷/乙醇混合体系对静电纺醋酸纤维素(CA)纳米纤维表面形态的影响。结果表明，由于乙醇的加入可以调节溶剂体系的挥发速度和蒸气压，从而影响纤维表面的孔径分布，纤维的比表面积可达 14. 47 m^2/g。Qi 等[5]以 PLA 为聚合物，研究了非溶剂/溶剂/聚合物体系中二氯甲烷和乙醇的组成比例对静电纺 PLA 纳米纤维表面形态的影响。通过调整所加电压以及溶剂与非溶剂的组分比，得到了表面具有不同多孔结构的纳米纤维。Miyauchi 等[6]研究了 PS/DMF/THF 体系中，溶剂组分比例的变化对纤维表面形态结构的影响。纤维表面多孔隙结构的存在，增加了纤维的比表面积，使得 PS 多孔纳米纤维具有超疏水性能，其接触角可达 159.5°。Lin 等[7]还进一步通过调控 DMF 和 THF 的配比一步法制备了具有高比表面积的 PS 多孔纤维(图 3-2)，充分证明了溶剂的挥发性在很大程度上决定了相分离的过程，进而最终影响多孔结构的形成。Kim 等[8]通过 PLA/二氯甲烷、PS /THF、聚醋酸乙烯酯(polyvinyl acetate, PVAc)/THF 体系研究了接收装置温度对静电纺纤维表面形态的影响。结果表明，纤维表面的孔径大小、深度随着接收装置温度的提高而变大、变深；当温度接近聚合物玻璃化转变温度时孔径和深度达到最大值，而后随着温度升高又逐渐降低。Wu 等[9]将聚丁二酸丁二醇酯[poly(butylene succinate), PBS]溶解于三氯甲烷中，得到了表面孔径平均为 200 nm 左右的多孔纳米纤维。

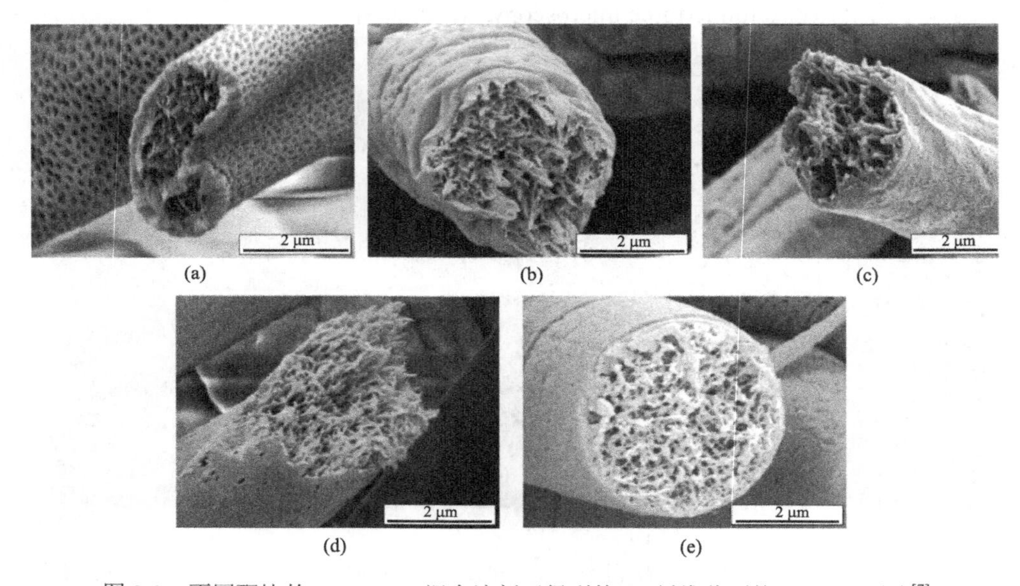

图 3-2　不同配比的 THF/DMF 混合溶剂下得到的 PS 纤维截面的 FESEM 照片[7]

(a) 4：0；(b) 3：1；(c) 2：2；(d) 1：3；(e) 0：4

Lee 等[10]还采用了添加非溶剂的方法来诱导相分离，他们发现，聚 4-甲基-1-戊烯在非溶剂丙酮、DMF 与溶剂环己烷共混纺丝时可以形成多孔结构纤维，而在纯溶剂环己烷中纺丝时只能形成光滑纤维，由此证实了孔结构是由相分离时非溶剂富集相造成的。类似地，科学家们发现，在非水溶性聚合物电纺过程中，调控空气湿度就可以制备具有规则孔结构的纤维材料[11]。

2. 多步法制备多孔纳米纤维

(1) 聚合物成孔剂法

该方法是将两种不同组分的聚合物按一定比例混合溶解在同一溶剂里，或将两种不同溶剂的聚合物溶液进行共混后静电纺丝成形，再通过后处理工艺去除其中的一种成分，从而形成多孔结构。后处理工艺主要包括溶剂萃取、热降解和紫外光照射交联处理等方式。

Bognitzki 等[12]最先尝试用电纺 PLA 和聚乙烯吡咯烷酮(polyvinyl pyrrolidone, PVP)的二氯甲烷溶液得到双连续相结构的共混纤维，然后用水将 PVP 溶去得到多孔 PLA 纤维，用介于 PLA 和 PVP 熔点之间的温度进行热处理则得到多孔 PVP 纤维。Li 等[13]将 PAN 和 PVP 溶于共溶剂 DMF 中进行静电纺丝，利用相分离沥滤致孔机理(也称电纺-相分离-沥滤法)，去除 PVP 制备超高比表面积的 PAN 多孔纳米纤维。他们采用场发射扫描电子显微镜观察纤维表面和截面结构，并用比表面积测定仪测量其比表面积。结果表明，纤维比表面积随静电纺溶液中 PVP 含量的增加而增大，其比表面积最高达到 70 m^2/g，纤维的截面呈现多孔结构，孔尺寸约 30 nm。Zhang 等[14]将 PAN 和 PEO 共同溶于 DMF 中得到共混溶液，通过静电纺丝技术制成复合纳米纤维，经真空干燥后将其浸没在去离子水中去除 PEO。研究发现，PEO 的含量对 PAN 多孔纳米纤维的孔隙度和比表面积都有影响，PAN 多孔纳米纤维的比表面积最高可达 46. 8 m^2/g，孔体积可达 0. 37 cm^3/g。图 3-3 为 PAN 多孔纳米纤维的透射电子显微镜(transmission electron microscopy, TEM)照片。由此可见，将某一种可溶性聚合物作为成孔剂，在纺丝成形后再利用溶剂去除的方法具有较广的普适性，研究证实能得到多孔纳米纤维的聚合物体系还有生物聚合物动物胶和 PCL 体系[15]，PGA 和 PLA 体系[16]，PAN 和 PS 体系[17]等。

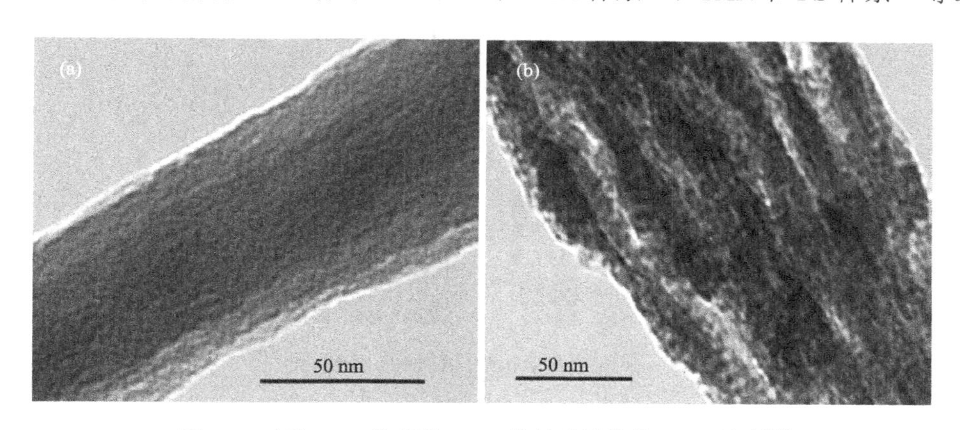

图 3-3　去除 PEO 前后的 PAN 基纳米纤维的 TEM 照片[14]

(a) 去除前；(b) 去除后

Lyoo 等[18]将质量分数为 40%的聚乙烯醇肉桂酸酯[poly(vinyl cinnamate), PVCi]溶液(溶剂为三氯甲烷)和质量分数为 25%的嵌段共聚物聚[(3-羟基丁酸)-(3-戊酸)][poly(3-hydroxybutyrate-*co*-3-hydroxyvalerate, PHBV]溶液(溶剂为三氯甲烷)以不同比例共混后静电纺丝，并对得到的复合纤维进行紫外光照射处理，从而使 PVCi 发生交联反应。因上述两种聚合物在静电纺丝成纤过程中会发生相分离，经三氯甲烷溶解去除 PHBV 后，便可形成 PVCi 多孔纳米纤维；而且孔尺寸随着 PHBV 含量的增加而增大。Jun 等[19]也将质量分数为 10%的不饱和聚酯大分子单体(UPM)(溶剂为三氯甲烷)和质量分数为 25%的 PHBV 溶液(溶剂为三氯甲烷)以不同比例共混电纺，所形成的复合纳米纤维中的 UPM 经紫外光照射处理后也会发生交联反应，再用丙酮和三氯甲烷洗涤去除未反应的 UPM 单体和 PHBV，从而获得了 UPM 多孔纳米纤维。

(2) 无机成孔剂法

该方法是通过在聚合物纺丝液中添加无机盐作为成孔剂，在溶液静电纺成形后去除无机盐而形成纳米多孔结构。Gupta 等[20]在质量分数为 5%的聚酰胺 6/甲酸溶液中加入三氯化镓，静电纺制备复合纳米纤维后将其浸没于水中去除三氯化镓，从而形成多孔结构。图 3-4 为所制得的聚酰胺 6 多孔纳米纤维的 SEM 照片，可见纤维内外表面均形成了多孔结构。BET 测试表明，去除三氯化镓后形成的多孔结构纳米纤维的比表面积较去除三氯化镓前纤维的比表面积提高了近 6 倍，达到 12 m^2/g。

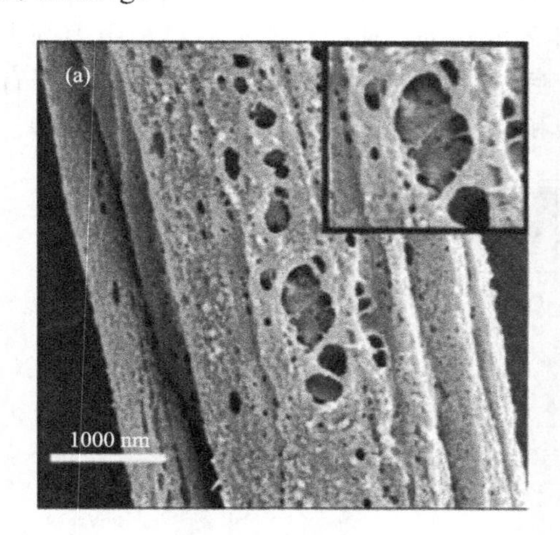

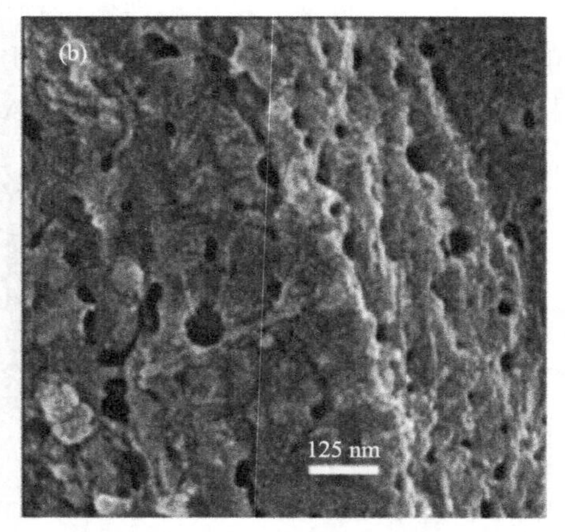

图 3-4 聚酰胺 6 多孔纳米纤维的 SEM 照片[20]

Ma 等[21]将质量分数为 8%的 $NaHCO_3$ 溶液加入到质量分数为 20%的 PAN/DMF 溶液中，通过静电纺丝制备复合纳米纤维，后经 HCl 溶液洗涤。$NaHCO_3$ 和 HCl 反应放出 CO_2 气体，使纤维内部形成了纳米多孔结构。Kim 等[22]在 PAN 溶液中加入金属盐氯化锌，通过静电纺丝制备纤维后经过后处理工艺制成多孔碳纳米纤维，其比表面积高达 550 m^2/g，可用作超级电容器电极材料。

(3) 高温煅烧致孔法

该方法是在聚合物溶液中添加可溶性金属盐或纳米颗粒，共混分散后形成均匀溶液，进一步通过静电纺丝制备复合纳米纤维，再经高温煅烧后去除有机成分，从而得到具有高比表面积的无机多孔纳米纤维[23]。

实际上无机纳米纤维多是由颗粒团聚形成，颗粒的晶粒尺寸、堆积密度等不仅直接影响多孔结构的孔径分布，同时也决定了材料的力学、电学及光学等性能。目前，仅实现了 SiO_2、TiO_2 和 ZrO 等[24, 25]柔性无机纳米纤维膜的可控制备。因此，如何解决无机多孔纳米纤维孔结构的复杂性、晶粒尺寸的不可控性及脆性大等缺陷，依然是静电纺无机纳米纤维制备过程中面临的严峻考验。Kanehata 等[26]通过共混电纺制备了硅溶胶纳米粒子/PVA 复合纳米纤维，经过 450 ℃高温煅烧去除 PVA 后获得了具有超高比表面积的无机多孔纳米纤维，其数值可达 270.3 m^2/g。类似地，Kokubo 等[27]在 PVAc 溶液中加入可溶的异丙氧基钛金属盐溶液，通过静电纺丝制备含钛的 PVAc 复合纤维，进一步在 500 ℃对其进行高温煅烧处理去除 PVAc，从而得到二氧化钛多孔纳米纤维。研究发现，对该纤维经过热压处理可以大幅度提高其比表面积(100 m^2/g)，进而提高其在染料敏化太阳能电池应用中的光转化率。

如前所述，碳纳米纤维的前驱体聚合物(如聚丙烯腈、聚酰亚胺等)在预氧化或亚胺化过程中会发生环化、脱氢和氧化等反应过程而形成高度共轭的碳网络结构，因而表现出高强度、高模量、高导电性等优异性能。多孔结构的引入则能提高其比表面积，使更多的活性位点参与吸附、催化、电容器或锂电池的电极反应，因此近年来多孔碳纳米纤维的制备也得到了广泛的研究。Peng 等[28]将 PAN 和丙烯腈-甲基丙烯酸甲酯(AN-MMA)共聚物溶于 DMF，通过静电纺丝技术制成具有微分相结构的亚微米级纤维，经 200～300 ℃的预氧化稳定处理和惰性氛围中 600～1000 ℃的碳化处理后，获得了内外表面均具有多孔结构的超细碳纤维(图 3-5)。比表面积分析证实，多孔碳纤维的比表面积可达 321.1 m^2/g，孔体积为 0. 36 cm^3/g。Jo 等[29]也以 PAN 为基体，研究了聚丙烯酸(PAA)、聚乙二醇(PEG)、PMMA 和 PS 等造孔剂对多孔碳纳米纤维的孔径、比表面积和超级电容器性能的影响规律，初步实现了纳米纤维多孔结构的可控构筑。此外，苯硅烷、三聚氰胺[30, 31]也被视为高效的碳纳米纤维成孔剂，可显著提高 PAN 基多孔碳纳米纤维作为超级电容器电极材料时的比电容值。

3.1.2　核壳结构纳米纤维

传统静电纺丝设备使用单一毛细管状喷丝头，适用于制备实心且表面光滑的纳米纤维材料，而适当地改进静电纺丝装置或对纤维进行表面处理则能够实现核壳结构纳米纤维的制备。在核壳结构纤维材料的内部和外部分别富集不同成分，不仅能充分发挥电纺纤维直径小、比表面积高、孔隙率大等优点，而且通过调节核壳成分使不同组分充分复合或互补，可以进一步起到协同增强的作用。目前，借助于静电纺丝技术构筑核壳结构聚合物纳米纤维复合材料的方法主要可分为两类：同轴电纺和纤维表面功能化(包括自组装技术、表面沉积、原位生长与聚合等)。

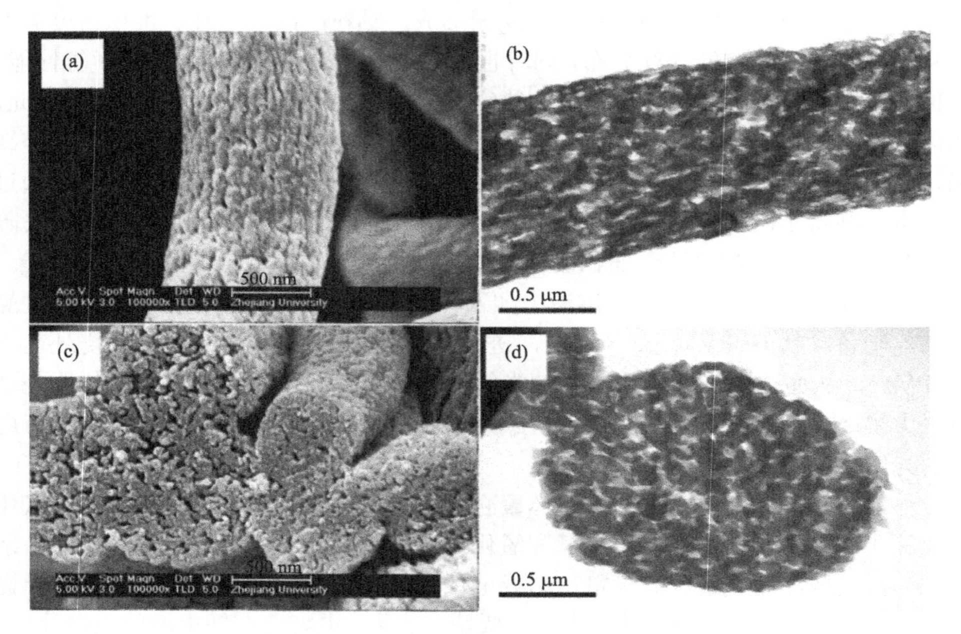

图 3-5 多孔碳纳米纤维正面和截面的 SEM(a, c) 和 TEM 照片(b, d)[28]

1. 同轴电纺

2002 年，Loscertales 等[32]首次提出了一种由粗细不同的两根毛细管共同组成的同轴静电喷雾装置，并将其用于水溶性药物包覆研究。2003 年，这一技术扩展至静电纺丝体系，Sun 等[33]首次通过同轴电纺技术制备了核层为聚十二烷基噻吩、壳层为 PEO 的高分子纳米复合纤维。之后，采用同轴电纺技术制备的具有核壳结构的纳米纤维复合材料被广泛地应用于生物活性组分的载体、药物释放、组织工程支架等领域。例如，Zhang 等[34]利用同轴电纺制备了以荧光素异硫氰酸酯修饰的牛血清白蛋白(fitcBSA)为核、PCL 为壳的功能性纤维膜，通过控制电纺过程中内外层溶液的流速比有效调节了内外层的厚度，进而实现了 fitcBSA 的可控释放。Zhan 等[35]通过同轴电纺制备了以介孔 TiO_2 为核、介孔 SiO_2 为壳的复合纤维，研究发现 SiO_2 壳层的引入可有效阻止大分子接近 TiO_2，从而实现对小分子的选择性催化。

同轴电纺的优势在于解决了某些不可纺高分子纳米纤维的制备难题，如生长因子[36]、荧光染料分子[37]、导电高分子[38]。然而，同轴电纺装置较为复杂，核壳层体系的选取需经一定的筛选，因而研究者又开发了纤维表面修饰技术(如自组装技术、表面沉积、原位生长与聚合等方式）对纤维进行后处理，从而获得具有核壳结构的复合纳米纤维，不仅简化了装置设备，也拓宽了其应用领域。

2. 纤维表面功能化

（1）自组装技术

自组装技术是指无序系统中的基本结构单元（分子、纳/微米粒子或更大尺度的物质）之间在没有外部干预时通过特定的相互作用（如吸引、排斥或自发生成化学键）形成有序结构的过程；层层自组装（layer-by-layer self-assembly, LBL）技术则是自组装技术的特殊应用之一，是指多层分子间通过静电作用、分子间氢键、配位键、电荷转移相互作用等在基底上形成厚度可控的超薄膜，具有装置简单、对基底无尺寸形状要求、容易操作等优点[39]。Lee 等[40]选用聚（二甲基硅氧烷-醚酰亚胺）（PSEI）的嵌段共聚物纤维作为基体，通过 LBL 法实现了 TiO_2 纳米粒子和带正电的笼状聚倍半硅氧烷（POSS）在纤维表面的逐层包覆，如图 3-6 所示。结果表明，TiO_2 纳米粒子的分散性得到了显著提高，其直径均匀分布在 7 nm 左右，并保持了平缓持久的光催化降解双酚 A 的作用。Luo 等[41]以带正电的聚电解质和带负电的钼磷酸盐为前驱体在静电纺 TiO_2 纳米纤维表面层层自组装，在高温煅烧下钼酸盐转化成 MoO_2，从而形成 TiO_2/MoO_2 核壳结构复合纤维，其在 0.2 C 的电流密度下循环 50 圈后依然保持了 514.5 mA・h/g 的比容量。

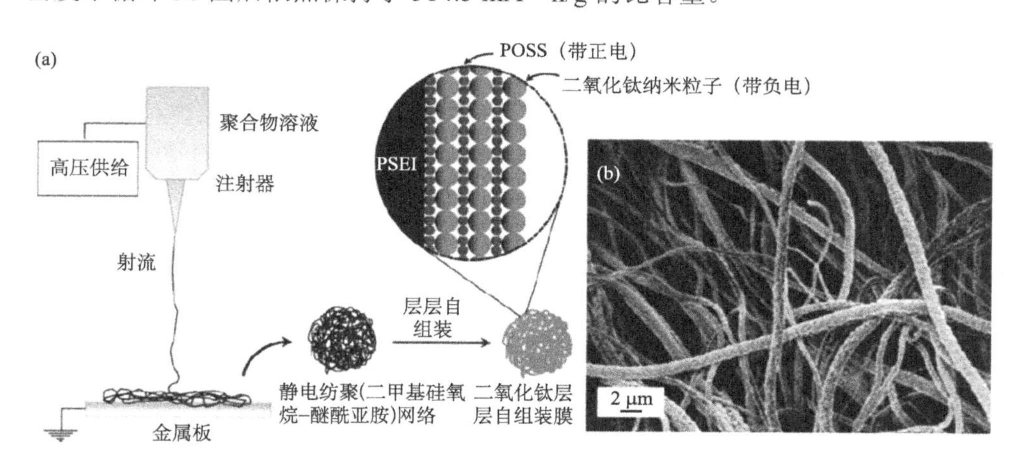

图 3-6 (a)通过层层自组装技术制备 TiO_2/PSEI 复合纳米纤维的示意图；(b)复合纳米纤维的 SEM 照片[40]

（2）表面沉积

表面沉积包括液相沉积（liquid-phase deposition, LPD）、化学气相沉积（CVD）和原子层沉积（atomic layer deposition, ALD）。

相较于 LBL 法繁复的多层自组装过程，LPD 利用表面带官能团的聚合物纤维就能在溶液中直接吸附或捕获功能性纳米粒子，在提高纳米粒子分散性的同时充分发挥聚合物纳米纤维膜优异的力学性能。Xiao 等[42]和 Fang 等[43]分别利用电纺 PAA 分子链中的—COOH 和聚乙烯亚胺(polyethyleneimine, PEI)分子链中的—NH_2 富集零价铁纳米粒子和 Au 纳米粒子，从而获得了金属纳米粒子修饰的聚合物纳米纤维复合膜，发现其在众多染料分子的分解脱色和光催化降解染料等水处理领域具有很好的应用前景。

CVD 的基本原理是沉积物以原子、离子或分子等原子尺度形态在纤维材料表面沉积，并经过化学反应或气相反应来形成稳定的固态产物。虽然要经过一个复杂的化学气相反应过程，但其具有沉积率高、沉积物种类可选范围广(如金属、碳化物、氮化物、硫化物)等优点，因而也是静电纺纳米纤维表面修饰技术中的一个重要方法。Fu 等[44]采用静电纺丝结合高温后处理的方法获得了 Si/碳纳米纤维(carbon nanofiber, CNF)复合纤维，进一步利用 CVD 法实现了碳纳米层在复合纤维表面的均匀包覆，发现其能有效提高锂离子电池中 Si/CNF 负极材料固体电解质界面(solid electrolyte interface, SEI)的稳定性，从而显著提高起始库仑效率；同时，该碳纳米层良好的力学性能及保护作用能阻碍 Si 粒子的体积膨胀/收缩，防止其从纤维表面脱落，进而提高复合纤维电极材料的循环使用性能。

ALD 是一种将物质以单原子膜形式一层层镀在基底表面的方法，其在每次反应时只沉积一层原子，因而得到的镀层具有高度可控性(如厚度、成分和结构)、优异的沉积均匀性和一致性，在微纳电子和纳米材料等领域具有广泛的应用潜力。因此，以静电纺丝法制备的直径均匀分布的聚合物纳米纤维作为基板，再通过调控 ALD 的循环次数极易实现纤维表面的 ZnO、Al_2O_3 等镀层厚度的精确控制。

(3) 原位生长与聚合

一般原位生长或聚合是通过液相的化学反应(也称湿化学法，如水解法、沉淀法、水热法等)或反应性单体的原位聚合等方式实现聚合物纤维的表面修饰。湿化学法通常需要利用聚合物纤维表面的含氧官能团(如羟基、羧基等)来改善表面的润湿性和黏附性，进而吸附反应物到纤维表面发生反应，从而达到修饰的目的。研究表明，经 NaOH 溶液水解处理的 PLA 纤维表面含丰富的羧基，能与钙离子发生螯合作用，从而有效促进羟基磷灰石的矿化[45]。Ding 等[46]采用静电纺丝法制备 PAA 纳米纤维膜，将其浸泡在 $ZnCl_2$ 溶液中，通过直接的离子交换及后续的热亚胺化一步形成 ZnO/PI 复合纤维膜。扫描电子显微镜结果表明，ZnO 纳米粒子均匀致密地分散于 PI 纤维表面，随着 $ZnCl_2$ 溶液浓度的升高，ZnO 的形貌逐渐由片状向棒状生长(图 3-7)。光催化降解研究结果表明，ZnO/PI 纳米纤维复合膜对亚甲基蓝溶液具有良好的光催化降解性能。同时，该复合纤维膜具有良好的自支撑性及柔韧性，因而在水处理领域具有良好的应用前景。

图 3-7　纳米纤维的 SEM 照片[46]

(a) PAA 纳米纤维；(b) 0.5 mol/L ZnO/PI 复合纳米纤维；(c) 1 mol/L ZnO/PI 复合纳米纤维；(d) 2 mol/L ZnO/PI 复合纳米纤维

除了在电纺纤维基板表面原位生长无机纳米粒子，还可通过原位聚合的方式生长聚合物，如导电高分子、低分子量聚合物、存在溶胶-凝胶转变的体系等，在形成核壳结构的同时克服了聚合物自身不易成纤的难题。Ji 等[47]电纺制备了 PAN/$FeCl_3 \cdot 6H_2O$ 复合纤维，在盐酸溶液中以 Fe^{3+}引发吡咯聚合形成了 PAN/聚吡咯核壳结构复合纳米纤维。Chen[48]和 Zhang[49]也以类似方法分别制备了 PMMA/聚苯胺、PI/聚苯胺复合纤维膜，这类复合纤维膜对三乙胺气体和酸碱溶液均展现了快速的响应性，有望应用于气体、pH 传感器等领域。

3.1.3　中空结构纳米纤维

中空结构(单孔道和多孔道)纳米纤维显著提高的比表面积、连通的内部结构、多级可控的物理化学微环境特点，使其具有优异的电学、光学、磁学和催化等独特性能，因而在纳米电子器件、分子分离、气体传感器、能源转化与存储器件等许多领域具有很强的竞争力。中空结构材料的构筑方法主要有克肯达尔效应、模板法等，而静电纺丝技术因其批量化制造纳米纤维的潜力也成为一种方便、经济的制备中空纤维的方法。

1. 克肯达尔效应

根据克肯达尔效应(Kirkendall effect)，采用静电纺丝与高温煅烧相结合的方法可以快速实现中空纳米纤维的制备[50]，即在金属盐/聚合物复合纤维的高温煅烧过程中，随温度的升高，两种组分的扩散速率不同，导致聚合物相被除去的过程中形成中空结构。目前，运用克肯达尔效应、采用静电纺丝技术已成功实现了SnO_2、ZnO、CuO、Fe_2O_3等[51, 52]多种无机中空结构纳米纤维的制备，其在光催化、气体传感、生物医学检测等多领域显示了广阔的应用前景。

2. 模板法

模板法包括硬模板法和软模板法，可用来制备各种纳米结构(如球形颗粒，一维纳米棒、纳米纤维、纳米管，以及二维有序阵列等)。以一维模板为基体所制备的复合材料在移除模板后即可获得中空结构纳米纤维材料。例如，以静电纺纳米纤维为模板，结合不同的表面修饰技术制备核壳结构材料后除去纤维模板，可以便捷地得到中空纳米纤维。Ozgit-Akgun 等[53]以尼龙 66 为模板，通过沉积方法将氮化铝沉积在尼龙 66 纤维表面，然后将其在氩气氛中 500 ℃煅烧 2 h，即获得中空纳米纤维。作为聚酰亚胺的前驱体，聚酰胺酸(PAA)在有机溶剂中具有很好的溶解性，因而适当浓度的聚酰胺酸溶液在静电场作用下非常易于形成直径均匀分布的纳米纤维材料。其分子中含有的丰富的—COOH 基团，不仅赋予了电纺纤维膜良好的亲水性，在酸性环境下更利于带正电的苯胺单体在纤维表面的富集，从而原位聚合形成均匀分布的聚苯胺材料[48]。因此，Miao 等[54]以静电纺聚酰胺酸纳米纤维为模板，通过静电相互作用实现苯胺单体在纤维表面的原位聚合，以此克服聚苯胺本体材料易团聚的问题，显著提高其比表面积和活性位点。而且在反应过程中调控了苯胺单体的浓度，在进一步利用溶剂萃取法除去 PAA 纤维基板后，得到具有不同管壁厚度的聚苯胺(polyaniline, PANI)中空纳米纤维材料(图 3-8)，并将其应用于超级电容器领域。

溶胶-凝胶工艺是静电纺丝法制备 SiO_2、TiO_2 等氧化物纳米纤维的一种常用方法。然而，溶胶-凝胶转变过程中纺丝液的黏度随聚合反应的进行不断增大甚至发生凝胶化，进而影响静电纺丝过程的稳定性。因此，Im 等[55]电纺 PVA 水溶液后直接将 PVA 纤维在钛酸异丙酯/异丙醇溶液中进行表面原位缩聚制备具有核壳结构的 TiO_2/PVA 复合纤维膜，在 N_2 气氛中煅烧后形成具有中空结构的碳基 TiO_2 纳米管，显著提高了材料的比表面积，结果表明，其对甲基蓝的吸附高于活性炭，光催化效率也要高于商用的 P-25 及 ST-01。

图 3-8　不同单体浓度下得到的 PANI 中空纳米纤维的 SEM 照片[54]

(a, d) 0.01 mol/L；(b, e) 0.03 mol/L；(c, f) 0.05 mol/L

3. 同轴电纺

同轴电纺法也是最常用的制备中空纳米纤维的方法之一，其基本原理是以易溶解或挥发的物质作为核层、高聚物溶液作为壳层得到核壳结构纤维，再通过溶解或加热的方式去除核层，从而获得中空结构纳米纤维[56]。

Li 等[56, 57]以 PVP 与 $Ti(O^iPr)_4$ 为壳溶液、重矿物油为核溶液，通过同轴静电纺丝制备复合纳米纤维，然后在高温下煅烧除去核层与壳层中的有机成分，从而得到 TiO_2 中空纳米纤维[图 3-9(a)～(d)]。类似地，Zhan 等[58]采用共轴电纺制备了 SiO_2 中空纳米纤维。之后，Li 等[59]又提出了通过改变核层溶液的组成来制备具有不同功能的中空纳米纤维[图 3-9(e)图 4]。例如，将稀释的油基铁磁流体加入到核层溶液中，再用辛烷萃取核层得到填充有 Fe_2O_3 纳米粒子的 TiO_2 中空纳米纤维，这种中空纤维具有磁响应性；通过加入异丙醇锡到核层溶液中，则可制备 SnO_2 纳米内涂层的 TiO_2 中空纳米纤维。利用油溶性的长链硅烷(十八碳)，还可以对 TiO_2 纳米管的内外表面进行选择性改性：通过掺杂甲基为末端基的硅烷可将其内表面疏水化；如果内表面首先用甲基化硅烷作为涂层，再将其浸入到氨基化硅烷中时，其内表面就会被保护起来。因此，当中空纤维浸入到金纳米粒子溶液中时，其内表面对金纳米粒子没有活性，所以金纳米粒子只会选择性吸附在外表面。

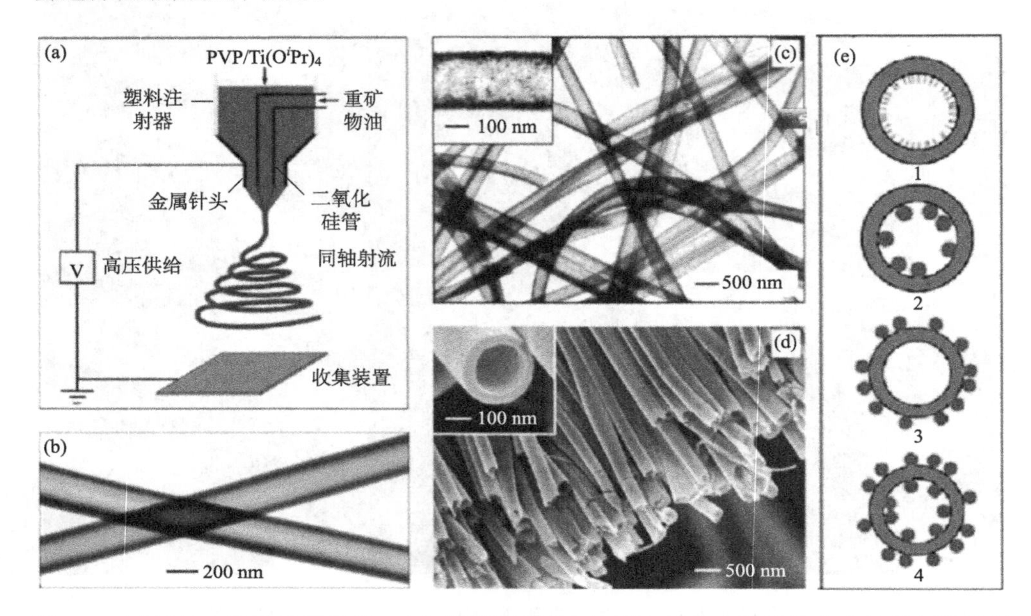

图 3-9　(a)同轴电纺装置机理图；(b)核层溶液被辛烷萃取后的未烧结的中空纳米纤维透射电镜照片；(c)在空气中 500℃烧结后所得锐钛矿 TiO_2 中空纳米纤维透射电镜照片；(d)取向排列的锐钛矿 TiO_2 中空纳米纤维扫描电镜照片[56, 57]；(e)具有功能性表面的中空纳米纤维示意图[59]

在同轴电纺过程中，核层溶液与壳层溶液所用溶剂的可混溶度是决定纳米纤维结构的关键因素。如果两种溶剂是混溶的，而聚合物不混溶，得到的陶瓷纤维将具有高度多孔的结构。这也是采用同轴电纺制备中空纳米纤维的限制性因素之一。因此，很多学者在后期研究中也通过该方法制备了具有各种有趣结构的中空纳米纤维。例如，Zhan 等采用溶胶-凝胶同轴电纺法制备了多种无机中空微/纳米纤维，如 SiO_2[58]、NiO[60]、$BaTiO_3$[61]等。Zhao 等[62]将单根内管改装成多个毛细管喷头，并利用 Ti(O^{i}Pr)$_4$/PVP 作壳层溶液、石蜡油作核层溶液进行静电纺丝，得到了多通道中空纳米纤维[图 3-10(a，b)]。之后，他们又在内外层中间添加了一个中间层，内外层均为 Ti(OBu)$_4$/PVP 溶胶、中间层为石蜡油，进行同轴电纺后再高温煅烧获得管套线结构中空纤维[图 3-10(c，d)][63]，其有望用于人造血管、多组分药物载体和催化剂等领域。之后，Zhang 等[64]以芝麻油为内芯，采用该方法成功制备了金红石型 TiO_2 和 TiO_2/SiO_2 中空纳米纤维，他们认为 PVP 起到了导向模板的作用，其在加热过程中产生的气体挥发导致了纤维表面多孔结构的产生。Chen 等[65]则制备了金属粒子掺杂的中空石墨化纳米管，进一步利用酸溶去金属粒子，在管壁上形成 15 nm 左右的多孔结构以提高其比表面积，进而实现了其在高性能锂离子电池负极材料中的应用。

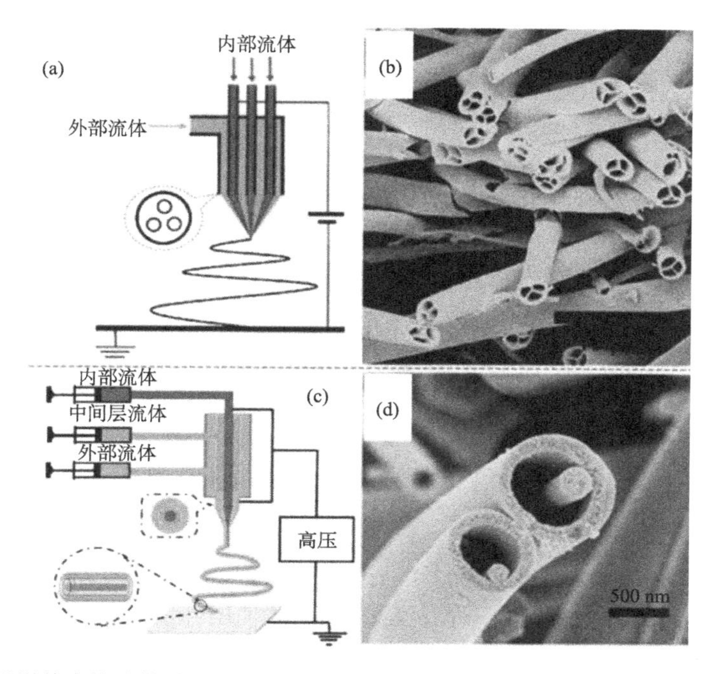

图 3-10　三通道静电纺丝装置(a)及相应的多通道中空纳米纤维截面的 SEM 照片(b)；多轴静电纺丝装置(c)及相应的管套线中空纳米纤维截面的 SEM 照片(d)[62, 63]

3.1.4　树枝状结构纳米纤维

近年来，具有多级结构的纳米纤维因其可控的组分与形状、超高比表面积、异质内界面、高度仿生性等特点逐渐成为研究的热点[66]。由静电纺一维纳米纤维出发，不仅能有效构筑具有内部多级结构的各种管状结构变体(如多通道结构、管套线结构、豆荚结构等)，还可以在其表面进一步形成独特的二级结构(如树枝状支化结构、项链状结构等)(图 3-11)[67]，不仅显著提高了纤维的比表面积，异质内界面的形成更是加强纳米尺寸效应的关键，因而相较于块体或相同尺寸的致密纳米纤维材料将会在能源存储、催化、传感及过滤等许多领域发挥更好的作用。

原位生长法(如水热法、化学浴沉积、化学气相沉积等)是在静电纺纳米纤维表面构筑二级结构的最常用方法之一。人们通过水热法或化学浴沉积已成功地将一维针状或棒状 ZnO 纳米粒子负载到不同的电纺纤维基板表面(如 ZnO、SiO_2 和 PI [46, 68]等)，发现此类具有三维结构的树枝状纳米纤维复合材料在光催化降解

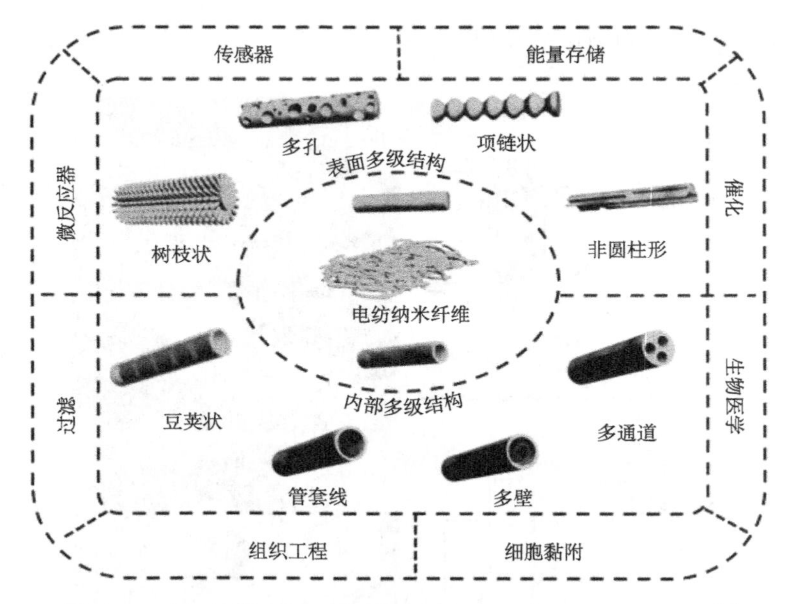

图 3-11　多级结构纳米纤维材料的主要分类及应用领域示意图[67]

有机污染物等水处理领域具有很高的活性和循环使用性能。科学家们已用类似方法实现了多种金属/金属氧化物、半导体等无机纳米粒子在纤维表面的均匀负载，并拓展了其在电催化、传感、检测、超级电容器等众多纳米器件领域的潜在应用。Huang 等[69]和 Zhu 等[70]分别采用溶剂热法和 CVD 法实现了二维片层状 MoS_2 在中空 SnO_2 管和碳纳米纤维表面的均匀垂直生长，构建了具有三维结构的纤维复合材料，其相较于粉体材料均表现出优异的电催化活性。

此外，Hou 等[71]利用电纺获得了 PAN 基碳纳米纤维，前驱体 $Pd(Ac)_2$ 在高温碳化过程中被还原成 Pd，进而作为催化剂引发甲苯、氯苯或吡啶蒸气等碳源在碳纳米纤维表面原位生长 CNT，获得狼牙棒状 CNT/碳纳米纤维复合材料（图 3-12）。近期，他们又以此 CNT/碳纳米纤维复合材料为基板[72]，在其表面原位聚合形成聚苯胺包覆层，由此获得的三元多孔复合纤维材料作为超级电容器使用时能量密度高达 70 W·h/kg，功率密度为 15 kW/kg。

Xuyen 等[73]则利用原位电喷 CNT/CH_2Cl_2 溶液的方法构筑了碳纳米管捆绑聚酰胺酸纳米纤维的复合多级结构。结果表明，与传统分散共混法制备的 CNT 嵌入聚合物纤维基体的复合材料相比，CNT 的高效负载不仅显著提高了纤维的电学和力学性能，而且这种具有三维立体结构的复合纤维的形貌、纤维间的连接及 CNT 与基体的结合程度等均可通过调节 CNT 的表面亲疏水性来实现，其有望应用于高性能的燃料电池电极材料。

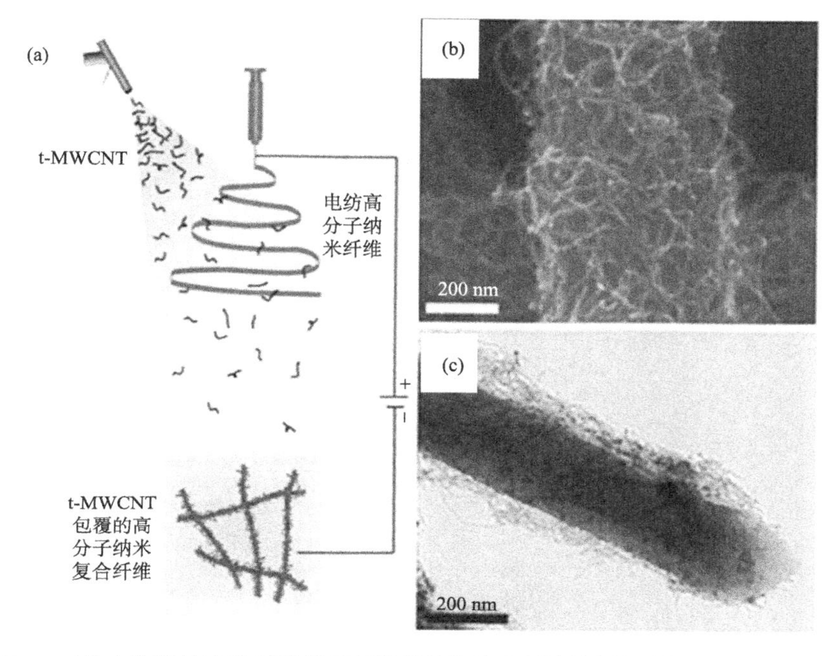

图 3-12　三维立体碳纳米管/聚酰胺酸树枝状结构纳米纤维的制备过程示意图(a)及相应的 SEM(b)和 TEM(c)照片[71]

3.1.5　项链结构纳米纤维

项链结构纳米纤维由于其独特的结构和优异的物理化学性能，引起了越来越多科学家的关注。Gill 等[74]以十二烷基三甲基溴化铵为表面活性剂，降低盐溶液的表面张力，然后通过静电纺丝技术将聚烯丙胺盐［poly(allylamine hydrochloride), PAH］溶液纺成纳米纤维；进一步通过静电作用，选择性地将直径为 60 nm 的 Au 纳米颗粒沉积在 PAH 纳米纤维表面。图 3-13(a, b)是没有复合 Au 纳米颗粒的原始 PAH 纳米纤维；(c, d)是沉积 Au 纳米颗粒后的纤维结构。从图中可以清楚地观察到 Au 纳米颗粒均匀附着在纤维表面，纤维直径约为 100～150 nm。

Jin 等[75]通过静电纺丝法制备 SiO_2/PVA 纳米纤维，所制备的纳米纤维呈现项链结构。研究发现，通过调节 SiO_2 纳米颗粒的粒径，可以便捷地调控复合纤维的直径以及项链结构中颗粒的间隔密度，图 3-14 为调节 SiO_2 粒径得到的 SiO_2/PVA 复合纳米纤维的形貌。

Ning 等[76]以天然高分子细菌纤维素纳米纤维为基底，利用三氯化铁为氧化剂，在酸性溶液中通过原位聚合方法制备聚吡咯/细菌纤维素复合纳米纤维。结果表明，聚吡咯纳米颗粒均匀包附在细菌纤维素纤维表面，形成项链结构纳米纤维，进一步将其碳化后获得相应的碳纳米纤维材料。图 3-15(a)为细菌纤维素碳化后

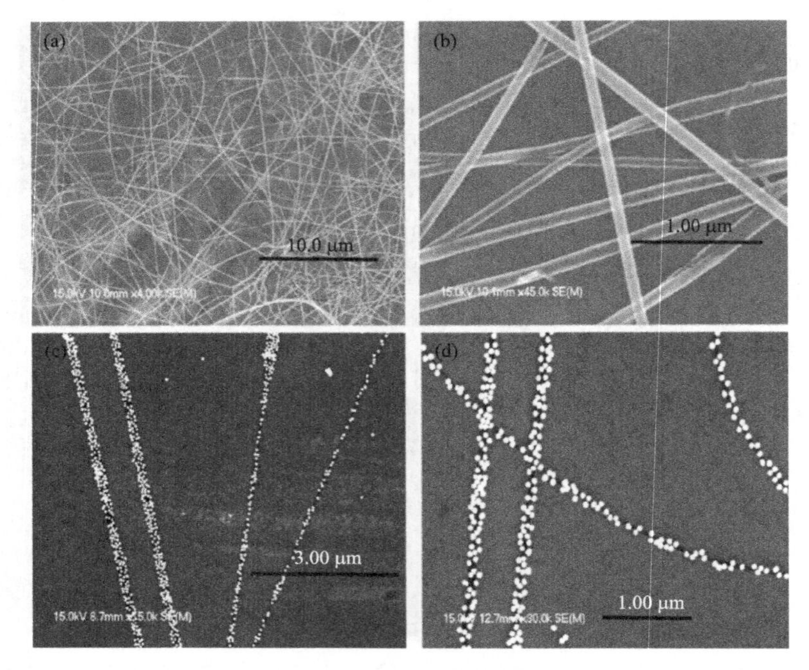

图 3-13 (a, b)没有复合 Au 纳米颗粒的原始 PAH 纳米纤维；(c, d)沉积直径为 60 nm 的 Au 纳米颗粒后的纤维结构[74]

图 3-14 不同粒径 SiO_2 得到的 SiO_2/PVA 复合纳米纤维[75]

(a, b) 143 nm, PVA：SiO_2 = 500：500; (c, d) 265 nm, PVA：SiO_2 = 800：200; (e, f) 910 nm, PVA：SiO_2 = 500：500

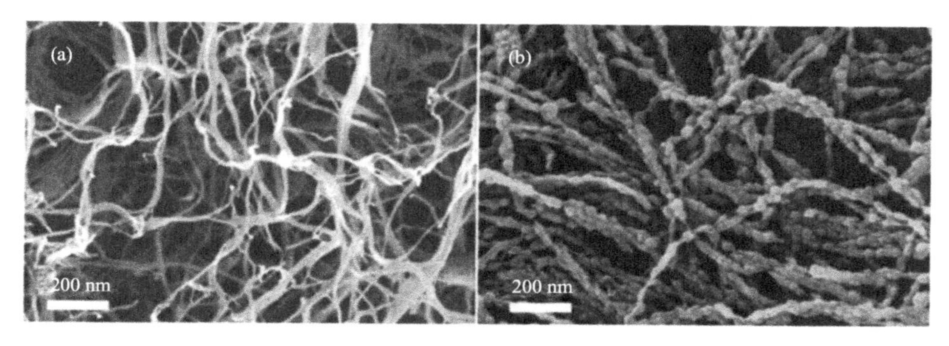

图 3-15　不同样品的扫描电镜照片[76]

(a) 碳化后的细菌纤维素；(b) 碳化后的细菌纤维素/聚吡咯复合纳米纤维

的扫描电镜照片，图 3-15(b)为细菌纤维素/聚吡咯复合材料碳化后的扫描电镜照片。将细菌纤维素/聚吡咯复合材料高温碳化所得的项链结构碳纳米纤维作为超级电容器电极材料时，在 1 A/g 的电流密度时的比电容为 377.8 F/g。

3.1.6　螺旋结构纳米纤维

螺旋结构是一种自然界中常见的纤维存在形式，可分为单根螺旋和多根螺旋两类，具有奇特的性能和极大的研究应用价值。例如，我们所熟知的脱氧核糖核酸(DNA)是双螺旋结构，具有独特的力学性能；胶原质是肌肉和肌腱的重要组成成分，具有极强的力学性能，其中构成胶原质的胶原纤维是由很多螺旋缠绕结构的纤维组成的；螺旋缠绕的高分子纳米纤维具有独特的光学性质，可用于超紧凑的光子耦合分配器。因此，从人工肌肉、纳米光电器件、纳米电机系统等仿生学、电子学和光子学角度，或者从提高纤维力学性能角度来看，具有螺旋结构的纳米纤维的研发具有重要意义。

1. 单根螺旋结构纤维

由传统静电纺丝法制备的纤维材料大多是无序结构，因而人们在提高纤维有序度上做出了很大努力。虽然静电纺丝工艺因纺丝液黏度、导电性、纺丝电压等实验参数的影响，使得成纤过程的受力和运动情况比较复杂，但通过控制合适的电纺条件(如纺丝液黏度、纺丝电压)或者改变纺丝液成分，采用传统静电纺丝装置可以制备出螺旋结构或者锯齿状结构的微纳米纤维[77]。如图 3-16 所示，Han 等[78]认为静电纺纤维的形态可以通过控制射流的弯曲不稳定性进行调控，当聚合物射流或还未固化的纤维撞击到接收装置表面时会产生机械不稳定性，而这种机械不稳定性有利于形成带有螺旋结构的纳米纤维。

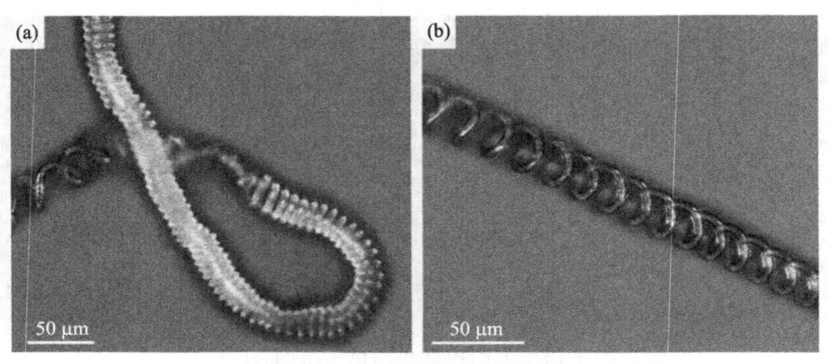

图 3-16　静电纺丝制备的螺旋结构纳米纤维[78]

Shin 等[79]将聚丙烯酰胺基甲基丙磺酸溶解在水和乙醇的混合溶液中，制备出了带有螺旋扭曲结构的纤维，他们认为电纺过程中存在的力学不稳定性是产生螺旋扭曲结构的重要原因。Xin 等[80]也将两种聚合物共混，通过改变纺丝液黏度、导电性及外加电压进行纺丝，制备出了螺旋纳米纤维。Canejo 等[81]又发现纤维素纤维在液晶相时会自发产生扭曲，他们认为聚合物本身存在的手性以及溶液的高浓度是纤维自发扭曲的原因。Xin 等[82]则采用传统静电纺丝装置制备了具有荧光特性的聚对苯乙炔(polyphenyl acetylene, PPV)/PVP 螺旋结构纤维(图 3-17)，认为纺丝液黏度、电导率和纺丝电压是影响螺旋结构形貌形成的主要因素。

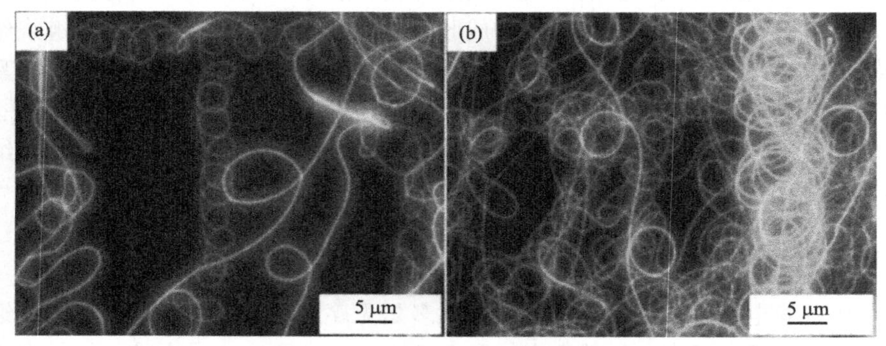

图 3-17　不同电压下制备的 PPV/PVP 纳米纤维的荧光照片[82]

(a) 7.5 kV；(b) 15 kV

通过对传统纺丝工艺的收集装置进行进一步的改装，Kessick 等[77]对聚环氧乙烷(PEO)/聚苯胺磺酸(PASA)的水相体系进行静电纺丝，并通过变换接收极板的导电与绝缘特性，获得了具有扭曲结构的螺旋结构纤维。他们证实单相聚环氧乙烷体系不能形成螺旋结构，复合相体系中必须含有一种导电组分。通过改变导电组分与非导电组分的含量进行电纺分析，认为扭曲螺旋结构的形成主要是由于纤维在接触收集板时发生电荷转移，原纤维内部的凝聚收缩力与静电斥力的二力平衡体系因静电力的缺失而被破坏，因而纤维在凝聚收缩后呈现蜷曲的螺旋形貌。Yu 等[83]以 PCL 为原料进行静电纺丝，并在正极和接地电极的连线上插入了一块玻璃板用以收集纳米纤维。他们发现，当溶液浓度大于 3.5%时会形成二维螺旋纳米纤维，大于 10%时会出现三维螺旋纳米纤维；而且形成的螺旋线圈直径会随着聚合物溶液浓度的增加而增大，当浓度到达一定值后线圈直径又随浓度的增加而减小。他们认为，该螺旋结构的形成在很大程度上依赖于玻璃片的位置和坡度，其形貌和原理如图 3-18 所示。

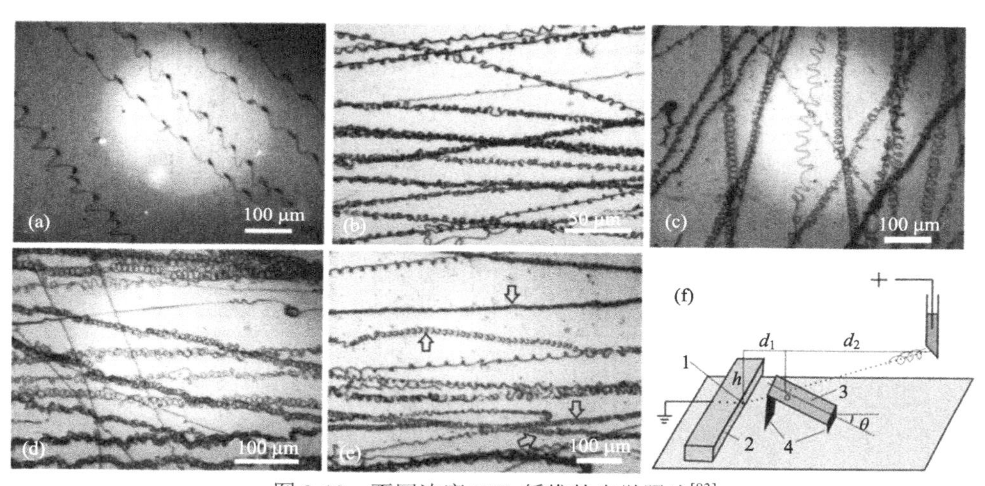

图 3-18　不同浓度 PCL 纤维的光学照片[83]

(a) 3.5%；(b) 4.7%；(c) 5.8%；(d) 6.8%；(e) 10%；(f) 经典纺丝原理图：1—接地电极线，2—木板，3—玻璃片，4—支撑板；h—接地端电极针尖与注射器针尖之间的高度差；θ—玻璃滑动面与水平面之间的角度；O 点—玻璃滑动面和连接接地端电极针尖与注射器针尖的直线之间的交叉点；d_1、d_2 分别为 O 点到接地端电极针尖、注射器针尖之间的水平距离

Sun 等[84]报道了一个往复的静电纺丝装置（图 3-19），并以聚(3,4-乙烯二氧噻吩)-聚苯乙烯磺酸（PEDOT/PSS）-PVP 为原料制备出含有螺旋结构纳米纤维的复合膜。他们发现，纤维电压和谐运动的速度对纤维形态有很大的影响：喷嘴简谐运动的频率必须与带电纤维的弯曲不稳定性相匹配，若简谐运动的频率低于弯曲不稳定性，则只能得到普通纤维膜；只有频率在一定范围内才能得到具有卷曲结构的纤维。

以上报道中都是使用单一喷头静电纺丝装置得到螺旋结构纤维，研究发现，复合静电纺丝技术能更好地使两种不同性质的聚合物溶液在高压电场力拉伸时产生不同的内应力，当静电力消失后二者又产生不同的回缩，从而使纤维收缩形成扭曲螺旋结构。Lin 等[85]以 PAN 和 PU 为原料，以微流体装置作为喷嘴制备螺旋纳米纤维。其喷嘴由三根毛细管组成，不同的聚合物溶液被两侧的毛细管分别输送到另一根毛细管中汇合，喷嘴结构和纺丝原理如图 3-20 所示。他们发现，当用 THF 溶解去除 PU 成分后 PAN 会发生自卷曲。

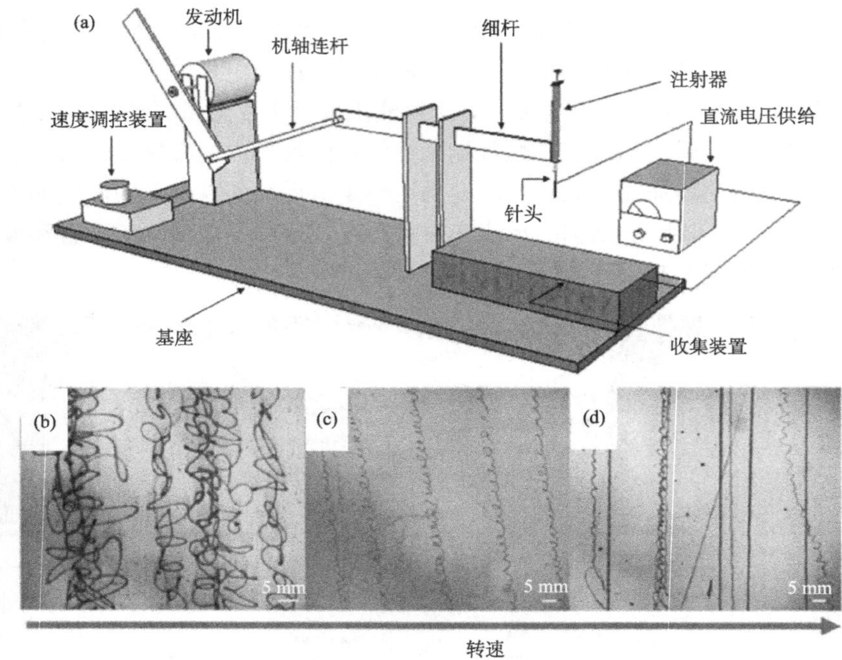

图 3-19　往复静电纺丝装置的原理图(a)及不同转速下得到的纤维的 SEM 照片[84]：(b) 440 r/min, (c) 520 r/min, (d) 600 r/min

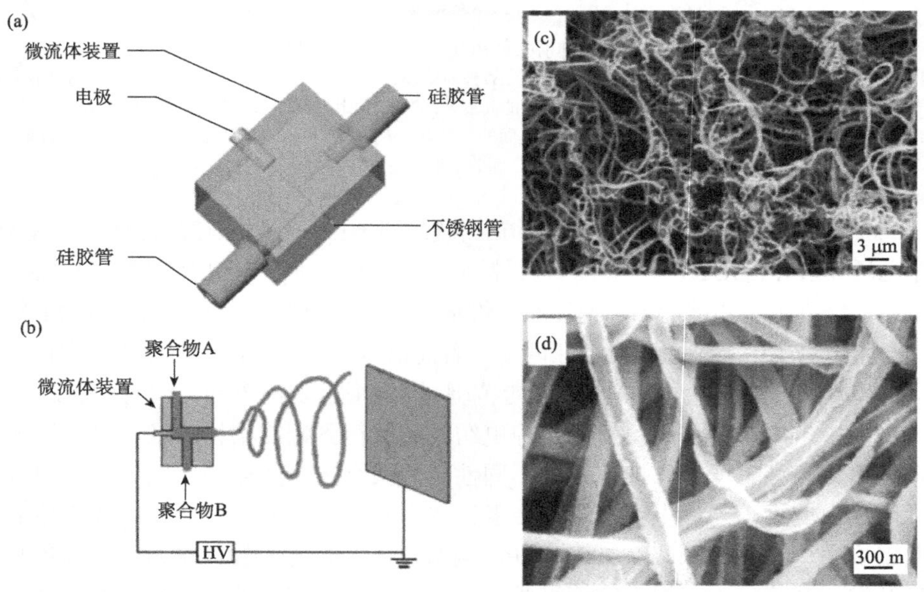

图 3-20　(a) 微流体装置的静电纺喷嘴；(b) 并列型静电纺实验装置；不同样品的扫描电镜照片：(c) PAN/PU，(d) 溶去 PU 后的 PAN[85]

HV—高压电源

Chen 等[86, 87]以 Nomex 和 TPU 为原料，采用同轴电纺制备出带有螺旋结构的纳米纤维膜，他们指出，刚性成分和弹性成分收缩率的不同是螺旋纳米纤维形成的关键原因。为进一步提高纤维膜中螺旋结构纳米纤维的形成效率，他们对同轴电纺的喷嘴进行了改进：以 Nomex 和 TPU 为原料并采用偏芯喷嘴，发现螺旋结构纳米纤维的形成效率得到了明显的提高。他们还总结了在同样条件下不同静电纺喷嘴结构对螺旋纳米纤维形成效率的影响，发现这是由于三种方式所形成的纤维中 TPU 的弹性力不同(并列喷嘴>偏芯喷嘴>同轴喷嘴)，同轴电纺中形成的纤维弹性力几乎被完全抵消了，因此仅有较小的弹性力用于螺旋结构纳米纤维的形成。

Wu 等[88, 89]进一步以 Nomex 和 TPU 为原料，采用偏芯喷嘴探究了电压、电导率和核壳溶液流速比对螺旋结构纳米纤维形成的影响，纺丝过程中所使用的实验装置如图 3-21 所示。在同一参数下对偏芯喷嘴、同轴喷嘴、并列喷嘴和单针头周围的电场进行模拟，发现偏芯喷嘴周围的电场分布更不均匀；对偏芯静电纺的射流路径进行观察，发现纺丝过程中射流首先向一侧弯曲，然后形成螺旋结构。Li 等[90]在静电纺二氧化硅/全氟磺酸复合纤维时发现，当全氟磺酸含量较低时会形成一维周期性结构，但全氟磺酸含量较高时周期性结构会完全消失。Zhang 等[91]以高收缩率的 HSPET 和 PTT 为原料，利用并列喷嘴制备出螺旋结构纳米纤维，并详细探究了自卷曲纤维的卷曲机理。

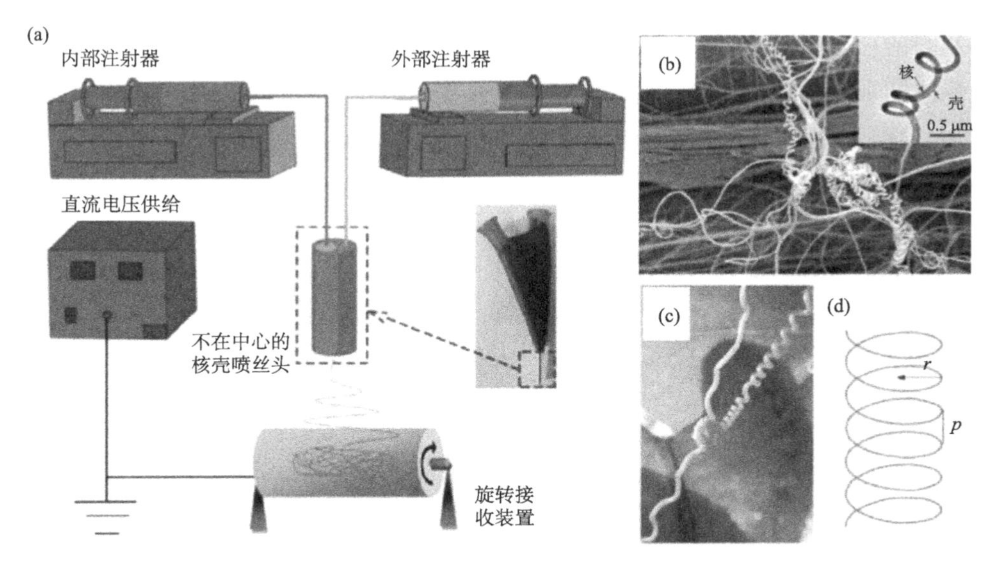

图 3-21　(a)偏芯静电纺实验装置图；(b)TPU/Nomex 螺旋结构复合纤维的 SEM 照片；(c)植物卷须；(d)螺旋结构的螺距与螺旋半径示意图[89]

2. 多根纤维螺旋缠绕结构绳索

静电纺不仅可以制备单根螺旋结构纤维，也可以制备多根扭曲螺旋缠绕结构纤维。多根纳米纤维构成的螺旋缠绕结构纤维称为微纳米绳索，在仿生学领域有着广阔的应用前景。图 3-22 为 Dalton 等[92]采用双环收集法制备的纳米纤维绳索。

图 3-22　双环收集法制备螺旋缠绕结构纤维(a)及其 SEM 照片(b)[92]

Liu 等[93]利用双接收电极，且其中一个电极旋转的方式制备了表面功能化修饰的多壁碳纳米管(MWCNT)/聚甲基丙烯酸甲酯(PMMA)绳索[图 3-23(a)～(d)]。其工作原理如图 3-23(e)所示，E_1、E_2为接地电极，E_1与电动机 M_1 相连，E_2竖直放置并保持静止，接高压电源的电纺喷头置于两电极之间的上方，电纺纤维会因电场的分布而同时到达两收集装置上并因一端电机的旋转而缠绕起来，从而形成纳米纤维绳索，电动机 M_2 则用来改变两电极之间的距离，决定纤维绳索的长度。

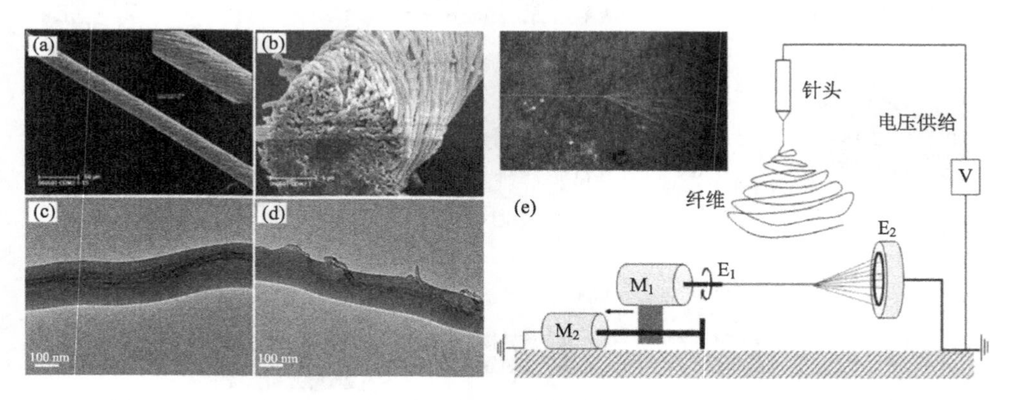

图 3-23　旋转锥形框架收集法制备螺旋结构纳米纤维示意图及其纤维形貌[93]

3.2　纳米纤维集合体的结构与形态

3.2.1　无规堆积的纳米纤维

通常由静电纺丝、模板合成法等制备技术获得的纳米纤维集合体都是以无规取向纤维的形式存在的。例如，在静电纺丝过程中，当电压增大至某一临界值时，高分子液滴所受电场力克服其自身的表面张力形成喷射流，在带相反电荷的收集装置作用下，喷射流将沿电场方向加速，该过程中发生流动变形、分裂及细化，伴随着溶剂的挥发而凝聚固化形成高分子纤维，并以无序状排列于收集装置形成类似非织造布的纤维膜。这也是静电纺丝制备纳米纤维非织造布的基本方法，然而这种最基本的非织造布应用范围相对较小。因此，具有取向或蛛网等特殊结构的纤维集合体的设计和开发是静电纺丝技术长期发展中不可忽视的重要课题。

3.2.2　取向结构纳米纤维阵列

微电子、光电和生物医学等领域要求纤维具有很好的取向性和高度规则排列。然而，由于静电纺过程中聚合物射流的不稳定性(包括黏性、曲张和弯曲不稳定性等)，要获得单根纳米长纤或单轴取向排列的纤维束是十分困难的。因而研究者们采用改良的收集装置、辅助电极等来调节电场分布，控制射流在电场中的运行轨迹，从而在一定区域内实现纳米纤维的定向排列。例如，旋转式收集装置(包括滚筒、圆盘等)是制备有序纤维最常用的方法[94]，即射流沿着高速旋转的滚动方向被牵伸而有序排列，由此得到高度取向的静电纺纳米纤维膜(图 3-24)，可进一步用于同质增强聚合物基体[95]；外场式收集装置是在喷头与接收装置之间引入外加的磁场或电场，使射流在到达接收装置前被规则磁场或电场束缚，进而沿特定方向取向排列[96]；平行板电极收集装置及其改进装置的开发则进一步提供了一种简单而有效的制备大面积单轴排列纳米纤维的方法[97]。取向纳米纤维具有轴向力学强度高、尺寸稳定性好等优点，已在组织工程、电学和光学等领域表现出很高的应用价值。

由于静电纺丝过程中聚合物射流的运动过程相当复杂，目前只能通过改进接收装置才能有效地提高纤维排列的取向度；且根据它们是否存在机械运动分为静态和动态两大类型。其中，静态收集装置是利用纤维之间存在的静电斥力或磁场力使纤维取向分布，对纤维的直径、表观形貌等没有影响；而动态收集装置是在机械力的作用下使纤维规整分布，对纤维的直径、表观形貌等有一定的影响。目前已知的接收装置有：双环收集器、框架收集器、附加电场收集器、附加磁场收集器、铁饼收集轮、滚筒收集器、三极收集装置等。

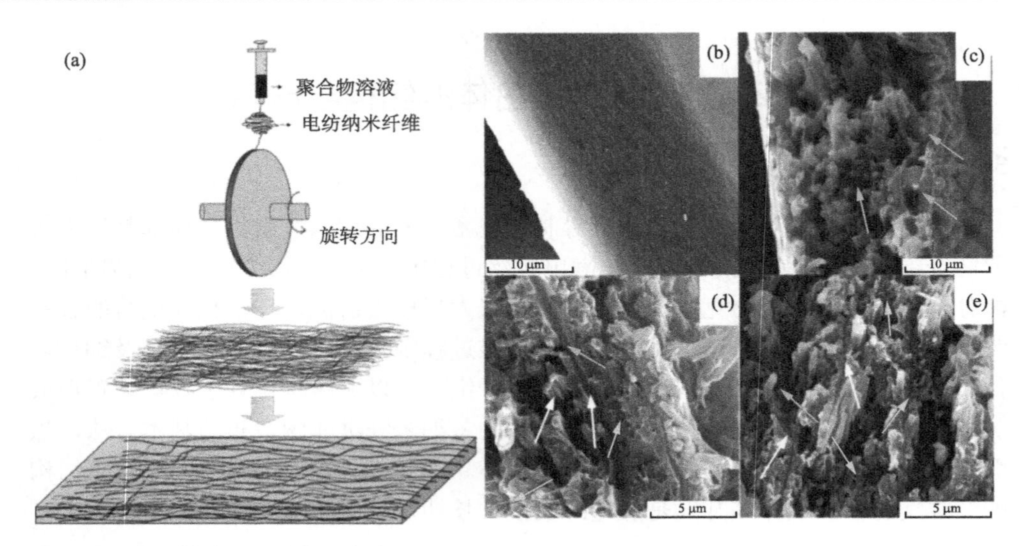

图 3-24 采用聚酰亚胺纳米纤维作为自增强填料制备同质增强聚酰亚胺复合膜的示意图(a)；不同聚酰亚胺膜的断面扫描电子显微镜照片：溶液涂覆聚酰亚胺膜(b)、纯聚酰亚胺纳米纤维增强聚酰亚胺膜(c)、2 %(质量分数)碳纳米管/聚酰亚胺纤维增强聚酰亚胺膜(d)及 3.5 %(质量分数)碳纳米管/聚酰亚胺纤维增强聚酰亚胺膜(e)[95]

(1) 双环收集器

为了制备连续而有序的纳米纤维，Dalton 等[92]尝试用两个金属圆环来收集静电纺丝纤维，如图 3-22(a)所示。他们将溶液的喷射速率设定为 0. 1 mL/h，并用两个不锈钢环(外径为 35 mm，内径为 25 mm，厚为 2 mm)作为收集极。这两个金属圆环的顶部距喷头为 150 mm，而且用接地的鳄鱼夹固定。两环之间的水平距离为 80 mm。所有的金属器件都与高压电源相隔离，整个静电纺丝过程采用 15 kV 的高压进行 60 s。静电纺丝结束后，他们又将收集到的纤维进行特殊加工，从而得到排列情况比较好的纳米纤维。

(2) 框架收集器

为了获得单根纳米纤维，Huang 等[98]开发了一种收集平行排列纤维的简单方法。该方法是将矩形的框架置于纺丝射流下方，如图 3-25(a)所示。图 3-25(b)是用光学显微镜观察到的在铝框架上收集的取向排列 PEO 纳米纤维。

(3) 附加电场收集器

Li 等[97]报道了一种简单有效的方法来制备平行取向纳米纤维，即在常规收集器上开槽，从而使纳米纤维在附加电场的作用下横跨槽的两边形成平行取向排列。该方法还可以便捷地将纳米纤维转移到其他基底上，如图 3-26 所示。图 3-26(a)为所用静电纺丝装置的示意图。其中，收集器是两片导电硅板，它们之间相互平行，相隔一定距离形成槽；图 3-26(b)是通过理论计算的针头与收集器之间的区域内的电场强度向量，箭头表示静电场的电力线方向；图 3-26(c)为收集槽上荷电纳米纤维所受静电力的力学分析。静电力(F_1)是由静电场以及纳米纤维上的正电荷与两个接地极板上所带负电荷之间的库仑相互作用而产生的。

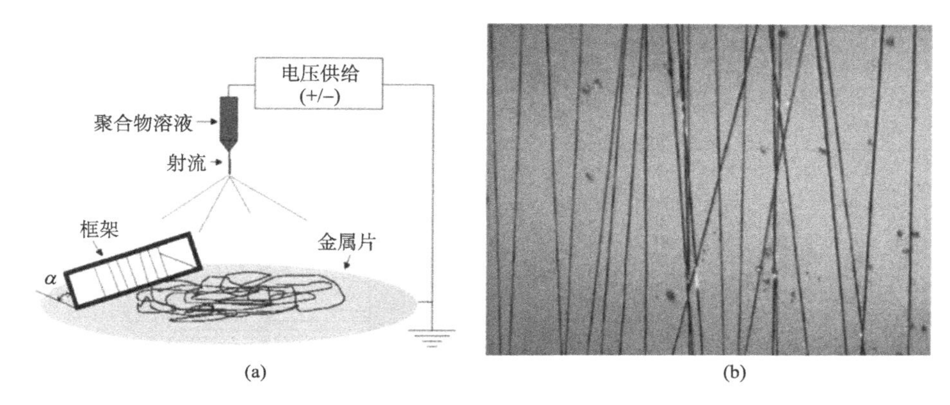

图 3-25 (a)框架收集器；(b)电纺 PEO 取向纳米纤维的光学照片[98]

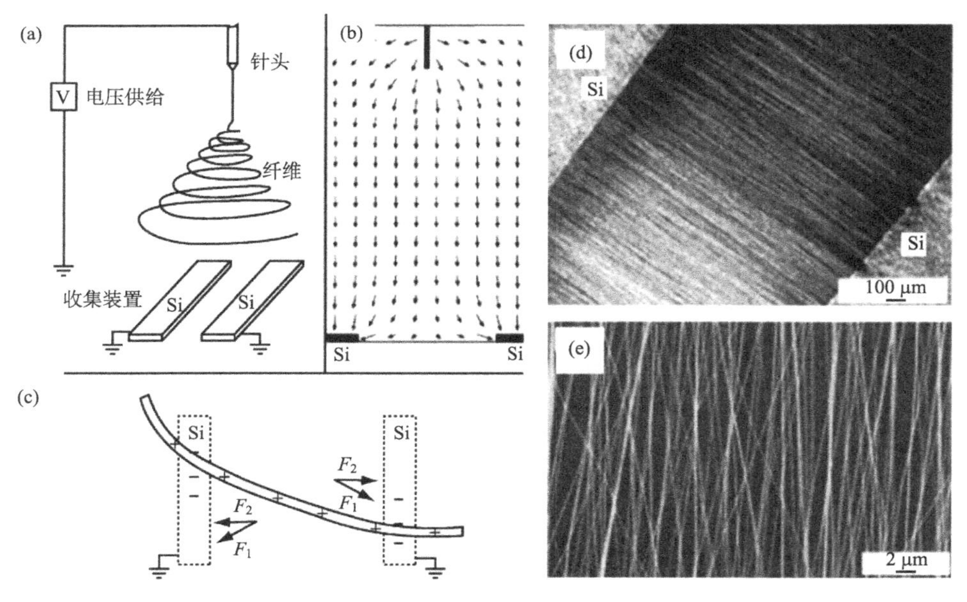

图 3-26 (a～c)附加电场收集装置示意图；(d, e)PVP 取向纳米纤维的扫描电镜照片[97]

(4)附加磁场收集器

上述方法基于接收装置和电场分布的改变而实现纤维的有序排列和图案化，与此不同，一些研究小组采用磁场诱导磁化的方式，得到了大面积排列、高度有序的静电纺丝纤维[96]。图 3-27(a)为附加磁场收集器的示意图，他们在传统静电纺丝装置中放置了两块永磁铁，这两块永磁铁平行对立在平板负极之上；在高分子溶液中加入少量纳米四氧化三铁，得到磁化的高分子溶液。当静电纺丝纤维喷出后，磁化电纺丝射流在磁场中沿磁力线方向排列，从而使纤维平行悬搭在两块磁铁的空隙中。纺丝结束后，用接收基底(铝膜、玻片等)插进两块磁铁的空隙里向上平移[图 3-27(b)]，电纺纳米纤维就转移到了基底上。通过多次承接还可以得到多层网格结构[图 3-27(c，d)]。

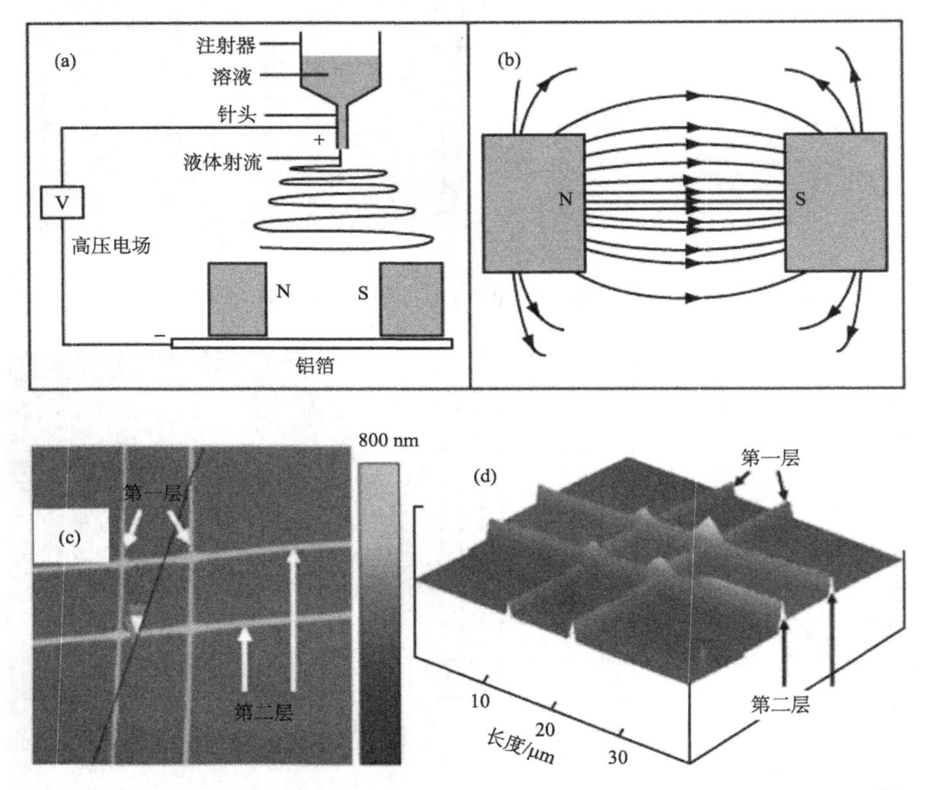

图 3-27 (a, b)附加磁场收集器示意图；(c, d)两层网格结构的原子力显微镜照片[96]

3.2.3 纳米纤维气凝胶

气凝胶是一种超轻质的固体材料，其内部 98%以上是空气。1999 年，美国国家航空航天局研制出了当时世界上密度最小的固体材料，即密度仅为 3 mg/cm^3 的二氧化硅气凝胶；2012 年，德国科学家制造了一种密度更小的“石墨气凝胶”，其密度为 0.183 mg/cm^3；2013 年，浙江大学研制的“全碳气凝胶”密度低至 0.16 mg/cm^3，创造了新的纪录；后来，东华大学研发的 0.12 mg/cm^3 的“纤维气凝胶”，成功刷新了“世界最轻材料”的纪录[99]。气凝胶的性能直接决定了气凝胶潜在的应用范围，而其性能又在很大程度上取决于气凝胶的微观结构。因此，在气凝胶制备过程中实现微观结构的调控显得尤为重要。尽管气凝胶种类繁多，但其制备过程通常包含以下三步：①溶胶-凝胶转变(凝胶化过程)，即纳米尺度的溶胶粒子自发或在催化剂作用下相互交联并组装成不同程度的湿凝胶；②结构完善(老化过程)，老化过程与时间有关，主要目的是使溶胶-凝胶过程形成的脆弱骨架更加完善；③凝胶-气凝胶的转变(干燥过程)，即采用一定的干燥方法使湿凝胶中的液体成分被空气取代而保持凝胶原有的网络结构。近年来，随着科学家提出通过将纳米纤维结构进行碎化而后三维重组的方法实现从二维纳米纤维膜到纳米纤维气凝胶的转变，纳米纤维气凝胶的研究受到了越来越多的关注。

Si 等[99]以静电纺 SiO_2 纳米纤维为支撑结构，以苯并嘧嗪为交联剂，经过重成形、冷冻干燥等步骤后成功构筑了超低密度(约 0.12 mg/cm^3)的纳米纤维气凝胶(图 3-28)。该纤维气凝胶不仅超轻，其压缩回弹性能也十分优异，相比于传统的碳气凝胶，其压缩回弹性提升了 110%。它的热导率也低至 0.026 W/(m·K)，接近于空气的热导率。此外，该纤维气凝胶还是一种高性能的吸附材料，可快速吸附自身质量 200 倍以上的液体污染物，有望为近年来频发的海上石油污染灾害提供新的解决途径。除了上述应用，这种超轻的纤维气凝胶材料还可应用于组织工程、电子器件等领域。把该纳米纤维气凝胶经过高温碳化处理后，所得的碳纳米纤维气凝胶仍展现出优异的结构稳定性和回弹性能，有望被应用在新型柔性压敏传感器件领域。类似地，Wu 等[100]通过静电纺丝技术制备了聚偏氟乙烯[poly(vinylidene fluoride), PVDF]纳米纤维，并将这种纳米纤维与二氧化硅溶液

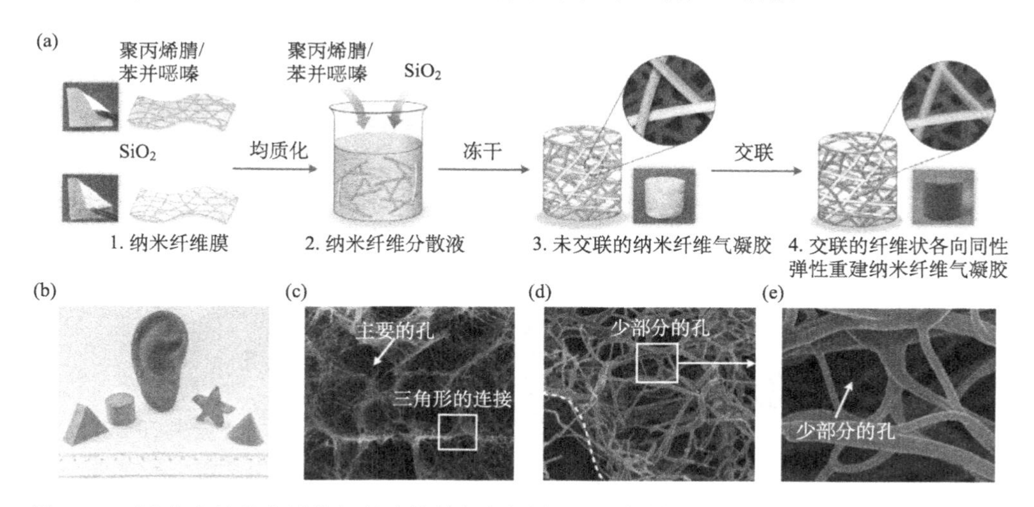

图 3-28　(a)静电纺纳米纤维气凝胶的制备流程图；(b)静电纺纳米纤维气凝胶的不同形状图；(c～e)静电纺纳米纤维气凝胶的 SEM 照片[99]

混合形成 SiO_2/PVDF 复合物，其在室温下静置 0.5～1 h 后开始变为凝胶，继续在室温下保持两天后湿凝胶完全形成。通过这种方法制备的气凝胶复合材料表现出完整的宏观结构和三维网络状微观形貌，并具有优异的柔韧性和疏水性。实验结果表明，其热导率最低为 0.028 W/(m·K)。因此，静电纺 PVDF 纳米纤维可大大改善 SiO_2 气凝胶的机械强度和柔韧性，同时保持较低的热导率，从而大大提高了其隔热应用的潜力。

通过将聚合物气凝胶进行碳化，还可以获得具有较高的比表面积、良好的结构稳定性与导电性的三维碳气凝胶材料，并将其作为一种理想的电化学储能材料。例如，Huang 等[101]以一维碳纳米纤维与二维石墨烯片层共同作为构筑基元，获得了三维碳纳米纤维-石墨烯复合气凝胶(图 3-29)，其中石墨烯作为交联剂增强了材料的导电性，碳纳米纤维作为支撑骨架提高了材料的力学性能。该复合气凝胶作为超级电容器电极材料使用时具有良好的电化学性能，在电流密度为 1 A/g 时，其比电容可达 180 F/g。该碳气凝胶具有较高的孔隙率、较大的比表面积以及良好的导电性，还可作为良好的电化学催化剂载体材料，不但可以有效地抑制电化学活性物质的团聚，增加活性位点的暴露，还可以加快电子、离子在电催化析氢过程中的传输，进而提高材料的电催化析氢性能。

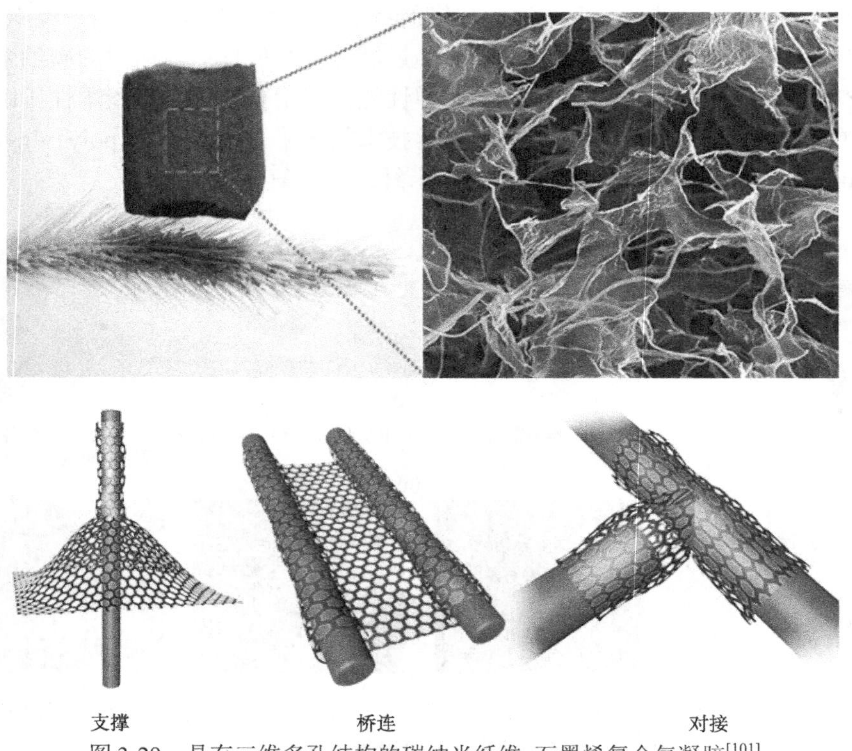

图 3-29　具有三维多孔结构的碳纳米纤维-石墨烯复合气凝胶[101]

该方法同样可以拓展到其他非静电纺丝基碳纳米纤维材料上[102]。Yu 等[103]首先提出了一种简便、经济且环保的制备方法，他们直接以细纤维素为前驱体，通过一步碳化得到低密度($4\sim6\ mg/cm^3$)的碳纳米纤维气凝胶。该碳纳米纤维气凝胶具有十分优异的耐火性能和回弹性能，可被应用于有机物的吸附。随后，也陆续出现了一些关于碳纳米纤维气凝胶的报道[104, 105]。例如，Lai 等[106]利用高速搅拌匀浆技术将细菌纤维素纳米纤维分散在水溶性聚酰胺酸盐溶液(PAA-TEA)中形成均匀悬浮液，随后结合冷冻干燥法成功制备了细菌纤维素纳米纤维/聚酰胺酸(BC/PAA)复合气凝胶材料[图 3-30(a)]。结果表明，经亚胺化后的聚酰亚胺组分的引入为纳米纤维气凝胶提供了物理支撑作用，使该气凝胶的耐压性能大幅提升。进一步利用高温碳化法获得的碳气凝胶(CA)具有一维碳纳米纤维贯穿二维碳纳米片的三维网络结构[图 3-30(b，c)]，并发现其可快速吸附自身质量 200 倍以上的液体污染物[图 3-30(d，e)]。关于碳纳米纤维气凝胶的研究仍存在很多科学问题尚待揭开，其结构与性能之间更明确的关系仍需要后续更详细的实验来验证和阐释。

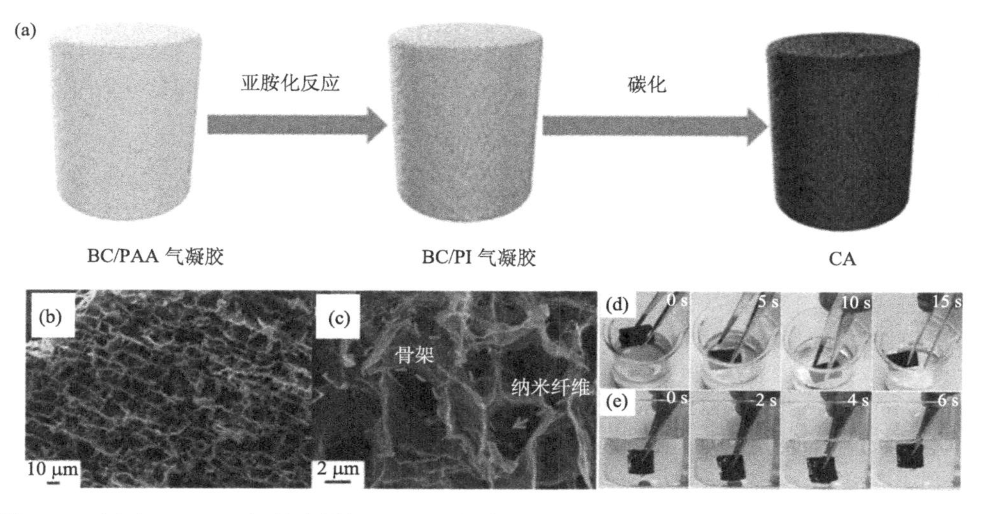

图 3-30　(a) 由 BC/PAA 气凝胶制备 BC/PI 气凝胶、CA 的流程图；(b, c) CA 的微观形貌；(d, e) CA 的吸油性能[106]

3.2.4　图案化纳米纤维

图案化纳米纤维的形成是在静电纺丝过程中通过辅助工艺和改变接收板的形状、运动状态、材料性质等，得到具有不同聚集形态的纤维。与传统纺丝相比，图案化纳米纤维的制备工艺是纤维加工成形的一种新工艺，图案化纳米纤维具有明显的拓扑结构，能满足不同领域对纤维的使用需求。迄今为止，图案化纳米纤维在生物医学、过滤、传感器、防护服、电子产品等领域发挥着巨大的作用[107]。目前，图案化纳米纤维的制备工艺有光刻工艺、图案化接收板技术、飞秒激光烧蚀法、纤维直写技术、纤维自组装、纳米压印、转移印花和微接触印刷等方法[108]。

1. 光刻工艺

光刻工艺是一种“自上而下”的图形化技术，是制备微电子器件的一种传统刻蚀技术[109]，它主要采用曝光、显影等技术来转移器件的结构图形，以获取规则性、功能性的结构图形[110]。Steach 等[111]使用 SU-82100 负性光刻胶，通过紫外线光刻技术和静电纺丝技术相结合，得到了图案化的纳米纤维和纳米珠子，在热解后纤维的结构保持不变且直径范围在 300 nm ～ 1 μm，具有廉价简单、可以生产最小半径的纤维或珠子等优点，并可以用于微流控、传感器、微纳米电子产品领域。Liu 等[112]使用聚乙二醇和聚乳酸，通过光刻技术和静电纺丝技术，得到了拓扑结构的图案化纳米纤维（图 3-31），纤维膜的脊区和槽区平均孔径分别约为 5.9 μm 和 7.2 μm，纤维膜的纤维直径约为 1 μm，该类型的图案化纳米纤维具有简单易得等优点，可用于细胞组织工程和多细胞共培养等研究领域。采用光刻工艺可以得到各种图案和尺寸的图案化纳米纤维，还易对各种材料进行纤维的图案化加工以及产生和复制多阵列的微结构。

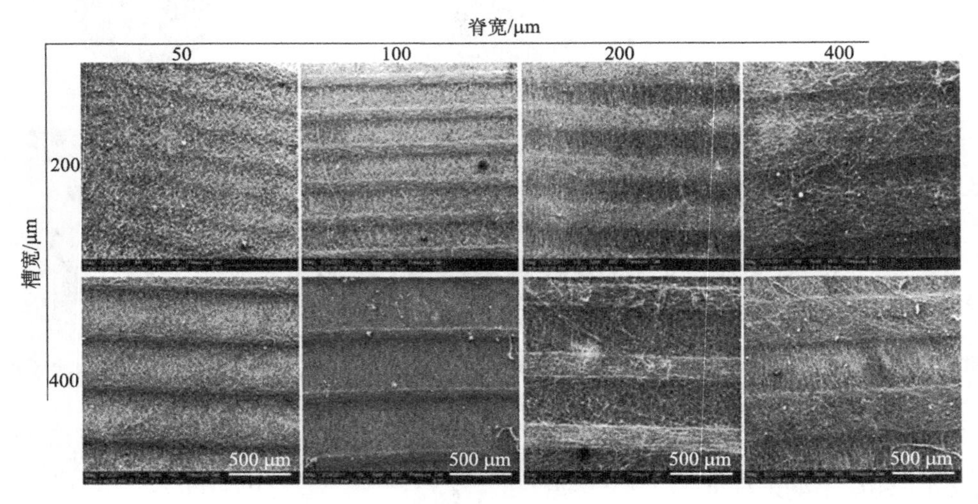

图 3-31　纤维膜在不同脊形宽度和槽宽的收集器上的堆积形貌[112]

2. 图案化接收板技术

图案化接收板技术是指在静电纺丝过程中主要通过改变接收板的形状、材料性质和运动状态，从而达到调控电纺纤维图案的目的。图案化的接收板可以改变电纺纤维的聚集形态，故能运用于图案化纳米纤维的制备[113, 114]。

Ma 等[115]使用醋酸纤维素，通过静电纺丝技术得到了无纺布网格状的电纺纳米纤维膜，其直径范围为 200 nm～1 μm，碱处理不影响纳米纤维的形态，且再生纤维素纳米纤维是一种亲水性材料，具有可重复使用等优点，可用于亲和膜研究领域。Nagiah 等[116]使用聚羟基丁酸、明胶，通过静电纺丝技术，得到了均匀、淡黄色的交联电纺膜，其直径为 90～500 nm，纤维随着明胶增加而减少，具有良好的热稳定性、生物相容性等优点，可用于美容和皮肤再生研究领域。图案化接收板技术具有费用低廉、操作简单、使用方便和灵活性强等特点，在制备图案化纳米纤维上具有无可比拟的优势，但存在效率较低、对设备性能要求高等问题[117]。

3. 飞秒激光烧蚀法

飞秒激光烧蚀法是指激光以脉冲形式运转，在注入时间极短的情况下，由于能量来不及扩散，材料快速达到气化温度并在材料表面实现烧蚀目的的一种技术。该技术可对材料表面进行焊接、打孔、切割等，并可与计算机相连精确控制所需材料的尺寸和形貌，故能运用于图案化纳米纤维的制备[118, 119]。Jenness 等[120]使用聚己内酯，通过飞秒激光烧蚀法和静电纺丝技术，得到了金字塔结构、带有弯曲叶片风车结构的电纺纤维垫，如图 3-32 所示，飞秒激光烧蚀法产生了明确的边缘并对周边纤维结构无明显的影响，横向分辨率在 1～15 μm 之间、轴向分辨率在 15～110 μm，具有简便有效、适用范围广等优点，可用于制备各种功能性结构材料。Wu 等[121]使用聚己内酯，通过飞秒激光烧蚀法和静电纺丝技术相结合，在飞秒激光烧蚀之前得到了随机分布的电纺纤维垫，进行飞秒激光烧蚀后得到了不同大小均匀分布的电纺纤维孔，两圆形孔中心距可调控为 1000 μm、孔的平均直径为 436 μm，其可以用于功能性组织工程支架的研究领域。飞秒激光烧蚀法具有聚光性好、能量密度高、持续时间短等优点，但由于使用条件比较苛刻，其发展与应用受到了一定的限制。

4. 纤维直写技术

纤维直写技术是基于静电纺丝过程中直线稳定射流的特点，实现单根纳米纤维的定位沉积[122]。其制备工艺流程包括：①制备电纺溶液；②稳定喷射：电纺溶液在喷口处实现有序稳定的直写喷射；③固化，单根纤维在接收板上沉积固化，形成图案化形状。Cho 等[123]使用聚环氧乙烷，通过纤维直写技术和静电纺丝技术

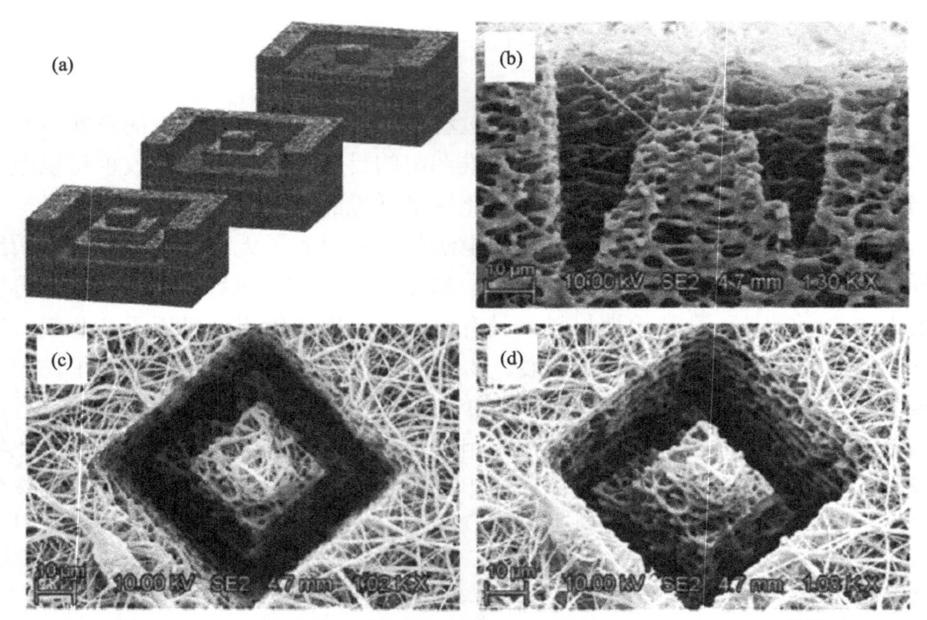

图 3-32　飞秒激光烧蚀法产生的由聚己内酯电纺纤维形成的图案[120]

(a) 过程示意图；(b) 切面的 SEM 照片；(c) 俯视的 SEM 照片；(d) 斜视的 SEM 照片

在柔性绝缘膜上制备图案化纳米纤维，得到了 A、S 形的纳米纤维。纤维直写技术可以制备各种复杂的纳米纤维图案，具有廉价、易控制等优点，可以应用于组织工程、药物运输、伤口敷料技术及表面改性等领域。纤维直写技术具有生产成本低、适用范围广等优点，采用该技术制备的纤维具有表面光滑、易控制和可以制造各种复杂纤维图案等优点。

3.2.5　纳米蛛网结构

二维纳米蛛网结构是在静电纺丝过程中偶然发现的，其直径仅在 5～40 nm 范围内，因而具有许多优异的性质，如极高的孔隙率、较大的比表面积、Steiner 树网络几何形状和可控覆盖率。因此，二维纳米蛛网结构特殊的结构和特质也引发了研究人员的广泛关注。

Ding 等[124, 125]首次报道了静电纺 PA6 纤维膜中纳米蛛网结构。他们发现，在聚合物溶液中添加无机盐就可以得到具有纳米蛛网结构的纤维膜，其纤维直径分布在 10～20 nm 之间，平均直径约为 17 nm。Barakat 等[126]将聚氨酯溶于 THF/DMF 的混合溶剂中，并加入一定量的 NaCl 粉末，制备了覆盖率较小的纳米蛛网，如图 3-33 (a，b) 所示。为获得高覆盖率的纳米蛛网结构，Hu 等[127]在 PU 溶液中加入表面活性剂十二烷基磺酸钠 (SLS)，有效提高了 PU 纤维膜中纳米蛛网的覆盖率，如图 3-33 (c) 所示。

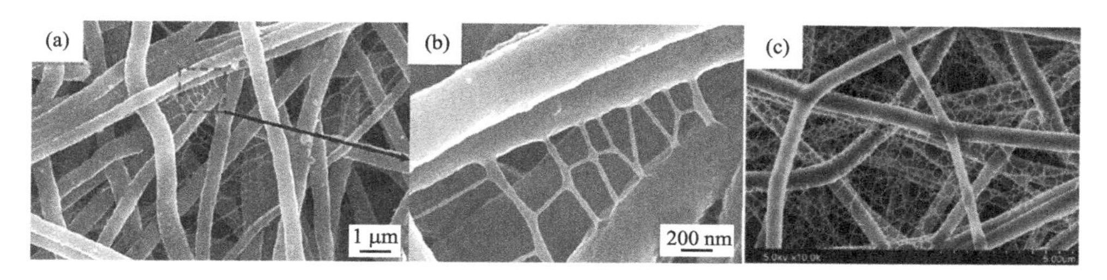

图 3-33 不同复合纤维膜的 SEM 照片[126]

(a, b) PU/NaCl; (c) PU/SLS

Pant 等[128]发现，在 PA6 溶液中加入 TiO_2 粒子也能显著提高纳米蛛网结构的覆盖率，同时相应地提高其亲水性、光催化作用、抗菌等性能。Rahmani 等[129]研究了 PA6 聚合物溶液中添加 TiO_2 粒子形成纳米蛛网结构的纺丝工艺条件，系统探索了溶质的质量分数、电压和溶液的温度等条件对形成纳米蛛网结构的影响。结果表明，当溶质的质量分数为 15%、施加的电压为 22 kV 以及环境温度为 25 ℃时，能形成最佳的纳米蛛网结构。Ding 等[130]在 PVA 溶液中添加 ZnO 粒子，溶液的电导率从 0.019 S/m 增加到 0.712 S/m，从而得到有纳米蛛网结构的 ZnO/PVA 纤维膜，而未添加 ZnO 粒子的纯 PVA 纤维膜则没有纳米蛛网结构。

纯 PVA 静电纺纤维膜有着宽泛的直径范围并且是任意堆积而成的。Ayutsede 等[131]制备了丝素/单壁碳纳米管的纳米蛛网复合膜。结果表明，单壁碳纳米管的掺入对复合膜中纳米蛛网的形成起到了重要作用。同时，他们发现，与同静电纺纯丝素纳米纤维膜相比较，单壁碳纳米管对复合膜的机械强度增强明显，杨氏模量增加了 460%。因此，在丝素中添加单壁碳纳米管，可能会获得可编织的多功能纳米纤维。

研究人员发现，生物高分子的静电纺丝过程中也可以产生纳米蛛网结构。Wang 等[132]将壳聚糖(CS)溶于质量分数为 90%的乙酸溶液中，通过静电纺丝得到了具有纳米蛛网结构的 CS 纤维膜，利用纳米蛛网纤维具有较高比表面积的特点，该 CS 纤维膜可以作为湿度检测的传感材料。Wang 等[133]的研究表明，还可以通过调节溶液的性质和纺丝工艺参数得到二维网状明胶的纳米蛛网。在质量分数为 10%的明胶溶液中分别添加不同质量分数的 NaCl，通过调节静电纺丝工艺得到不同的纤维膜，探究 NaCl 的添加量、电压以及温湿度对形成纳米蛛网结构的影响。结果表明，添加 0.2% NaCl，电压为 30 kV，温度为 24 ℃，相对湿度为 25%情况下形成的纳米蛛网结构最为完整。他们还提出，溶液在电场飞行过程中迅速发生的相分离和明胶的氢键是形成纳米蛛网结构的重要原因。

Barakat 等[126]发现，纳米蛛网的形成可以归因于许多纤维之间的连接以及泰勒锥顶点处可能发生的连接。为了解释静电纺溶胶-凝胶和盐/聚合物溶液之间的区别，Kim 等[134]建立了模型来模拟纳米蛛网的形成机制。如图 3-34 所示，当静电纺溶胶-凝胶溶液前驱体的水解和缩聚形成的溶胶凝胶离子被嵌入到生成的聚合物纳米纤维中时，并不能观察到纳米蛛网纤维[图 3-34(a，b)]；而在纺丝液中加入了盐离子后，随机分布在盐/聚合物溶液中的离子可能会附着在聚合物分子链上，这些聚合物分子链上的离子相互连接，最终导致了纳米蛛网的形成[图 3-34(c，d)]。

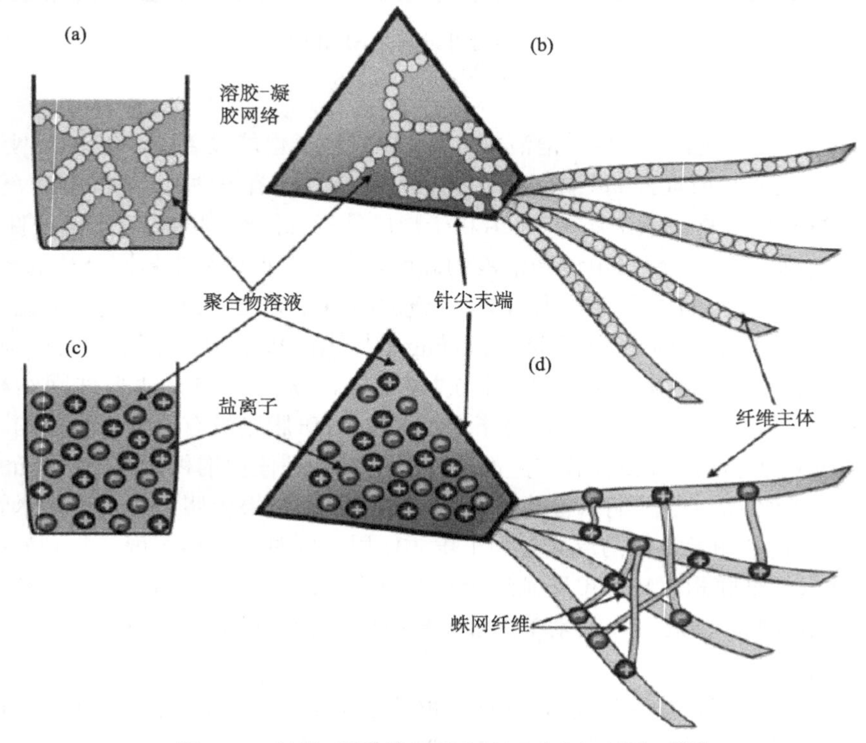

图 3-34 溶胶-凝胶模拟纳米蛛网形成机制模型[134]

(a) 溶胶-凝胶/聚合物溶液的示意图；(b) 对应(a)中溶液的静电纺丝过程；(c) 另一种无法形成溶胶-凝胶的含有无机盐的聚合物溶液示意图；(d) 对应(c)中溶液的静电纺丝过程

此后，Pant 等[135]又提出了纳米蛛网的氢键形成机制。由于 PA6 纳米纤维之间可能存在氢键，而静电纺丝过程中所用的高压电源会使得离子型分子的质子化酰胺基有效地与主纤维中离子型 PA6 分子中的氧原子以及主纤维酰胺基中与氢原子相结合的氧原子紧密连接，从而形成相互连接的纳米蛛网结构的纤维膜。

Tsou 等[136]提出了纳米蛛网的另一种形成机制，即射流分支之间的相互缠绕，其主要观点是静电纺丝时会形成许多微小的次级射流，这些次级射流间会相互作用，当这些微小的次级射流以高喷射速度被交织在混乱的搅打区域时，彼此之间短暂的连接减弱了内在的相互排斥力，从而使微小次级射流喷网成为可能。因此，他们认为纳米蛛网的形成与这些微小次级射流之间复杂的相互作用有关。

参考文献

[1] Bognitzki M, Czado W, Frese T, Schaper A, Hellwig M, Steinhart M, Greiner A, Wendorff J H. Nanostructured fibers via electrospinning [J]. Advanced Materials, 2001, 13 (1): 70-72.

[2] Megelski S, Stephens J S, Chase D B, Rabolt J F. Micro-and nanostructured surface morphology on electrospun polymer fibers [J]. Macromolecules, 2002, 35 (22): 8456-8466.

[3] Casper C L, Stephens J S, Tassi N G, Chase D B, Rabolt J F. Controlling surface morphology of electrospun polystyrene fibers: Effect of humidity and molecular weight in the electrospinning process [J]. Macromolecules, 2004, 37 (2): 573-578.

[4] Han S O, Son W K, Youk J H, Lee T S, Park W H. Ultrafine porous fibers electrospun from cellulose triacetate [J]. Materials Letters, 2005, 59 (24): 2998-3001.

[5] Qi Z, Yu H, Chen Y, Zhu M. Highly porous fibers prepared by electrospinning a ternary system of nonsolvent/solvent/poly (L-lactic acid) [J]. Materials Letters, 2009, 63 (3): 415-418.

[6] Miyauchi Y, Ding B, Shiratori S. Fabrication of a silver-ragwort-leaf-like super-hydrophobic micro/nanoporous fibrous mat surface by electrospinning [J]. Nanotechnology, 2006, 17 (20): 5151.

[7] Lin J, Ding B, Yu J. Direct fabrication of highly nanoporous polystyrene fibers via electrospinning [J]. ACS Applied Materials & Interfaces, 2010, 2 (2): 521-528.

[8] Kim C H, Jung Y H, Kim H Y, Lee D R, Dharmaraj N, Choi K E. Effect of collector temperature on the porous structure of electrospun fibers [J]. Macromolecular Research, 2006, 14 (1): 59-65.

[9] Wu Y, Yu J Y, Ma C. Electrospun nanoporous fiber [J]. Textile Research Journal, 2008, 78 (9): 812-815.

[10] Lee K H, Givens S, Chase D B, Rabolt J F. Electrostatic polymer processing of isotactic poly (4-methyl-1-pentene) fibrous membrane [J]. Polymer, 2006, 47 (23): 8013-8018.

[11] Kongkhlang T, Kotaki M, Kousaka Y, Umemura T, Nakaya D, Chirachanchai S. Electrospun polyoxymethylene: Spinning conditions and its consequent nanoporous nanofiber [J]. Macromolecules, 2008, 41 (13): 4746-4752.

[12] Bognitzki M, Frese T, Steinhart M, Greiner A, Wendorff J H, Schaper A, Hellwig M. Preparation of fibers with nanoscaled morphologies: Electrospinning of polymer blends [J]. Polymer Engineering & Science, 2001, 41 (6): 982-989.

[13] Li X, Nie G. Nano-porous ultra-high specific surface ultrafine fibers [J]. Chinese Science Bulletin, 2004, 49 (22): 2368-2371.

[14] Zhang L, Hsieh Y L. Nanoporous ultrahigh specific surface polyacrylonitrile fibres [J]. Nanotechnology, 2006, 17 (17): 4416.

[15] Zhang Y, Feng Y, Huang Z, Ramakrishna S, Lim C. Fabrication of porous electrospun nanofibres [J]. Nanotechnology, 2006, 17 (3): 901.

[16] You Y, Youk J H, Lee S W, Min B M, Lee S J, Park W H. Preparation of porous ultrafine PGA fibers via selective dissolution of electrospun PGA/PLA blend fibers [J]. Materials Letters, 2006, 60 (6): 757-760.

[17] Moon S, Choi J, Farris R J. Highly porous polyacrylonitrile/polystyrene nanofibers by electrospinning [J]. Fibers and Polymers, 2008, 9 (3): 276-280.

[18] Lyoo W S, Youk J H, Lee S W, Park W H. Preparation of porous ultra-fine poly (vinyl cinnamate) fibers [J]. Materials Letters, 2005, 59 (28): 3558-3562.

[19] Liu J, Yu Z, Yu H, Lang C, Zhang J J. Preparation of porous electro-spun UPM fibers via photocrosslinking [J]. Journal of Applied Polymer Science, 2009, 112 (4): 2247-2254.

[20] Gupta A, Saquing C D, Afshari M, Tonelli A E, Khan S A, Kotek R. Porous nylon-6 fibers via a novel salt-induced electrospinning method [J]. Macromolecules, 2008, 42(3): 709-715.

[21] Ma G, Yang D, Nie J. Preparation of porous ultrafine polyacrylonitrile (PAN) fibers by electrospinning [J]. Polymers for Advanced Technologies, 2009, 20(2): 147-150.

[22] Kim C, Ngoc B T N, Yang K S, Kojima M, Kim Y A, Kim Y J, Endo M, Yang S C. Self-sustained thin webs consisting of porous carbon nanofibers for supercapacitors via the electrospinning of polyacrylonitrile solutions containing zinc chloride [J]. Advanced Materials, 2007, 19(17): 2341-2346.

[23] Kim I D, Rothschild A. Nanostructured metal oxide gas sensors prepared by electrospinning [J]. Polymers for Advanced Technologies, 2011, 22(3): 318-325.

[24] Chen W, Ma Z, Pan X, Hu Z, Dong G, Zhou S, Peng M, Qiu J. Core@ dual-shell nanoporous SiO_2-TiO_2 composite fibers with high flexibility and its photocatalytic activity [J]. Journal of the American Ceramic Society, 2014, 97(6): 1944-1951.

[25] Formo E, Yavuz M S, Lee E P, Lane L, Xia Y. Functionalization of electrospun ceramic nanofibre membranes with noble-metal nanostructures for catalytic applications [J]. Journal of Materials Chemistry, 2009, 19(23): 3878-3882.

[26] Kanehata M, Ding B, Shiratori S. Nanoporous ultra-high specific surface inorganic fibres [J]. Nanotechnology, 2007, 18(31): 315602.

[27] Kokubo H, Ding B, Naka T, Tsuchihira H, Shiratori S. Multi-core cable-like TiO_2 nanofibrous membranes for dye-sensitized solar cells [J]. Nanotechnology, 2007, 18(16): 165604.

[28] Peng M, Li D, Shen L, Chen Y, Zheng Q, Wang H. Nanoporous structured submicrometer carbon fibers prepared via solution electrospinning of polymer blends [J]. Langmuir, 2006, 22(22): 9368-9374.

[29] Jo E, Yeo J G, Kim D K, Oh J S, Hong C K. Preparation of well-controlled porous carbon nanofiber materials by varying the compatibility of polymer blends [J]. Polymer International, 2014, 63(8): 1471-1477.

[30] Kim B H, Yang K S, Bang Y H, Kim S R. Thermally induced porous carbon nanofibers for electrochemical capacitor electrodes from phenylsilane and polyacrylonitrile blend solutions [J]. Materials Letters, 2011, 65(23): 3479-3481.

[31] Tran C, Kalra V. Fabrication of porous carbon nanofibers with adjustable pore sizes as electrodes for supercapacitors [J]. Journal of Power Sources, 2013, 235: 289-296.

[32] Loscertales I G, Barrero A, Guerrero I, Cortijo R, Marquez M, Ganan-Calvo A. Micro/nano encapsulation via electrified coaxial liquid jets [J]. Science, 2002, 295(5560): 1695-1698.

[33] Sun Z, Zussman E, Yarin A L, Wendorff J H, Greiner A. Compound core-shell polymer nanofibers by co-electrospinning [J]. Advanced Materials, 2003, 15(22): 1929-1932.

[34] Zhang Y, Wang X, Feng Y, Li J, Lim C, Ramakrishna S. Coaxial electrospinning of(fluorescein isothiocyanate-conjugated bovine serum albumin)-encapsulated poly(ε-caprolactone) nanofibers for sustained release [J]. Biomacromolecules, 2006, 7(4): 1049-1057.

[35] Zhan S, Chen D, Jiao X, Song Y. Mesoporous TiO_2/SiO_2 composite nanofibers with selective photocatalytic properties [J]. Chemical Communications, 2007, 20: 2043-2045.

[36] Ji W, Sun Y, Yang F, Van Den Beucken J J, Fan M, Chen Z, Jansen J A. Bioactive electrospun scaffolds delivering growth factors and genes for tissue engineering applications [J]. Pharmaceutical Research, 2011, 28(6): 1259-1272.

[37] Ma Q, Wang J, Dong X, Yu W, Liu G. Fabrication of magnetic-fluorescent bifunctional flexible coaxial nanobelts by electrospinning using a modified coaxial spinneret [J]. ChemPlusChem, 2014, 79(2): 290-297.

[38] Dong H, Nyame V, Macdiarmid A G, Jones W E. Polyaniline/poly(methyl methacrylate) coaxial fibers: The fabrication and effects of the solution properties on the morphology of electrospun core fibers [J]. Journal of Polymer Science Part B: Polymer Physics, 2004, 42(21): 3934-3942.

[39] Deng H, Zhou X, Wang X, Zhang C, Ding B, Zhang Q, Du Y. Layer-by-layer structured polysaccharides film-coated cellulose nanofibrous mats for cell culture [J]. Carbohydrate Polymers, 2010, 80(2): 474-479.

[40] Lee J A, Nam Y S, Rutledge G C, Hammond P T. Enhanced photocatalytic activity using layer-by-layer electrospun

constructs for water remediation [J]. Advanced Functional Materials, 2010, 20(15): 2424-2429.

[41] Luo W, Hu X, Sun Y, Huang Y. Surface modification of electrospun TiO_2 nanofibers via layer-by-layer self-assembly for high-performance lithium-ion batteries [J]. Journal of Materials Chemistry, 2012, 22(11): 4910-4915.

[42] Xiao S, Shen M, Guo R, Huang Q, Wang S, Shi X. Fabrication of multiwalled carbon nanotube-reinforced electrospun polymer nanofibers containing zero-valent iron nanoparticles for environmental applications [J]. Journal of Materials Chemistry, 2010, 20(27): 5700-5708.

[43] Fang X, Ma H, Xiao S, Shen M, Guo R, Cao X, Shi X. Facile immobilization of gold nanoparticles into electrospun polyethyleneimine/polyvinyl alcohol nanofibers for catalytic applications [J]. Journal of Materials Chemistry, 2011, 21(12): 4493-4501.

[44] Fu K, Xue L, Yildiz O, Li S, Lee H, Li Y, Xu G, Zhou L, Bradford P D, Zhang X. Effect of CVD carbon coatings on Si@ CNF composite as anode for lithium-ion batteries [J]. Nano Energy, 2013, 2(5): 976-986.

[45] Chen J, Chu B, Hsiao B S. Mineralization of hydroxyapatite in electrospun nanofibrous poly(L-lactic acid) scaffolds [J]. Journal of Biomedical Materials Research Part A, 2006, 79(2): 307-317.

[46] Ding Q, Miao Y E, Liu T. Morphology and photocatalytic property of hierarchical polyimide/ZnO fibers prepared via a direct ion-exchange process [J]. ACS Applied Materials & Interfaces, 2013, 5(12): 5617-5622.

[47] Ji L, Lin Z, Li Y, Li S, Liang Y, Toprakci O, Shi Q, Zhang X. Formation and characterization of core-sheath nanofibers through electrospinning and surface-initiated polymerization [J]. Polymer, 2010, 51(19): 4368-4374.

[48] Chen D, Miao Y E, Liu T. Electrically conductive polyaniline/polyimide nanofiber membranes prepared via a combination of electrospinning and subsequent *in situ* polymerization growth [J]. ACS Applied Materials & Interfaces, 2013, 5(4): 1206-1212.

[49] Zhang H D, Tang C C, Long Y Z, Zhang J C, Huang R, Li J J, Gu C Z. High-sensitivity gas sensors based on arranged polyaniline/PMMA composite fibers [J]. Sensors and Actuators A: Physical, 2014, 219: 123-127.

[50] Kong J, Wong S Y, Zhang Y, Tan H R, Li X, Lu X. One-dimensional carbon-SnO_2 and SnO_2 nanostructures via single-spinneret electrospinning: Tunable morphology and the underlying mechanism [J]. Journal of Materials Chemistry, 2011, 21(40): 15928-15934.

[51] Gao C, Li X, Lu B, Chen L, Wang Y, Teng F, Wang J, Zhang Z, Pan X, Xie E. A facile method to prepare SnO_2 nanotubes for use in efficient SnO_2-TiO_2 core-shell dye-sensitized solar cells [J]. Nanoscale, 2012, 4(11): 3475-3481.

[52] Zhang Z, Li X, Wang C, Wei L, Liu Y, Shao C. ZnO hollow nanofibers: Fabrication from facile single capillary electrospinning and applications in gas sensors [J]. The Journal of Physical Chemistry C, 2009, 113(45): 19397-19403.

[53] Ozgit-Akgun C, Kayaci F, Donmez I, Uyar T, Biyikli N. Template-based synthesis of aluminum nitride hollow nanofibers via plasma-enhanced atomic layer deposition [J]. Journal of the American Ceramic Society, 2013, 96(3): 916-922.

[54] Miao Y E, Fan W, Chen D, Liu T. High-performance supercapacitors based on hollow polyaniline nanofibers by electrospinning [J]. ACS Applied Materials & Interfaces, 2013, 5(10): 4423-4428.

[55] Im J H, Yang S J, Yun C H, Park C R. Simple fabrication of carbon/TiO_2 composite nanotubes showing dual functions with adsorption and photocatalytic decomposition of Rhodamine B [J]. Nanotechnology, 2011, 23(3): 035604.

[56] Li D, Xia Y. Direct fabrication of composite and ceramic hollow nanofibers by electrospinning [J]. Nano Letters, 2004, 4(5): 933-938.

[57] Mccann J T, Li D, Xia Y. Electrospinning of nanofibers with core-sheath, hollow, or porous structures [J]. Journal of Materials Chemistry, 2005, 15(7): 735-738.

[58] Zhan S, Chen D, Jiao X. Co-electrospun SiO_2 hollow nanostructured fibers with hierarchical walls [J]. Journal of Colloid and Interface Science, 2008, 318(2): 331-336.

[59] Li D, Mccann J T, Xia Y. Use of electrospinning to directly fabricate hollow nanofibers with functionalized inner and outer surfaces [J]. Small, 2005, 1(1): 83-86.

[60] Li Y, Zhan S. Electrospun nickel oxide hollow nanostructured fibers [J]. Journal of Dispersion Science and Technology, 2009, 30(2): 246-249.

[61] Zhan S, Yu H, Li Y, Jiang B, Zhang X, Yan C, Ma S. Co-electrospun $BaTiO_3$ hollow fibers combined with sol-gel method [J]. Journal of Dispersion Science and Technology, 2008, 29(9): 1345-1348.

[62] Zhao Y, Cao X, Jiang L. Bio-mimic multichannel microtubes by a facile method [J]. Journal of the American Chemical Society, 2007, 129(4): 764-765.

[63] Chen H, Wang N, Di J, Zhao Y, Song Y, Jiang L. Nanowire-in-microtube structured core/shell fibers via multifluidic coaxial electrospinning [J]. Langmuir, 2010, 26(13): 11291-11296.

[64] Zhang S, Dong X, Xu S, Wang J. Preparation and characterization of TiO_2/SiO_2 composite hollow nanofibers via an electrospinning technique [J]. Acta Materiae Compositae Sinica, 2008, 25(3): 138-143.

[65] Chen Y, Lu Z, Zhou L, Mai Y W, Huang H. Triple-coaxial electrospun amorphous carbon nanotubes with hollow graphitic carbon nanospheres for high-performance Li ion batteries [J]. Energy & Environmental Science, 2012, 5(7): 7898-7902.

[66] Ke P, Jiao X N, Ge X H, Xiao W M, Yu B. From macro to micro: Structural biomimetic materials by electrospinning [J]. RSC Advances, 2014, 4(75): 39704-39724.

[67] Wu J, Wang N, Zhao Y, Jiang L. Electrospinning of multilevel structured functional micro-/nanofibers and their applications [J]. Journal of Materials Chemistry A, 2013, 1(25): 7290-7305.

[68] Wang R, Guo J, Chen D, Miao Y E, Pan J, Tjiu W W, Liu T. "Tube brush" like ZnO/SiO_2 hybrid to construct a flexible membrane with enhanced photocatalytic properties and recycling ability [J]. Journal of Materials Chemistry, 2011, 21(48): 19375-19380.

[69] Huang Y, Miao Y E, Zhang L, Tjiu W W, Pan J, Liu T. Synthesis of few-layered MoS_2 nanosheet-coated electrospun SnO_2 nanotube heterostructures for enhanced hydrogen evolution reaction [J]. Nanoscale, 2014, 6(18): 10673-10679.

[70] Zhu H, Du M, Zhang M, Zou M, Yang T, Fu Y, Yao J. The design and construction of 3D rose-petal-shaped MoS_2 hierarchical nanostructures with structure-sensitive properties [J]. Journal of Materials Chemistry A, 2014, 2(21): 7680-7685.

[71] Hou H, Reneker D H. Carbon nanotubes on carbon nanofibers: A novel structure based on electrospun polymer nanofibers [J]. Advanced Materials, 2004, 16(1): 69-73.

[72] Zhou Z, Wu X F, Hou H. Electrospun carbon nanofibers surface-grown with carbon nanotubes and polyaniline for use as high-performance electrode materials of supercapacitors [J]. RSC Advances, 2014, 4(45): 23622-23629.

[73] Xuyen N T, Kim T H, Geng H Z, Lee I H, Kim K K, Lee Y H. Three-dimensional architecture of carbon nanotube-anchored polymer nanofiber composite [J]. Journal of Materials Chemistry, 2009, 19(42): 7822-7825.

[74] Gill R S, Saraf R F, Kundu S. Self-assembly of gold nanoparticles on poly(allylamine hydrochloride) nanofiber: A new route to fabricate "necklace" as single electron devices [J]. ACS Applied Materials & Interfaces, 2013, 5(20): 9949-9956.

[75] Jin Y, Yang D, Kang D, Jiang X. Fabrication of necklace-like structures via electrospinning [J]. Langmuir, 2009, 26(2): 1186-1190.

[76] Ning X, Li F, Zhou Y, Miao Y E, Wei C, Liu T. Confined growth of uniformly dispersed $NiCo_2S_4$ nanoparticles on nitrogen-doped carbon nanofibers for high-performance asymmetric supercapacitors [J]. Chemical Engineering Journal, 2017, 328: 599-608.

[77] Kessick R, Tepper G. Microscale polymeric helical structures produced by electrospinning [J]. Applied Physics Letters, 2004, 84(23): 4807-4809.

[78] Han T, Reneker D H, Yarin A L. Buckling of jets in electrospinning [J]. Polymer, 2007, 48(20): 6064-6076.

[79] Shin M K, Kim S I, Kim S J. Controlled assembly of polymer nanofibers: From helical springs to fully extended [J].

Applied Physics Letters, 2006, 88(22): 223109.

[80] Xin Y, Reneker D H. Hierarchical polystyrene patterns produced by electrospinning [J]. Polymer, 2012, 53(19): 4254-4261.

[81] Canejo J P, Borges J P, Godinho M H, Brogueira P, Teixeira P I, Terentjev E M. Helical twisting of electrospun liquid crystalline cellulose micro-and nanofibers [J]. Advanced Materials, 2008, 20(24): 4821-4825.

[82] Xin Y, Huang Z, Yan E, Zhang W, Zhao Q. Controlling poly(*p*-phenylene vinylene)/poly(vinyl pyrrolidone) composite nanofibers in different morphologies by electrospinning [J]. Applied Physics Letters, 2006, 89(5): 053101.

[83] Yu J, Qiu Y, Zha X, Yu M, Yu J, Rafique J, Yin J. Production of aligned helical polymer nanofibers by electrospinning [J]. European Polymer Journal, 2008, 44(9): 2838-2844.

[84] Sun B, Long Y Z, Liu S L, Huang Y Y, Ma J, Zhang H D, Shen G, Xu S. Fabrication of curled conducting polymer microfibrous arrays via a novel electrospinning method for stretchable strain sensors [J]. Nanoscale, 2013, 5(15): 7041-7045.

[85] Lin T, Wang H, Wang X. Self-crimping bicomponent nanofibers electrospun from polyacrylonitrile and elastomeric polyurethane [J]. Advanced Materials, 2005, 17(22): 2699-2703.

[86] Chen S, Hou H, Hu P, Wendorff J H, Greiner A, Agarwal S. Effect of different bicomponent electrospinning techniques on the formation of polymeric nanosprings [J]. Macromolecular Materials and Engineering, 2009, 294(11): 781-786.

[87] Chen S, Hou H, Hu P, Wendorff J H, Greiner A, Agarwal S. Polymeric nanosprings by bicomponent electrospinning [J]. Macromolecular Materials and Engineering, 2009, 294(4): 265-271.

[88] Wu H, Bian F, Gong R H, Zeng Y. Effects of electric field and polymer structure on the formation of helical nanofibers via coelectrospinning [J]. Industrial & Engineering Chemistry Research, 2015, 54(39): 9585-9590.

[89] Wu H, Zheng Y, Zeng Y. Fabrication of helical nanofibers via co-electrospinning [J]. Industrial & Engineering Chemistry Research, 2015, 54(3): 987-993.

[90] Li J, Cao J, Wei Z, Yang M, Yin W, Yu K, Yao Y, Lv H, He X, Leng J. Electrospun silica/nafion hybrid products: Mechanical property improvement, wettability tuning and periodic structure adjustment [J]. Journal of Materials Chemistry A, 2014, 2(39): 16569-16576.

[91] Zhang B, Li C, Chang M. Curled poly(ethylene glycol terephthalate)/poly(ethylene propanediol terephthalate) nanofibers produced by side-by-side electrospinning [J]. Polymer Journal, 2009, 41(4): 252.

[92] Dalton P D, Klee D, Möller M. Electrospinning with dual collection rings [J]. Polymer, 2005, 46(3): 611-614.

[93] Liu L Q, Eder M, Burgert I, Tasis D, Prato M, Daniel Wagner H. One-step electrospun nanofiber-based composite ropes [J]. Applied Physics Letters, 2007, 90(8): 083108.

[94] Rein D M, Cohen Y, Lipp J, Zussman E. Elaboration of ultra-high molecular weight polyethylene/carbon nanotubes electrospun composite fibers [J]. Macromolecular Materials and Engineering, 2010, 295(11): 1003-1008.

[95] Chen D, Wang R, Tjiu W W, Liu T. High performance polyimide composite films prepared by homogeneity reinforcement of electrospun nanofibers [J]. Composites Science and Technology, 2011, 71(13): 1556-1562.

[96] Yang D, Lu B, Zhao Y, Jiang X. Fabrication of aligned fibrous arrays by magnetic electrospinning [J]. Advanced Materials, 2007, 19(21): 3702-3706.

[97] Li D, Wang Y, Xia Y. Electrospinning of polymeric and ceramic nanofibers as uniaxially aligned arrays [J]. Nano Letters, 2003, 3(8): 1167-1171.

[98] Huang Z M, Zhang Y Z, Kotaki M, Ramakrishna S. A review on polymer nanofibers by electrospinning and their applications in nanocomposites [J]. Composites Science and Technology, 2003, 63(15): 2223-2253.

[99] Si Y, Yu J, Tang X, Ge J, Ding B. Ultralight nanofibre-assembled cellular aerogels with superelasticity and multifunctionality [J]. Nature Communications, 2014, 5: 5802.

[100] Wu H, Chen Y, Chen Q, Ding Y, Zhou X, Gao H. Synthesis of flexible aerogel composites reinforced with electrospun nanofibers and microparticles for thermal insulation [J]. Journal of Nanomaterials, 2013, 2013: 10.

[101] Huang Y, Lai F, Zhang L, Lu H, Miao Y E, Liu T. Elastic carbon aerogels reconstructed from electrospun nanofibers and graphene as three-dimensional networked matrix for efficient energy storage/conversion [J]. Scientific Reports, 2016, 6: 31541.

[102] Gao K, Shao Z, Wang X, Zhang Y, Wang W, Wang F. Cellulose nanofibers/multi-walled carbon nanotube nanohybrid aerogel for all-solid-state flexible supercapacitors [J]. RSC Advances, 2013, 3 (35): 15058-15064.

[103] Wu Z Y, Li C, Liang H W, Chen J F, Yu S H. Ultralight, flexible, and fire-resistant carbon nanofiber aerogels from bacterial cellulose [J]. Angewandte Chemie International Edition, 2013, 52 (10): 2925-2929.

[104] Wu Z Y, Liang H W, Chen L F, Hu B C, Yu S H. Bacterial cellulose: A robust platform for design of three dimensional carbon-based functional nanomaterials [J]. Accounts of Chemical Research, 2016, 49 (1): 96-105.

[105] Wan Y, Yang Z, Xiong G, Luo H. A general strategy of decorating 3D carbon nanofiber aerogels derived from bacterial cellulose with nano-Fe_3O_4 for high-performance flexible and binder-free lithium-ion battery anodes [J]. Journal of Materials Chemistry A, 2015, 3 (30): 15386-15393.

[106] Lai F, Miao Y E, Zuo L, Zhang Y, Liu T. Carbon aerogels derived from bacterial cellulose/polyimide composites as versatile adsorbents and supercapacitor electrodes [J]. ChemNanoMat, 2016, 2 (3): 212-219.

[107] 尹红星，唐成春，龙云泽，曹珂，李蒙蒙，刘抗抗，尹志华. 静电纺丝法制备聚合物扭曲螺旋结构微纳米纤维 [J]. 青岛大学学报：自然科学版, 2009, 22 (4): 45-48.

[108] Bhardwaj N, Kundu S C. Electrospinning: A fascinating fiber fabrication technique [J]. Biotechnology Advances, 2010, 28 (3): 325-347.

[109] 王树龙. 紫外光刻法制备图案化的低维纳米结构阵列[D]. 青岛：青岛大学, 2008.

[110] Malladi K, Wang C, Madou M. Fabrication of suspended carbon microstructures by e-beam writer and pyrolysis [J]. Carbon, 2006, 44 (13): 2602-2607.

[111] Steach J K, Clark J E, Olesik S V. Optimization of electrospinning an SU-8 negative photoresist to create patterned carbon nanofibers and nanobeads [J]. Journal of Applied Polymer Science, 2010, 118 (1): 405-412.

[112] Liu Y, Zhang L, Li H, Yan S, Yu J, Weng J, Li X. Electrospun fibrous mats on lithographically micropatterned collectors to control cellular behaviors [J]. Langmuir, 2012, 28 (49): 17134-17142.

[113] 刘瑞来，刘海清，刘俊劭，江慧华. 静电纺丝制备图案化无机纳米纤维 [J]. 化学进展, 2012, 24 (8): 1484-1496.

[114] Xu H, Cui W, Chang J. Fabrication of patterned PDLLA/PCL composite scaffold by electrospinning [J]. Journal of Applied Polymer Science, 2013, 127 (3): 1550-1554.

[115] Ma Z, Kotaki M, Ramakrishna S. Electrospun cellulose nanofiber as affinity membrane [J]. Journal of Membrane Science, 2005, 265 (1): 115-123.

[116] Nagiah N, Madhavi L, Anitha R, Srinivasan N T, Sivagnanam U T. Electrospinning of poly (3-hydroxybutyric acid) and gelatin blended thin films: Fabrication, characterization, and application in skin regeneration [J]. Polymer Bulletin, 2013, 70 (8): 2337-2358.

[117] 王飞龙，邵珠帅，何钧，钱驰，汝长海. 制备纳米纤维的静电纺丝接收器研究进展 [J]. 纺织学报, 2014, 35 (5): 149-140.

[118] 刘欣，熊杰. 静电纺丝法制备图案化纳米纤维集合体的研究进展 [J]. 高科技纤维与应用, 2012, 37 (5): 51-57.

[119] Yang G. Laser ablation in liquids: Applications in the synthesis of nanocrystals [J]. Progress in Materials Science, 2007, 52 (4): 648-698.

[120] Jenness N J, Wu Y, Clark R L. Fabrication of three-dimensional electrospun microstructures using phase modulated femtosecond laser pulses [J]. Materials Letters, 2012, 66 (1): 360-363.

[121] Wu Y, Vorobyev A, Clark R L, Guo C. Femtosecond laser machining of electrospun membranes [J]. Applied Surface Science, 2011, 257 (7): 2432-2435.

[122] 李文望，郑高峰，黄辉蓝，孙道恒. 电纺直写单根纳米纤维喷射电流的特性 [J]. 厦门大学学报：自然科学版, 2011, 50(3): 570-573.

[123] Cho S J, Kim B, An T, Lim G. Replicable multilayered nanofibrous patterns on a flexible film [J]. Langmuir, 2010, 26 (18): 14395-14399.

[124] Wang X, Ding B, Yu J, Wang M, Pan F. A highly sensitive humidity sensor based on a nanofibrous membrane coated quartz crystal microbalance [J]. Nanotechnology, 2009, 21(5): 055502.

[125] Ding B, Li C, Miyauchi Y, Kuwaki O, Shiratori S. Formation of novel 2D polymer nanowebs via electrospinning [J]. Nanotechnology, 2006, 17(15): 3685.

[126] Barakat N A, Kanjwal M A, Sheikh F A, Kim H Y. Spider-net within the N6, PVA and PU electrospun nanofiber mats using salt addition: Novel strategy in the electrospinning process [J]. Polymer, 2009, 50(18): 4389-4396.

[127] Hu J, Wang X, Ding B, Lin J, Yu J, Sun G. One-step electro-spinning/netting technique for controllably preparing polyurethane nano - fiber/net [J]. Macromolecular Rapid Communications, 2011, 32(21): 1729-1734.

[128] Pant H R, Pandeya D R, Nam K T, Baek W I, Hong S T, Kim H Y. Photocatalytic and antibacterial properties of a TiO_2/nylon-6 electrospun nanocomposite mat containing silver nanoparticles [J]. Journal of Hazardous Materials, 2011, 189(1): 465-471.

[129] Rahmani H, Karimi M. Developing Sub-Nanofibers in Electrospun Nylon-6 Web by Controlling the Parameters of the Process [C]. Proceedings of the Macromolecular Symposia, 2014, Wiley Online Library.

[130] Ding B, Ogawa T, Kim J, Fujimoto K, Shiratori S. Fabrication of a super-hydrophobic nanofibrous zinc oxide film surface by electrospinning [J]. Thin Solid Films, 2008, 516(9): 2495-2501.

[131] Ayutsede J, Gandhi M, Sukigara S, Ye H, Hsu C M, Gogotsi Y, Ko F. Carbon nanotube reinforced Bombyx mori silk nanofibers by the electrospinning process [J]. Biomacromolecules, 2006, 7(1): 208-214.

[132] Wang X F, Ding B, Yu J Y, He J H, Sun G. Quartz crystal microbalance-based nanofibrous membranes for humidity detection: theoretical model and experimental verification [J]. International Journal of Nonlinear Sciences and Numerical Simulation, 2010, 11(7): 509-516.

[133] Wang X, Ding B, Yu J, Yang J. Large-scale fabrication of two-dimensional spider-web-like gelatin nano-nets via electro-netting [J]. Colloids and Surfaces B: Biointerfaces, 2011, 86(2): 345-352.

[134] Barakat N A M, Kanjwal M A, Sheikh F A, Kim H Y. Spider-net within the N6, PVA and PU electrospun nanofiber mats using salt addition: Novel strategy in the electrospinning process [J]. Polymer, 2009, 50(18): 4389-4396.

[135] Pant H R, Bajgai M P, Yi C, Nirmala R, Nam K T, Baek W I, Kim H Y. Effect of successive electrospinning and the strength of hydrogen bond on the morphology of electrospun nylon-6 nanofibers [J]. Colloids and Surfaces A: Physicochemical and Engineering Aspects, 2010, 370(1): 87-94.

[136] Tsou S Y, Lin H S, Wang C. Studies on the electrospun Nylon 6 nanofibers from polyelectrolyte solutions: 1. Effects of solution concentration and temperature [J]. Polymer, 2011, 52(14): 3127-3136.

第4章

高分子纳米纤维及其衍生物的表征方法

一般而言，可以从结构和性能两方面对纤维材料进行表征和研究，以获得改善材料制备工艺和提高材料综合性能指标的途径。然而，高分子纳米纤维及其衍生物不同于传统的纤维材料，其特殊的微纳尺寸结构、表/界面效应、量子隧道效应等在赋予其特定的电学、力学、磁学和光学特性的同时也给结构表征带来了更严峻的挑战。高分子纳米纤维及其衍生物的结构表征主要是指对纳米纤维体系相结构形态、结晶状态、元素组成等多种变量的表征，通过对各种性能(如热学性能、力学性能、电学性能、磁学性能等)的分析可反过来指导高分子纳米纤维及其衍生物材料结构的设计，从而进一步提升材料的综合性能指标。借助该思路，人们可以在高分子纳米纤维及其衍生物材料的结构-性能之间建立起某种平衡，从而有望总结出一条解释并预测高分子纳米纤维及其衍生物材料构效关系的普适性规律。因此，本章系统性地总结了高分子纳米纤维及其衍生物材料的常用表征方法，主要对组成表征、结构表征、形貌表征、热学表征、力学表征、电学表征进行深入探讨。

4.1 组成表征方法

4.1.1 红外光谱

红外光谱(infrared spectrum, IR)又称振转光谱，是由分子中原子与原子之间的化学键振动和分子本身的转动所引起的，而这些振动和转动都要吸收一定的具有较低能量(较长波长)的辐射能，将这部分被物质吸收且落在红外区的辐射能记录下来，就得到相应的红外光谱。自20世纪初开始，人们就对红外光谱仪的制造展开了各种尝试。在经历了早期棱镜(单光束红外光谱仪、双光束红外光谱仪等)为代表的色散型光谱仪后，20世纪70年代出现的傅里叶变换红外光谱仪(Fourier transform infrared spectrometer, FTIR)凭借其信噪比高、重现性好、精度和分辨率高以及扫描速度快等优势一直沿用至今，又被称作第三代干涉型红外光谱仪[1]。20世纪70年代末，又相继出现了激光红外光谱仪、共聚焦显微红外光谱仪等新型红外光谱仪，为红外光谱仪的发展及应用注入了新活力。

1. 红外光谱的基本原理

红外光谱仪产生红外光谱图必须满足以下两个条件：第一，用于照射被测物质的外界电磁波的能量必须与分子两能级间的能级差相等，该频率的电磁波在被分子吸收后会引起相应的分子能级跃迁，该能量的电磁波在红外光谱图中对应一个特定的吸收峰；第二，分子振动时被测物质的偶极矩必须发生变化，从而使红外光与分子之间产生耦合作用，进而保证红外光的能量能通过分子振动偶极矩的变化传递到分子上。此外，根据偶极矩是否发生变化可以将分子振动分为红外活性振动和红外非活性振动，只有偶极矩不为零的分子振动才能产生红外吸收。

根据红外光波长的不同可将红外光谱分为近红外(12500～4000 cm^{-1})、中红外(4000～400 cm^{-1})和远红外(400～10 cm^{-1})三个区域。近红外区又称为泛频带，其主要对应 O—H 键、N—H 键、C—H 键的特征吸收峰；而远红外区又称转动区，主要是由金属有机化合物的分子转动、晶格振动等引起的。虽然通过对物质近红外区和远红外区光谱的分析可以初步实现对它们的组分分析和定量分析，但所能得到的信息是十分有限的，绝大多数有机和无机化合物的基频吸收区都出现在中红外区。因此，中红外区成为鉴定化合物结构和组成的重要区域，而通常所说的红外光谱主要是指中红外区红外光谱。根据吸收峰来源的不同又可以将中红外区分为特征区(4000～1333 cm^{-1})和指纹区(1333～400 cm^{-1})两个区域。特征区主要产生于基团的伸缩振动，由于出现在该区的吸收峰特征性强、稀疏、容易辨认，十分有利于官能团的鉴别。指纹区主要是由单键的伸缩振动[如 C—C、C—H、C—X(卤素)等]、含氢基团的弯曲振动(如 C—H、O—H 等)以及 C—C 骨架振动引起的，该区域的谱带密集且对分子结构的变化十分敏感，微小的结构变化都会引起谱图上的显著变化，故可对结构类似的物质进行精准鉴别[2, 3]。因此，根据红外吸收曲线的峰位、峰强以及峰形可以判断高分子纳米纤维及其衍生物中是否存在某些官能团，通过与标准图谱对照也可推断未知物的结构。

2. 红外光谱的应用举例

根据高分子纳米纤维制备前后是否发生分子结构的变化，可将红外光谱表征分为两类。首先，对于制备过程中只发生物理变化的材料，红外光谱可以对共混物的混合均匀程度进行初步表征。例如，聚苯乙烯是一类典型的疏水高分子材料，将其与纳米微晶纤维素进行复合纺丝可获得一种兼具良好亲水性和优异力学性能的纳米纤维材料，对应的傅里叶变换红外光谱如图 4-1 所示[4]。曲线 1 为纯纳米微晶纤维素纳米纤维的傅里叶变换红外光谱，3600～3200 cm^{-1} 和 2900～2800 cm^{-1} 处的峰分别对应纤维素表面—OH 和 C—H 的伸缩振动，1426 cm^{-1} 对应—CH_2 的对称弯曲振动，1315 cm^{-1} 对应多糖分子上 C—H 和 C—O 基团的弯曲振动，1033 cm^{-1} 对应纳米微晶纤维素上 C—O 和 C-六元环基团的伸缩振动。曲线 2 为纯聚苯乙烯纳米纤维的傅里叶红外光谱，3200～2800 cm^{-1} 对应 C—H 键的对称和非对称振动，1600～1400 cm^{-1} 对应弯曲振动，770～650 cm^{-1} 对应聚苯乙烯分子中单取代苯的结构。曲线 3～6 为具有不同聚苯乙烯和纳米微晶纤维素比例的复合纳米纤维的红外光谱图。从中可以发现，由于纳米微晶纤维素红外光谱与聚苯乙烯红外光谱重叠，聚苯乙烯的特征峰强度发生增强。此外，复合纳米纤维也出现了纳米微晶纤维素独有的 1033 cm^{-1} 吸收峰，且该吸收峰随着该组分含量的上升而增强。这都说明聚苯乙烯和纳米微晶纤维素之间仅发生了物理作用，而没有化学作用产生，证明了聚苯乙烯/纳米微晶纤维素复合纳米纤维的成功制备。

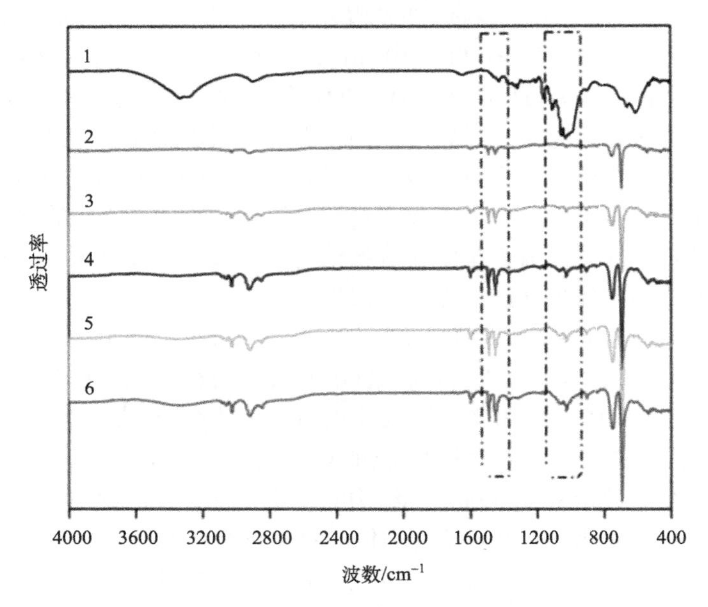

图 4-1 聚苯乙烯和纳米微晶纤维素复合纳米纤维的傅里叶变换红外光谱分析[4]

1—纯纳米微晶纤维素纳米纤维；2—纯聚苯乙烯纳米纤维；3—聚苯乙烯/纳米微晶纤维素（20∶1）纳米纤维；4—聚苯乙烯/纳米微晶纤维素（20∶3）纳米纤维；5—聚苯乙烯/纳米微晶纤维素（20∶5）纳米纤维；6—聚苯乙烯/纳米微晶纤维素（20∶7）纳米纤维

除物理共混作用外，借助化学手段对分子结构进行改变是实现高分子纳米纤维及其衍生物高性能化的另一条可行途径。例如，隔膜作为锂离子电池的关键内层组件之一，其性能的优劣直接决定了电池的界面结构、内阻等，故制备耐热性能好、力学性能优异的隔膜材料成为进一步提升锂离子电池容量和安全性能等的关键手段之一。聚酰亚胺被称作“高分子材料之王”，为了获得综合性能更优异的锂离子电池隔膜，需要对其前驱体聚酰胺酸进行一定的处理，该过程的傅里叶变换红外光谱如图 4-2 所示[5]。曲线 1 为聚酰亚胺前驱体聚酰胺酸纳米纤维无纺布的红外光谱，曲线 2 为在质量分数为 0.025%的氨水中浸泡 60 s 后的聚酰胺酸纳米纤维无纺布，1722 cm^{-1}、1656 cm^{-1} 和 1546 cm^{-1} 三个吸收峰对应聚酰胺酸的特征峰。将这两个样品进行高温热处理后，聚酰胺酸的分子结构发生转变，在曲线 3 和曲线 4 中出现了 1783 cm^{-1}、1726 cm^{-1}、1376 cm^{-1} 和 723 cm^{-1} 特征峰，证明酰亚胺键及环结构的成功形成。

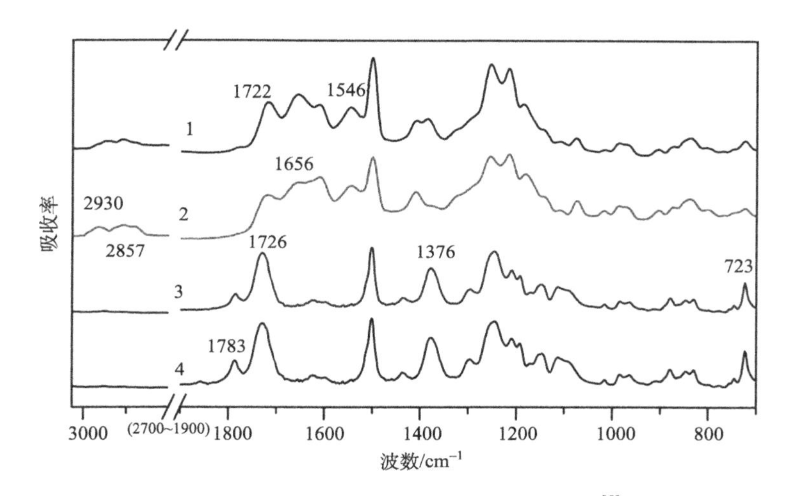

图 4-2　不同样品的傅里叶变换红外光谱[5]

1—聚酰胺酸纳米纤维无纺布；2—经 0.025%氨水浸泡 60 s 后的聚酰胺酸纳米纤维无纺布；3,4—将样品 2 和 1 经 300℃亚酰胺化 2 h 后得到的交联聚酰亚胺纳米纤维无纺布

4.1.2　拉曼光谱

与红外光谱类似，拉曼光谱(Raman spectrum)也是一种分子振动光谱，产生于观察光的非弹性散射，而不是观察光的吸收，是一种散射光谱。拉曼光谱的应用基于 1928 年印度物理学家拉曼发现的拉曼散射效应。然而在 1940～1960 年，拉曼光谱的应用一度衰弱，主要是因为拉曼效应太弱，且对被测样品的要求过于苛刻。直到 1960 年后，激光拉曼光谱的出现使拉曼光谱的灵敏度和分辨率大大提高，其应用日益广泛[6]。

1. 拉曼光谱的基本原理

当单色光照射到样品上时，由于样品与光之间的特殊相互作用，光会按照一定方式被反射、吸收或散射。而拉曼光谱就是借助这部分被散射的单色光对样品分子结构进行分析。对散射光的频率(波长)进行分析发现，其中不仅存在大部分与入射光波长相同的散射光(瑞利散射)，而且也存在少量波长发生改变的散射光(拉曼散射)。拉曼散射中频率减少的称为斯托克斯散射，频率增加的散射则称为反斯托克斯散射，并且这些散射光与入射光之间的频率差被称为拉曼位移。拉曼位移仅与散射分子自身的结构有关，而与入射光频率无关。从本质上讲，拉曼散射产生于分子极化率的改变，拉曼位移取决于分子振动能级的变化，不同化学键或分子基团对应着特征的分子振动，所以与之对应的拉曼位移也是特征的，这就是拉曼光谱可以进行分子结构定性分析的依据。

2. 拉曼光谱的应用举例

拉曼光谱技术是一种对样品无损害的分析技术，因其获取信息丰富、制样简单、水的干扰小，在化学、材料、高分子等领域都有广泛的应用。例如，拉曼光谱可以提供高分子材料的分子结构与组成、立体规整性、结晶与取向、分子相互作用、表面和界面的结构等信息；也可以对无机组分的晶型结构做出界定，这是红外光谱无法检测到的，故拉曼光谱可作为它的补充检测手段。

在高分子纳米纤维及其衍生物的结构分析中，可以利用拉曼光谱对复合纳米纤维的组成、含量进行分析。例如，将不同质量的多壁碳纳米管混合到聚丙烯腈纺丝原液中并进行静电纺丝，可获得不同多壁碳纳米管含量的多壁碳纳米管/聚丙烯腈复合纳米纤维，它们的拉曼光谱如图 4-3 所示[7]。曲线 1 中位于 1577.7 cm^{-1} 的强而尖的峰对应多壁碳纳米管的G带，表明多壁碳纳米管中存在石墨型碳结构；位于 1349.9 cm^{-1} 的强峰和 1612.9 cm^{-1} 的肩峰分别对应 D 带和 D′带，表明多壁碳纳米管中存在无定形碳结构。曲线 1～3 中 2240 cm^{-1} 处的吸收峰对应聚丙烯腈高分子中的氰基，并且随着聚丙烯腈基纳米纤维内部多壁碳纳米管掺入量的增加而减弱，但这种下降并不是线性关系。故从拉曼光谱可以得出，多壁碳纳米管和聚丙烯腈之间达到了非常好的混合，并证明了具有不同多壁碳纳米管含量的多壁碳纳米管/聚丙烯腈复合纳米纤维的成功制备。

此外，拉曼光谱还能对高分子纳米纤维及其衍生物中无机组分的晶型结构、晶粒尺寸等做出检测。利用静电纺丝技术制备了具有无定形 TiO_2 纳米粒子掺杂的聚乙烯吡咯烷酮复合纳米纤维，并以此作为微反应器制备了不同热处理温度下的超细 TiO_2 纳米粒子掺杂聚乙烯吡咯烷酮复合纳米纤维，如图 4-4 所示[8]。曲线 1 主要出现了 156 cm^{-1}、379 cm^{-1}、518 cm^{-1} 和 635 cm^{-1} 峰，对应 TiO_2 纳米粒子锐钛矿相的 E_g、B_{1g}、A_{1g} 和 E_g 拉曼活性模式。由曲线 1～4 发现，随着热处理温度的升高，超细 TiO_2 纳米粒子掺杂聚乙烯吡咯烷酮复合纳米纤维最强拉曼位移从 156 cm^{-1} 蓝移到 144 cm^{-1}，说明复合纳米纤维中的 TiO_2 的晶粒尺寸逐渐变小。

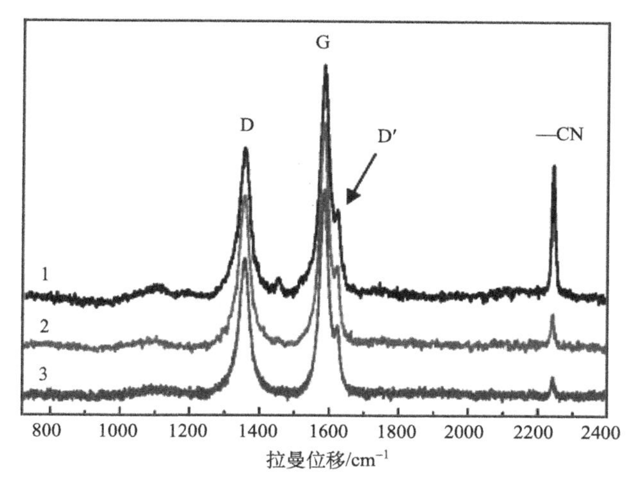

图 4-3　多壁碳纳米管/聚丙烯腈复合纳米纤维拉曼光谱分析[7]

1—多壁碳纳米管含量为 5%；2—多壁碳纳米管含量为 10%；3—多壁碳纳米管含量为 20%

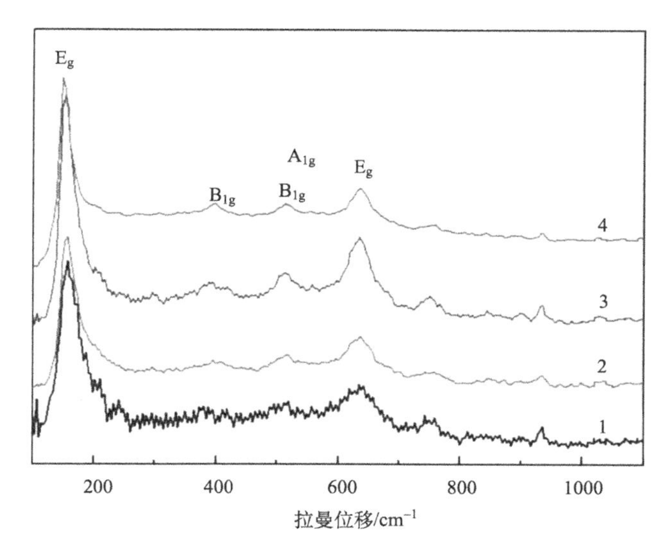

图 4-4　超细 TiO_2 纳米粒子掺杂聚乙烯吡咯烷酮复合纳米纤维的拉曼光谱分析[8]

1—热处理温度为 80℃；2—热处理温度为 100℃；3—热处理温度为 120℃；4—热处理温度为 150℃

4.1.3　紫外-可见吸收光谱

紫外-可见(ultraviolet-visible, UV-Vis)吸收光谱属于分子光谱，它是由价电子的跃迁产生的。高分子纳米纤维及其衍生物可吸收具有连续波长的紫外光或可见光中的某些特定波长的光波，将这些不同波长的吸收光及其强度记录下来，就可得到该高分子纳米纤维及其衍生物的紫外吸收光谱，借助该光谱可以对纳米纤维的组分、含量和结构进行分析、测定和推断[9]。

不同于红外光谱，紫外吸收光谱不仅能对有机物结构进行分析，而且也能对很多无机物进行结构分析，使其成为一种对高分子有机/无机复合纳米纤维结构表征的常用手段。将高分子纳米纤维与功能性无机纳米粒子进行复合是实现高分子纳米纤维及其衍生物多功能化的一条常用思路，如可以将细菌纤维素纳米纤维与银纳米颗粒进行复合，并可通过紫外可见吸收光谱对这一过程进行验证[10]。如图4-5所示，纯细菌纤维素纳米纤维没有出现任何紫外吸收峰(曲线1)。当把细菌纤维素纳米纤维在硝酸银溶液中高温处理后，所得的氧化银沉积细菌纤维素纳米纤维在458 nm处出现一个最大紫外吸收峰(曲线2)，该吸收峰对应Ag_2O纳米粒子。随后，氧化银沉积细菌纤维素纳米纤维在$NaBH_4$的作用下，可被还原成银纳米粒子沉积细菌纤维素纳米纤维，它的最大紫外吸收峰也移动到了405 nm(曲线3)，证明Ag纳米粒子的成功生成。

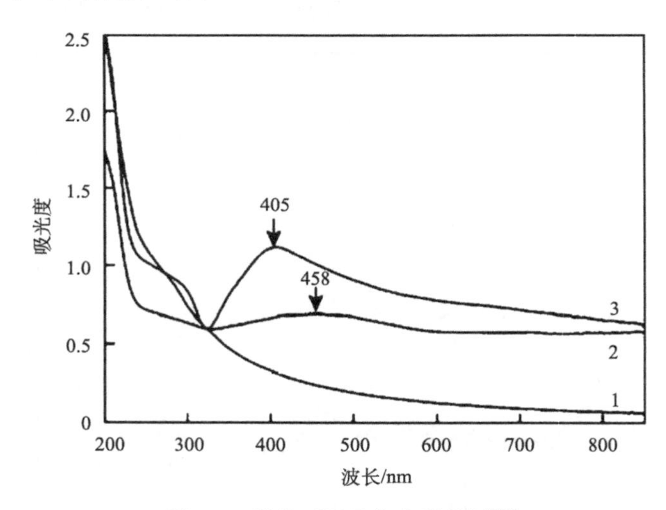

图4-5 紫外可见吸收光谱分析[10]

1—纯细菌纤维素纳米纤维；2—氧化银沉积细菌纤维素纳米纤维；3—银纳米粒子沉积细菌纤维素纳米纤维

4.1.4 X射线光电子能谱

电子能谱是借助具有一定能量的离子(光子、电子、离子、中性粒子)轰击样品，利用光电效应的原理分析样品中逸出电子的能量分布和空间分布，进而研究样品表面电子结构的一种技术。一般电子能谱只能穿入固体表面以下20～30Å的深度，这决定了电子能谱只能反映固体材料的表面信息。电子能谱包括的内容十分广泛，凡是涉及利用电子、离子能量进行分析的技术都可以归属为电子能谱的范围。根据激发粒子以及出射粒子的性质，可以将电子能谱分为紫外光电子能谱(ultraviolet photoelectron spectrum UPS)、X 射线光电子能谱(X-ray photoelectron spectrum, XPS)、俄歇电子能谱(Auger electron spectrum, AES)、离子散射谱(ion-scattering spectrum, ISS)、电子能量损失谱(electron energy loss spectrum, EELS)等。X 射线光电子能谱是其中运用最广泛的一种光谱[3]。

X 射线光电子能谱是用 X 射线轰击样品，使原子或分子的内层电子或价电子受激发射出来形成光电子，通过测量光电子的能量和数量获得物质的光谱信息。X 射线光电子能谱可以对物质的表面化学状态、结构、电子态等进行分析，具有分析区域小、分析深度浅和不破坏样品的特点，很适合高分子纳米纤维及其衍生物的表面分析[11,12]。

在高分子纳米纤维表面引入含杂原子的组分是调节复合纳米纤维表面能的常用手段之一，而 X 射线光电子能谱恰恰能对材料表面的元素组成及含量做出分析。图 4-6 为聚丙烯腈/含氟二苯甲酮类衍生物/二缩三丙二醇二丙烯酸酯-丙烯酸羟乙酯聚合物多级纳米纤维的 X 射线光电子能谱图[13]。曲线 1 中 285.0 eV、398.4 eV 和 535.0 eV 分别对应聚丙烯腈纳米纤维中 C1s、N1s 和 O1s 的内层轨道峰。曲线 2 在 685.7 eV 的峰对应含氟二苯甲酮类衍生物中 F1s 的信号峰，同时通过含量分析发现 F 原子的含量高达 2.13%。由于 X 射线光电子能谱主要对样品表面进行分

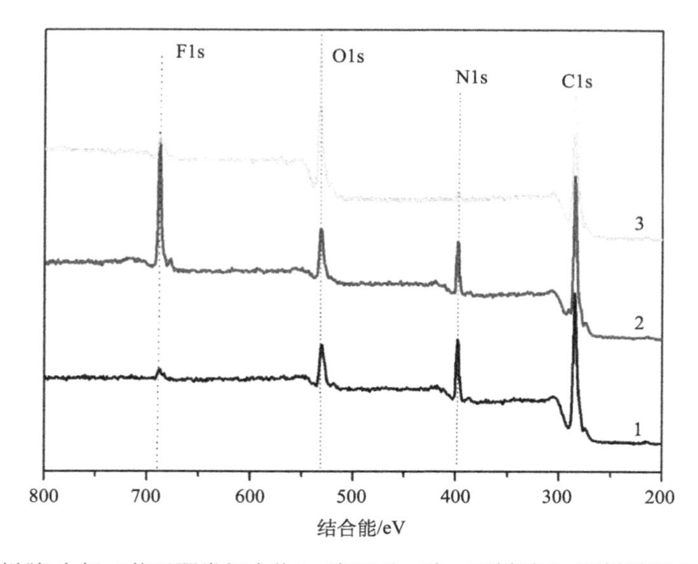

图 4-6　聚丙烯腈/含氟二苯甲酮类衍生物/二缩三丙二醇二丙烯酸酯-丙烯酸羟乙酯聚合物多级纳米纤维的 X 射线光电子能谱图[13]

1—聚丙烯腈纳米纤维；2—聚丙烯腈/含氟二苯甲酮类衍生物纳米纤维；3—聚丙烯腈/含氟二苯甲酮类衍生物/二缩三丙二醇二丙烯酸酯-丙烯酸羟乙酯聚合物多级纳米纤维

析，所以如此高的 F 含量也说明聚丙烯腈/含氟二苯甲酮类衍生物纳米纤维中含氟二苯甲酮类衍生物在静电纺丝过程中都聚集到了纳米纤维的表面，这也为后续的表面聚合反应提供了更多的活性位点。曲线 3 中 N1s 和 F1s 的峰基本消失，这说明后续二缩三丙二醇二丙烯酸酯-丙烯酸羟乙酯聚合物均匀包覆在了纳米纤维的表面。

4.1.5 能量色散 X 射线谱

能量色散 X 射线谱(X-ray energy dispersive spectrum, EDS)是利用高速电子轰击样品表面，其中只有约 1%的入射电子能量从样品中激发出包括 X 射线在内的各种信号，利用这部分在跃迁过程中直接释放出来的 X 射线辐射波长和强度的不同就可以对样品微区成分进行分析。此外，能量色散 X 射线谱拥有很多优点，如检测效率高、空间分析能力强、分析速度快、可分析元素种类多等，被广泛应用于高分子纳米纤维及其衍生物元素构成和比例的测定中[14]。

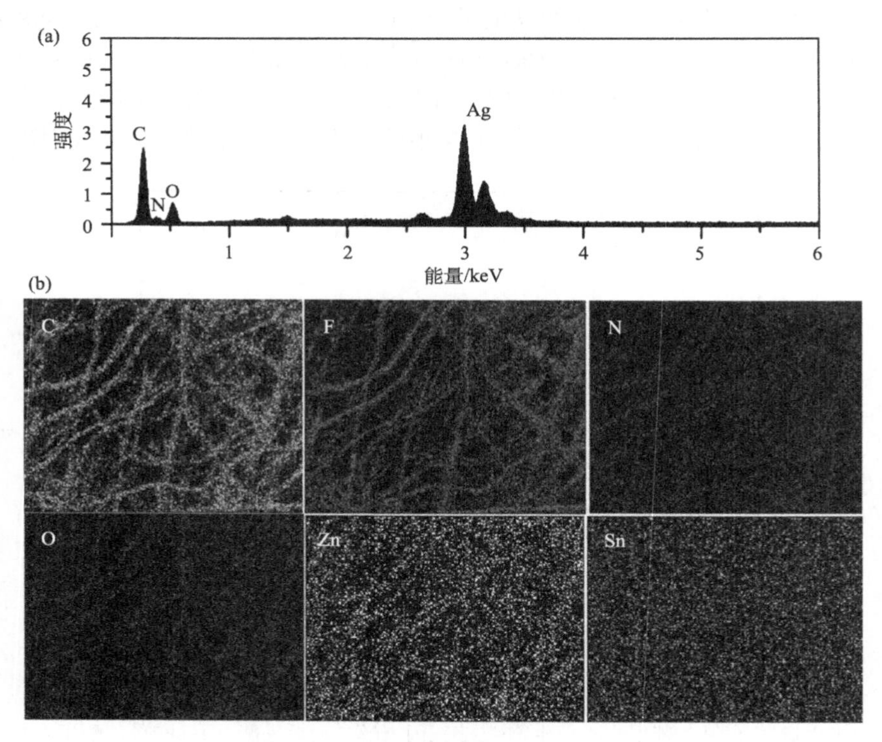

图 4-7 (a) Ag/PVP 复合纳米纤维的能量色散 X 射线谱[15]；(b) $ZnSnO_3$/PVDF@PPy 复合纳米纤维的能量色散 X 射线谱图[16]

从分析方法角度看，可以将能量色散 X 射线谱分析分为三类，分别为点分析、线分析和面分析。顾名思义，点分析用于测定样品上指定点的化学成分；线分析用于对一条固定直线上的某种特定元素进行扫描测定；面分析则用于测定某种元素的面分布情况，可用来分析元素的质量分布。在高分子纳米纤维及其衍生物领域，多采用点分析和面分析对其特殊的多级结构进行分析，从而得到材料表面的元素分布及含量。例如，通过探针对 Ag/PVP 复合纳米纤维外层区域进行定量分析可以得到其元素谱图分布[图 4-7(a)]，可以发现，该复合纳米纤维中碳、氮、氧、银的质量含量分别为 28.6%、11.9%、25.6%、34.0%[15]。同样，也可以将能量色散 X 射线谱同电子显微镜技术结合测定一块区域内的元素分布，图 4-7(b) 显示制备的 $ZnSnO_3$/PVDF@PPy 复合纳米纤维中主要含有碳、氟、氮、氧、锌、锡元素，且大多数分布在纤维轴向上[16]。

4.2　结构表征方法

4.2.1　BET 氮吸附法

BET 氮吸附法是一种用来测定材料比表面积和多孔结构的方法，以著名的 BET 理论为基础发展而来。BET 是三位科学家(Brunauer、Emmett 和 Teller)的首字母缩写，他们在经典统计理论的基础上推导出多分子层吸附公式，该公式与物质实际吸附过程更接近，被称作 BET 方程[17]。该方程已成为颗粒表面吸附科学的理论基础，并被广泛应用于颗粒表面吸附性能及相关检测仪器的数据处理中。

1. 吸附等温线

气体或蒸气与清洁固体表面接触时，固体(吸附剂)表面上气体(吸附质)的浓度高于气相，这种现象称为吸附，而两者之间形成的状态称为吸附态。按吸附作用力性质的不同，可将吸附分为物理吸附和化学吸附。物理吸附是由范德华力引起的气体分子在固体表面及孔隙中的冷凝过程，而化学吸附是气体分子与材料表面的化学键合过程。一般来说，BET 氮吸附法对材料比表面积和多孔结构的分析过程以物理吸附为主。在密闭容器中，某材料在特定温度下的平衡吸附量取决于气体的压力，随着压力的增加吸附量会增大。当以相对压力为横坐标、气体吸附量为纵坐标时可得到一条曲线，将其定义为等温吸附曲线，该曲线可反映固体表面的吸附特性。国际纯粹与应用化学联合会认为，吸附等温曲线可分为六种类型，如图 4-8 所示。

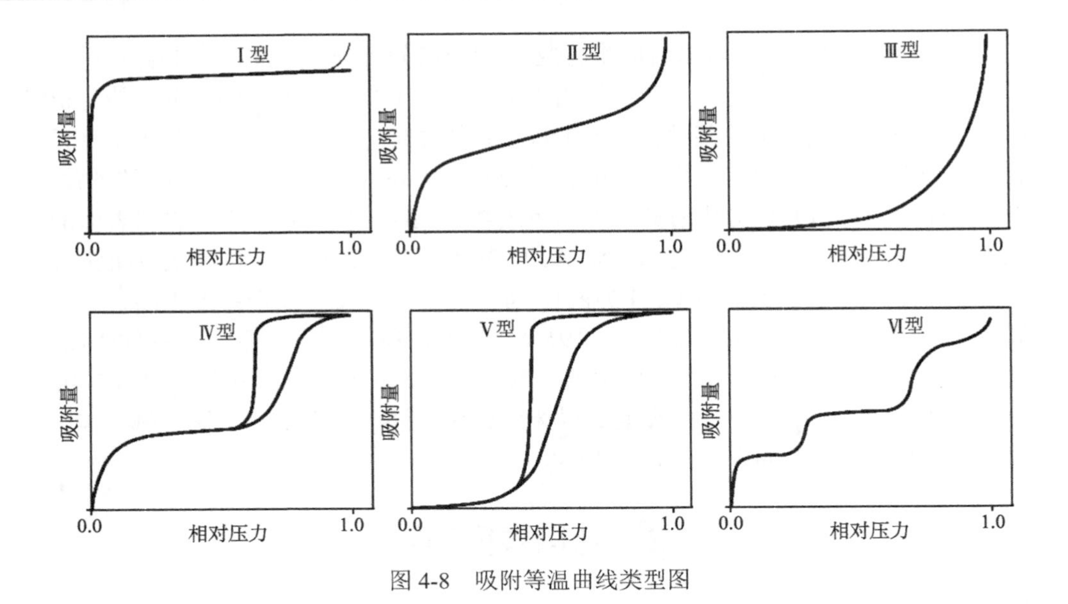

图 4-8 吸附等温曲线类型图

Ⅰ型：又称为 Langmuir 型吸附等温线。由于吸附质与孔壁之间的强相互作用，吸附在很低的相对压力下开始，气体吸附量有一个快速增长过程。而当微孔被填充满后，吸附等温线表现出水平或近平台状，几乎无法完成进一步的气体吸附。该类材料主要为外表面相对较小的微孔固体，如多数沸石和类沸石分子筛等。

Ⅱ型：又称为 S 形吸附等温线。该曲线在相对压力较低时，主要表现为单分子层吸附；而在压力较大时则表现为多分子层吸附。该曲线一般由非孔或大孔固体产生。

Ⅲ型：在整个压力范围内凸向下，整段曲线没有出现拐点。该曲线主要产生于非孔或大孔固体上发生的弱的气-固相互作用，且不常见。

Ⅳ型：该类吸附等温线的典型特征是吸附与脱附曲线不一致，可以观察到迟滞回线，一般由介孔固体产生。在较低的相对压力下为单分子层吸附，而在较高的相对压力下吸附质会发生毛细管凝聚现象。所有孔发生凝聚后，吸附只在远小于表面积的外表面上发生，曲线平坦。一般而言，介孔的孔径越大，发生毛细管凝聚的压力越大。

Ⅴ型：该类吸附等温线来源于微孔和介孔固体上的弱气-固相互作用，微孔材料的水蒸气吸附常见此类线形。

Ⅵ型：又称为阶梯形等温线，反映的是均匀固体表面上谐式多层吸附的结果(如氪在某些清洁的金属表面上的吸附)。然而，真实的固体表面，尤其是催化剂表面，大都是不均匀的，因此很难遇到这种情况。

对吸附等温线的研究不仅有助于判断吸附现象的本质，而且可用于计算吸附剂的孔径、比表面积等重要物理参数。

2. BET 氮吸附法的基本原理

BET 氮吸附法测定材料的比表面积和孔径分布，是以氮气为吸附质，以氦气或氢气作为载气，两种气体按一定比例混合，达到指定的相对压力，然后流过固体物质。当样品管放入液氮保温时，样品即对混合气体中的氮气发生物理吸附，而载气则不被吸附。这时屏幕上即出现吸附峰。当液氮被取走时，样品管重新处于室温，吸附的氮气就脱附出来，在屏幕上出现脱附峰。最后在混合气中注入已知体积的纯氮，得到一个校正峰。根据校正峰和脱附峰的峰面积，即可算出在该相对压力下样品的吸附量。改变氮气和载气的混合比，可以测出相对压力下的吸附量，从而根据 BET 方程计算比表面积，BET 方程为

$$V=\frac{V_{\mathrm{m}}pC}{(p_0-p)\left[1-\left(\frac{p}{p_0}\right)+C(p/p_0)\right]} \tag{4-1}$$

式中：p——平衡吸附压力；V——平衡压力为 p 时吸附气体总体积；V_{m}——材料表面吸附单分子气体层所需的气体体积；p_0——所吸附气体的饱和蒸气压；C——与吸附热和冷凝热有关的常数。

上述 BET 方程式只适用于类型Ⅱ和类型Ⅳ的吸附等温线，公式适合的 p/p_0 范围为 0.05～0.25，在该范围内可获得一条直线。根据该直线的斜率和截距可以求得 V_{m}，进而计算得到材料的比表面积。其中，将相对压力控制在 0.05～0.25 之间，是因为当相对压力低于 0.05 时，不易建立多层吸附平衡；高于 0.25 时，容易发生毛细管凝聚作用。

3. BET 氮吸附法的应用举例

高分子纳米纤维及其衍生物材料比表面积的大小将直接决定可用于电化学反应的活性位点数目。纳米纤维的直径都在纳米级，相较于微米级的纤维材料能表现出更高的比表面积。例如，在纤维素纳米纤维表面原位聚合包覆聚吡咯后得到聚吡咯/纤维素复合纳米纤维，该样品的氮气等温吸附脱附曲线和孔径分布曲线如图 4-9 所示[18]。从图 4-9(a)中可知，该聚吡咯/纤维素复合纳米纤维的吸附曲线为Ⅳ型，说明该材料内部以介孔为主，且计算得到的比表面积为 402 m^2/g。从图 4-9(b)中发现，聚吡咯/纤维素复合纳米纤维的孔直径分布在 1.3～138.4 nm 之间，孔体积为 1.12 cm^3/g。同时，纳米技术的日渐成熟也为在纳米纤维内部引入多孔结构创造了可能，从而进一步提升了高分子纳米纤维及其衍生物材料的比表面积。例如，通过静电纺丝方法制备聚丙烯腈/聚甲基丙烯酸甲酯纳米纤维，并借助高温热裂解的方法将其中的聚甲基丙烯酸甲酯组分移去得到多孔的聚丙烯腈碳

纳米纤维[19]。通过 BET 氮吸附法测定得出这种纳米纤维的最高比表面积可以达到 940 m^2/g，这一数值相较于无孔的纳米纤维有了大幅度提升。

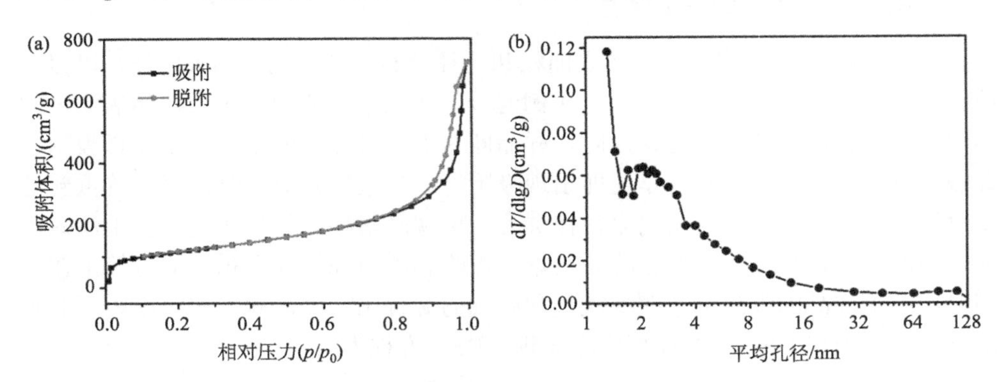

图 4-9 (a) 聚吡咯/纤维素复合纳米纤维的氮气等温吸附脱附线；(b) 聚吡咯/纤维素复合纳米纤维的孔径分布图[19]

4.2.2 X 射线衍射

X 射线衍射(X-ray diffraction，XRD)是借助对样品 X 射线衍射图谱的分析，获得材料成分、结构或形态等信息的研究手段。其由于具有不损伤样品、无污染、快速、测量精度高等优点而广泛应用于包括高分子纳米纤维及其衍生物在内的各类材料的鉴别中。

1. X 射线衍射的基本原理

X 射线是一种波长在 100～0.01Å 的电磁波，属于原子内层电子在高速运动电子的轰击下跃迁而产生的光辐射。X 射线主要分为两种：一种是具有连续波长的 X 射线，称为连续 X 射线；另一种是具有一定波长且强度高的 X 射线，称为特征 X 射线。

X 射线在晶体中的衍射实质上是各原子的散射波之间干涉的结果。根据经典电动力学的观点，X 射线投射到晶体中时会受到晶体中原子的散射，而散射波就好像从原子中心发出，每一个原子中心发出的散射波又好比一个球面波(该电磁波的方向是无序的)。原子在晶体中的排列呈周期性，所以它们之间会产生空间干涉，进而促使在某些散射方向的球面波相互加强，而在某些方向上相互抵消，从而出现衍射现象。描述 X 射线衍射几何的方法有埃瓦尔德图解、布拉格方程和劳厄方程，它们是等效的，任何一种表达式都可以推出另外两种表达式。其中，布拉格方程是晶体学中最基本的方程，它反映了 X 射线在反射方向上产生衍射的条件，其方程式为

$$2d\sin\theta = n\lambda \tag{4-2}$$

式中：λ——衍射波长；n——衍射级数；d——晶面间距；θ——衍射半角。

X 射线照在待分析的晶体上时，若满足布拉格方程，X 射线就会在晶体上发生衍射，检测器可以检测到具有一定强度的 X 射线，反之就会透过或吸收而不被检测到。该公式主要有两个应用：一是用已知波长的 X 射线来测量衍射角，从而计算出晶面间距以用于结构分析；二是用已知的晶面间距的晶体来测量衍射角，从而计算出特征 X 射线的波长，进而查找资料得出样品中所含的元素[20]。

2. X 射线衍射的应用举例

X 射线衍射在纤维中的应用主要包括三个方面：一是鉴别纳米纤维的结构和组成；二是测定纳米纤维的结晶度；三是测定纤维的取向度。例如，以聚苯胺包覆的细菌纤维素为前驱体，通过一步热裂解得到氮掺杂的碳纳米纤维，并以此为模板原位生长镍钴层状双金属氢氧化物纳米片，它们的 X 射线衍射花样如图 4-10 所示[21]。曲线 1 为无定形氮掺杂碳纳米纤维，位于 25.1°和 45.1°的衍射峰对应无定形碳结构，说明该碳纳米纤维的结晶度较差。曲线 2～4 为在氮掺杂碳纳米纤维表面原位生长不同质量镍钴层状双金属氢氧化物纳米片后得到的复合纳米纤维材料，位于 11.7°、23.3°、35.0°、39.4°和 60.5°的衍射峰分别对应水滑石状层状氢氧化物(003)、(006)、(009)、(015)和(110)晶面，证明复合纳米纤维制备成功。

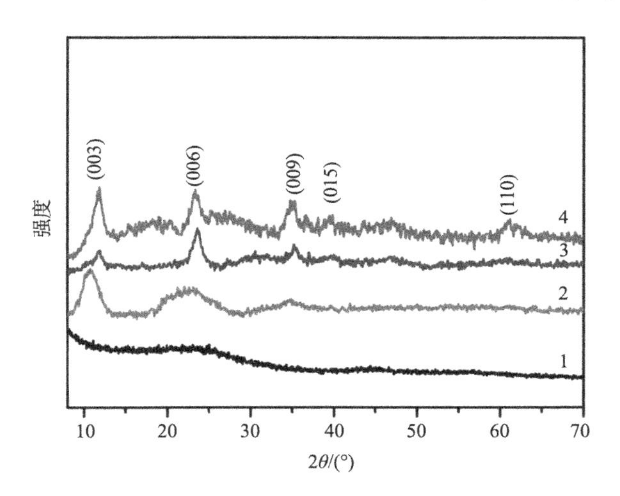

图 4-10　氮掺杂碳纳米纤维和氮掺杂碳纳米纤维/镍钴层状双金属氢氧化物纳米片复合纳米纤维 XRD 图[21]

1—氮掺杂碳纳米纤维；2～4—氮掺杂碳纳米纤维/镍钴层状双金属氢氧化物纳米片复合纳米纤维

4.3 形貌表征方法

4.3.1 扫描电子显微镜

扫描电子显微镜(scanning electron microscope, SEM)是一种依据电子与物质之间的相互作用，通过二次电子成像观察样品表面形态的方法。扫描电子显微镜的观察视野大，可以给出从数纳米到毫米范围内的形貌。普通扫描电子显微镜的分辨率一般为 6 nm，而场发射扫描电子显微镜(field emission scanning electron microscope, FESEM)的分辨率可以达到 1 nm，更适合于纳米纤维材料的表征。扫描电子显微镜对样品要求比较低，能对粉体样品和大块样品的粒子分散状况、几何形貌、纳米粒子大小及分布进行表征观察[22]。

1. 扫描电子显微镜的基本原理

扫描电子显微镜主要由真空系统、电子束系统和成像系统三大部分组成。它的工作原理如下：首先从电子枪灯丝发出直径约 20～35 μm 的电子束，受到阳极 1～40 kV 的高压加速后射向镜筒，受到第一、二聚光镜和物镜的汇聚作用，缩小成直径约几十埃的狭窄电子束射到样品上。同时，偏转线圈可使电子束在样品上做光栅状扫描，通过电子束与样品相互作用产生二次电子并成像，从而反映样品的表面结构。

此外，适宜的试样制备技术在一定程度上关系到电子显微图像的观察效果和对样品形貌的正确解释，即采用适合的制样手段是得到能反映材料本征形貌特点的先决条件。对于具有导电性的高分子纳米纤维及其衍生物材料(如聚苯胺纳米纤维、碳纳米纤维等)，试样制备较为简单，可以直接用电镜观察，并保持纳米纤维的原始形貌。然而对绝大多数非导电性的高分子纳米纤维及其衍生物材料，一般都要事先用真空蒸镀仪在试样表面上蒸涂一层金属导电膜(如金或碳)后再对样品进行观察。这样既可以消除试样的荷电现象，又可以增加试样表面导电性、导热性，减少电子束对试样的损伤，提高二次电子发射率[23]。

当然，显微镜技术的不断发展也大大拓宽了可观察样品的种类，如环境扫描电子显微镜(environment scanning electron microscopy, ESEM)也可以对不导电的样品进行直接观察，无须真空镀膜，大大降低了镀膜对样品表面带来的伤害，进而保留了样品表面的原始形貌。

2. 扫描电子显微镜的应用举例

扫描电子显微镜能从纳米尺度直观反映纤维材料是否成功制备，借助该技术手段能快速对材料制备工艺做出指导，进而缩短纳米纤维的开发周期。纳米纤维的取向度对纤维的力学性能、导电性能、热学性能都有直接影响，图 4-11 为石墨烯纳米带/碳纳米管掺杂的取向聚酰亚胺纳米纤维的扫描电子显微镜照片[24]。从图 4-11(a)可知，采用常规静电纺丝技术制备的石墨烯纳米带/碳纳米管掺杂聚酰亚胺纤维呈现无规排列的状态，这主要由纤维的收集装置决定。当采用高速转动的静电纺丝收集装置后发现，直径均一、表面光滑的聚酰亚胺纤维沿一定方向高度取向排列，如图 4-11(b)所示。该聚酰亚胺纤维的直径为 2 μm，略高于常见的静电纺纳米纤维的直径，且石墨烯纳米带/碳纳米管掺杂物在聚酰亚胺纤维内部相互搭接，形成了良好的导电网络，大幅度提升了该纤维材料的导电性能。图 4-11(c)和(d)为不同放大倍数下的石墨烯纳米带/碳纳米管掺杂聚酰亚胺纤维的扫描电子显微镜照片，可以发现，掺杂后纤维的取向度得到了非常好的保持，且纤维直径均一、表面无珠状凸起，从侧面反映了该复合纤维制备成功。

图 4-11　不同样品的扫描电子显微镜照片[24]

(a)无规石墨烯纳米带/碳纳米管掺杂聚酰亚胺纤维；(b)取向聚酰亚胺纤维；(c, d)不同放大倍数下的取向石墨烯纳米带/碳纳米管掺杂聚酰亚胺纤维

此外，扫描电子显微镜也能对具有多级结构的高分子纳米纤维及其衍生物复合材料的形貌进行逐级表征，成为复杂一维材料制备过程中一种行之有效的监测手段。在传统静电纺聚苯乙烯纳米纤维中引入多孔结构是一种提升该类纳米纤维

比表面积的惯用策略[25]。如图 4-12(a)所示，借助纺丝原液和凝固浴之间的相分离现象可成功制备具有均匀多孔结构的聚苯乙烯纤维；同时，以该多孔聚苯乙烯纤维为模板，可原位聚合并填充、包覆一定量的聚多巴胺材料[图 4-12(b)]。聚苯乙烯组分在 500℃以上的惰性气氛下不稳定，会热裂解成乙烯、苯等小分子化合物，从而在纤维内部留下多孔结构。因此，聚多巴胺/多孔聚苯乙烯纤维通过一步高温热裂解可得到具有多级核-壳结构的氮掺杂碳纤维[图 4-12(c，d)]。此外，聚多巴胺表面丰富的邻苯二酚基团有利于聚多巴胺/多孔聚苯乙烯纤维与 Co^{2+}金属离子形成共价键，得到单质钴纳米粒子均匀分布的氮掺杂碳纤维/钴复合材料[图 4-12(e，f)]。

图 4-12 不同样品的扫描电子显微镜照片[25]

(a)多孔聚苯乙烯纤维；(b)聚多巴胺/多孔聚苯乙烯纤维；(c, d)不同放大倍数下的多孔氮掺杂碳纤维；(e, f)不同放大倍数下的氮掺杂碳纤维/钴复合材料

4.3.2 透射电子显微镜

透射电子显微镜(transmission electron microscope, TEM)和光学显微镜的原理很相近，所不同的是前者利用电子束作为光源，用电磁场作透镜。透射电子显微镜是将电子枪发出的电子束会聚成一束均匀、明亮的光斑，在电子束穿透样品后，经过中间镜和投影镜多次放大后在荧光屏上形成投影供观察者观察。相较于可见光和紫外光，电子束拥有极短的波长(电子束波长与发射电子束的电压平方根成反比)，这也是透射电子显微镜相较于普通光学显微镜拥有更高分辨率的本质原因。随着透射电子显微镜技术的不断发展，其分辨力已经达到 0.1～0.2 nm，为纳米科技的蓬勃发展提供了技术支撑[26]。目前，对于透射电子显微镜，其按加速电压可分为低压透射电子显微镜、高压透射电子显微镜和超高压透射电子显微镜；按照明系统可分为普通透射电子显微镜和场发射透射电子显微镜；按成像系统可分为低分辨率透射电子显微镜和高分辨率透射电子显微镜；按记录方式可分为摄像型透射电子显微镜和 CCD 型透射电子显微镜[27]。

从透射电子显微镜的工作原理可以知道，供透射电子显微镜分析的样品必须对电子束是透明的；同时，所制得的样品还必须能真实反映所分析材料的信息。因此，样品制备在透射电子显微分析技术中起到相当重要的作用。通常高分子纳米纤维及其衍生物材料主要以粉末和薄膜形式存在，下面就这两种样品的制样过程进行简单介绍。对于粉末状纤维样品，首先要将样品研磨到 100 nm 以下，而后将粉末样品分散在特定的溶剂(如无水乙醇)中，用超声对样品进行分散后滴到载网上，烘干后即可进行观察。对于薄膜状纤维样品，需先切成厚度在 100～200 μm 的薄片，并用超声钻等将其切割成直径为 3 mm 的薄圆片，再经过进一步减薄、喷碳处理后得到纳米纤维的透射电子显微镜试样[28]。

在高分子纳米纤维及其衍生物材料形貌表征上，透射电子显微镜和扫描电子显微镜之间存在着诸多的相同点与不同点，两种手段相辅相成，从不同角度对样品结构进行解析、给出更加全面的信息。高分子纳米纤维及其衍生物材料的形貌多种多样，如中空纳米纤维、核壳结构纳米纤维等。扫描电子显微镜只能对纤维表面形貌进行表征，故对于中空纳米纤维等的内部结构需用透射电子显微镜进行观察。以聚丙烯腈和 Nafion 粉末为前驱体，经过静电纺丝和碳化等步骤可制备多孔的碳纳米纤维材料，其透射电子显微镜照片如图 4-13 所示[29]。从横截面和轴截面的 TEM 照片中均能发现，该碳纳米纤维内部存在着清晰的多孔结构，并且彼此之间相互贯穿连接。又如，可以利用透射电子显微镜对 MnO_2/碳纳米管掺杂碳纳米纤维的内部碳纳米管掺杂、外部 MnO_2 结构进行清晰观察和表征[30]。此外，透射电子显微镜还可以提供高分子纳米纤维及其衍生物复合材料的组织结构、晶体结构和化学成分等多方面的信息。

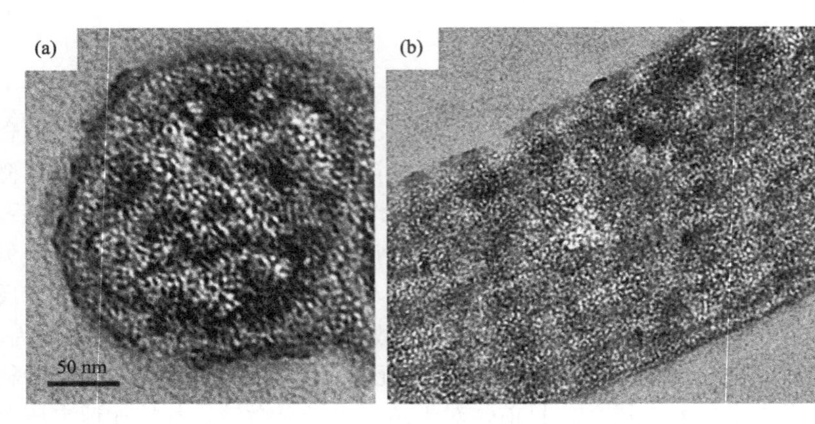

图 4-13　多孔碳纳米纤维的 TEM 照片[29]

(a) 横截面；(b) 轴截面

4.3.3　原子力显微镜

原子力显微镜(atomic force microscope, AFM)属于扫描探针显微镜，是一种用于研究固体材料表面结构的分析仪器。它是利用待测样品表面和微型力敏感元件之间的极微弱的原子间相互作用力来研究物质的表面结构与性质。其基本原理是将一个对极微弱力极敏感的微悬臂一端固定，另一端的微小针尖与样品表面轻轻接触，为了控制针尖尖端的原子与样品表面原子间微弱排斥力的恒定，微悬臂会发生悬臂弯曲而偏离原先位置，根据光学检测法或隧道电流检测法，可获得微悬臂对应于扫描各点的位置变化，进而通过重构三维图像来间接反映样品表面形貌信息。

不同于电子扫描显微镜只能提供样品表面的二维图像，原子力显微镜能给出样品真正的三维表面图。此外，原子力显微镜样品适用范围广泛，无须对样品进行特殊预处理(如表面镀金等)，并且可在常压甚至液体环境下对样品进行观察。例如，将扫描电子显微镜和原子力显微镜结合，可更加清晰地对薄膜样品表面进行观察(图 4-14)，用于探索高分子纳米纤维及其衍生物材料在锂离子电池隔膜领域的应用[31]。

4.3.4　荧光显微镜

荧光显微镜(fluorescence microscope)是利用一个高发光效率的点光源，并经过滤色系统发出一定波长的光作为激发光，使物体发出荧光，然后再通过物镜和目镜进行放大以观察物体形貌的装置。

近年来，荧光纳米纤维逐渐成为基础研究和工业应用的一个热点材料，其可被广泛应用在光通信、光电子、荧光探针、药物传输、传感器等领域[32]。扫描电

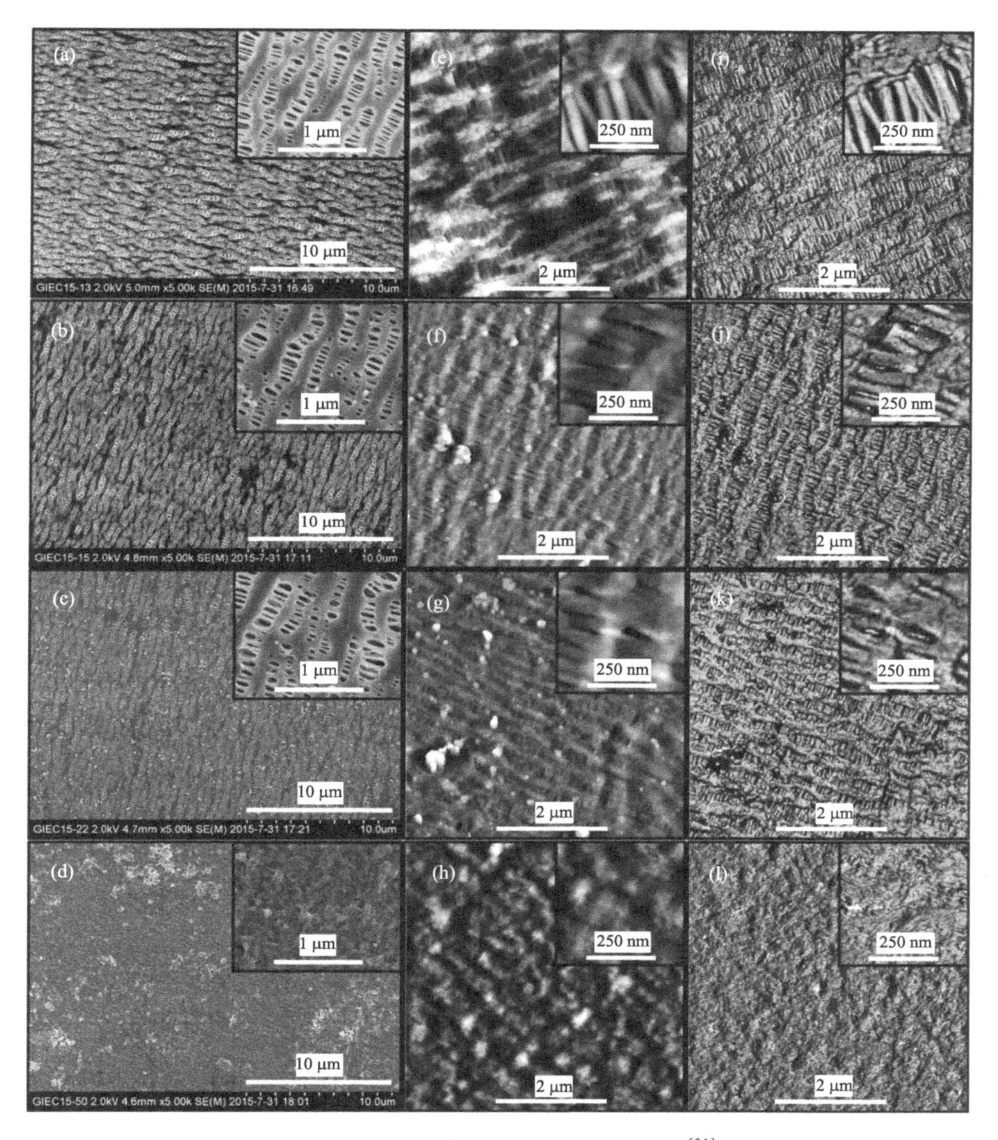

图 4-14　不同样品的 SEM、AFM 照片[31]

(a，e，i) 聚丙烯隔膜；(b，f，j) 聚多巴胺包覆的聚丙烯隔膜；(c，g，k) 表面阳离子化聚多巴胺包覆的聚丙烯隔膜；(d，h，l) 芳纶纳米纤维包覆的聚丙烯隔膜

子显微镜、透射电子显微镜和原子力显微镜只能在一定程度上反映纳米纤维表面/内部的形貌，无法对纳米纤维的光学性质给出直观信息，而荧光显微镜正好弥补了这一缺陷。图 4-15 为不同 $Eu(TFI)_3TPPO$ 含量的聚乙烯吡咯烷酮(PVP)纳米纤维的荧光照片，所有样品都发出明显的红色荧光，这主要来自 PVP 纳米纤维内部

$Eu(TFI)_3TPPO$ 的发射光。而且随着 $Eu(TFI)_3TPPO$ 含量的增加，红光发射愈发明显，故可以通过调节 $Eu(TFI)_3TPPO$ 的含量来调控PVP纳米纤维的发光性质[33]。

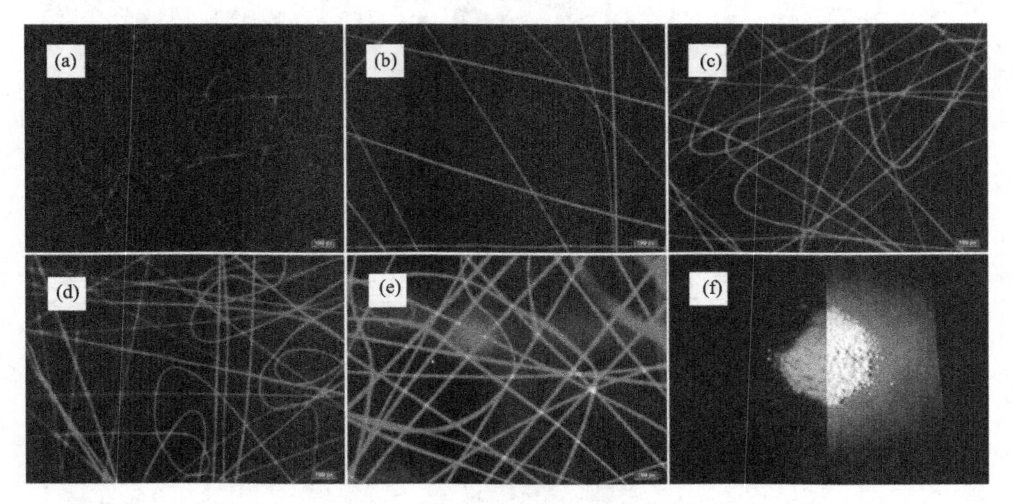

图4-15　不同 $Eu(TFI)_3TPPO$ 含量的聚乙烯吡咯烷酮纳米纤维的荧光显微镜照片[33]

(a) 5 wt %①；(b) 10 wt %；(c) 15 wt %；(d) 20 wt %；(e) 25 wt %；(f) 纯 $Eu(TFI)_3TPPO$ 粉末在紫外线下受辐照的对比照

4.4　热学表征方法

4.4.1　热重分析

热重分析(thermogravimetric analysis, TGA)是指在一定的程序控制温度下测量样品的质量与温度变化关系的一种热分析技术，可用来研究材料的热稳定性和成分组成。热重分析法的主要特点是：定量强，能准确测量物质的变化和变化速率。通常热重分析可分为两类：非等温(动态)热重法和等温(静态)热重法，两种方法的精度相近。非等温热重法从几乎不进行反应的温度开始升温，样品在各种温度下的质量被连续记录下来；等温热重法则在试样达到等温条件之前的升温过程中往往已经发生了不可忽视的反应，进而影响测量结果。等温热重法是在恒温下测定物质质量变化与温度的关系，每测一个样品都要花费较长时间，相对来说，非等温热重法则要迅速得多。

热重分析同样被广泛应用在高分子纳米纤维及其衍生物材料中，用于分析纤维材料的热稳定性和组成。例如，可以借助热重分析技术计算氧化钴镍掺杂碳纳

① wt%为质量分数。

米纤维@二氧化锰杂化材料中 MnO_2 组分的含量(图 4-16 和表 4-1)，同时也能观察杂化纤维膜在处理前后的热稳定性变化[34]。从中可以发现，氧化钴镍掺杂碳纳米纤维在负载 MnO_2 后热稳定性有所下降，且随着反应浓度的提升，TGA 曲线中的残留量变大。例如，氧化钴镍掺杂碳纳米纤维@二氧化锰-1 和氧化钴镍掺杂碳纳米纤维@二氧化锰-5 在 TGA 曲线中的最终剩余质量分数分别为 18.7%和 49.5%，由此可计算得到这两种杂化纤维中 MnO_2 的负载量分别为 9.1%和 43.4%。

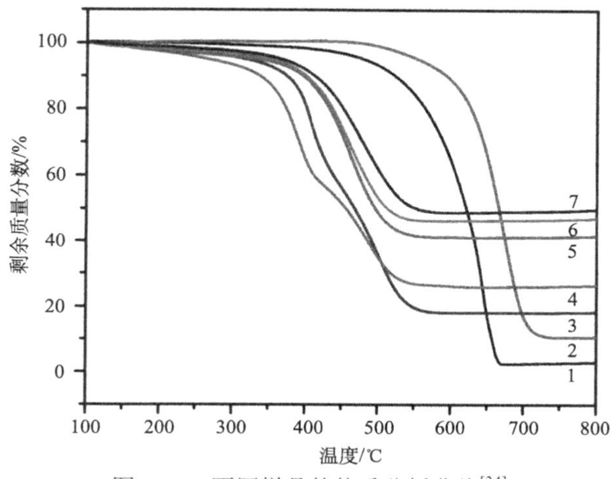

图 4-16　不同样品的热重分析曲线[34]

1—碳纳米纤维；2—氧化钴镍掺杂碳纳米纤维；3—氧化钴镍掺杂碳纳米纤维@二氧化锰-1；4—氧化钴镍掺杂碳纳米纤维@二氧化锰-2；5—氧化钴镍掺杂碳纳米纤维@二氧化锰-3；6—氧化钴镍掺杂碳纳米纤维@二氧化锰-4；7—氧化钴镍掺杂碳纳米纤维@二氧化锰-5

表 4-1　不同样品的 TGA 结果及 MnO_2 负载量结果[34]

样品名称	TGA 曲线中剩余质量分数	MnO_2 负载量
碳纳米纤维	1.0%	—
氧化钴镍掺杂碳纳米纤维	10.6%	—
氧化钴镍掺杂碳纳米纤维@二氧化锰-1	18.7%	9.1%
氧化钴镍掺杂碳纳米纤维@二氧化锰-2	26.4%	17.7%
氧化钴镍掺杂碳纳米纤维@二氧化锰-3	40.7%	33.7%
氧化钴镍掺杂碳纳米纤维@二氧化锰-4	46.6%	40.3%
氧化钴镍掺杂碳纳米纤维@二氧化锰-5	49.5%	43.5%

4.4.2　差热分析和差示扫描量热法

差热分析(differential thermal analysis, DTA)是在程序控温下测量样品与参比物的温度差与温度(或时间)相互关系的一种技术。它是利用体系与环境(样品与参比物）之间有温度差的特点，通过测定样品与参比物的温度差对时间（温度）的函数关系，来鉴别物质组成结构以及转化温度、热效应等物理化学性质[35]。

差示扫描量热法（differential scanning calorimetry, DSC）是在程序控温下，测量样品和参比物之间的能量差随温度变化关系的一种技术（国际标准 ISO 11357-1）。根据测量方法的不同，DSC 又分为功率补偿型 DSC 和热流型 DSC 两种类型。常用的功率补偿型 DSC 是在程序控温下，使样品和参比物的温度相等，测量每单位时间输给两者的热能功率差与温度之间关系的一种方法[35]。

DSC 和 DTA 都是以样品在温度变化时产生的热效应为检测基础的。一般的 DTA 方法不能得到能量的定量数据，直到人们改进并设计出了一种使两个独立量热器皿的能量达到相互平衡的方法，才使测量试样对热能的吸收和放出（以补偿对应的参比基准物的热量来表示）成为可能。将这两个量热器皿都置于程序控温的条件下，采取封闭回路的形式，能精确、迅速测定热容和热焓，这种设计称为差示扫描量热计。DSC 体系可分为两个控制回路：一个是平均温度控制回路，另一个是差示温度控制回路。

DSC 技术克服了 DTA 在计算热量变化方面的困难，为获得热效应的定量数据带来了很大方便，同时还兼具 DTA 的功能。因此，近年来 DSC 的应用发展很快，尤其在高分子领域得到了越来越广泛的应用。它常用于测定聚合物的熔融热、结晶度以及等温结晶动力学参数，测定玻璃化转变温度；研究聚合、固化、交联、分解等反应，测定其反应温度或反应温区、反应热、反应动力学参数等，已成为高分子研究方法中不可缺少的重要手段之一。

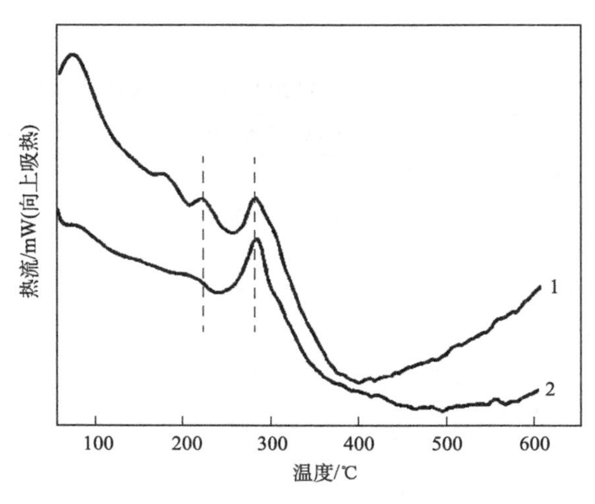

图 4-17 丝素蛋白纳米纤维（曲线 1）和 1-(3-二甲氨基丙基)-3-乙基碳二亚胺掺入的丝素蛋白纳米纤维（曲线 2）的差热分析曲线[36]

无论是差热分析还是差示扫描量热法都能对高分子纳米纤维及其衍生物的种类进行鉴别，并且还能对其内部结构、晶型结构进行分析。例如，在丝素蛋白纳米纤维中加入1-(3-二甲氨基丙基)-3-乙基碳二亚胺后，其位于282℃的DTA吸热峰强度下降，且移动至285℃，而它的玻璃化转变峰几乎消失(图4-17)[36]。从图4-18的DSC曲线还可以发现，随着聚(4-甲基-1-戊烯)纳米纤维膜结晶度的提升，聚(4-甲基-1-戊烯)纳米纤维膜在熔融时需要吸收更多的热量[37]。

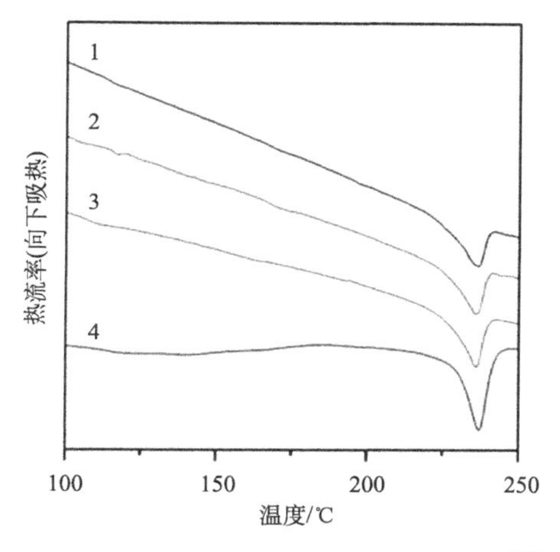

图4-18　不同样品的差示扫描量热曲线[37]

1—聚(4-甲基-1-戊烯)纳米纤维膜；2—180℃下处理过的聚(4-甲基-1-戊烯)纳米纤维膜；3—220℃下处理过的聚(4-甲基-1-戊烯)纳米纤维膜；4—热拉伸处理过的聚(4-甲基-1-戊烯)纳米纤维膜

4.5　力学表征方法

由于高分子纳米纤维及其衍生物小尺寸的特点，很难对单根纤维进行力学性能的测量和表征。从宏观上讲，高分子纳米纤维及其衍生物主要以粉末、薄膜、块材的形式存在，而一般所说的力学性能是针对高分子纳米纤维及其衍生物薄膜或块状材料而言的，如拉伸特性、压缩特性。例如，拉伸试验是最基本的一种力学性能试验方法，它是指在规定的温度、湿度和拉伸速率下，在试样沿纵轴方向上施加拉伸负荷使其破坏，可用万能实验机进行测试。万能实验机具有测试精度高、运行稳定、操作简便等优点，可快速得到材料的应力-应变曲线，进而读取材料的拉伸强度、断裂伸长率、拉伸弹性模量和泊松比等参数。

对于高分子纳米纤维及其衍生物材料来说，提升力学性能是拓宽其应用领域的一大关键因素。大量研究表明，目前主要有如下几条途径提升高分子纳米纤维及其衍生物材料的力学性能：第一，改善高分子基体材料的分子链结构，如合理调控刚性链和柔性链比例、排列等；第二，使纳米纤维尽可能多地沿相同的方向进行排列；第三，向纳米纤维内部引入具有高力学性能的掺杂组分，如碳纳米管[38]等；第四，对纳米纤维膜进行后交联处理。图 4-19 为不同拉伸比下得到的细菌纤维素(BC)纤维的应力-应变曲线[39]，其中 0、10、20、30 代表制备过程中的纤维拉伸量分别为 0、10%、20%、30%。该数值与细菌纤维素纤维的取向度呈正相关关系，即该数值越大，细菌纤维素纤维的取向度越高。从中可以发现，BC-30 有最大的断裂强度和杨氏模量，分别为 826 MPa 和 65.7 GPa，而 BC-0 的最大断裂强度和杨氏模量分别仅为 115 MPa 和 3.5 GPa，说明提升纤维的取向度能明显改善其力学性能。

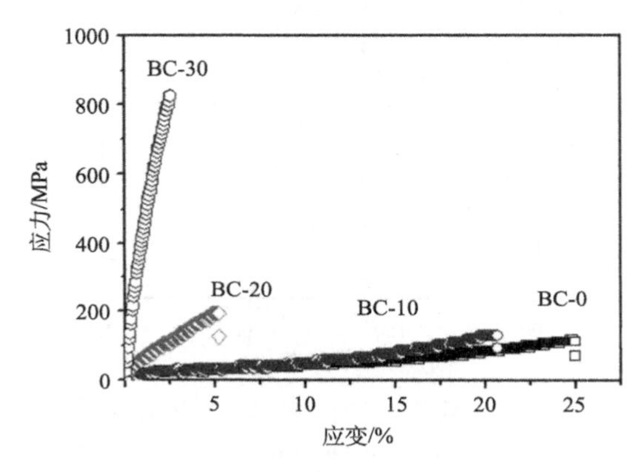

图 4-19 不同样品的应力-应变曲线[39]

4.6 电学表征方法

4.6.1 电阻与电阻率测试

对于高分子纳米纤维及其衍生物材料而言，优异的电学性能是保证其具有高电化学活性并应用于新能源领域的根本保障之一。目前，多采用四探针电阻率测试仪对其电阻和电阻率进行测试，其基本原理是通过四根等间距配置的探针扎在所要测试试样的表面上，外界恒流源为外侧两针头提供一个恒定电流，通过测试内侧两根针头间的电压即可计算样品的电阻率。按照导电性能区分，不同种类的材料可以按照电阻率分为三大类：导体($< 10^6\ \Omega \cdot cm$)、半导体($10^6 \sim 10^{12}\ \Omega \cdot cm$)和绝缘体($> 10^{12}\ \Omega \cdot cm$)。然而，高分子纳米纤维及其衍生物材料大多为绝缘材料，仅有极少数材料为导电高分子纳米纤维材料(如聚苯胺纳米纤维[40])。

此外，根据导电机理的不同，又可将导电高分子纳米纤维及其衍生物分为结构型和复合型两类。结构型导电高分子纳米纤维及其衍生物(又称本征型导电高分子纳米纤维及其衍生物)自身具有导电性，其大分子链中的共轭键可以提供导电载流子(如聚乙炔、聚吡咯等)，但这种纳米纤维由于刚性大且难于溶解和熔融、成形困难、成本高昂，而且导电的稳定性、重复性以及电导率的变化范围比较窄，大大限制了结构型导电高分子纳米纤维及其衍生物的发展和应用。复合型导电高分子纳米纤维及其衍生物(又称填充型导电高分子纳米纤维及其衍生物)，其基体本身没有导电性，主要依靠掺入纳米纤维基体中的导电微粒提供自由电子载流子以实现导电过程。例如，在聚酰亚胺纳米纤维内部掺入一定量石墨烯纳米带后，其导电性能从原先的 10^{-14} S/cm 明显提升至 8.3×10^{-3} S/cm[24]。

4.6.2　介电特性测试

介电特性是电介质材料极其重要的特性，介电常数和介质损耗是衡量这一特性的两个重要指标。例如，用于制造电容器的材料要求介电常数尽量大，而介质损耗尽量小；而制造仪表绝缘器件的材料则要求介电常数和介质损耗都尽量小。通过测定介电常数及介质损耗角正切，可进一步了解影响介质损耗和介电常数的各种因素，为提高材料的性能提供依据。

参考文献

[1] 杨玉林, 范瑞清, 张立珠, 王平. 材料测试技术与分析方法[M]. 哈尔滨: 哈尔滨工业大学出版社, 2014.

[2] 严衍禄. 近红外光谱分析基础与应用[M]. 北京: 轻工业出版社, 2005.

[3] 倪星元, 沈军, 张志华. 纳米材料的理化特性与应用[M]. 北京: 化学工业出版社, 2006.

[4] Huan S Q, Bai L, Liu G X, Cheng W L, Han G. P. Electrospun nanofibrous composites of polystyrene and cellulose nanocrystals: manufacture and characterization [J]. RSC Advances, 2015, 5(63): 50756-50766.

[5] Kong L S, Yuan L J, Liu B X, Tian G F, Qi S L, Wu D Z. Crosslinked polyimide nanofiber membrane prepared via ammonia pretreatment and its application as a superior thermally stable separator for Li-ion batteries [J]. Journal of the Electrochemical Society, 2017, 164(6): A1328-A1332.

[6] 杨序钢, 吴琪琳. 拉曼光谱的分析与应用[M]. 北京: 国防工业出版社, 2008.

[7] Hou H Q, Ge J J, Zeng J, Li Q, Reneker D H, Greiner A, Cheng S Z D. Electrospun polyacrylonitrile nanofibers containing a high concentration of well-aligned multiwall carbon nanotubes [J]. Chemistry of Materials, 2005, 17(5): 967-973.

[8] Zhang L, Li Y G, Zhang Q H, Wang H Z. Formation of the modified ultrafine anatase TiO_2 nanoparticles using the nanofiber as a microsized reactor [J]. CrystEngComm, 2005, 17(5): 967-973.

[9] 李昌厚. 紫外可见分光光度计[M]. 北京: 化学工业出版社, 2005.

[10] Yang J Z, Liu X L, Huang L Y, Sun D P. Antibacterial properties of novel bacterial cellulose nanofiber containing silver nanoparticles [J]. Chinese Journal of Chemical Engineering, 2013, 21(12): 1419-1424.

[11] Venezia A M. X-ray photoelectron spectroscopy(XPS) for catalysts characterization [J]. Catalysis Today, 2003, 77(14): 359-370.

[12] Niu Q J, Mu X Y, Nie J, Ma G P. Potential fabrication of core-shell electrospun nanofibers from a two-step method: Electrospinning and photopolymerization [J]. Journal of Industrial and Engineering Chemistry, 2016, 38(25):

193-199.
[13] 黄惠忠. 纳米材料分析[M]. 北京：化学工业出版社, 2003.
[14] Jiang C L, Nie J, Ma G P. A polymer/metal core-shell nanofiber membrane by electrospinning with an electric field, and its application for catalyst support [J]. RSC Advances, 2016, 6(27): 22996-23007.
[15] Zhang C M, Li H, Zhuo Z Z, Dugnani R, Xue W C, Zhou Y, Chen Y J, Liu H Z. Characterization of the damping and mechanical properties of a novel ($ZnSnO_3$/PVDF)@PPy nanofiber/EP composite [J]. RSC Advances, 2017, 7(59): 37130-37138.
[16] 蓝闽波. 纳米材料测试技术[M]. 上海：华东理工大学出版社, 2009.
[17] Niu Q Y, Guo Y Q, Gao K Z, Shao Z Q. Polypyrrole/cellulose nanofiber aerogel as a supercapacitor electrode material[J]. RSC Advances, 2016, 6(110): 109143-109149.
[18] Kim C, Jeong Y, Ngoc B T N, Yang K S, Kojima M, Kim Y A, Endo M, Lee J W. Synthesis and characterization of porous carbon nanofibers with hollow cores through the thermal treatment of electrospun copolymeric nanofiber webs [J]. Small, 2007, 3(1): 91-95.
[19] 刘粤惠, 刘平安. X射线衍射分析原理与应用[M]. 北京：化学工业出版社, 2003.
[20] Lai F L, Miao Y E, Zuo L Z, Lu H Y, Huang Y P, Liu T X. Biomass-derived nitrogen-doped carbon nanofiber network: A facile template for decoration of ultrathin nickel-cobalt layered double hydroxide nanosheets as high-performance asymmetric supercapacitor electrode [J]. Small, 2016, 12(24): 3235-3244.
[21] 张大同. 扫描电镜与能谱仪分析技术[M]. 广州：华南理工大学出版社, 2009.
[22] 郭素枝. 电子显微镜技术与应用[M]. 厦门：厦门大学出版社, 2008.
[23] Liu M K, Du Y F, Miao Y E, Ding Q W, He S X, Tjiu W W, Pan J S, Liu T X. Anisotropic conductive films based on highly aligned polyimide fibers containing hybrid materials of graphene nanoribbons and carbon nanotubes [J]. Nanoscale, 2015, 7(3): 1037-1046.
[24] Yan J J, Lu H Y, Huang Y P, Fu J, Mo S Y, Wei C, Miao Y E, Liu T X. Polydopamine-derived porous carbon fiber/cobalt composites for efficient oxygen reduction reactuions [J]. Journal of Materials Chemistry A, 2015, 3(46): 23299-23306.
[25] 黄孝瑛. 透射电子显微学[M]. 上海：上海科学技术出版社, 1987.
[26] 王蓉. 透射电子显微学[M]. 北京：冶金工业出版社, 2002.
[27] 方克明, 邹兴, 苏继灵. 纳米材料的透射电镜表征[M]. 现代科学仪器, 2003, 2: 15-17.
[28] Tran C, Kalra V. Fabrication of porous carbon nanofibers with adjustable pore sizes as electrodes for supercapacitors[J]. Journal of Power sources, 2013, 235: 289-296.
[29] Wang J G, Yang Y, Huang Z H, Kang F Y. Synthesis and electrochemical performance of MnO_2/CNTs-embedded carbon nanofibers nanocomposites for supercapacitor [J]. Electrochimica Acta, 2012, 75: 213-219.
[30] Hu S Y, Liu S D, Tu Y Y, Hu J W, Wu Y, Liu G J, Li F, Yu F M, Jiang T T. Novel aramid nanofiber-coated polypropylene seperators for lithium ion batteries [J]. Journal of Materials Chemistry A, 2016, 4(9): 3513-3526.
[31] Feng J, Zhang H J. Hybrid materials based on lanthanide organic complexes: A review [J]. Chemical Society Reviews, 2013, 42(1): 387-410.
[32] Li W Z, Tao Y, An G H, Yan P F, Li Y X, Li G M. One-dimensional luminescent composite nanofibers of $Eu(TFI)_3$TPPO/PVP prepared by electrospinning [J]. Dyes and Pigments, 2017, 146: 47-53.
[33] Lai F L, Miao Y E, Huang Y P, Chung T S, Liu T X. Flexible hybrid membranes of $NiCo_2O_4$ doped carbon nanofiber@MnO_2 core-sheath nanostructures for high-performance supercapacitors [J]. Journal of Physical Chemistry C, 2015, 119(24): 13442-13450.
[34] 廖晓玲. 材料现代测试技术 [M]. 北京：冶金工业出版社, 2010.
[35] Zhang F, Zhang H X, Zuo B Q, Zhang X G. Preparation and characterization of electrospun silk fibroin nanofiber with addition of 1-ethyl-3-(3-dimethylarainopropyl) carbodiimide [J]. Polymer Science Series A, 2011, 53(5): 397-402.
[36] Wahab J A, Lee H, Wei K, Nagaishi T, Khatri Z, Behera B K, Kim K B, Kim I S. Post-electrospinning thermal

treatments on poly(4-methyl-1-pentene) nanofiber membranes for improved mechanical properties [J]. Polymer Bulletin, 2017, 74(12): 5221-5230.

[37] Pant B, Park M, Park S J, Kim H Y. High strength electrospun nanofiber mats via CNT reinforcement: a review [J]. Composites Research, 2016, 29(14): 186-193.

[38] Wang S, Jiang F, Xu X, Kuang Y D, Fu K, Hitz E, Hu L B. Super-strong, super-stiff macrofibers with aligned, long bacterial cellulose nanofibers [J]. Advanced Materials, 2017, 29(35): 1702498.

[39] Choi S S, Chu B Y, Hwang D S, Lee S G, Park W H, Park J K. Preparation characterization of polyaniline nanofiber webs by template reaction with electrospun silica nanofibers [J]. Thin Solid Films, 2005, 477(1-2): 233-239.

第5章

高分子纳米纤维及其衍生物在能源转换领域的应用

5.1 高分子纳米纤维及其衍生物在光电催化领域的应用

5.1.1 析氢反应催化剂

能源需求的增长和环境污染的加剧使人类不断寻求新型清洁能源和开发高效储能装置。作为一种理想的清洁能源，氢气在很多工业反应中都具有重要的作用。因此，如何高效地生成氢气得到越来越多的关注和研究[1]。目前，比较有发展前景的绿色制氢方法主要有两种：①电析氢反应，即利用电解水产生氢气，其中的电能可来自于风能、地热能和潮汐能等清洁能源；②光析氢反应，即半导体催化剂经过光照后激发出光生载流子，并促使氧气产生，其能量来源是太阳能。在电析氢和光析氢反应中，催化剂的催化活性都是关键因素之一。根据 Sabatier 原理，把催化剂材料的活性对于氢的结合自由能作图可得到一张形似火山的曲线图(图 5-1)[2]。可见，铂(Pt)金属材料在众多材料当中是最高效的析氢催化材料。然而 Pt 是稀缺金属，其在地壳中的含量仅为 3.7×10^{-6} %，且其价格约为 56 美元/克。Pt 金属高昂的价格和稀有性直接限制了其在工程领域的应用，因此如何尽可能地降低贵金属用量和提高催化剂的活性已成为催化制氢领域的研究重点[3]。

随着纳米技术的迅猛发展，纳米贵金属材料由于其粒子尺寸小，比表面积大，表面的化学键能和电子态与内部颗粒不同、表面原子配位不全，导致表面的活性位点增加，使得其成为一种极好的催化剂，并在用于催化制氢时取得了很好的催化效果[4]。以一维纳米纤维作为基体负载贵金属纳米粒子，可以有效抑制纳米粒子团聚，充分暴露其表面活性位点，优化其催化性能。Zou 等利用静电纺丝技术制备 Pt/聚丙烯腈(PAN)超细纤维，然后利用高温石墨化处理得到碳纳米纤维(CNF)负载 Pt 纳米颗粒的杂化材料(Pt/CNF，Pt 负载量约为 7 wt %)[5]。对杂化材料的形貌研究表明，所制备的 CNF 平均纤维直径约为 440 nm，原位还原得到的

Pt 纳米颗粒均匀地分散在 CNF 表面（图 5-2）。电化学测试结果表明，Pt/CNF 具有较好的催化析氢活性和稳定性，起始过电位和 Tafel 斜率分别为–55 mV 和 50 mV/dec。研究认为，Pt/CNF 的高电催化活性和优异的稳定性主要源于 CNF 的高电子传输特性、高比表面积和优异的化学稳定性，以及 Pt 纳米颗粒在 CNF 上的良好分散。

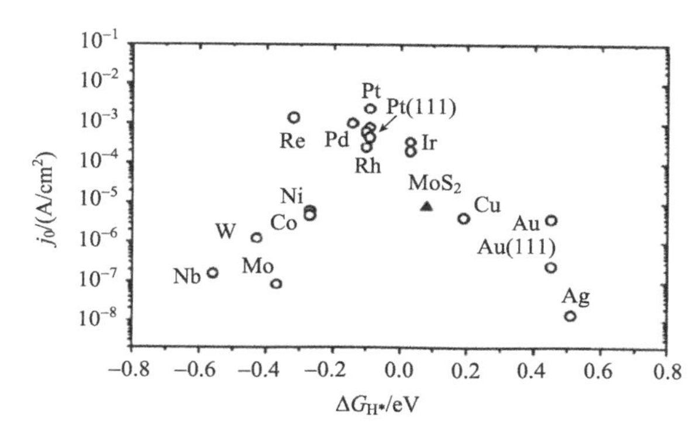

图 5-1　Pt 等催化剂的活性-氢吸附的结合自由能图

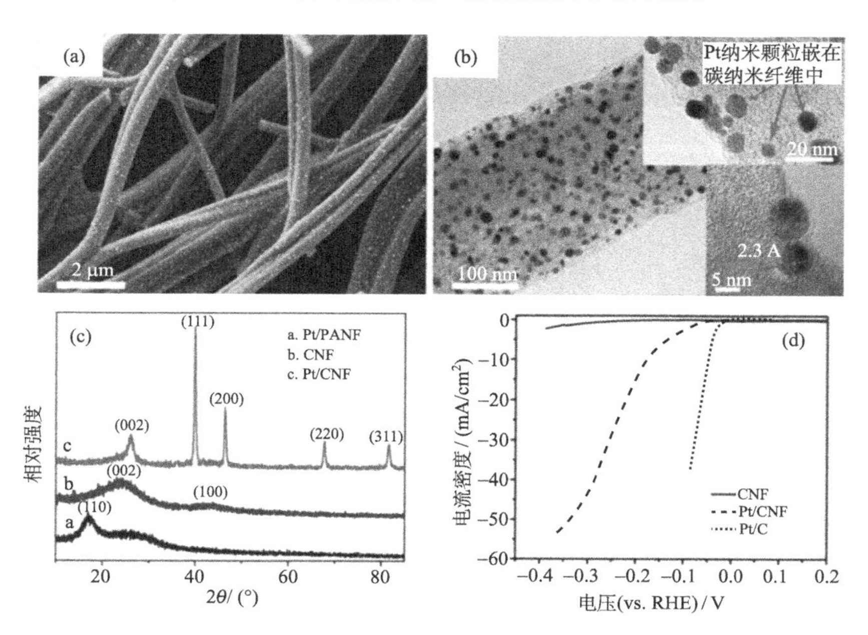

图 5-2　Pt/CNF 复合材料的 SEM 照片(a)、TEM 照片(b)、XRD 谱图(c)和线性扫描伏安(LSV)曲线(d)

由于纳米界面间特殊的电子相互作用，两相或多相催化体系往往表现出更优异的催化活性，因此近年来两相或多相催化体系受到了广泛的关注和研究[6]。Du

等将铂(Pt)和钴(Co)同时加入到 PAN 溶液中，通过静电纺丝方法制备得到 PtCo/PAN 纳米纤维，再经过高温煅烧得到碳纳米纤维上负载 PtCo 纳米颗粒的复合材料(PtCo/CNF)，并将其作为电解水催化材料研究了其在酸性介质中的电催化析氢性能(图 5-3)[7]。结果表明，PtCo 纳米颗粒均匀地分布在 CNF 上。贵金属 Pt 负载量仅约为 5 wt %的 PtCo/CNF 复合材料表现出非常优异的电催化析氢活性和稳定性，其电流密度达到 10 mA/cm^2 时所需的过电位为–63 mV，远低于 Pt/CNF 复合材料的–175 mV。此外，PtCo/CNF 的 Tafel 斜率为 28 mV/dec，低于 Pt/CNF 的 40 mV/dec，与商业 Pt/C(载 Pt 量为 20 wt %)催化剂的析氢活性接近。根据双金属机理，PtCo 合金的纳米界面间存在的强电子耦合作用将为其在电催化反应中提供更多的 Pt 活性位点，从而使其电催化活性显著提高。

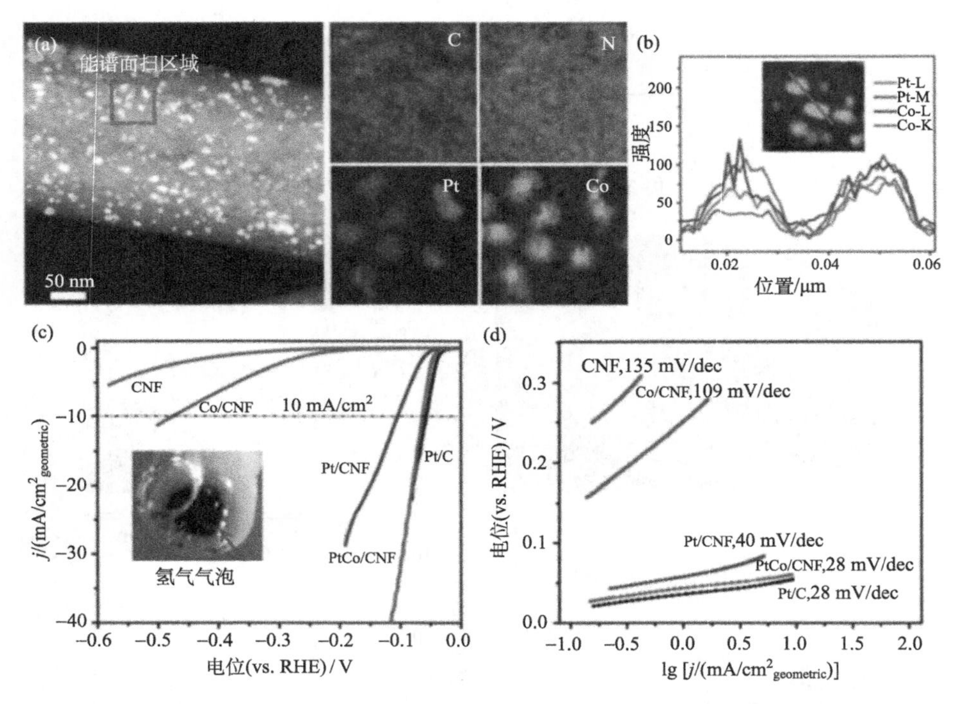

图 5-3 PtCo/CNF 复合材料的 TEM 照片(a)、与 TEM 对应的线扫描 EDX 谱图(b)、LSV 曲线(c)和 Tafel 曲线(d)

近年来，为了进一步降低析氢催化剂的成本，非贵金属类和非金属类析氢催化剂的研究逐渐成为热点[8]。Liu 等通过水热反应制备得到氧化钼/聚苯胺纳米纤维，再以此作为模板，高温煅烧后得到具有纳米孔结构的一维碳化钼/碳纳米纤维复合材料[9]。该纳米纤维由 Mo_2C 纳米晶体密堆积而成，具有丰富的孔容和较大的比表面积，使 Mo_2C 暴露更多的催化活性位点，从而表现出更好的析氢催化活性（析氢过电位为–70 mV）。非金属类的催化剂，如表面改性或原子掺杂的碳纳米纤维，在催化制氢领域的研究也得到越来越多的关注。Zhang 等在碳纳米纤维表面引入氧、氮、硼原子，并研究它们与原始碳纳米纤维的催化制氢性能[10]。结果发现，氮原子和硼原子掺杂比氧原子掺杂对提升碳纳米纤维催化制氢性能的效果更明显。其原因在于异质原子的引入可以创造一些原子缺陷点，而这些缺陷点可以间接地调节反应物的原子或分子向产物转化，从而提高原始碳纳米纤维的催化活性。

5.1.2　析氧反应催化剂

考虑到当今世界对化石燃料的依赖与其对环境带来的污染，发展可替代传统化石燃料、来源丰富、污染小、可持续的新能源迫在眉睫。虽然可再生的自然资源，如太阳能、风能、地热能等可以提供清洁能源，但由于很多限制因素，目前这些能源形式仍不能很好地满足人们的需求[11]。因此，清洁能源技术的真正发展还需要各种能源转换与储存的方式，包括水分解、燃料电池、金属-空气电池和二氧化碳还原等。这些能源转换与储存方式的核心是一系列重要的电化学反应，其中都包含一个共同的电化学反应——析氧反应。作为另一个重要的催化反应之一，析氧反应的反应过程要比析氢反应困难得多。氧析出是通过质子或者电子对的产生促使氧分子的生成。如式（5-1）和式（5-2）所示，在酸性条件下，两个水分子给出四个质子（H^+）、失去 4 个电子生成一个氧分子（O_2）；在碱性或者中性条件下，存在大量的氢氧根离子（OH^-），它们的氧化过程有相同数量的电子转移。在反应中，阳极需要经受一个复杂的四电子氧化的慢动力学过程，导致其需要较高的电化学电势，进而使得催化析氧整体效率降低[12]。

$$2\,H_2O \longrightarrow 4\,H^+ + O_2 + 4\,e^- \tag{5-1}$$

$$4\,OH^- \longrightarrow 2\,H_2O + O_2 + 4\,e^- \tag{5-2}$$

与 5.1 节的析氢反应相似，根据能量来源不同，析氧反应可以分为两类：①电析氧反应，即利用电解水产生氧气，与电析氢反应是电解水反应的两个半反应；②光析氧反应，其能量来源是太阳能，与光析氢反应是光电解水反应的两个半反应（图 5-4）[13]。由于析氧反应本身较高的反应能垒和四电子机理，在实际应用中出现了反应过电位大、反应速率慢以及电能消耗多的缺点。寻找到一种稳定的催化剂能有效降低反应过电位，高效加快反应速率，是目前析氧反应中亟须解决的核心问题。钌（Ru）、铱（Ir）等的氧化物被认为是最有效的析氧反应催化剂，但这些金属资源稀缺、成本高以及循环稳定性较差，使它们不能满足日益增长的能源、环境需求[14]。因此，探索可替代氧化钌/氧化铱的廉价、高效和稳定的析氧催化剂十分必要。具有催化析氧活性的材料很多，但是能在工业上使用的仍寥寥无几。目前研究较多的析氧催化材料主要有：贵金属及其氧化物、过渡金属及其合金、AB_2O_4 型氧化物、ABO_3 型氧化物、金属氧化物和磷化物、无机碳纳米材料等。目前，原料丰富廉价、制备简单的过渡金属催化剂是热门的研究对象。其中，基于镍、铁、钴等的催化剂的研究最为广泛，被认为十分有希望取代氧化钌、氧化铱等贵金属催化剂。此外，增加阳极催化材料的比表面积能有效地降低析氧过电位，降低电解过程中的实际电流密度[15]。

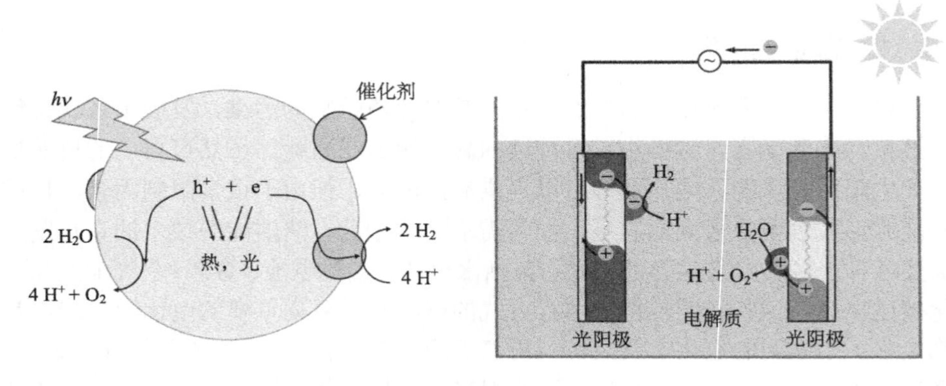

图 5-4 光电催化水裂解的示意图

研究发现，过渡金属氧化物的形貌对其催化析氧活性有较大的影响。催化剂的孔容和比表面积越大，其反应活性位点越多，其催化析氧的过电位越低。此外，将金属氧化物和碳纳米材料进行有效复合，可以提高催化剂在反应中的电子迁移速率，进一步提高催化剂的催化析氧性能。因此，一维纤维状的金属氧化物/碳纳米复合材料在催化析氧中的应用受到了广泛的关注和研究[16]。例如，Chen 等通过静电纺丝方法将铜(Cu)和钴(Co)同时加入到 PAN 溶液中，通过静电纺丝方法制备得到 CuCo/PAN 纳米纤维，再经过预氧化、高温煅烧和低温氧化的方法制备得到碳纳米纤维上负载 $CuCo_2O_4$ 纳米颗粒的复合材料($CuCo_2O_4$/CNF)，并将其作为电解水催化材料研究了其电催化析氧性能(图 5-5)[17]。研究发现，一维纤维状的 $CuCo_2O_4$/CNF 的析氧性能优异，其在 10 mA/cm^2 时的过电位为 327 mV。这主要归结于它的中空纳米纤维结构、大的比表面积促使产生更多的活性反应点；同时，在一维碳纳米纤维形成过程中，利用石墨层的限域和诱导生长作用，促使 $CuCo_2O_4$ 纳米晶体的形成。此外，氮掺杂的碳纳米纤维与 $CuCo_2O_4$ 纳米晶体之间具有强的化学电子耦合作用，可以最大程度地提高电催化活性。

为了进一步降低析氧催化剂的成本，非金属类的无机碳纳米材料用作析氧催化剂的研究逐渐成为热点之一[18]。Miao 等以负载有 FeOOH 纳米粒子的 PAN 纤维为模板，仿生修饰聚多巴胺层，进而通过高温煅烧、酸洗获得具有仿葡萄串结构的氮掺杂多孔碳纳米纤维[19]。该材料具有较大的比表面积(338 m^2/g)，在作为氧还原催化剂时的氧还原反应电位达到 0.75 V (vs. RHE)。Wang 等直接将碳纳米纤维进行氩气刻蚀处理，结果发现，经过刻蚀处理的碳纳米纤维表面有很多含氧官能团的纳米碳薄片，同时碳纳米纤维表面的粗糙度大大增加，促使析氧反应的活性位点大大增加。通过优化处理功率和时间，刻蚀处理后碳纳米纤维的析氧反应在 10 mA/cm^2 电位最优，为 1.68 V，低于未刻蚀处理的碳纳米纤维(1.85 V)[20]。

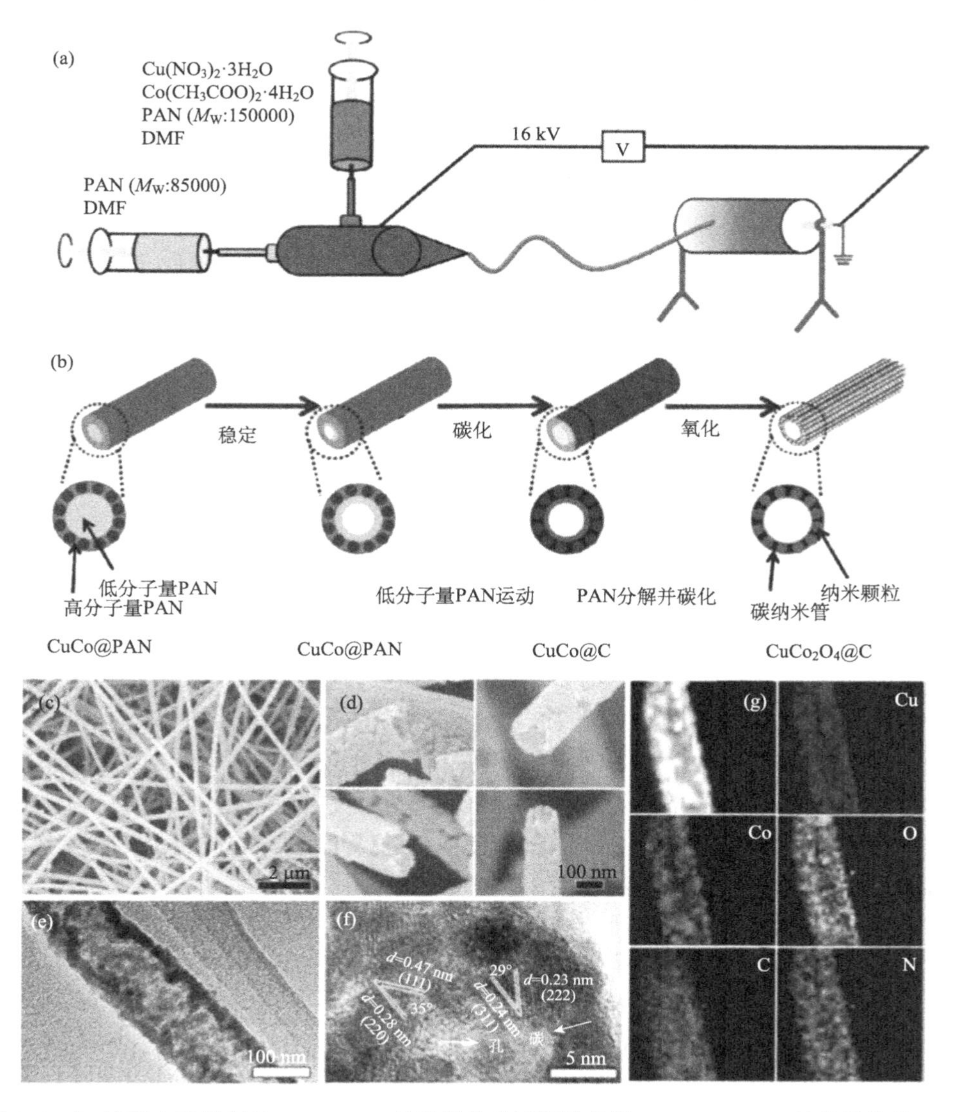

图 5-5　(a, b)静电纺丝制备 CuCo/PAN 纳米纤维的流程示意图；$CuCo_2O_4$/CNF 纳米纤维的 SEM 照片(c, d)、TEM 和 HRTEM 照片(e, f)、与 TEM 对应的 EDS 元素分布照片(g)

5.1.3 二氧化碳还原反应催化剂

现代社会的飞速发展消耗了大量的化石燃料(煤、石油、天然气等)，产生了大量的二氧化碳(CO_2)进入大气环境，由此引起了温室效应等一系列全球环境问题。CO_2作为一种经济的、安全的、可持续的碳氧资源化合物，转化为液体燃料、化学品的发展潜力巨大。但是由于CO_2化学性质非常稳定，需要施加额外的能量才能使其活化、转化。在实际工业过程中能够利用CO_2的反应不多，如尿素合成、碳酸酯合成、甲醇合成、甲烷的CO_2重整等。这些化工过程一般需要高温、高压等较为苛刻的反应条件，是高能耗、低效率的过程。另一方面，近年来，我国在新兴能源领域发展迅速，2016年可再生清洁能源发电(风电以及太阳能发电)高达22606万kW，占装机总量的近14%。但风能、太阳能等具有很强的随机性、间歇性、波动性及反调峰性等特点，对电网的冲击较大而无法并网，造成了这些可再生能源的较大浪费。从资源、能源发展战略的角度来看，利用低品阶的可再生电能将CO_2高效电化学还原成化学品或燃料，既可以"变废为宝"、减少CO_2排放，又能减轻人类对化石燃料的依赖，对于缓解能源与环境双重压力具有重要的现实意义[21]。

近年来，通过电或光还原二氧化碳的课题吸引了大批研究者的关注，主要有以下几点原因：①还原CO_2可以降低大气中的CO_2含量，从而缓解由全球变暖引起的一系列不良效应；②电化学还原的反应产物都是有价值的工业原料或燃料，可以缓解能源危机；③这是一个方便的把可重复利用的电能以高能量密度的化学形式储存下来的方法。通过合理设计与选择催化剂，可以高选择性地得到理想的还原产物。根据元素的种类、组成，可以把目前研究的无机多相电极催化剂分为金属、金属氧化物、金属硫化物和非金属材料等类别[22]。研究表明，在高压下玻碳电极表面可以直接还原CO_2，其产物包括CO、HCOOH和少量烃类。而在与碳纳米材料相关的研究中，聚苯胺碳化获得的直径为500 nm的碳纳米纤维(CNF)，比纳米金属具有更高的电流密度，可以在0.17 V的过电位下催化CO_2还原为CO。研究者认为，其活性位点是还原态的碳原子，且氮掺杂能提升碳材料的催化性能。Sharma等使用氮掺杂的碳纳米管(N-CNT)作为催化剂，也可在较低的过电位(−0.18 V)下高效地把CO_2还原为CO。理论计算表明，吡啶N和吡咯N的孤对电子可以与C成键而使其活化[23]。

二氧化碳光还原系统是利用太阳光、二氧化碳和水合成有用的烃类燃料，因此被称为人工光合作用。随后，很多研究人员都发表了相关的研究以实现此转换系统的产业化及其应用，但是目前的转换效率还是无法实现有效的应用。由于二氧化碳光还原系统是由无机碳(二氧化碳)和化合物转换成有机烃类燃料，因此半导体材料二氧化钛扮演着重要的角色。在一系列的氧化还原过程中，二氧化钛利用太阳光的能量促进电子空穴对的分离，然后电子在半导体的导带还原二氧化碳分子而空穴在价带氧化水分子，最后生成烃类燃气[24]。Lei 等将钛盐和聚乙烯吡咯烷酮(PVP)通过静电纺丝和水热处理后制备得到具有微纳多孔结构的二氧化钛纳米纤维，并研究其用于光还原二氧化碳的催化效果(图 5-6)[25]。研究发现，该二氧化钛纳米纤维将二氧化碳主要还原成甲烷，且水热处理过的甲烷选择性能提高 6 倍。Zhang 等利用电负性较强的氟原子来改变二氧化钛的表面活性，并通过静电纺丝水热处理的复合方法，制备得到一种在聚偏氟乙烯纳米纤维膜上生长的二氧化钛，聚偏氟乙烯的氟原子与钛原子建立了氟钛配位键来诱导结晶的二氧化钛纳米颗粒的生长。此氟钛配位键不仅仅成功诱导了不同微结构的二氧化钛纳米颗粒的形成，也提高了其在二氧化碳还原甲烷气体过程中的转换效率[26]。

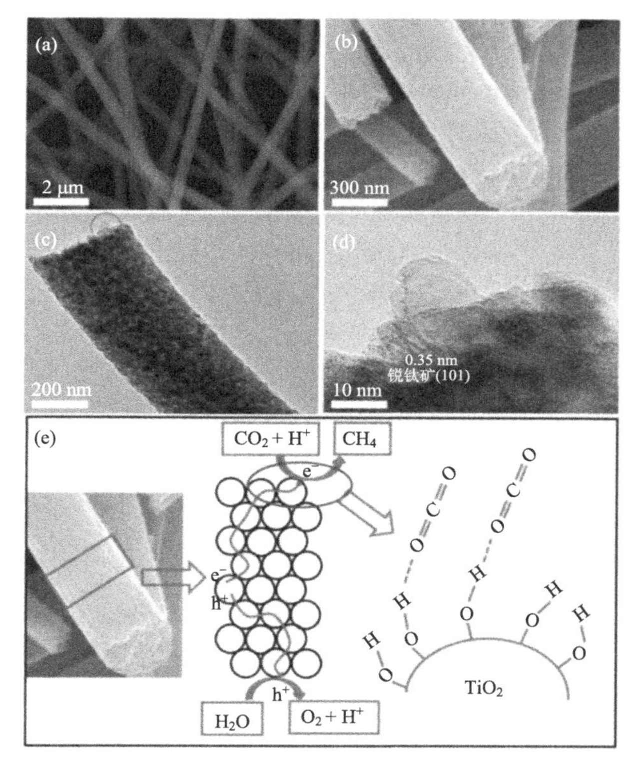

图 5-6 具有微纳孔结构的二氧化钛纳米纤维的 SEM 照片(a, b)、 TEM 照片(c, d)和光还原二氧化碳的反应过程示意图(e)

5.2 高分子纳米纤维及其衍生物在燃料电池领域的应用

5.2.1 燃料电池概述

燃料电池是最有前景的环保电源和常规化石燃料的替代品之一，而且是在使用氢气、甲醇、乙醇等可再生能源方面重要的选择。作为一种具有巨大潜力的新能源器件，燃料电池是一种高效、清洁的发电装置，可以不断地通过外界输入燃料，将化学能直接转化成电能并持续向外供电，可缓解能源危机、缓解电力建设、减小环境污染，为电力市场发展和国防安全等提供供电保障。19 世纪英国科学家 Grove 的工作可作为燃料电池的起源，使用铂电极和硫酸电解质的电解实验被人们称为燃料电池的第一个装置。Mond 和 Langer 改善了反应面积，将电化学概念导入，首次使用了 fuel cell 一词。

燃料电池根据其电解质的类型，可分为以下六种：碱性燃料电池(alkaline fuel cell, AFC)、质子交换膜燃料电池(proton exchange membrane fuel cell, PEMFC)、直接甲醇燃料电池(direct methanol fuel cell, DMFC)、磷酸燃料电池(phosphoric acid fuel cell, PAFC)、熔融碳酸盐燃料电池(molten carbonate fuel cell, MCFC)和固态氧化物燃料电池(solid oxide fuel cell, SOFC)[27]。其工作机理如图 5-7 所示，燃料电池主要由阳极、阴极、电解质和外部电路等部分组成，其阳极和阴极分别通入燃料气和氧气(空气)，阳极上燃料气放出电子，外电路传导电子到阴极并与氧气结合生成离子，在电场作用下，离子通过电解质转移到阳极上再与燃料气进行反应，最后形成回路产生电流。与此同时，由于燃料自身的反应及电池存在的内阻，燃料电池也要排出一定的热量，以保持电池恒定的工作温度[28]。目前，在众多类型的燃料电池中，质子交换膜燃料电池和碱性燃料电池因具有能量效率和能量密度较高、体积质量小、启动速度最快、运行安全可靠等优点而得到比较广泛的应用[29]。

5.2.2 高分子纳米纤维及其衍生物在燃料电池交换膜上的应用

燃料电池交换膜是燃料电池中的核心部件，起到隔离两极反应气体和作为离子通道达到传导质子/离子的作用，其性能的优劣直接决定燃料电池的性能，是燃料电池研究的热点。一般燃料电池交换膜要求具有如下性能：①低的燃料渗透性，以起到阻隔燃料和氧化剂的作用；②高的质子/离子传导性，以降低电池内阻，提高电流密度；③水分子在平行膜表面有足够大的扩散速度；④较好的化学、电化学稳定性；⑤膜的水合/脱水可逆性好；⑥具有一定的机械强度，可加工性好[30]。

广义上纳米纤维是指纤维直径低于 1000 nm 的纤维，相比于常规纤维，具有高比表面积、高长径比和极强的与其他物质互相渗透的能力等性质，使得高分子

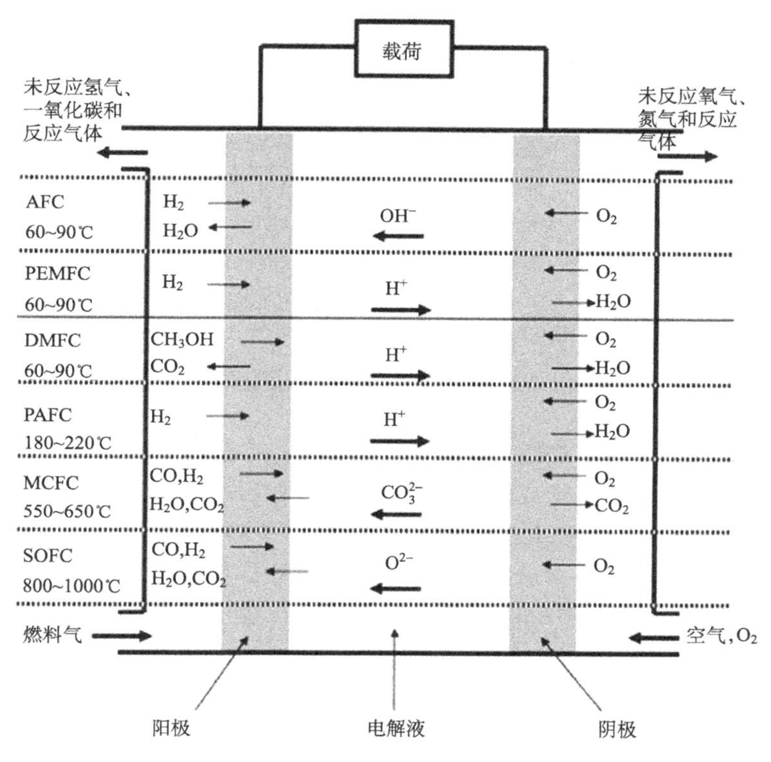

图 5-7　燃料电池的分类及其工作机理

纳米纤维及其衍生物在燃料电池交换膜方面发挥了巨大作用。由于静电纺丝是用于生产高分子纳米纤维膜的通用技术，因此常被用于制备高分子纳米纤维膜及其复合膜以用于燃料电池交换膜方面的应用。通常情况下，采用静电纺丝技术制得的高分子纳米纤维膜具有高的比表面积，能够提供更多暴露的官能团，有利于质子和离子的传输[31]。然而，前期研究表明，静电纺丝技术在制备离子聚合物纤维时，一般会出现纤维内部和外部电荷不均匀的现象，一般荷电基团偏向分布于纤维内部[32]。而对于大部分离子交换膜材料都要求致密的内部膜结构，因此将静电纺丝技术和常规膜技术相结合制备复合离子交换膜具有广阔的前景。目前，选用静电纺丝技术制备纳米纤维膜材料用于燃料电池交换膜的研究众多，其设计策略大致可以分为如下两类。

一种策略是将高分子纳米纤维膜作为支撑材料，起到机械增强或结构诱导模板的作用。表 5-1 中列出了使用高分子纳米纤维膜作为支撑材料构筑燃料电池交换膜的相关研究。通常当孔道中填充高质子传导性组分(如全氟磺酸离聚物 Nafion 等)作为基体聚合物时，该高分子纳米纤维支撑材料起到力学增强的作用，而基体聚合物用来提高复合纤维膜的力学性能或阻隔性能，如减少直接甲醇燃料电池使用过程中的甲醇穿透性等[33]。

表 5-1 静电纺丝技术制备高分子纳米纤维膜作为支撑材料用于燃料电池交换膜

支撑材料	填充聚合物	质子电导率/(mS/cm)	参考文献
聚乙烯醇	Nafion	22(70 ℃，湿度 100%)	[34, 35]
聚乙烯醇	Nafion	11(70 ℃，湿度 95%)	[35, 36]
聚偏氟乙烯	Nafion	2(65 ℃，含水)	[37]
磺化聚醚砜	Nafion	85(室温，湿度 100%)	[38, 39]
磺化聚酰亚胺共聚物	磺化聚酰亚胺	370(80 ℃，湿度 98%)	[40]
交联的磺化聚苯醚	2,6-二甲基对聚苯氧磺化物	30～80(室温，湿度 100%)	[41]

另一种策略是将具有高质子传导性的组分通过一步静电纺丝复合到多孔纤维膜中，通过与溶剂蒸气处理或热压技术相结合，使得静电纺纤维膜在保持其内部三维多孔结构的同时，借助纤维间的融合制备离子交换膜并提供一定的力学强度。表 5-2 系统总结了利用一步纺丝策略构筑燃料电池交换膜方面的工作，研究主要集中于利用 Nafion 和其他磺化聚合物如聚醚醚酮、聚亚芳基醚砜等通过静电纺丝制备纳米纤维交换膜。

表 5-2 静电纺丝技术制备质子传导聚合物纳米纤维用于燃料电池交换膜

聚合物	溶剂	添加剂/载体聚合物	质子电导率/(mS/cm)	参考文献
Nafion	异丙醇/水	聚乙烯醇/聚氧化乙烯	8.7～16	[42]
Nafion	甲醇	高分子量聚氧化乙烯	1500(30 ℃，湿度 90%)	[43]
3M 全氟磺酸聚合物	正丙醇/水	聚氧化乙烯	55(80 ℃，湿度 50%)	[44]
3M 全氟磺酸聚合物	正丙醇/水	聚丙烯酸/磺化多面体低聚倍半硅氧烷	498(120 ℃，湿度 90%)	[45]
聚离子液体	乙腈/二甲基甲酰胺	Poly(MEBIm-BF_4)/聚丙烯酸	7.1×10^{-4}(30 ℃，湿度 10%)	[46]
磺化聚(醚醚酮酮)	二甲基甲酰胺	—	37(25 ℃，湿度 100%)	[47]
磺化聚(醚醚酮)	二甲基乙酰胺	—	41(25 ℃，湿度 100%)	[48]
磺化聚(亚芳基醚砜)	二甲基乙酰胺	—	86(25 ℃，湿度 100%)	[49]
磺化聚(亚芳基醚砜)	二甲基乙酰胺	磺化多面体低聚倍半硅氧烷(SPOSS)	94(30 ℃，湿度 80%)	[44, 50]
磺化聚酰亚胺	二甲基甲酰胺	—	约 100(80 ℃，湿度 95%)	[31]
聚偏二氟乙烯	二甲基乙酰胺	磷钨酸	约 0.4(60 ℃，湿度 100%)	[51]
Aquivion™	二甲基乙酰胺	聚氧化乙烯	66(120 ℃，湿度 95%)	[52]
硫化氧化锆	异丙醇	聚乙烯吡咯烷酮/聚(2-丙烯酰胺-2-甲基丙磺酸)(PAMPS)	240(100 ℃，湿度 80%)	[53]

尽管设计策略有所不同，纳米纤维复合膜的质子电导率在很大程度上取决于质子导电组分的体积分数。要获得高质子传导性，则需要离聚物在复合纤维膜材料中占有很高的比例[41]。在一些研究中，虽然质子传导性由于非质子导电成分含量的提升而显著降低，但复合膜的其他性质如力学、水解稳定性等得到提升，甲醇渗透性也得到显著改善[34, 37]。就直接甲醇燃料电池交换膜而言，尽管静电纺丝得到的复合膜材料质子传导率不高，但却展现出可以与 Nafion 相媲美的电池性能，这主要归因于复合膜力学性能的改善带来的较少的甲醇穿梭和复合膜整体厚度的降低[39]。

与常规加工方法(如溶液浇铸)相比，静电纺丝技术制备的复合膜还可以调控复合膜的结构形态。Li 等报道了静电纺丝和电喷雾法制备磺化聚芳醚酮酮复合膜材料，其发现将电纺丝/喷雾膜与流延膜相比，小角 X 射线散射结果显示离聚物峰值转移到更低的角度，这表明复合膜材料内部出现明显的相分离结构，同时材料内部的质子传输通道更加通畅。在他们的研究中，具有球形内部结构而非纤维形态的复合膜具有最优的质子电导率，这表明质子迁移发生在颗粒之间的界面而不是在聚合物内[47]。但是，也出现了其他几种单质子传导纳米纤维在纳米纤维内部表现出比流延膜更高的表观电导率，这归因于静电纺丝过程中发生的离子聚集体的定向排列。

Dong 等发现质子电导率随着纤维直径的减小而增加，这表明纳米纤维尺寸的限制可能有助于沿着纤维径向的质子传导[43]。X 射线散射结果也表明纤维内部的离子聚集是不均匀的，但都在纤维轴线方向取向。Tamura 和 Kawakami 对磺化聚酰亚胺纳米纤维的研究表明，与流延膜相比，单根纳米纤维具有更高的表观电导率，且沿纤维径向的电导率显著大于膜的垂直方向[31]。Pan 等也检验了在微型燃料电池中使用这种单纤维的可能性，并且它比传统燃料电池具有更优异的性能[54]。

另外一些研究结果表明，可通过固化惰性聚合物填充静电纺纳米纤维膜的孔隙来制备复合交换膜，从而提高复合交换膜的力学性能。Pintauro 等研究使用紫外光固化的聚氨酯树脂用于静电纺 Nafion 基体材料中，发现复合膜的质子导电性比流延膜优异，同时复合膜材料的膨胀系数更低，力学性能更好(图 5-8)[44, 45, 50]。

Takemori 和 Kawakami 报道了一种在静电纺磺化无规共聚酰亚胺纳米纤维膜孔隙内填充更高磺化度的聚酰亚胺材料。与共混膜相比，纳米纤维复合膜显示更好的质子传导性和稳定性，表明纳米纤维提供的三维互穿网络对于提高交换膜的质子传导和力学性能大有裨益[40]。Yao 等使用了 ZrO_2 纳米纤维膜作为基体材料，用高质子电导率的交联聚(2-丙烯酰胺-2-甲基丙磺酸)(PAMPS)浸渍 ZrO_2 纳米纤维膜以构筑具有高离子通量的复合膜，其内部结构中在两相界面处存在连续传导通路，利于其质子传导性能的提高[53]。

对于不同类型的燃料电池，其电池交换膜大致可分为两大类，分别是质子交换膜和阴离子交换膜。以下内容将分别从高分子纳米纤维材料在燃料电池质子交换膜和阴离子交换膜中的应用两个方面阐述。

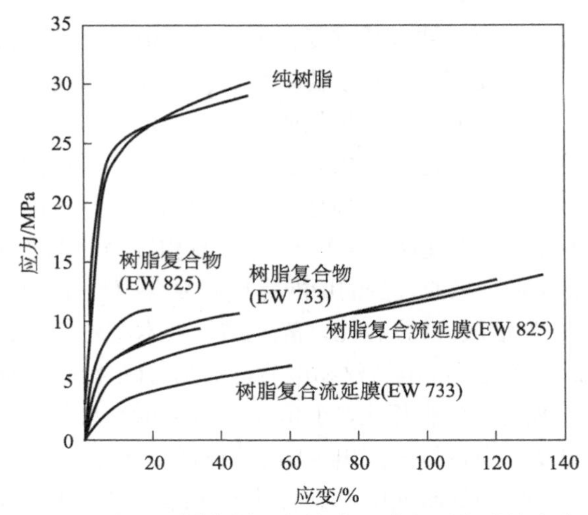

图 5-8　3M PSFA 和 UV 固化树脂复合流延膜和纤维膜的应力-应变曲线

1. 高分子纳米纤维及其衍生物在燃料电池质子交换膜中的应用

质子交换膜燃料电池中阳极为氢电极，阴极为氧电极，阴阳两极都含有一定量用来加速电极上电化学反应的催化剂，两极之间以质子交换膜作为电解质。当氢气与氧气分别通入阳极和阴极时，进入阳极的氢气在催化剂作用下离解成氢离子和电子，电子经外电路转移到阴极，氢离子则经质子交换膜到达阴极。阴极的氧气与氢离子及电子反应生成水分子，从而实现燃料和氧化剂的化学能向电能的转化。其工作示意如图 5-9 所示[33]。

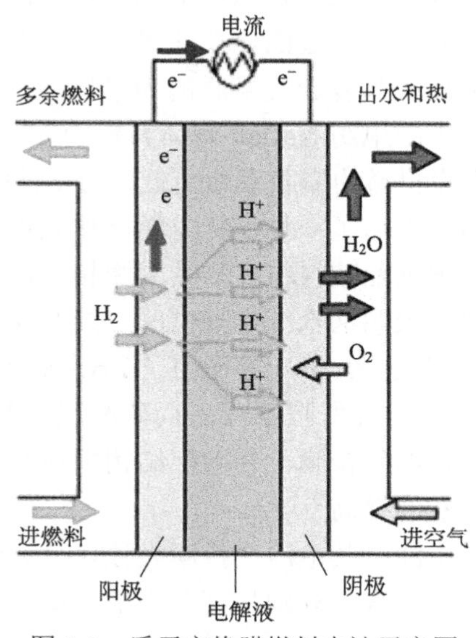

图 5-9　质子交换膜燃料电池示意图

质子交换膜的电极反应如下：

阳极反应：$2H_2 \longrightarrow 4H^+ + 4e^-$

阴极反应：$O_2 + 4H^+ + 4e^- \longrightarrow 2H_2O$

总反应：$2H_2 + O_2 \longrightarrow 2H_2O$

Nafion 膜等全氟磺酸质子交换膜具有质子传导率高、化学稳定性好、力学性能较好等优点，是当今质子交换膜领域应用最广泛的一类膜。Nafion 分子量高且不溶于大多数溶剂，使得其易形成胶束而减少链缠结，所以难以直接用静电纺丝法构筑 Nafion 纳米纤维膜。Dong 等在 Nafion 中加入 0.1%聚环氧乙烷进行混合静电纺丝，成功获得了较高纯度的 Nafion 纳米纤维膜，与普通的 Nafion 膜相比其具有更高的质子传导率[55]。此外，也有将聚乙烯醇(PVA)、聚偏氟乙烯(PVDF)、聚丙烯酸(PAA)与 Nafion 混合进行静电纺丝的报道[43, 56]。尽管现阶段可通过静电纺丝方法得到 Nafion 纳米复合纤维膜材料，但诸多局限性如价格昂贵、热稳定性差、阻醇性差及高温下失水严重等极大程度地限制了其广泛应用[57]。因此，针对 Nafion 膜的缺点，研究者们正努力开发新型改进膜或替代膜材料。研究发现，使用单一原料制备质子交换膜往往达不到理想的效果，而采用原料共混或后期复合可以克服单一材料的弱点，从而提高材料的综合性能。随着复合材料技术的发展，研究者们发现可以通过高分子纳米纤维增强复合膜材料，利用复合膜材料内部的三维多孔结构为质子传输提供离子通道，提高质子传输能力，并且高分子纳米纤维膜的加入起到很好的支撑作用，增强了复合膜的力学性能。

(1) 高分子纳米纤维膜增强的 Nafion 质子交换膜

高分子纳米复合技术的迅猛发展，为以 Nafion 为基础的聚合物纳米复合质子交换膜的发展提供了契机。纳米纤维复合膜可以提高单一膜的性能，被认为是能够改善质子交换膜物理耐久性和机械强度的有效方法之一，已成为现阶段开发制备新型质子交换膜的重要思路。一般这种复合膜材料以高分子纳米纤维膜作为支撑体，如聚乙烯醇、聚乙烯吡咯烷酮、磺化聚醚砜、磺化聚苯乙烯、聚苯砜以及无机静电纺纤维膜材料如磺化二氧化锆等，然后将 Nafion 溶液渗透到高分子纳米纤维膜内部制备纳米纤维复合膜用于质子传导。研究表明，Nafion 中的亲水组分会在纳米纤维的诱导下形成更好的质子传输通道。Zhao 等制备了不同配比的 Nafion/聚乙烯吡咯烷酮纳米纤维复合膜，对复合膜的表面形态、水稳定性、内部化学结构进行了深入研究[57]，其性能比传统燃料电池高几个数量级。聚乙烯吡咯烷酮纳米纤维可以提高复合膜的整体性能，但其在复合膜中的含量过高时会发生溶胀，从而影响复合膜在水环境中的寿命。

Nafion 膜在高温条件下易发生溶胀而导致其力学性能下降，为提高 Nafion 膜的力学性能，Ballengee 和 Pintauro 将 Nafion 和聚苯砜树脂同时静电纺丝构筑具有双连续网络结构的纳米纤维复合膜，然后通过高温高压、酸处理等制备成致密的复合膜。研究者采用了两种不同的增强方式：①首先制备聚苯砜纳米纤维膜，然后浸渍到 Nafion 溶液中，以制备聚苯砜/Nafion 复合膜；②首先制备出 Nafion 纳米纤维膜，然后将其封装到聚苯砜膜中，以制备聚苯砜/Nafion 复合膜。该体系中制备出的致密复合膜不仅具有良好的质子传导率，同时具有出色的力学性能[58]。

Shabani 采用两种方法制备双层传导膜，第一种方法是将磺化聚醚砜通过静电纺丝方法直接制备成纤维网，先浸渍在适量 Nafion 溶液中，而后加入过量 Nafion 溶液形成均匀的顶层膜，制备出磺化聚醚砜-Nafion 复合膜[39]。相关研究发现，随着纤维直径的降低，质子电导率提高。第二种方法是直接通过静电纺丝法将磺化聚醚砜沉积在 Nafion 膜表面，然后浸渍 Nafion 溶液填充其孔隙。这两种复合膜均有良好的质子传导率，在低于 50℃的条件下其质子传导率甚至高于纯 Nafion 膜。同时，磺化聚醚砜纳米纤维膜的引入可起到增强复合膜的作用，使复合膜在水环境中的溶胀率大大降低，从而提高膜的尺寸稳定性。类似的工作还有通过将磺化聚苯乙烯纳米纤维膜浸渍到 Nafion 溶液中，Nafion 中的亲水组分（磺酸基团）更容易聚集于磺化聚醚砜纤维表面，进而形成连续的质子传输通道，最后获得了优于传统流延法制备的 Nafion 交换膜材料[53]。类似地，先采用静电纺丝法构筑磺化聚醚砜[39]、水性聚(乳酸-共-乙醇酸)纳米纤维膜[59]，再用 Nafion 溶液堵孔得到复合膜，复合膜也都具有良好的质子传导性能。

在复合膜制备过程中采用有机-无机杂化的方法也是获得高性能质子交换膜的一个重要思路，常见的无机添加物有二氧化硅、沸石、杂多酸、二氧化钛和羟基磷灰石等。向质子交换膜中加入具有亲水性的无机添加物，可以增大聚合物膜对水分子的约束力，增强水合作用。无机材料的加入可以大大改善复合膜热稳定性、吸湿性，增强材料的尺寸稳定性，从而提高复合膜的整体性能。Lee 等利用 SiO_2 前驱体正硅酸乙酯(tetraethoxysilane, TEOS)制备出电纺丝硅溶胶，与 20%磺化聚醚醚酮溶液以 40/60 混合，通过静电纺丝技术制得纳米纤维膜后将其浸渍在 5% Nafion 溶液中，获得致密的复合膜。经测试，复合膜的保水性能远高于纯 Nafion 膜和磺化聚醚醚酮膜，而且其线性膨胀率低于 3.3%，而 Nafion 膜和磺化聚醚醚酮膜却分别高达 13.3%、160%。在质子传导性能上，复合膜性能也得到大幅度提升[60]。Zhao 等采用静电纺丝法制备了 SiO_2/聚偏氟乙烯纳米纤维复合膜，并把其作为一种增强体浸渍到 Nafion 溶液中得到纳米纤维增强的 SiO_2/聚偏氟乙烯/Nafion 复合质子交换膜。实验中还获得了不同 SiO_2 含量的复合膜，并先后对复合膜的热稳定性、力学性能及不同温度下的质子传导率做了测试与比较。新制备的复合膜在高温条件下的失重明显小于 Nafion 膜，这是因为 Nafion 树脂被禁锢在热稳定较好的聚偏氟乙烯纤维孔隙之间，链段运动受到了一定的阻碍。同时，质子传导率方面，掺杂 SiO_2 后的聚偏氟乙烯/Nafion 膜要比聚偏氟乙烯/Nafion 膜高出许多，并且随 SiO_2 含量增大，复合膜的离子电导率也不断增大，最高可达与 Nafion 膜相当的 0.23 S/cm。

Yao 等将高度磺化的氧化锆(ZrO_2)电纺纤维膜镶嵌于 Nafion 基体膜中，提出了构筑 Nafion 杂化膜材料的方法。由于存在大量的磺化亲水基团，电纺纤维表面和 Nafion 基体之间形成了更加有序贯穿的亲水通道和质子传输通道。质子膜材料不仅表现出高的质子电导率，随纤维体积分数的增大，100℃下杂化膜的电导率可达 0.34 S/cm。同时，其导电性还可通过选择性调控纳米纤维直径和纳米纤维在复合膜中的体积分数来实现[61]。

(2)无氟类纳米纤维复合质子交换膜

尽管研究者从多方面对 Nafion 膜进行了改性处理以提高复合膜性能，但由于 Nafion 自身的缺陷，依旧存在价格高、阻醇性差、力学性能低等缺点。因此，近年来聚芳醚酮系列、聚酰亚胺、聚芳醚砜等无氟类质子交换膜材料相继被研究报道出来，它们大多具有价格低廉、传导性高、阻醇性高、力学性能高等优点。

聚芳醚酮是一种常见的工程塑料，由于具有良好的热稳定性及力学性能而被广泛应用于航空、航天领域，根据醚键和酮基的不同主要分为聚醚醚酮、聚醚酮、聚醚酮酮、聚醚酮醚酮酮。Choi 等利用静电纺丝法得到磺化聚芳醚砜纳米纤维膜，再将纤维压缩、黏结后用光学胶黏剂进行堵孔得到复合膜，复合膜的力学性能和化学稳定性良好，质子传导率和含水率随着纤维体积分数的增大而增加[50]。在直接甲醇燃料电池中，由于甲醇会透过交换膜向阴极渗透，其能量密度和效率明显偏低。无机填充物如矿物黏土常被作为聚合物质子交换膜的增强剂，从而显著改善甲醇渗透及水的渗透性。Lee 等将磺化聚醚醚酮和二氧化硅(SiO_2)静电纺丝得到质子交换膜支撑膜，再用 Nafion 溶液对 SiO_2/磺化聚醚醚酮纳米纤维膜堵孔获得致密的纳米纤维复合膜。该种方法得到的纳米纤维复合膜最大能量密度是传统浇铸法制备的 Nafion 膜的 2.4 倍[60]。

2. 高分子纳米纤维及其衍生物在燃料电池阴离子交换膜中的应用

碱性燃料电池是最早被研究的燃料电池之一，图 5-10 为碱性燃料电池的工作示意图[62]。碱性燃料电池主要以氢氧化钾(KOH)水溶液为电解质，电极反应速率较高，用非贵金属作为催化剂可以显著降低生产成本，安全性较高，但 KOH 水溶液对环境中的二氧化碳敏感，长时间暴露在空气中使用会显著降低电池性能。碱性燃料电池的工作原理为：阳极的氢气与氢氧根离子在催化剂作用下发生氧化反应生成水，释放的电子则通过外电路到达阴极，阴极的氧气通过气体扩散层达到催化层后，在催化剂作用下发生还原反应生成 OH^-，OH^- 再通过浓度差的推动，由碱性阴离子交换膜传递到阳极，完成氢气和氧气的电化学反应过程。碱性燃料电池的电极反应如下所示：

阳极反应：$2H_2+4OH^- \longrightarrow 4H_2O + 4e^-$

阴极反应：$O_2+2H_2O+4e^- \longrightarrow 4OH^-$

总反应：$2H_2 + O_2 \longrightarrow 2H_2O$

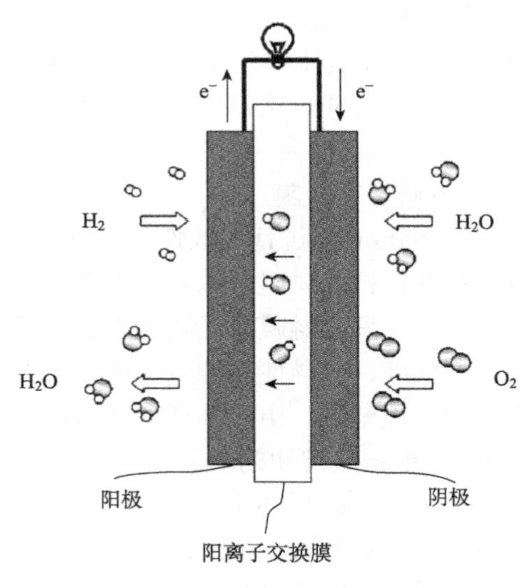

图 5-10　碱性燃料电池示意图

目前，商业化的全氟磺酸质子交换膜 Nafion 是一种在酸溶液中使用的离子交换膜，其工作原理是在阳极产生质子，质子通过质子交换膜传递到阴极与氧气分子结合而完成反应。酸性环境中需要使用价格昂贵的铂系催化剂，同时在直接甲醇燃料电池(DMFC)中存在甲醇渗透问题。为了解决以上问题，在甲醇燃料电池中采用阴离子交换机理的碱性直接甲醇燃料电池(ADMFC)得到了研究者的关注[63]。与燃料电池阴离子交换膜对应的燃料电池系统的工作环境为碱性，在这种状态下，相比于现有的使用铂作为催化剂，其催化剂选择的范围可以更宽泛。相比质子交换膜燃料电池(PEMFC)，使用非铂系催化剂的碱性直接甲醇燃料电池具有更大的应用前景[64]。

目前阴离子交换膜的研究逐渐成为热点，Xiong 等将聚乙烯醇与带有环氧结构的季铵盐反应得到了季铵化聚乙烯醇，进而制备了阴离子交换膜[65]。这种具有阴离子交换能力的聚合物亲水性很好，而交联后的季铵化聚乙烯醇的水溶性降低，使其可以应用于燃料电池的工作环境。交联的季铵化聚乙烯醇与正硅酸乙酯复合后可进一步提升其热稳定性[65]。Xiong 等还使用壳聚糖改性季铵化聚乙烯醇，同样获得了离子传导能力相近的阴离子交换膜，其离子电导率达到了 10^{-3}～10^{-2} S/cm[64]。Smitha 等使用天然多糖改性阴离子交换膜，将海藻酸钠与聚乙烯醇体系的阴离子交换膜复合，得到了具有阻醇性能的阴离子交换膜，其甲醇渗透率仅为 6.9×10^{-8} cm^2/s[66]。

离子交换膜材料一般应具有致密的内部膜结构，以防止溶液中的非荷电物质的穿透。Roddecha 等将静电纺丝技术与溶剂蒸气处理、机械热压技术结合制备了高离子交换量的季铵化聚砜电纺纤维膜，然后通过在纤维孔隙内部填充聚二甲基硅氧烷弹性体，制备了高性能的碱性燃料电池隔膜[67]。此外，该实验室还首次利用静电纺丝技术制备了季铵化聚砜纤维，研究发现，虽然纤维区域的电导率略低于浇铸膜，但纤维的弹性模量和拉伸强度均高于浇铸膜[67]。

为了进一步提高荷电聚合物组分的离子交换量，Park 等利用双聚合物共纺技术，制备了氯甲基化聚砜和聚苯醚砜的混合电纺纤维膜，再经过一系列的后处理过程(包括预压、季铵化、二次热液、溶剂蒸气处理)，制备出了离子通量比聚苯醚砜填充增强高得多的季铵化聚砜阴离子交换膜。研究发现，所制备的复合静电纺阴离子交换膜不仅具有优异的力学性能，同时具有优于延流法制备的离子膜的电导率[68]。随后，他们又进一步优化了制备策略，先通过脂肪族二胺对荷电聚合物前驱体氯甲基化聚砜进行化学交联处理，然后进一步提高聚砜的离子交换量(达到 3.1 mmol/g)，从而实现性能的进一步优化[68]。

Wang 等以聚醚酰亚胺为原料，经烷基化和季铵化得到了聚醚酰亚胺体系的阴离子交换膜。由于分子结构中芳环结构的作用，得到的阴离子交换膜具有较好的耐温性，在 80℃、1 mol/L 的 KOH 溶液环境下，经 24 h 其离子电导率仍无明显衰减，可达 3.2×10^{-3} S/cm[69]。Wu 等使溴化聚苯醚和氯代聚苯醚发生相互交联的 Friedel-Crafts 烷基化反应，未再添加任何催化剂或交联剂就获得了交联的聚合物，再经季铵化过程即得到阴离子交换膜[70]。

燃料电池碱性膜和传统的酸性膜在离子电导率上有较大的差异，但是其由于能够在很大程度上缓解目前燃料电池遇到的催化剂选取以及甲醇渗透两大难题，成为值得关注的研究方向。为了弥补其功率输出的不足，碱性燃料电池在高温度、高醇浓度方面的可操作性成为人们关注的焦点。因此寻求适合工作条件更苛刻、离子交换能力更强、内阻更低的阴离子交换膜，将是未来的研究重点。

5.2.3 高分子纳米纤维及其衍生物在燃料电池电极材料中的应用

燃料电池高效率地将燃料的化学能转化为电能进行发电。使用燃料(如氢气、甲醇等)和空气，燃料电池只产生水，从而消除使用时的任何污染或排放，是潜在的绿色环保的能源存储和转换装置之一。但受限于燃料电池的技术发展现状，如何提高能量转换系统的可持续性，提高燃料电池的材料性能和稳定性，进而延长使用寿命和降低成本的相关研究在过去几十年引起了极大关注。目前这些研究主要集中在膜电极组件的所有部件，包括电解质膜(提高高温和低相对湿度下的电导率，改善机械强度）、电催化剂(减少铂负载，增加质量和比活性）和催化剂载体材料(提高碳载体的氧化稳定性，可替代载体材料)，而对燃料电池材料进行纳米结构的可控设计越来越被认为是实现这些目标的有力工具。例如，调控催化剂微观结构来实现催化剂在反应介质的均匀分布，优化催化剂载体材料的纳米结构，搭建良好的导电网络，设计电池交换膜的微观结构等。

高分子纤维材料，特别是静电纺高分子纳米纤维材料因为其独特的纳米尺度效应、高度结构可调控性、制备工艺简单等优点，作为燃料电池电极材料的潜力已被迅速认识，该领域的文献量也在短时间内迅速提高。但是，高分子纳米纤维由于自身的导电性能和电化学催化活性较差，无法直接应用于燃料电池电极材料，其间接应用大致可分为两个方面：一是将高分子纳米纤维材料用作模板剂，混合催化活性物质的前驱体，通过静电纺丝制备纳米纤维，除去高分子后获得纳米结构催化剂；二是对高分子纳米纤维进行高温碳化处理，得到衍生碳纳米纤维，将其用作电催化剂载体材料。以下将分别从这两个方面阐述高分子纳米纤维材料在燃料电池电极材料中的应用。表 5-3 系统总结了高分子纳米纤维及其衍生物在燃料电池电极材料方面的工作。

表 5-3　高分子纳米纤维及其衍生物在燃料电池电极材料中的应用

电极材料	纤维直径/nm	用途	备注	参考文献
Pt/Rh 和 Pt/Ru	50	甲醇燃料电池	PVP 辅助	[71]
Pt 纳米纤维	100～150	甲醇燃料电池	PVP 辅助	[72]
Pt 纳米线	5～17	—	PVP 辅助	[73]
Pd / PA6 纳米纤维	约 100	甲醇燃料电池	PA6 包覆	[74]
Pt/碳纳米纤维(PAN 基)	250	氢燃料电池	催化剂载体	[75]
Pt/碳纳米纤维	180	—	催化剂载体	[76]
Pt/碳纳米纤维	240	—	催化剂载体	[77]
Pt/C-碳纳米纤维毡	130～170	甲醇燃料电池	催化剂载体	[78]
Pt-碳纳米纤维毡	130～170	甲醇燃料电池	催化剂载体	[79]
Pt/Au-PAN Pt/C/Au-PAN	740	甲醇燃料电池	催化剂载体	[80]
Pt/碳纳米纤维毡	200	甲醇燃料电池	催化剂载体	[81]
PtRu/改性的碳纳米纤维	100～300	甲醇燃料电池	催化剂载体	[82]
电沉积 Pt/碳纳米纤维	200～300	甲醇燃料电池	催化剂载体	[83]
电沉积的 PtPd/碳纳米纤维	250～400	氢燃料电池	催化剂载体	[84]
Pt_xAu_{100-x}/碳纳米纤维	700	甲酸燃料电池	催化剂载体	[85]
氮掺杂碳纤维	约 220	碱性燃料电池	催化剂载体	[86]
氮掺杂碳纤维	200～230	碱性燃料电池	催化剂载体	[87]
氮掺杂碳纤维	130	碱性燃料电池	催化剂载体	[88]

续表

电极材料	纤维直径/nm	用途	备注	参考文献
FeCo/碳纳米纤维	100～200	碱性燃料电池	催化剂载体	[89]
FeCo/碳纳米纤维	340	碱性燃料电池	催化剂载体	[90]
FeCo/碳纳米纤维	100～200	碱性燃料电池	催化剂载体	[91]
Ag 掺杂碳纳米纤维	120	碱性燃料电池	催化剂载体	[92]
Co/N 掺杂碳纳米纤维	100	碱性燃料电池	催化剂载体	[93]
Co/N 掺杂碳纳米纤维	500	碱性燃料电池	催化剂载体	[94]
Ni/Cu 合金掺杂碳纳米纤维	260	甲醇燃料电池	催化剂载体	[95]
Fe/N 掺杂碳纳米纤维	200	碱性燃料电池	催化剂载体	[96]
Fe/N 掺杂碳纳米纤维	400	碱性燃料电池	催化剂载体	[97]
Ni/Co 合金掺杂碳纳米纤维	200	碱性燃料电池	催化剂载体	[98]

1. 高分子模板制备纳米纤维结构燃料电池催化剂

在燃料电池中，电化学催化剂是非常重要的组分，其性能的优劣严重影响着燃料电池的整体性能[99]。迄今为止，直接使用静电纺丝技术合成电催化剂的研究相对较少，这可能是由于与其他方法如化学气相沉积相比，通过静电纺丝技术难以获得极细的纤维直径(<10 nm)。早期的研究由 Kim 等发表，他们以聚乙烯吡咯烷酮(PVP)作为辅助溶液，混合制备具有电化学活性的 Pt/Rh 和 Pt/Ru 的前驱体，利用静电纺丝技术制备了直径为 50 nm 的纳米线结构，如图 5-11 所示。研究发现，Pt/Ru 纳米线的活性比传统的高度分散在碳上的 PtRu 纳米颗粒催化剂要好。他们还研究了纳米颗粒与纳米纤维的组合体系，将分散在碳基体上的 Pt 纳米颗粒与纺丝得到的 Pt 纳米线混合得到催化剂。该种催化剂的整体电化学活性要高于 Pt/C 催化剂的活性[71]。类似的工作还有通过静电纺丝技术制备 PVP/Pt 的复合纤维材料，再经过去模板处理，得到具有较高比表面积的 Pt 纳米纤维，其电化学活性表面积可以达到 6.2 m^2/g，该种结构的催化剂用于甲醇燃料电池，其甲醇氧化反应的活性可以达到 1.41 mA/cm^2 [72]。Su 等提出了另一种方法，他们制备了涂覆有厚度约为 85 nm 的 Pd 层的聚酰胺 6(PA6)纳米纤维，用于在含水介质中进行醇的电氧化，包含 Pd/PA6 纳米纤维的 MEA 表现出高电流密度和性能增强，这归因于 Pd/PA6 纳米纤维的高表面面积、低扩散阻力和对 CO 中毒的优异的耐受性[74]。

最近也有涉及双金属纤维结构的研究，如纳米多孔的 Pt/Fe 合金纳米线和 Pt/Co 合金纳米线被制备出来[100]。与双金属的纳米颗粒结构催化剂相比，基于双金属纳米线结构的电催化剂稳定性更好。Pt/Fe 合金纳米线的直径在 10～20 nm，其催化活性是传统的 Pt/C 催化剂的 2～3 倍。Pt/Co 合金纳米线的直径为 28 nm，在酸性电解质中，其氧还原催化稳定性优异。

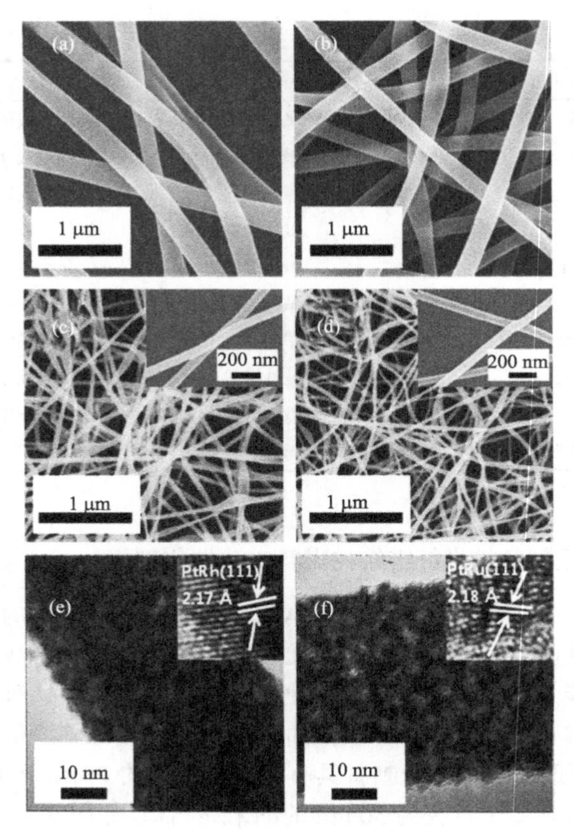

图 5-11 静电纺丝制备的 PtRh 前驱体/PVP(a) 和 PtRu 前驱体/PVP(b) 纳米纤维的 SEM 照片；去除 PVP 后得到的 PtRh 纳米纤维(c) 和 PtRu 纳米纤维(d) 的 SEM 照片; PtRh 纳米纤维(e) 和 PtRu 纳米纤维(f) 的 TEM 照片

2. 高分子纳米纤维衍生碳材料用作电催化剂载体材料

催化剂的催化活性不仅取决于催化剂的形状、尺寸和催化材料的分散状态，还与催化剂载体材料的性能息息相关[101]。电极反应催化剂的载体材料对于燃料电池的研究非常重要，因为它会极大地影响电极反应催化剂的性能和持久性。一般对于电极反应催化剂载体材料的要求有：电子导电性高，比表面积大，材料的电化学和化学稳定性高。此外，也应对金属催化剂和载体之间的相互作用进行设计从而提高性能。理想状态下的电极反应催化剂载体能够促使催化剂纳米颗粒实现高度分散并具有窄的粒度分布，这将有利于提高电极反应过程中的动力学。同时，载体材料的应用也可以降低催化剂金属的负载含量，从而进一步降低电极成本，这也是当前燃料电池的主要瓶颈之一。电极反应催化剂的耐久性也取决于其载体材料的结构与性能。

碳材料，如商业化的 Vulcan XC-72，由于其较大的表面积和高电子电导率而被作为最常见的催化剂载体，广泛应用于燃料电池中。尽管碳材料的优点明显，同时材料的成本相对较低，但碳材料在电极反应中的腐蚀问题也是燃料电池长期工作中的主要挑战之一。因此，开发碳基或相应的替代材料，从而提高其耐腐蚀性的研究得到了广泛关注。新型纳米结构的碳材料，如纳米管和纳米纤维，作为燃料电池的催化剂载体材料的研究日益普遍[102]。根据已有研究结果，一维纳米结构的碳材料可以有效地改善载体材料的稳定性，更好地利用燃料电池的催化剂，同时提高电极的整体使用性能和寿命。近期的研究成果表明，静电纺丝技术已被广泛用于制备尺寸和结构可控的高分子纤维材料，从而进一步碳化获得催化剂载体材料。

碳纳米纤维(CNF)因其较高的导电性，被用作一种潜在的燃料电池载体材料。传统的颗粒状碳材料，因颗粒之间存在显著的界面效应，存在接触电阻较大的缺点。而碳纳米纤维材料往往因排列规整，沿着特定的方向更利于电子的传输，目前已有大多数研究集中在由聚丙烯腈(PAN)衍生的碳纤维上，且聚丙烯腈纤维的静电纺丝工艺难度不大，将其石墨化处理的工艺也非常明确[75-77]。

Li 等研究了通过多种途径实现 Pt 催化剂在静电纺聚丙烯腈基碳纳米纤维表面的均匀沉积，以用于甲醇燃料电池[78-80]。与商业 Pt/C 相比，碳纳米纤维的使用提高了甲醇的催化峰值电流，表明碳纳米纤维的一维结构有利于催化剂催化性能的提升[79]。Park 等开发了具有高比表面积、浅孔和粗糙表面的 PAN 纳米纤维，进一步碳化获得碳纳米纤维，用作催化剂 Pt 的载体时，催化剂 Pt 的利用率达到 69%。这一利用率显著高于选用商业化的碳颗粒材料 Vulcan XC-72R 作为 Pt 颗粒载体的利用率(35%)。同时，通过 1000℃下碳化静电纺 PAN 纤维得到的碳纳米纤维的电导率高于 9.9 S/cm，显著高于碳纳米颗粒 Vulcan XC-72R 的电导率(4.5 S/cm)。此外，碳纳米纤维材料沿着纤维方向具有更高的电导率，表明电子在纤维材料内部的传输性良好。优异的导电性利于催化剂性能的发挥，从而提高燃料电池的整体性能[75]。

Nataraj 等将不同含量的杂多酸掺入 PAN 纤维，并将其用作制备具有优异形态和导电性的碳纳米纤维的前驱体。杂多酸的引入提高了纤维材料的电导率，同时降低了纤维材料的直径，进而使得制备的纤维材料具有更大的比表面积[76]。他们还进一步选用了硝酸镍替代杂多酸对 PAN 进行掺杂，研究表明，随着硝酸镍浓度增加，获得的纤维材料的比表面积增大，热稳定性提高。其性能的提高主要归功于无机粒子-聚合物的强相互作用和静电纺丝溶液导电性的增加[77]。

此外，其他聚合物也被作为前驱体用于制备碳纳米纤维。Xuyen 等用静电纺聚酰胺酸(PAA)纳米纤维前驱体合成了聚酰亚胺(PI)基碳纳米纤维。得到的聚酰亚胺纳米纤维可以通过水解反应控制其表面性能，以产生有利于 Pt 纳米粒子锚定的表面特性。该工作中催化剂 Pt 纳米粒子在碳纳米纤维表面的负载主要是通过调控聚酰亚胺的水解反应带来的表面性能的变化和 Pt 纳米粒子的尺寸和分布加以实现的[81]。也有相关研究通过酚醛树脂制备具有小直径和高电导率的碳纳米纤维[103, 104]。

如何实现催化剂在一维纳米纤维表面的良好分散状态也是研究者的关注焦点。Lin 等报道了通过 1-氨基芘对碳纳米纤维材料进行官能化修饰，这一修饰改善了催化剂 Pt 在纳米纤维表面的附着。经过化学还原后，得到小直径(3.5 nm)且分布均匀的 PtRu 纳米粒子，所得的复合催化剂及载体材料具有高的电化学表面积和对甲醇氧化的良好活性[82]。也有相关研究采用电沉积的方法实现了纳米粒子的负载，Lin 等将 Pt 和 Pt-Pd 纳米粒子直接电沉积到电纺碳纳米纤维上，制备了 Pt /C 和 Pt-Pd /C 复合纳米纤维[83, 84]。这种方法可以通过沉积时间的长短来控制纳米粒子的形态和尺寸。Huang 等还利用电沉积法制备了碳纳米纤维支撑的双金属 Pt_xAu_{100-x} 电催化剂，该催化剂直接用于甲酸燃料电池，具有良好的电催化性能[85]。

Pt 等贵金属电催化剂的昂贵成本和稀缺性大大限制了其在燃料电池中的应用。基于此，低成本的氮掺杂碳纳米纤维被广泛研究，以代替 Pt/碳纳米纤维用作燃料电池催化剂材料[86-88]。Yu 等研究了不同的氮源种类和氮含量对于电化学催化活性的影响，与选用密胺、苯胺、尿素和聚苯胺作为氮源比较，结果表明，当苯胺和聚丙烯腈的质量比为 20∶3 时，获得的氮掺杂碳纳米纤维的电化学催化活性最佳[86]。此外，氮元素的引入也可以在碳化步骤加以实现，You 和 Huang 等利用氨气作为氮源，将静电纺聚丙烯腈纤维在氨气氛围中碳化处理，获得氮掺杂碳纳米纤维[87, 88]。

金属或金属合金掺杂的碳纳米纤维用于燃料电池的催化剂研究也颇为普遍。例如，铁/钴/碳纳米纤维(FeCo/CNF)复合电催化剂展现出与商用的氧还原铂/炭(Pt/C)催化剂相当的电催化活性和稳定性。该催化剂的电极催化反应为直接的 4 电子还原途径，该催化剂较 Pt/C 催化剂，在碱性电解液中的乙醇耐受性能更优异[89]。该研究证实了在不需要贵金属催化剂的情况下制备用于碱性燃料电池阴极材料的可能性，拓展了纳米纤维在碱性燃料电池中的应用。

其他常见的金属掺杂碳纳米纤维有 Ag 掺杂碳纳米纤维[92]、Co/N 掺杂碳纳米纤维[93, 94]、Cu/Co 掺杂碳纳米纤维[101]、Fe/Co 掺杂碳纳米纤维[90, 91]、Ni/Cu 合金掺杂碳纳米纤维[95]、Fe/N 掺杂碳纳米纤维[96, 97]、Ni/Co 掺杂碳纳米纤维[98]。例如，Smirnova 等合成了不同 Ag 含量掺杂的碳纳米纤维，实现了 Ag 纳米粒子在静电纺碳纳米纤维表面的均匀分布，当 Ag 的质量分数为 15%时，其催化剂的电化学活性最高，达到 119 mA/mg [92]。

如上所述，碳纳米纤维材料具有高表面积和优异的电子导电性，是广泛使用的催化剂载体，但是碳纳米纤维材料往往也会遇到化学腐蚀问题，特别是在电化学反应开始和结束时，如下式：

$$C+2H_2O \longrightarrow CO_2 + 4H^+ + 4e^- \left(E^{\theta}=0.207V \text{ vs. NHE, } 25℃\right)$$

碳纳米纤维材料的腐蚀行为会导致催化剂颗粒的迁移、聚集和脱离，造成催化材料的电化学活性面积(ECSA)和催化性能下降[105]。此外，催化剂材料(如 Pt)被认为加速了碳纳米材料的氧化过程。故潜在的研究方向可能在于开发抗腐蚀的纳米纤维结构材料，提高其作为电催化剂载体的耐久性。

5.2.4　高分子纳米纤维及其衍生物在锌空气电池中的应用

金属空气电池显示出相当高的能量密度，一次和二次金属空气电池，如锌、铝、铁、锂、镁等金属引起了广泛关注[106]。图 5-12 显示了金属空气电池中各种金属阳极的理论比能量(即质量能量密度)、体积能量密度和电池电压[107]。对于二次金属空气电池而言，锂金属被认为是最好的阳极材料，因为它具有最高的理论比能量(5928W·h/kg)和高的电池电压(2.96 V)。然而，当暴露于空气和含水电解质中时，金属形式的锂容易与空气和水发生反应从而使电池失效。镁和铝空气电池与水系电解质兼容，能量密度与锂-空气电池相当；然而它们的低还原电位通常导致快速的自放电以及较差的库仑充电效率[106]。锌和铁更稳定，可以更有效地在含水电解质中充电，但是由于锌空气电池内的能量和电池电压更高，因此锌空气电池受到了更多的关注。另外，与锂相比，锌在地壳中丰富而且价格低廉。更重要的是，金属空气电池中的金属锌具有与锂-空气电池接近的比能量(1218W·h/kg)和体积能量密度(6136W·h/L)。对于移动和便携式设备而言，高体积能量密度是特别必要的，因为在这些应用中安装电池的体积是有限的[107]。而且锌固有的安全性意味着锌空气电池可以放置在汽车的前罩中，有望解决电动汽车中大体积电池安置的难题。

锌由于其低成本和高容量而成为最常见的初级金属空气电池中的阳极材料。一次锌空气电池可作为助听器的主要能源，它们可以提供高达 1300～1400(W·h)/L 的体积能量密度。在 1975～2000 年，人们对电动汽车的可充电锌空气电池进行了大量的研究并提出了机械充电和可充电电池的形式。在机械充电的锌空气电池(也称锌空气燃料电池)中，电池通过去除废锌并重新供应新鲜的锌阳极来充电。这避免了锌电极可逆性差和双功能空气电极不稳定的问题。但是，这个概念从来没有被广泛采用，因为建立锌充电和供应站网络的成本很高。最成功的可充电锌空气电池采用流动电解液设计，大大提高了锌电极的耐用性[108, 109]。然而，如何提高空气电极上涉及氧气的催化反应速率从而提高电池的功率性能是一个很大的挑战；此外，充电反应过程中空气电极的腐蚀是另一个关键问题。

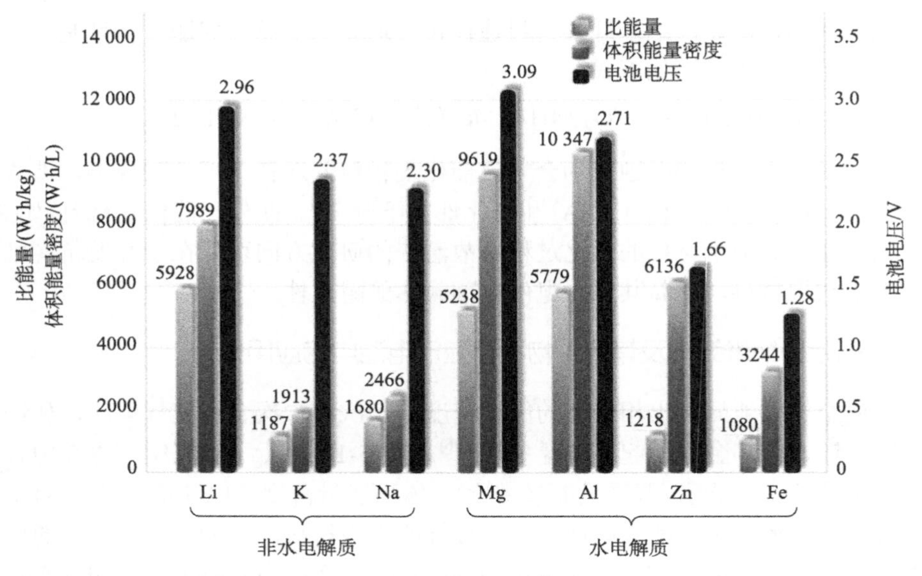

图 5-12 金属空气电池中各种金属阳极的理论比能量(质量能量密度)、体积能量密度和电池电压图

1. 可充电锌空气电池的工作机理

典型的锌空气电池由四个主要部件组成：包括涂有催化剂的气体扩散层(GDL)的空气电极、碱性电解质、隔膜和锌电极。图 5-13 展示了可再充电的锌空气电池的示意图。放电期间，在碱性电解质以及来自大气中的阴极反应物(氧气)的作用下，通过锌电极与空气电极的电化学耦合作用，锌空气电池可用作发电机。锌释放出的电子穿过外部载体传到空气电极，而在锌电极上生成锌阳离子。同时，大气中的氧气扩散到多孔空气电极中，并且通过氧还原反应(ORR)[反应(5-3)的正向反应]在三相反应位置[氧气(气体)、电解质(液体)和电催化剂(固体)界面处]还原成氢氧根离子。随后产生的氢氧根离子从反应位置迁移到锌电极，形成不稳定的锌酸根离子，当锌酸根的浓度过饱和时，其进一步分解成不溶性的氧化锌(ZnO)。反应(5-4)是锌的整个氧化还原反应。在充电过程中，锌空气电池能够通过析氧反应(OER)[反应(5-3)的反向反应]存储电能，该反应发生在电极-电解质界面，而锌沉积在阴极表面[反应(5-4)的反向反应]。整个反应[反应(5-5)]可以简单地表示为 Zn 与 O_2 结合形成 ZnO。

空气电极反应：

$$O_2 + 2H_2O + 4e^- \rightleftharpoons 4OH^- \qquad E = 0.40\ \text{V vs.SHE} \tag{5-3}$$

锌电极反应：

$$Zn + 2OH^- \rightleftharpoons ZnO + H_2O + 2e^- \quad E = -1.26\ V\ vs.SHE \quad (5\text{-}4)$$

整体反应：

$$2Zn + O_2 \rightleftharpoons 2ZnO \quad E = 1.66\ V\ vs.SHE \quad (5\text{-}5)$$

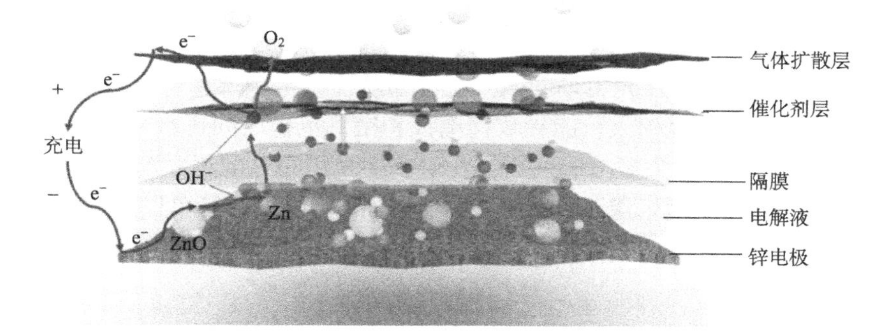

图 5-13　充电状态下的可再充电锌空气电池的示意图

在热力学上，两个反应都是自发的，产生 1.66 V 的理论电压。然而，在充电和放电循环期间的氧化还原反应动力学是非常缓慢的；因此，需要使用电催化剂来加速该过程。对于可充电的锌空气电池，每个主要结构部件都面临着自身的挑战。对于空气电极来说，很难找到促进氧化还原反应的催化剂，从而限制了锌空气电池的功率密度。而且空气中的二氧化碳(CO_2)可以与碱性电解液发生碳酸化反应，从而改变电池内部的反应环境。碳酸盐副产品可能会堵塞 GDL 的孔隙，从而限制空气的进入。对于隔膜来说，要找到一种在基本环境下坚固的材料是非常具有挑战性的，而且其还要能够在阻止锌离子进入的同时完全排除氢氧根离子。对于锌金属电极来说，难以控制锌的不均匀溶解和沉积，这是形成枝晶和改变形状的主要原因。

2. 锌空气电池的种类

目前，可充电的锌空气电池可分为三种主要配置类型。最初级的锌空气电池具有传统平面结构，并且优先考虑高能量密度，而锌空气流动电池优先考虑高循环次数和运行寿命。柔性的锌空气电池是一种新兴的技术，由于需要与柔性电子兼容的高能量电源，因此对于先进的电子工业来说特别有前景。

(1) 传统的平面电池

传统的锌空气电池构造呈平面布置。在用于助听器的小型纽扣电池中，锌电极室由雾化锌粉与凝胶 KOH 电解质混合而成。该隔室通过电隔离和离子导电分离器与空气电极分开。为了最大限度地提高能量密度，纽扣电池的外壳和盖子也起到集电器的作用，如锌空气电池为棱柱形设计，与纽扣电池的不同之处在于正极和负极的外部接片和塑料外壳内的导电集电器。棱柱形设计也是可充电锌空气电池研究中最常用的配置。许多研究小组使用塑料板和垫圈与螺栓和螺母紧固在一起的组合，可以快速组装和拆卸正在研究的电极和电解质[110-113]。

平面锌空气电池可以水平放置(即电极表面平行于地面，如图 5-14 所示)或垂直放置。有研究认为，空气电极朝上的水平放置的锌空气电池在锌电极中能提供更好的电流分布，并且在充电期间氧气更容易从空气电极逸出[114]。然而，蒸发引起的液体电解质的大量损失可能导致锌电极和空气电极之间在水平配置中完全丧失离子连接性，因此，大多数研究小组在研究中采用垂直配置[115]。传统平面配置的可充电锌空气电池尚未渗透到商业市场。然而，由于设计简单以及能量密度高，所以其是电动汽车和其他需要低质量和小体积的能量存储应用的良好选择。

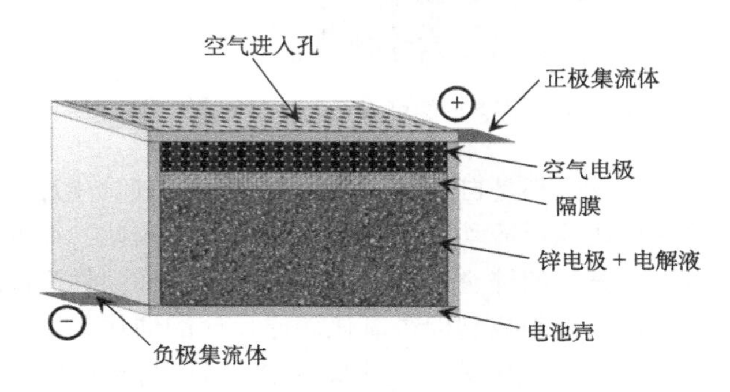

图 5-14　棱柱形锌空气电池配置的示意图

(2) 流动电池

如图 5-15 所示，一部分锌空气电池具有以平面配置流过电极的循环电解质。该配置类似于锌溴电池的混合流动池的配置[116]，主要区别在于锌空气流动电池仅使用单个电解质通道。流动电解质设计有助于减轻锌电极和空气电极的性能和退化问题。对于锌电极，大体积的循环电解液通过改善电流分布和降低浓度梯度，避免了枝晶的形成、形状的变化和钝化等问题。在空气电极一侧，沉淀的碳酸盐或其他不需要的固体可以通过流动的电解液冲走，并通过外部过滤器清除。通常在碱性燃料电池中也使用循环电解质，以防止空气电极内的碳酸盐沉淀，其与放电模式下的锌空气电池的空气电极操作相同。由于这些原因，与具有静态电解质的常规配置相比，可充电锌空气流动电池能够提供更高的操作和循环寿命。

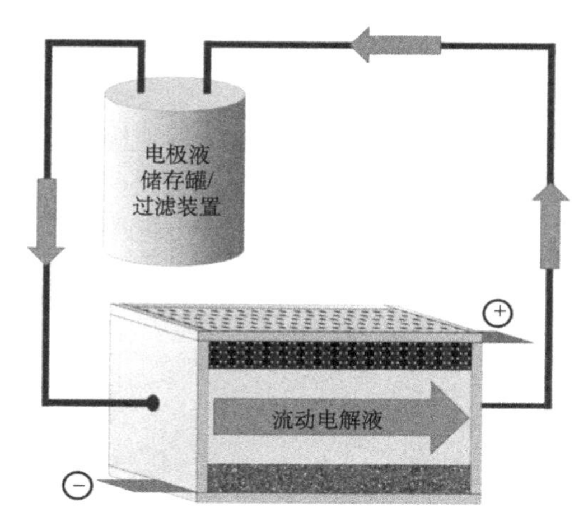

图 5-15　锌空气流动电池配置的示意图

锌空气流动电池的缺点包括电池结构复杂和能量效率降低，这是因为流动电池工作中需要泵送和循环电解质通过电池，管道、泵和过量的电解液体积也导致比容量和体积能量密度较低。尽管如此，可充电锌空气电池的三个最著名的商业开发者都选择使用流动电解质。EOS 能量存储使用 pH 值接近中性的氯化物电解质[117]；而 Fluidic Energy 使用含磺酸盐离子液体[118]；Zinc-Nyx Energy Solutions 使用流动的锌颗粒电解质悬浮液[119, 120]，允许在单独的隔间(每个都有自己的空气电极)放电和充电。因此，流动配置似乎是迄今为止最成功的可充电式锌空气电池。

(3) 柔性锌空气电池

随着过去 15 年来各种柔性电子器件的发展，柔性电池已经成为能源方向主要的研究领域之一。锌空气电池由于其成本低、能量密度高和固有的安全性，成为设计用于柔性电源的优秀候选者。因此，许多研究小组已经开始研究制备柔性锌空气电池材料的方法，如图 5-16 所示的薄膜“耐磨”设计[121]。由于锌空气电池对空气是开放的，所以不宜使用液态电解质，它会蒸发或泄漏到敏感的电子设备上。因此，目前柔性锌空气电池研究的主要重点是开发一种固态电解质，该电解质在保持足够的离子导电性的同时具有机械柔韧性且耐用。另外，电极和支撑材料也必须能够承受并保持高度弯曲的可操作性。

(4) 多单元配置

几个锌空气电池可以串联堆叠，以便将电池电压提高到所需的水平。单元可以使用两种可能的布置来堆叠，称为单极和双极。在单极配置[图 5-17(a)]中，锌电极夹在两个外部连接的空气电极之间，并且该基本单元在多个电池上重复。为了串联连接电池，在一个电池的锌电极和相邻电池的空气电极之间建立外部连接。在双极布置[图 5-17(b)]中，每个锌电极仅在其一侧与单个空气电极配对。通过带有气流通道的导电双极板连接而不是通过外部连接，在相邻电池的空气电极和锌电极之间形成串联连接。双极布置的一大优点是由于没有外部布线，可以更有效地封装电池。另外，由于后者使用外部连接从电极边缘收集电流，因此电流在双极布置的电极上的分布相对于单极布置更均匀。

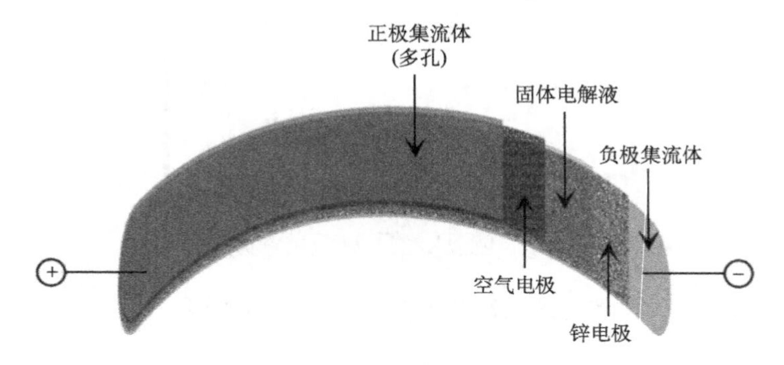

图 5-16　柔性锌空气电池配置的示意图

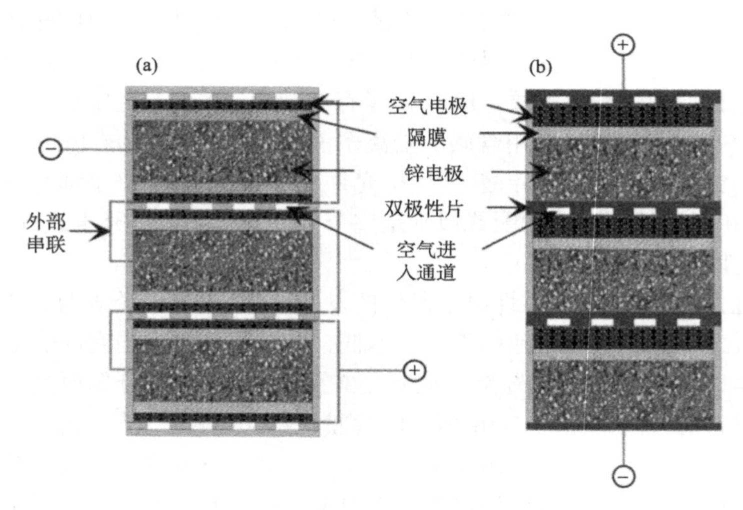

图 5-17　多单元锌空气电池的配置

(a)单极排列；(b)双极排列

3. 高分子纳米纤维及其衍生物在锌空电池中的应用

在许多先进的电化学能量存储装置中，可再充电的锌空气电池由于能量存储容量大、功率密度高以及安全性好而特别受关注。这些电池的性能取决于阴极材料的特性。多孔碳纳米纤维因其优良的导电性、较大的表面积和化学稳定性而被广泛用作阴极。由于锌空气电池提供了无限制的氧气来源，所以锌电极是影响电池容量的最关键的因素。一个成功的锌电极应该具有高比例的有效的活性物质，能够高效地再充电，并在长时间和几百次充电放电循环中保持其容量。

2015 年，Shim 报道了通过电纺聚合物/金属前驱体纤维的煅烧合成 $LaCoO_3$ 纤维[122]。这些纤维用于氧还原(ORR)和氧析出(OER)反应的电化学性能在 KOH 溶液中进行测试。另外，将电化学性能与使用 Pechini 法合成的常规 PtRu/C 催化剂和 $LaCoO_3$ 粉末的电化学性能进行比较。与粉末相比，$LaCoO_3$ 纤维具有更大的表面积，而纤维和粉末的晶体结构非常相似。与 $LaCoO_3$ 粉末相比，$LaCoO_3$ 纤维表现出更好的 ORR 和 OER 电化学性能，这归因于纤维中表面积和活性位点的增加，但与 PtRu/C 电极的性能相比仍然较低。

2013 年，韩国蔚山科技大学的 Cho 通过简单且成本低廉的制造工艺，用聚苯乙烯(PS)和聚丙烯腈(PAN)组成的双组分聚合物进行静电纺丝，从而制备出高度多孔的氮掺杂碳纤维(图 5-18)[123]。通过调节两种聚合物的比例以及在 1100 ℃热解得到了油条状的碳纤维，其具有极高的比表面积(1271 m^2/g)。在碳化过程中，比 PAN 更不稳定的 PS 作为牺牲材料，提供额外的内孔，促使外刻蚀表面的形成。此外，该材料还表现出优良的 ORR 活性，基于该材料的锌空气电池的性能(194 mW/cm^2)表现出与基于商业 Pt/C 催化剂(192 mW/cm^2)相当的峰值功率密度。

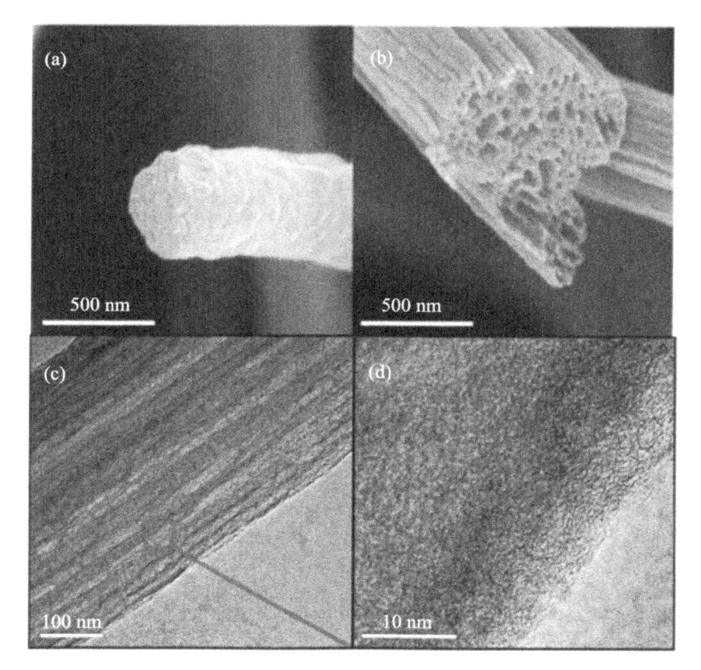

图 5-18　(a)在 1000℃，N_2 气氛下(CFs-1000)碳化的未改性 PAN 基碳纤维的 SEM 照片；(b)在 1100℃，N_2 环境下碳化的氮掺杂多孔碳纳米纤维(N-CFs-1100)的 SEM 照片；(c)N-CFs-1100 样品的 TEM 照片；(d)与(c)相应的高倍 TEM 照片

2015 年，中国科学技术大学的俞书宏教授通过直接热解低成本、绿色、可大量生产的生物质(细菌纤维素)，制备了一种高活性的氮掺杂碳纳米纤维(N-CNF)自支撑薄膜[124]。所制备的 N-CNF 柔性纳米纤维膜继承了细菌纤维素的三维纳米纤维网络，同时具有高比表面积(916 m^2/g)和高密度的氮掺杂活性位点。N-CNF 柔性纳米纤维膜的 ORR 活性超过 NH_3 处理的炭黑、碳纳米管以及还原的氧化石墨烯，以及大多数报道的无金属催化剂。更重要的是，当用作阴极催化剂构建锌空气电池的空气电极时，N-CNF 柔性纳米纤维膜在放电电流密度分别为 1.0 mA/cm^2 和 10 mA/cm^2 时分别表现出 1.34 V 和 1.25 V 的高电压，与 Pt/C 催化剂相当。2016 年，凯斯西储大学的戴黎明教授开发了一种简单的方法。如图 5-19 所示，通过电纺聚酰亚胺纤维膜再高温热解来合成纳米多孔碳纳米纤维膜(N-CNF)[125]。合成的 N-CNF 具有较高的比表面积(1249 m^2/g)、高电导率(147 S/m)、较好的拉伸强度(1.89 MPa)和拉伸模量(0.31 GPa)。基于 N-CNF 空气阴极的液体锌空气电池被证实具有高功率密度(185 mW/cm^2)和能量密度(776W·h/kg)。此外，基于 N-CNF 空气阴极的可充电液体锌空气电池还具有小的充放电电压间隙(10 mA/cm^2 时为 0.73 V)、高的可逆性(库仑效率为 62%)和稳定性(500 圈循环后充放电电压间隙仅增加 0.13 V)，优于大多数最近报道的锌空气电池，有望作为电源集成到柔性和可穿戴电子设备中。

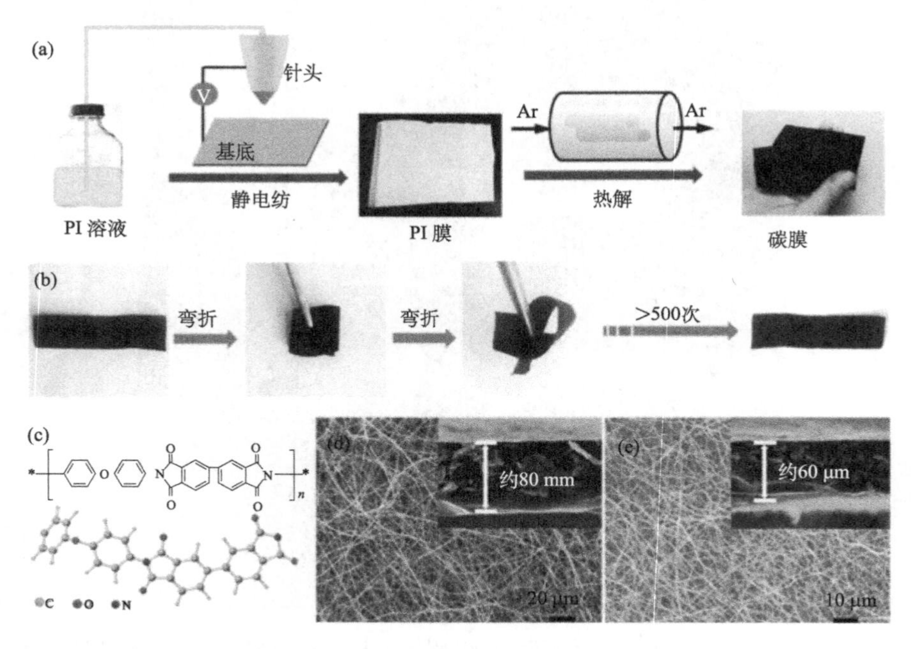

图 5-19　(a)纳米多孔 N-CNF 膜制备过程示意图；(b)N-CNF 膜可弯折性能照片；(c)PI 聚合物的化学结构；(d)原始 PI 薄膜和(e)N-CNF 的 SEM 照片

2017 年，加拿大滑铁卢大学的 Chen 通过连续电纺法和碳化处理制备了一种由硫化锰和嵌入氮掺杂碳纳米纤维中的钴组成的新型纳米纤维(CMS/N-CNF)双功能电催化剂薄膜[126]。CMS/N-CNF 双功能催化剂显示出与商业贵金属催化剂相当的 ORR 和 OER 性能。此外，基于 CMS/N-CNF 薄膜空气电极组装的可充电液体锌空气电池，与 Pt/C+IrO_2/C 催化剂相比，充放电电压间隙更小、工作时间更长。最有趣的是，CMS/N-CNF 电极垫可以直接组装成固态锌空气电池，即使在高角度弯曲的情况下也能正常工作。固态电池在不同的弯曲角度下显示出稳定和良好的充放电能力，以及相对较长的操作时间。该研究为直接用于可充电锌空气电池的空气电极的独立式双功能催化剂的合理设计提供了多样化的设计路线。

2016 年，中国科学院长春应用化学研究所的张新波教授获得了表面负载聚吡咯纤维的碳纤维布复合物(PNW/CC)，进而将以碳纤维布为载体的新型珍珠状 ZIF-67/聚吡咯纳米纤维网络(ZIF-67/PNW/CC)热解，获得了以碳纤维布为载体的碳纳米纤维/Co_4-N 复合结构(Co_4N/CNW/CC)，从而将金属 Co_4N 优异的 OER 活性与 Co-N-C 完美的 ORR 活性结合，组装了柔性锌空气电池(图 5-20)[127]。由于 Co_4N 和 Co-N-C 的协同作用以及稳定的三维互连导电网络结构，所获得的高柔性氧电极对于 ORR 和 OER 反应都表现出优异的电催化活性和稳定性，所得的锌空气电池具有低的充放电电压间隙(50 mA/cm^{2}时为 1.09 V)和较长的循环寿命(最高达 408 圈循环)。此外，该组装锌空气电池的可弯曲性和可扭转性使其成为潜在的便携式可穿戴电子设备供电装置。2017 年，新加坡的 Liu 通过静电纺含镍盐的聚合物溶液和随后的热处理，制备了一种负载 Ni/NiO_x 纳米颗粒(C-NiPAN900-300)的高导电碳纳米纤维(CNF)作为高效的电催化剂[128]。由于具有较高的 OER 活性和优异的稳定性，C-NiPAN900-300 与 Pt/C 或 Ir/C 作为催化剂组装的锌空气电池相比具有多种优点，如充电电压更低和更稳定、充放电电压间隙更小、循环稳定

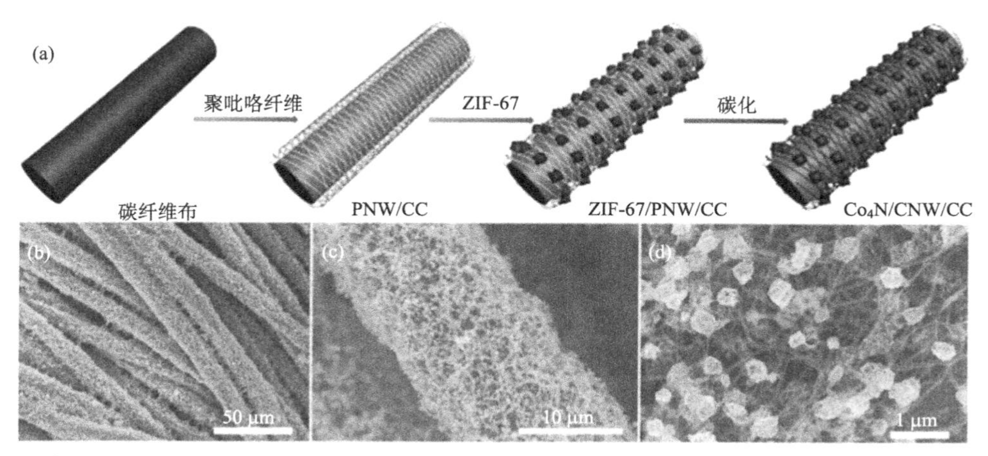

图 5-20　(a) Co_4N/CNW/CC 的合成方案；(b～d) Co_4N/CNW/CC 的低倍和高倍 SEM 照片

性明显提高。这项工作提供了一种具有低成本的结合静电纺丝与高温煅烧处理制备高性能锌空气电池催化剂材料的方法。

2016 年，加拿大滑铁卢大学的 Chen 开发了具有层压结构的功能化纳米纤维素/氧化石墨烯膜作为有效的氢氧化物导电电解质用于柔性可充电锌空气电池中[129]。制备过程首先利用纤维素纤维作为互连框架，将石墨烯氧化物结合到具有高含水量特性的柔性膜中。采用交联技术，保证了结构的稳定性和低各向异性溶胀度。此外，均匀致密的氧化石墨烯保护表面以及内层膜的层压交联结构不仅避免了在处理或弯曲时将水从膜中挤出的可能性，还提高了与电极的黏合力。在官能化后，70℃时的氢氧化物电导率达到 58.8 mS/cm。与商用 A201 膜相比，使用该纳米纤维复合膜的电池表现出优异的可再充电性和性能稳定性。该基于柔性纳米纤维复合膜的锌空气电池在不同的弯曲应力作用下，获得了优异的输出功率密度。这种新型纳米纤维复合膜为开发柔性的固态电化学能量转换和储存系统提供了借鉴。

5.3 高分子纳米纤维及其衍生物在太阳能电池领域的应用

随着人类文明和工业的发展，人类在生产与生活中对能源的需求越来越大。当前世界能源主要分为两大类，一类是以石油、煤炭和天然气等不可再生的化石燃料为代表的传统能源，另一类是以太阳能、核能、风能、地热能和氢能为代表的可再生清洁能源。化石燃料作为不可再生能源，经长时间大量开采和利用，已面临枯竭的危险，将无法满足人类对能源的需求，另一方面，化石能源在使用过程中产生的环境污染与气候变暖问题对人类的生存与发展造成了严重的危害。因此，调整能源需求结构，发展和利用可再生清洁能源势在必行。目前，在诸多的可再生清洁能源中，太阳能具有分布广泛、储量丰富、易于开发、绿色清洁等重要优势，已成为最具潜力的新能源之一。

5.3.1 太阳能电池概述

1. 太阳能电池的种类和发展历程

太阳能电池可将太阳光能转化为电能，是利用太阳能的主要手段之一。太阳能电池的发展经历了漫长的过程。早在 1839 年，法国物理学家 Becquerel 在实验室中将两个电极放入电解液中，光照到其中一个电极，他检测到了光电压，从而提出了光生伏打效应[130]。1954 年，美国 Bell 实验室的研究者 Pearson 等成功研制出基于 p-n 结的单晶硅太阳能电池器件，其成为第一块具有真正实用价值的太阳能电池[131]。1958 年，科学家们发现太阳能电池的光电转换效率与禁带宽度的关系，并将硅基太阳能电池装备在卫星上作为空间电源使用。随着太阳能电池制备技术和工艺的不断进步，太阳能电池性能不断提升，成本大幅下降，有望实现大规模应用。

基于太阳能电池的制造技术和发展过程，太阳能电池主要分为以下三代。

第一代太阳能电池：基于硅半导体的太阳能电池。硅基材料具有较宽的光谱吸收范围，可吸收太阳光谱中主要能量波段的光，且来源丰富、无毒安全、稳定性好、生产成本低，从而得到了广泛应用。硅基太阳能电池主要是单晶和多晶硅太阳能电池。虽然单晶硅太阳能电池转换效率最高，但对硅的纯度要求高，且制作工艺复杂，组装过程烦琐，材料价格昂贵等致使其成本较高，应用受限。与单晶硅太阳能电池相比，多晶硅太阳能电池制备工艺相对简单，制备过程能耗低，而且转换效率与单晶硅太阳能电池比较接近，是太阳能电池的主要产品之一。

第二代太阳能电池：基于薄膜的太阳能电池。薄膜太阳能电池主要包括非晶硅薄膜、多晶硅薄膜和化合物薄膜。其中化合物薄膜包括碲化镉、铜铟镓硒、砷化镓以及铜锌锡硫薄膜电池。这类电池厚度小，生产成本低，造型美观，易于大规模生产。非晶硅薄膜太阳能电池与晶体硅太阳能电池相比，具有吸光率高、质量小、工艺简单、成本低和能耗低等优点，但是转换效率偏低，转换效率随时间而衰退。多晶硅薄膜太阳能电池是近年来太阳能电池研究的热点，它对长波段具有高光敏性，能有效吸收可见光且光照稳定性强，是目前公认的高效率、低能耗的理想材料[132]。目前，碲化镉薄膜电池的光电转换效率已经超过了 20%[133]，而铜铟镓硒薄膜电池的光电转换效率也达到了 22%[134]。但是这类电池的材料有毒性，会对环境和人体健康造成危害，而且铟和镓稀缺问题也限制了此类电池的发展。

第三代太阳能电池：基于有机聚合物和无机纳米晶的太阳能电池，主要包括有机聚合物太阳能电池、钙钛矿太阳能电池和染料敏化太阳能电池。其中，染料敏化太阳能电池的成本很低，仅是硅电池的 1/10～1/5，除此之外，该类电池还具有原材料丰富、无毒环保、制作工艺简便等特点。

2. 太阳能电池表征参数

太阳能电池的性能主要由四个参数进行表征，图 5-21 为典型的太阳能电池 J-V 曲线，从中可以得到四个重要参数：开路电压(V_{oc})、短路电流密度(J_{sc})、填充因子(FF)、能量转换效率(η)[135]。

开路电压：指太阳能电池在开路状态下受到光照产生的电压，主要由 n 型和 p 型材料以及界面功能层材料的能级共同决定，此外，不可避免受到电荷重排的影响而输出更低的开路电压。

短路电流密度：指太阳能电池短路状态下受到光照的输出电流密度，主要由光敏材料的吸收光谱、光敏层厚度、载流子迁移率、界面接触质量等共同决定。

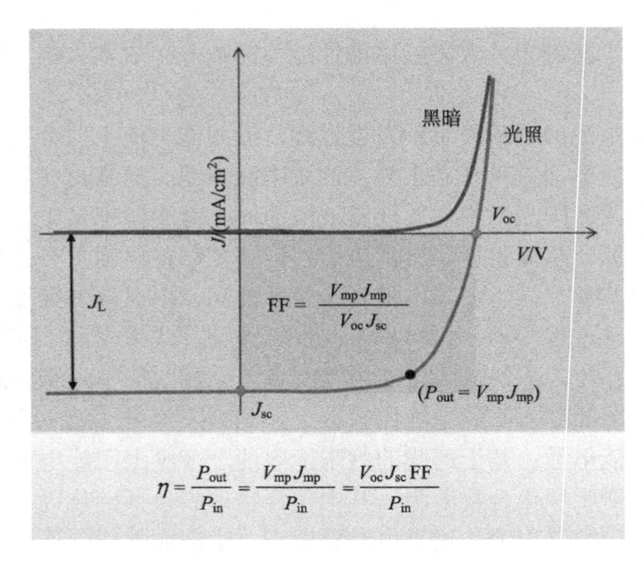

图 5-21 太阳能电池的光伏特性曲线及主要参数

填充因子：指太阳能电池最大输出功率与开路电压和短路电流乘积密度之值，FF 反映器件内部载流子输运过程中受电荷复合的影响，与光照强度、载流子迁移率、光敏层微观形貌及厚度、界面接触质量等都有关系。

能量转换效率：指电池的最大输出功率与输入功率之比，能量转换效率是衡量太阳能电池性能的最重要参数，其大小由开路电压(V_{oc})、短路电流密度(J_{sc})、填充因子(FF)共同决定，在相同的光照条件下，需要同时优化上述三个参数使其乘积最大，才能实现太阳能电池的最佳能量转换效率。

3. 染料敏化太阳能电池

(1)染料敏化太阳能电池的组成

典型的染料敏化太阳能电池主要由以下几部分组成：吸附染料的多孔纳米薄膜形成的光阳极、透明光学导电玻璃、染料敏化剂、氧化还原电解质及对电极，这几部分组成类似三明治的夹心结构[136, 137]。

通常光阳极是由多孔二氧化钛(TiO_2)纳米粒子组成的薄膜。其主要作用是：在受到光照时，入射光子被敏化剂分子捕获而被吸附在 TiO_2 表面，使染料分子从基态到激发态。随后，电子被迅速注入半导体纳米 TiO_2 的导带中，在敏化剂中留下了空穴，最后，注入的电子通过外部电路输送到对电极。因此，工作电极主要是在受到光照时，将光子转化为电子再传输到外电路。

一般透明光学导电玻璃是掺杂氟的氧化锡或者氧化铟锡(ITO)的透明导电玻璃。需要满足的要求有：表面方阻低，通常在 10～20 Ω/sq；透光率高，要求大于

85%；面积大、质量小、易加工、耐冲击等。

染料敏化剂是染料敏化电池的核心组成部分，其主要作用是：将染料敏化电池的吸收光谱范围从紫外光区延伸至可见光区。

电解质按照物理形态不同可分为液体电解质、准固态电解质及固态电解质[138]。其主要作用是：还原处于氧化态的染料，同时接受对电极的电子，从而完成太阳能电池的回路。

对电极一般由铂(Pt)金属组成，主要原因是 Pt 具有较高的催化活性和导电性，其主要作用是：收集从外电路中传输过来的电子，并将电子传递给电解质[139]。

(2) 染料敏化太阳能电池的工作原理

染料敏化太阳能电池的工作原理如图 5-22 所示。受到光照后，染料分子从基态跃迁为激发态，由于合适的能级匹配，激发态的染料分子将电子注入宽带隙半导体的导带，这些电子最终富集于导电玻璃基底上，通过外电路流向对电极，从而流向外电路回路中。与此同时，电解质溶液中的 I_3^- 在对电极上接收电子而被还原为 I^-，氧化态的染料分子被电解质中的 I^- 还原成为基态，I^- 自身则被氧化为 I_3^-，至此完成一个光电过程的循环。

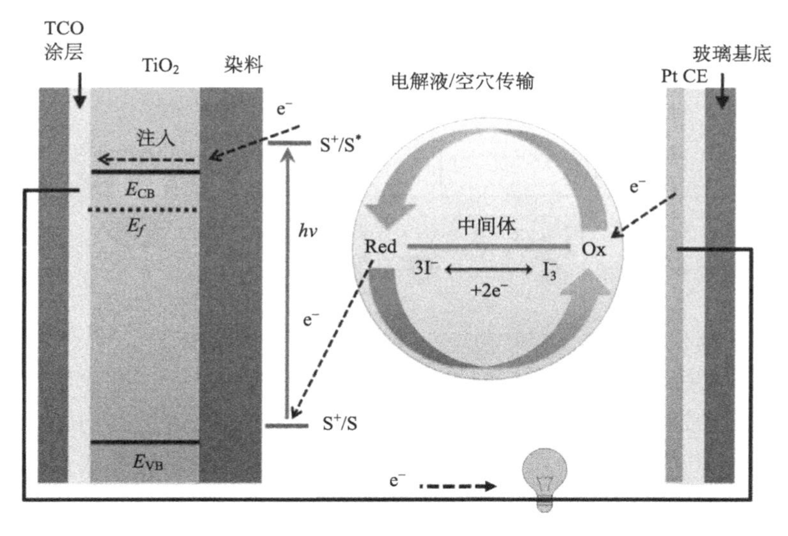

图 5-22　染料敏化太阳能电池的工作原理示意图[140]

4. 聚合物太阳能电池

按照器件的结构和光敏层的形式，聚合物太阳能电池可以分为：“三明治”结构聚合物太阳能电池、双层异质结聚合物太阳能电池、体异质结聚合物太阳能电池。

图 5-23(a)给出了“三明治”结构聚合物太阳能电池的结构示意图，透明导电玻璃作为基板，中间层聚合物光敏层用溶液或者真空涂覆，顶层为金属电极。

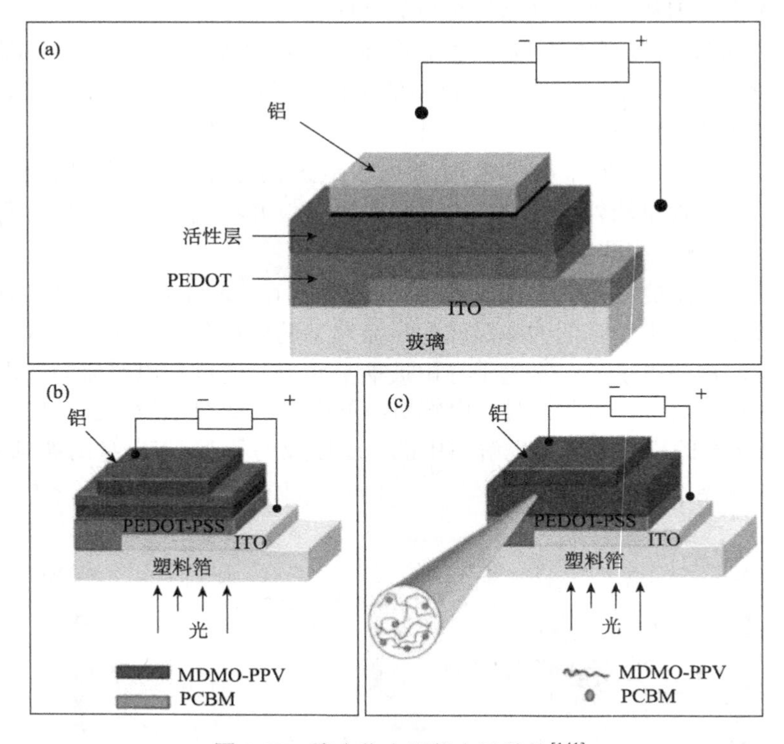

图 5-23 聚合物太阳能电池结构[141]

(a)“三明治”结构聚合物太阳能电池；(b)双层异质结聚合物太阳能电池；(c)体异质结聚合物太阳能电池

双层异质结聚合物太阳能电池，又称为双层给体/受体异质结太阳能电池[结构如图 5-23(b)所示]。p 型和 n 型半导体依次堆叠在一起，这种使用有机半导体的双层器件是通过使用许多不同的材料组合来实现的。在这种结构中，只有在距离异质结界面 10～20 nm 内产生的激子才能到达界面。激子的扩散长度短和载流子的迁移率低导致远离界面的吸收光子的损失，因此，这种结构电池的光电转换效率不高。

体异质结聚合物太阳能电池[结构如图 5-23(c)所示]与双层异质结聚合物太阳能电池不同的是，电子给体和电子受体共混制成均匀溶液，受体与给体展现出 10～20 nm 尺度的相分离，在这样的纳米级互穿网络中，每个界面的距离小于激子到扩散点的扩散距离。此外，这类电池的受体/给体异质结的界面分布在整个光敏层中，激子解离效率得以大幅度提高，太阳能电池的光电转换效率也得以有效提高。但其在体相异质结给体-受体的界面分布是随机的，而且截面上的内建电场方向杂乱，从而要求使用不同功函数的电极增强电荷传输的方向性。为了建立电子和空穴传输的快速通道，给体和受体在活性层内需要形成双连续相。体相异质结中，活性层中给体和受体均与电极接触，造成电荷收集的选择性较弱，因而缓冲层必不可少。

尽管体相异质结结构需要考虑的因素更多，但目前最成功的器件都是基于这种结构来进行优化的。传统的正置电池器件结构为：玻璃基底上涂有一层透明的导电ITO作为器件阳极，聚(3，4-乙烯二氧噻吩)-聚苯乙烯磺酸(PEDOT-PSS)作为空穴传输层，氟化锂作为阴极缓冲层修饰到阴极电极上，铝或其他金属作为器件的阴极。为了提高传统正向电池稳定性，人们提出了反置结构。反置太阳能电池器件的结构与正置器件类似，电池的电极相反。此时，玻璃基底上涂有一层透明ITO作为器件阴极，使暴露于空气中的蒸镀电极银或其他金属成为了阳极，因为阳极金属的功函数较大，减少了氧化从而提高了器件稳定性。

聚合物太阳能电池中的光敏层在受到光照之后，电子给体吸收光子产生电子-空穴对，被激发的电子从电子给体的最高占有轨道能级跃迁到最低空轨道能级。之后，激子扩散到电子给体和电子受体的界面处，由于给体与受体能极差的作用发生电荷分离。最后是激子分离后的电子和空穴在回路中的传输，从而完成光电流的循环。

5.3.2　高分子纳米纤维及其衍生物在染料敏化太阳能电池中的应用及研究进展

1. 高分子纳米纤维及其衍生物用作染料敏化太阳能电池的对电极

在染料敏化太阳能电池中，对电极主要有两个功能：第一，能够促进电子从外部电路转移回到电解液的氧化还原电对中；第二，能够作为对电极/电解质界面的I_3^-还原反应的催化剂促进电解质氧化还原电对的再生。因此，在染料敏化太阳能电池中，用作对电极的材料需要具备优异的催化活性和导电性。通常传统的染料敏化太阳能电池使用Pt材料作对电极。然而Pt是地球上最贵的稀有金属之一，成本高，并且最常见的Pt膜的制备方法如热分解和真空溅射都需要高温操作和复杂的设备[142]，因此发展成本低廉、易于制造、具有高催化性和导电性的对电极是染料敏化太阳能电池的商业需求。纤维材料用作染料敏化太阳能电池的对电极时可以分为两大类：Pt系对电极和非Pt系对电极。

Pt系对电极的主要研究方向是，在不影响Pt电极性能的前提下，减少Pt材料的用量。2012年，Tang等通过两步电化学沉积的方法制备了负载Pt纳米颗粒的聚苯胺纳米纤维薄膜[143]，基于聚苯胺/Pt纳米纤维薄膜对电极的染料敏化太阳能电池具有较高的电导率、比表面积和催化活性，光电转换效率可达7.69%。2013年，Chen等通过电流密度控制法将聚苯胺纤维生长在Pt层表面[144]。电化学结果表明，这种新型结构的聚苯胺纤维/Pt 复合结构作为染料敏化太阳能电池的对电极具有优异的性能，光电转换效率可达 7.66%，优于纯的 Pt 对电极(5.89%)和纯的聚苯胺纤维对电极(6.30%)。

常用的 Pt 系对电极虽然催化性能优越，但成本仍然较高，而且长期使用时易被电解质腐蚀，电池的稳定性下降。因此，科研人员致力于催化效率更高、导电性能更好、价格更低的非 Pt 系对电极材料的研究。2010 年，Ameen 等通过无模板的界面聚合过程制备出氨基磺酸化学掺杂的聚苯胺纳米纤维[145]，作为对电极，纯的聚苯胺纤维材料展现出约 4%的光电转换效率，而氨基磺酸化学掺杂的聚苯胺纳米纤维促进了 I_3^-/I^-氧化还原反应电催化活性的提升，染料敏化太阳能电池光电转换效率有约 27%的提升。2012 年，Hou 等以商用碳纤维、PEDOT:PSS 水溶液为原料制备了纤维电极[146]，在该复合纤维电极材料中，商用碳纤维作为导电核心，PEDOT:PSS 作为纤维电极的催化壳层(图 5-24)。这种低成本的复合材料用作对电极时，光电转换效率可达 5.5%。2016 年，Wu 等合成了不同过渡金属离子修饰的聚苯胺纤维，实验结果表明，镍离子(Ni^{2+})、钴离子(Co^{2+})修饰的聚苯胺纤维具有低电荷传输电阻和串联电阻，表示其对于碘化物氧化还原穿梭具有高的电催化活性，而铜离子(Cu^{2+})修饰的聚苯胺纤维的电化学性能下降[147]。用作对电极时，Ni^{2+}、Co^{2+}修饰的聚苯胺纤维的光电转换效率分别为 4.70%和 4.57%，高于纯聚苯胺纤维的 3.87%。Xiao 等采用两步循环伏安法将具有短支链结构的聚苯胺快速可控地沉积在氟化锡氧化物(FTO)玻璃上，光电转换效率可达 6.21%[148]。2017 年，Lee 等用过硫酸铵和五氧化二钒(V_2O_5)为原料，采用简单的回流法合成出直径为 20～30 nm、长度为 2～5 mm 的聚(3,4-乙烯二氧噻吩)/钒酸铵纳米纤维[149]。

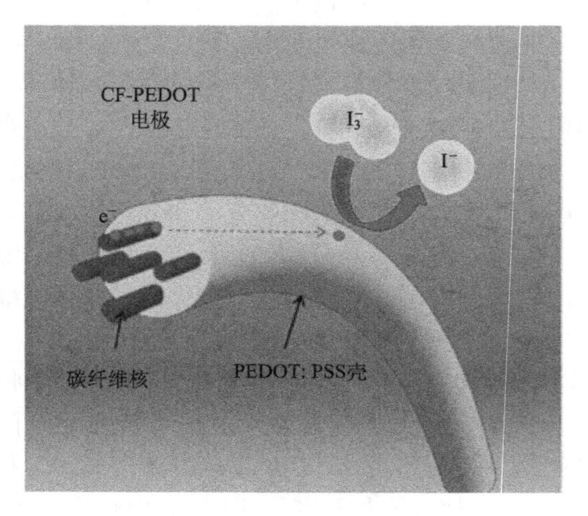

图 5-24　碳纤维/PEDOT:PSS 结构示意图[146]

回流过程伴随着铵离子和 3,4-乙烯二氧噻吩共插层到钒酸铵纳米纤维层中。新型纳米复合电极的制备不依赖高压釜、高温/压力、表面活性剂、催化剂或有害溶剂，作为染料敏化太阳能电池的对电极时光电转换效率可达 6.0%。

综上所述，非 Pt 系对电极材料不仅可以起到光电催化的作用，而且部分材料可以不被电解质腐蚀，稳定性好。同时，纤维材料对电极具有柔性、易编织成纺织品、可集成到各种光伏设备中等优点，低价、高效、性能稳定的对电极在未来将有很大的市场竞争力。

2. 高分子纳米纤维及其衍生物用作染料敏化太阳能电池的电解质

在染料敏化太阳能电池中，电解质能够还原染料正离子并且在两极之间传输电荷。电解液的化学成分直接影响电池的稳定性和光电转换效率。通常电解液需满足长期稳定性，包括化学、光学、电化学、热力学以及界面稳定性。此外，电解质需要具备快速还原氧化染料的能力，从而保证电荷在多孔纳米晶层和对电极间扩散，以维持光电转换。根据物理性质的不同，电解质可以分为液态电解质和聚合物电解质。液态电解质具有诸如离子扩散速度快、电导率高、渗透性好、光电转换效率高等优势。但是离子液体也面临大区域模块集成困难、实现串联架构困难、易于泄漏的密封性问题以及可能会解吸或者光降解吸附的染料分子等问题和挑战，导致器件的性能下降甚至失效，限制了染料敏化太阳能电池的实际应用[150]。为了降低成本，改善电池的稳定性以及组装问题，许多研究工作者对凝胶电解质和固态电解质进行了研究。

通常凝胶电解质是把胶凝剂形成的凝胶体系加入到液态电解质中，胶凝剂起到填充和固化的作用。因此凝胶电解质既具有液体的流动性，也具有一定的机械强度，在一定程度上解决了液态电解质所存在的问题，延长了电池的使用寿命。

2008 年，Sathiya Priya 等首先将 16 wt %的偏氟乙烯-六氟丙烯(PVDF-HFP)溶解在丙酮/*N,N*-二甲基乙酰胺中，并在电压 12 kV 下制备纤维膜，然后将纤维膜浸在碳酸乙烯酯/碳酸丙烯酯电解质(质量比为 1∶1)中得到相应的膜电解质[151]，在 25℃时，这种电解质的电导率为 10^{-5} S/cm。以 TiO_2 为工作电极，Pt 为对电极，组装成染料敏化太阳能电池，在光照强度为 100 mW/cm^2 时，V_{oc} 为 0.76 V，FF 为 0.62，J_{sc} 可达 15.57 mA/cm^2，光电转换效率达 7.3%，而且这种电池比使用传统的液态电解质组装的电池具有更优异的稳定性。

2011 年，Park 等通过电纺制备了偏氟乙烯-六氟丙烯(PVDF-HFP)和偏氟乙烯-六氟丙烯-聚苯乙烯(PVDF-HFP/PS)纤维膜[152]，实验结果表明，PVDF-HFP/PS 为 3∶1 时性能最佳，V_{oc} 为 0.76 V，J_{sc} 为 11.8 mA/cm^2，FF 为 0.66，光电转换效率为 5.75%。为了比较基于 PVDF-HFP 电解质的电池与基于离子液体电解质的电池的稳定性，该研究人员分别组装了基于这两类电解质的太阳能电池。图 5-25(a)

和(b)分别为封装 PVDF-HFP 电解质和离子液体的太阳能电池器件，经过钻孔破坏后，封装 PVDF-HFP 电解质的电池在外观上几乎没有变化[图 5-25(c)]，而离子液体很快从电池中泄漏。

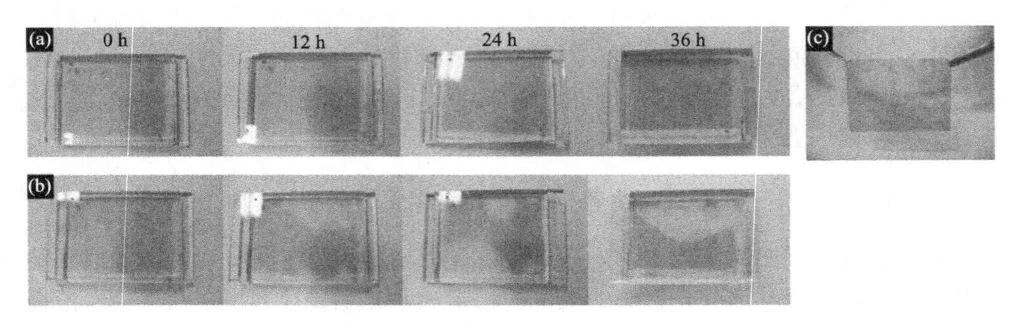

图 5-25 PVDF-HFP 电解质稳定性测试[152]

(a)基于 PVDF-HFP 电解质的太阳能电池外观；(b)基于离子液体的太阳能电池外观；(c)36 h 后基于 PVDF-HFP 电解质的太阳能电池外观

2013 年，Ahn 等将由四氰基联苯衍生物组成的液晶分子(E7)作为增塑剂包覆在 PVDF-HFP 纳米纤维电解质中[153]，由于 E7 包覆的 PVDF–HFP 纳米纤维具有高的离子电导率(2.9×10^{-3} S/cm)，组装电池时光电转换效率可达 6.82%。

2014 年，Dissanayake 等通过静电纺丝制备聚丙烯腈(PAN)纳米纤维，然后浸在离子液体中活化得到不同厚度的凝胶聚合物电解质[154]，按照图 5-26 组装电池，其中由厚度为 9.14 μm 的 PAN 凝胶电解质组装的电池光电转换效率最高可达 5.2%，媲美基于纯液态电解液的电池效率(5.3%)。该太阳能电池在光照强度为 1000 W/m^2 的条件下 V_{oc} 为 0.67 V，J_{sc} 为 13.31 mA/cm^2，FF 为 59%。2014 年，Sethupathy 等把 V_2O_5 引入到 PVDF-PAN 纳米纤维中，制备了不同 V_2O_5 含量的 PVDF-PAN-V_2O_5 电纺纤维膜(图 5-26)[155]，该复合电纺纤维膜形成三维贯通网络结构。当 V_2O_5 质量分数为 7% 时，离子液体质量达到纳米纤维膜质量的 5.76 倍，在光照强度为 100 mW/cm^2 时，V_{oc} 为 0.78 V，J_{sc} 为 13.8 mA/cm^2，FF 为 72%，光电转换效率可达 7.75%。

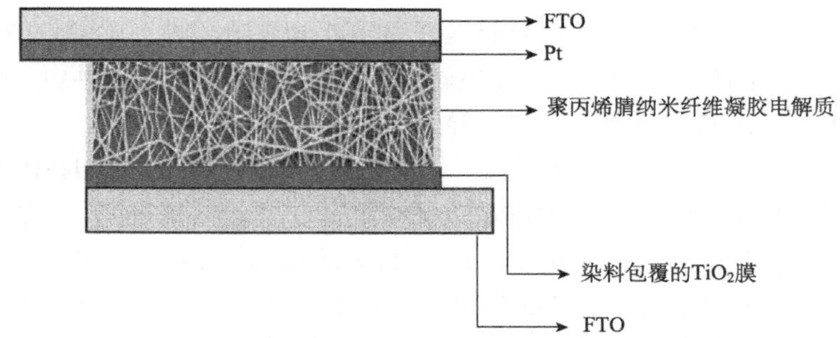

图 5-26 聚丙烯腈纳米纤维凝胶电解质型染料敏化太阳能电池的结构示意图[154]

3. 高分子纳米纤维及其衍生物用作染料敏化太阳能电池的基底材料

染料敏化太阳能电池最初采用刚性平板玻璃作光阳极的基底。这种刚性导电玻璃容易破碎、硬度高，严重制约了它们在便携式、可穿戴电子产品领域的大规模应用。而现今很多电子设备对集成化、微型化、轻量化需求迫切，将高分子纳米纤维及其衍生物引入到染料敏化太阳能电池中，不仅使得电池基底材料的选择范围变宽了，而且有利于构筑质量更小、柔性更好、受光面更广、集成性更强的染料敏化太阳能电池。

聚偏氟乙烯(PVDF)除具有良好的耐高温、耐化学腐蚀、耐氧化性能外，还具有高机械强度及韧度。2012 年，Li 等利用低温喷雾辅助静电纺丝法制备出可弯折的 PVDF/TiO_2 复合材料，并用于染料敏化太阳能电池的工作电极[156]。所制备的纳米纤维与纤维增强复合物类似，如图 5-27 所示，基质中含有 TiO_2 纳米颗粒，PVDF 包埋在基质中。这种复合材料能延缓裂纹的生成以及传播，同时减轻外部应力，有效防止电极脱落，展示出良好的柔韧性和稳定性。基于该复合材料组装的染料敏化太阳能电池的光电转换效率与传统染料敏化太阳能电池相仿，表明 PVDF/TiO_2 有望成为高效柔性染料敏化太阳能电池中可弯折的工作电极。

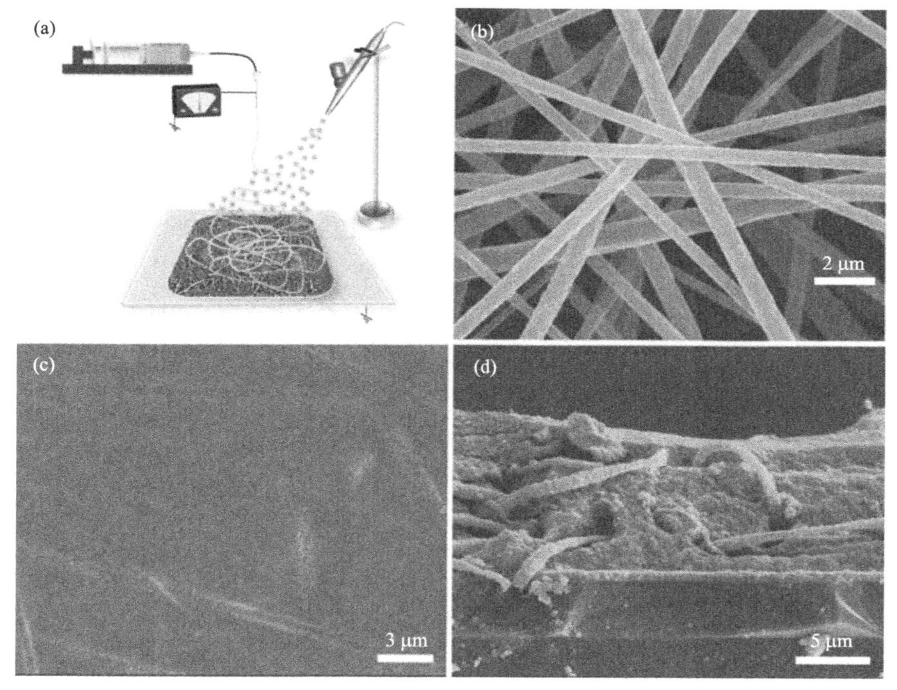

图 5-27　(a)喷雾辅助静电纺丝系统示意图；(b)PVDF 纤维扫描电镜照片；(c)PVDF/TiO_2 复合纤维扫描电镜照片；(d)PVDF/TiO_2 复合纤维截面的扫描电镜照片[156]

聚对苯二甲酸丁二酯(PBT)是一种不导电的有机聚合物纤维，张晓英等采用电镀法在其表面镀铜，赋予其优良的导电性，然后采用电镀工艺在镀铜的PBT表面沉积一层Mn，阻止Cu基底与电解质反应，得到廉价、无导电玻璃的新型PBT/Cu/Mn柔性纤维复合基底，最后利用水热反应在该柔性基底上生长一维纳米氧化锌阵列，最终获得新型纤维工作电极光阳极。其光电转换效率达到0.33%，与Ti基全固态纤维电池效率(0.32%)相当[157]。

5.3.3 高分子纳米纤维及其衍生物在聚合物太阳能电池中的应用及研究进展

聚合物太阳能电池具有成本低、质轻和可以大面积柔性制备等优点而具有很好的商业应用前景。目前，研究者们主要是集中精力设计和制备高性能的给、受体材料以得到高光电转换效率的太阳能电池。高分子纳米纤维及其衍生物主要用作光敏层应用于聚合物太阳能电池。

本体异质结中活性物质的形貌对于聚合物太阳能电池的光电转换效率起着关键性作用。2012年，Bedford等通过同轴电纺的方法制备出本体异质结的聚3-己基噻吩：6，6-苯基-C_{60}-丁酸甲基酯(P3HT:PCBM)纳米纤维给体-受体对[158]。如图5-28所示，使用聚己酸内酯(PCL)作为皮层，制备得到P3HT:PCBM-PCL核壳结

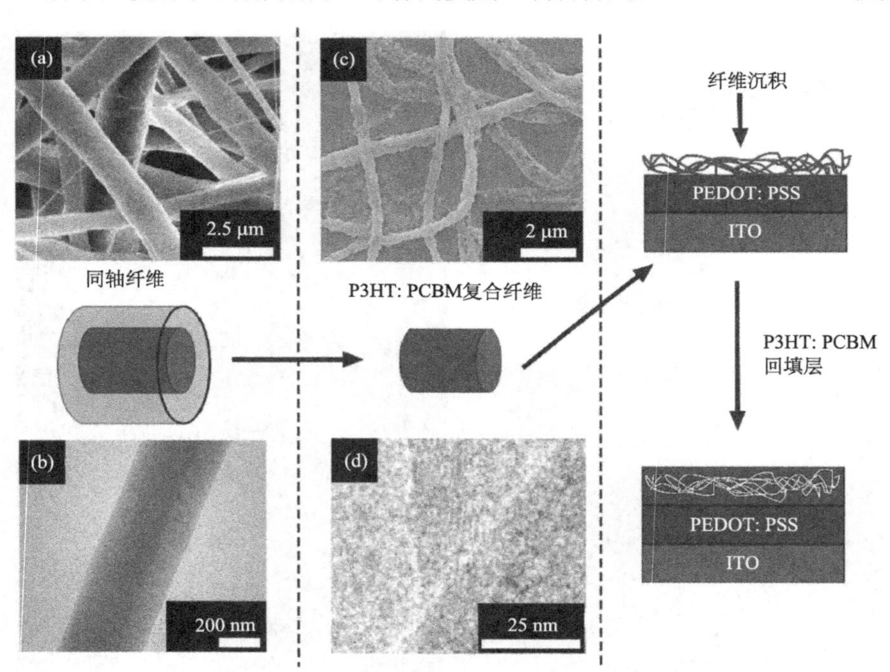

图5-28　P3HT:PCBM纤维从同轴纤维形成到纤维在活性层沉积的示意图[158]

(a) P3HT:PCBM(核层)-PCL(皮层)纤维的扫描电镜照片；(b) P3HT:PCBM(核层)-PCL(皮层)纤维的透射电镜照片；(c) P3HT:PCBM纤维去除皮层后的扫描电镜照片；(d) P3HT:PCBM纤维去除皮层的高分辨透射电镜照片

构的纤维，然后去除 PCL 皮层，最后将得到的纤维沉积到有机太阳能电池的活性层上。实验结果证明，当该纤维用于有机太阳能电池时，纤维状结构有利于光子的吸收和激子的连续产生，具有优于普通薄膜基太阳能电池的性能。

纤维的柔性和可伸缩性能在电池实际使用过程中也起着关键作用。2014 年，Zhang 等在弹性基底上制备了柔性可拉伸的纤维状聚合物太阳能电池，电极材料呈现出弹簧状，这些纤维状电池可以进一步编织成理想的纺织品[159]。制备过程中首先将一根钛丝卷绕在纤维基底上，去除基底后得到弹簧状的钛丝，再通过电化学方法在钛丝表面垂直生长取向 TiO_2 纳米管，然后依次包覆光敏层 P3HT:PCBM 和空穴传输层 PEDOT:PSS。弹性纤维(如橡胶)再插入到弹簧钛丝内，而后沉积一层厚度约 18 nm 的碳纳米管片。该纤维和纺织品制品在弯曲 1000 次以及在张力大于 30%的线拉伸作用下，能源转换效率变化小于 10%(图 5-29)。

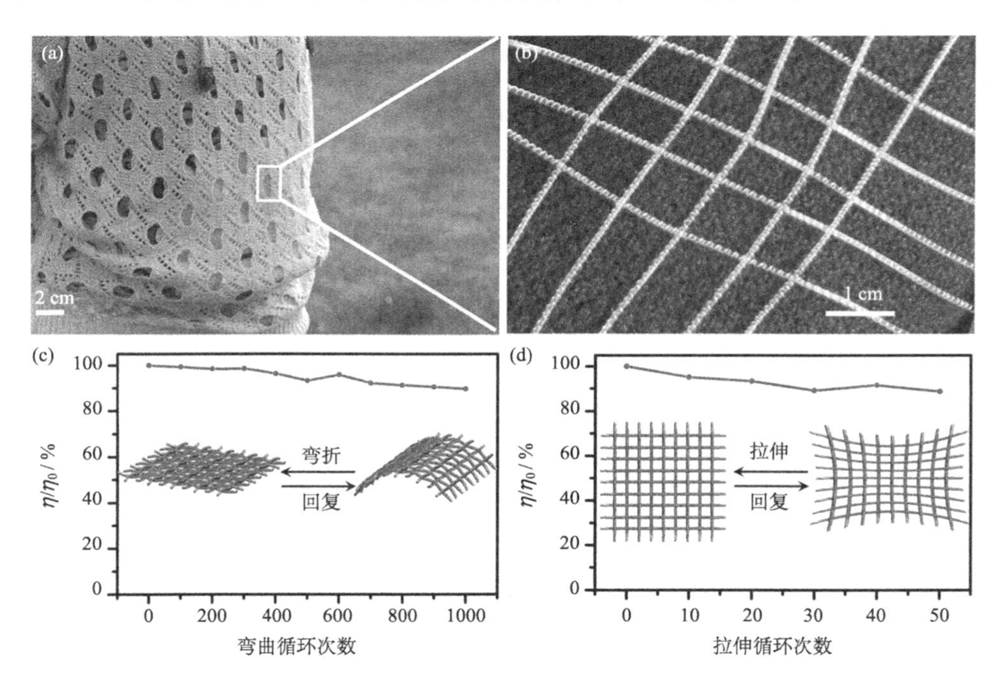

图 5-29　(a, b)集成到衣服上的可伸缩聚合物太阳能电池纺织品；(c)能量转换效率与弯曲循环次数的关系(插图表示弯曲过程)；(d)能量转换效率与拉伸循环次数的关系(插图表示伸缩过程)

5.3.4　展望

高分子纳米纤维材料及其衍生物凭借其独特的一维结构在太阳能电池中具有广泛的应用，而且将纳米纤维用于纤维状柔性太阳能电池更是突破了原有平板太阳能电池的束缚，在“可集成”、可编织性等方面表现出明显的优势。与此同时，太阳能电池也存在一些亟须突破的问题。因此，科研工作者们需致力于以下三个方面的研究：①制备低成本、高柔性、高导电性、高温稳定的基底和高效的固体电解质；②提高光电转换效率，优化工艺，提高稳定性；③结合纳米纤维实现柔性太阳能电池的大面积、可编织连续制备。随着科学的发展，高分子纳米纤维材料及其衍生物用于太阳能电池将会体现出更大的优势，在高度智能化和集成化上会愈加成熟，甚至改变人们的生活方式。

参考文献

[1] Jiao Y, Zheng Y, Jaroniec M, Qiao S Z. Design of electrocatalysts for oxygen- and hydrogen-involving energy conversion reactions [J]. Chemical Society Reviews, 2015, 44(8): 2060-2086.

[2] Jaramillo T F, Jorgensen K P, Bonde J, Nielsen J H, Horch S, Chorkendorff I. Identification of active edge sites for electrochemical H_2 evolution from MoS_2 nanocatalysts [J]. Science, 2007, 317(5834): 100-102.

[3] Faber M S, Jin S. Earth-abundant inorganic electrocatalysts and their nanostructures for energy conversion applications [J]. Energy & Environmental Science, 2014, 7(11): 3519-3542.

[4] Sheng W, Gasteiger H A, Shao-Horn Y. Hydrogen oxidation and evolution reaction kinetics on platinum: Acid vs alkaline electrolytes [J]. Journal of The Electrochemical Society, 2010, 157(11): B1529-B1536.

[5] Yang T, Du M, Zhu H, Zhang M, Zou M. Immobilization of Pt nanoparticles in carbon nanofibers: Bifunctional catalyst for hydrogen evolution and electrochemical sensor [J]. Electrochimica Acta, 2015, 167: 48-54.

[6] Peng T, Wang H, Yi H, Jing Y, Sun P, Wang X. $Co(OH)_2$ nanosheets coupled with CNT arrays grown on ni mesh for high-rate asymmetric supercapacitors with excellent capacitive behavior [J]. Electrochimica Acta, 2015, 176: 77-85.

[7] Yang T, Zhu H, Wan M, Dong L, Zhang M, Du M. Highly efficient and durable PtCo alloy nanoparticles encapsulated in carbon nanofibers for electrochemical hydrogen generation [J]. Chemical Communications, 2016, 52(5): 990-993.

[8] Zou X, Zhang Y. Noble metal-free hydrogen evolution catalysts for water splitting [J]. Chemical Society Reviews, 2015, 44(15): 5148-5180.

[9] Liao L, Wang S, Xiao J, Bian X, Zhang Y, Scanlon M D, Hu X, Tang Y, Liu B, Girault H H. A nanoporous molybdenum carbide nanowire as an electrocatalyst for hydrogen evolution reaction [J]. Energy & Environmental Science, 2014, 7(1): 387-392.

[10] Niu D, Ding Y, Ma Z, Wang M, Liu Z, Zhang B, Zhang X. Effects of surface modification of carbon nanofibers on their electrocatalytic activity for hydrogen evolution reaction of water electrolysis [J]. Acta Chimica Sinica, 2015, 73(7): 729-734.

[11] Tahir M, Pan L, Idrees F, Zhang X, Wang L, Zou J J, Wang Z L. Electrocatalytic oxygen evolution reaction for energy conversion and storage: A comprehensive review [J]. Nano Energy, 2017, 37: 136-157.

[12] Suen N T, Hung S F, Quan Q, Zhang N, Xu Y J, Chen H M. Electrocatalysis for the oxygen evolution reaction: Recent development and future perspectives [J]. Chemical Society Reviews, 2017, 46(2): 337-365.

[13] Mccrory C C L, Jung S, Ferrer I M, Chatman S M, Peters J C, Jaramillo T F. Benchmarking hydrogen evolving reaction and oxygen evolving reaction electrocatalysts for solar water splitting devices [J]. Journal of the American Chemical Society, 2015, 137(13): 4347-4357.

[14] Kuang M, Zheng G. Nanostructured bifunctional redox electrocatalysts [J]. Small, 2016, 12(41): 5656-5675.

[15] Mccrory C C L, Jung S, Peters J C, Jaramillo T F. Benchmarking heterogeneous electrocatalysts for the oxygen evolution reaction [J]. Journal of the American Chemical Society, 2013, 135(45): 16977-16987.

[16] Zhu Y P, Jing Y, Vasileff A, Heine T, Qiao S Z. 3D synergistically active carbon nanofibers for improved oxygen evolution [J]. Advanced Energy Materials, 2017, 7(14): 1602928.

[17] Wang X, Li Y, Jin T, Meng J, Jiao L, Zhu M, Chen J. Electrospun thin-walled $CuCo_2O_4$@C nanotubes as bifunctional oxygen electrocatalysts for rechargeable Zn-air batteries [J]. Nano Letters, 2017, 17(12): 7989-7994.

[18] Zhang J, Zhao Z, Xia Z, Dai L. A metal-free bifunctional electrocatalyst for oxygen reduction and oxygen evolution reactions [J]. Nature Nanotechnology, 2015, 10(5): 444-452.

[19] Miao Y E, Yan J J, Ouyang Y, Lu H Y, Lai F L, Wu Y, Liu T X. A bio-inspired N-doped porous carbon electrocatalyst with hierarchical superstructure for efficient oxygen reduction reaction [J]. Applied Surface Science, 2018, 443, 266-273.

[20] Liu Z, Zhao Z, Wang Y, Dou S, Yan D, Liu D, Xia Z, Wang S. *In situ* exfoliated, edge-rich, oxygen-functionalized graphene from carbon fibers for oxygen electrocatalysis [J]. Advanced Materials, 2017, 29(18): 1606207.

[21] Aresta M, Dibenedetto A. Utilisation of CO_2 as a chemical feedstock: Opportunities and challenges [J]. Dalton Transactions, 2007, 28: 2975-2992.

[22] D'alessandro D M, Smit B, Long J R. Carbon dioxide capture: Prospects for new materials [J]. Angewandte Chemie-International Edition, 2010, 49(35): 6058-6082.

[23] 谢佳芳. 二氧化碳电化学还原中铜基催化剂的设计与优化 [D].合肥：中国科学技术大学, 2016.

[24] Habisreutinger S N, Schmidt-Mende L, Stolarczyk J K. Photocatalytic reduction of CO_2 on TiO_2 and other semiconductors [J]. Angewandte Chemie-International Edition, 2013, 52(29): 7372-7408.

[25] Fu J, Cao S, Yu J, Low J, Lei Y. Enhanced photocatalytic CO_2-reduction activity of electrospun mesoporous TiO_2 nanofibers by solvothermal treatment [J]. Dalton Transactions, 2014, 43(24): 9158-9165.

[26] Yie J T Z. 纳米二氧化钛在有机纳米纤维膜中的生长机制及其在二氧化碳光催化还原的应用研究 [D]. 杭州: 浙江大学, 2013.

[27] Yin Z, Zheng Q. Controlled synthesis and energy applications of one-dimensional conducting polymer nanostructures: An Overview [J]. Advanced Energy Materials, 2012, 2(2): 179-218.

[28] And M W, Brodd R J. What are batteries, fuel cells, and supercapacitors? [J]. Chemical Reviews, 2005, 105(3): 1021.

[29] A R K, And P R B, P L B. Binding constants of divalent mercury (Hg^{2+}) in soil humic acids and soil organic matter [J]. Environmental Science & Technology, 2006, 40(3): 844-849.

[30] Lee J S, Sun T K, Cao R, Choi N S, Liu M, Lee K T, Cho J. Metal-air batteries: Metalair batteries with high energy density: Li-air versus Zn-air [J]. Advanced Energy Materials, 2011, 1(1): 2.

[31] Tamura T, Kawakami H. Aligned electrospun nanofiber composite membranes for fuel cell electrolytes [J]. Nano Letters, 2010, 10(4): 1324-1328.

[32] Pumera M. Graphene-based nanomaterials for energy storage [J]. Energy & Environmental Science, 2011, 4(3): 668-674.

[33] Wang Y, Chen K S, Mishler J, Cho S C, Adroher X C. A review of polymer electrolyte membrane fuel cells: Technology, applications, and needs on fundamental research [J]. Applied Energy, 2011, 88(4): 981-1007.

[34] Mollá S, Compañ V. Polyvinyl alcohol nanofiber reinforced Nafion membranes for fuel cell applications [J]. Journal of Membrane Science, 2011, 372(1-2): 191-200.

[35] Mollá S, Compañ V, Gimenez E, Blazquez A, Urdanpilleta I. Novel ultrathin composite membranes of Nafion/PVA for PEMFCs [J]. International Journal of Hydrogen Energy, 2011, 36(16): 9886-9895.

[36] Lin H L, Wang S H, Chiu C K, Yu T L, Chen L C, Huang C C, Cheng T H, Lin J M. Preparation of Nafion/poly(vinyl alcohol) electro-spun fiber composite membranes for direct methanol fuel cells [J]. Journal of Membrane Science, 2010, 365(1–2): 114-122.

[37] Choi S W, Fu Y Z, Ahn Y R, Jo S M, Manthiram A. Nafion-impregnated electrospun polyvinylidene fluoride composite membranes for direct methanol fuel cells [J]. Journal of Power Sources, 2008, 180(1): 167-171.

[38] Hasani-Sadrabadi M M, Shabani I, Soleimani M, Moaddel H. Novel nanofiber-based triple-layer proton exchange membranes for fuel cell applications [J]. Journal of Power Sources, 2011, 196(10): 4599-4603.

[39] Shabani I, Hasani-Sadrabadi M M, Haddadi-Asl V, Soleimani M. Nanofiber-based polyelectrolytes as novel membranes for fuel cell applications [J]. Journal of Membrane Science, 2011, 368(1-2): 233-240.

[40] Takemori R, Kawakami H. Electrospun nanofibrous blend membranes for fuel cell electrolytes [J]. Journal of Power Sources, 2010, 195(18): 5957-5961.

[41] Yang X, Wang R, Shi L, Fane A G, Debowski M. Performance improvement of PVDF hollow fiber-based membrane distillation process [J]. Journal of Membrane Science, 2011, 369(1-2): 437-447.

[42] Laforgue A, Robitaille L, Mokrini A, Ajji A. Fabrication and characterization of ionic conducting nanofibers [J]. Macromolecular Materials & Engineering, 2007, 292(12): 1229-1236.

[43] Awang N, Ismail A F, Jaafar J, Matsuura T, Junoh H, Othman M H D, Rahman M A. Functionalization of polymeric materials as a high performance membrane for direct methanol fuel cell: A review [J]. Reactive & Functional Polymers, 2015, 86: 248-258.

[44] Choi J, Lee K M, Wycisk R, Pintauro P N, Mather P T. Sulfonated polysulfone/POSS nanofiber composite membranes for PEM fuel cells [J]. Journal of the Electrochemical Society, 2010, 157(6): B914.

[45] Choi J, Wycisk R, Zhang W, Pintauro P N, Lee K M, Mather P T. High conductivity perfluorosulfonic acid nanofiber composite fuel-cell membranes [J]. ChemSusChem, 2010, 3(11): 1245-1248.

[46] Chen H, Elabd Y A. Polymerized ionic liquids: Solution properties and electrospinning [J]. Macromolecules, 2009, 42(9): 3368-3373.

[47] Li X, Hao X, Xu D, Zhang G, Zhong S, Hui N, Wang D. Fabrication of sulfonated poly(ether ether ketone ketone) membranes with high proton conductivity [J]. Journal of Membrane Science, 2006, 281(1-2): 1-6.

[48] Stergiou G S, Giovas P P, Gkinos C P, Tzamouranis D G. Spatially resolved electrochemical performance in a segmented planar SOFC [J]. ECS Transactions, 2009, 17(2009-07): 79-87.

[49] Choi J, Lee K M, Wycisk R, Pintauro P N, Mather P T. Nanofiber network ion-exchange membranes [J]. Macromolecules, 2008, 41(41): 4569-4572.

[50] Choi J, Lee K M, Wycisk R, Pintauro P N, Mather P T. Composite nanofiber network membranes for PEM fuel cells [J]. ECS Transactions, 2008, 16(2): 1433-1442.

[51] Chen Y, Guo J, Kim H. Preparation of poly(vinylidene fluoride)/phosphotungstic acid composite nanofiber membranes by electrospinning for proton conductivity [J]. Reactive & Functional Polymers, 2010, 70(1): 69-74.

[52] Cavaliere S, Subianto S, Savych I, Jones D J, Rozière J. Electrospinning: Designed architectures for energy conversion and storage devices [J]. Energy & Environmental Science, 2011, 4(12): 4761-4785.

[53] Yao Y, Guo B, Ji L, Jung K H, Lin Z, Alcoutlabi M, Hamouda H, Zhang X. Highly proton conductive electrolyte membranes: Fiber-induced long-range ionic channels [J]. Electrochemistry Communications, 2011, 13(9): 1005-1008.

[54] Pan C, Wu H, Wang C, Wang B, Zhang L, Cheng Z, Hu P, Pan W, Zhou Z, Yang X. Nanowire-based high-performance 'micro fuel cell': one nanowire, one fuel cell [J]. Advanced Materials, 2010, 20(9): 1644-1648.

[55] Dong B, Gwee L, Salasde L C D, Winey K I, Elabd Y A. Super proton conductive high-purity Nafion nanofibers [J]. Nano Letters, 2010, 10(9): 3785.

[56] Chen H, And J D S, Elabd Y A. Electrospinning and solution properties of Nafion and poly(acrylic acid) [J]. Macromolecules, 2008, 41(1): 128-135.

[57] Ballengee J B, Pintauro P N. Composite fuel cell membranes from dual-nanofiber electrospun mats [J]. Macromolecules, 2011, 44(18): 7307-7314.

[58] Unlu M, Zhou J, Kohl P A. Anionic membrane fuel cells: Experimental comparison of hydroxide and carbonate conductive ions [J]. Electrochemical and Solid-State Letters, 2009, 12(4): 677-678.

[59] Daniel D K, Mankidy B D, Ambarish K, Manogari R. Construction and operation of a microbial fuel cell for electricity generation from wastewater [J]. International Journal of Hydrogen Energy, 2009, 34(17): 7555-7560.

[60] Lee C, Jo S M, Choi J, Baek K Y, Truong Y B, Kyratzis I L, Shul Y G. SiO_2 /sulfonated poly ether ether ketone(SPEEK) composite nanofiber mat supported proton exchange membranes for fuel cells [J]. Journal of Materials Science, 2013, 48(10): 3665-3671.

[61] Yao Y, Lin Z, Li Y, Alcoutlabi M, Hamouda H, Zhang X. Superacidic electrospun fiber-Nafion hybrid proton exchange membranes [J]. Advanced Energy Materials, 2011, 1(6): 1133-1140.

[62] Merle G, Wessling M, Nijmeijer K. Anion exchange membranes for alkaline fuel cells: A review [J]. Journal of Membrane Science, 2011, 377(1-2): 1-35.

[63] Jeong E H, Jie Y, Ji H Y. Preparation of polyurethane cationomer nanofiber mats for use in antimicrobial nanofilter applications [J]. Materials Letters, 2007, 61(18): 3991-3994.

[64] Xiong Y, Fang J, Zeng Q H, Liu Q L. Preparation and characterization of cross-linked quaternized poly(vinyl alcohol) membranes for anion exchange membrane fuel cells [J]. Journal of Membrane Science, 2008, 311(1): 319-325.

[65] Xiong Y, Liu Q L, Zhu A M, Huang S M, Zeng Q H. Performance of organic–inorganic hybrid anion-exchange membranes for alkaline direct methanol fuel cells [J]. Journal of Power Sources, 2008, 186(2): 328-333.

[66] Smitha B, Sridhar S, Khan A A. Synthesis and characterization of poly(vinyl alcohol) - based membranes for direct methanol fuel cell [J]. Journal of Applied Polymer Science, 2005, 95(5): 1154-1163.

[67] Roddecha S, Dong Z, Wu Y, Anthamatten M. Mechanical properties and ionic conductivity of electrospun quaternary ammonium ionomers [J]. Journal of Membrane Science, 2012, 389: 478-485.

[68] Deshpande P P, Jadhav N G, Gelling V J, Sazou D. Conducting polymers for corrosion protection: A review [J]. Journal of Coatings Technology & Research, 2014, 11(4): 473-494.

[69] Wang G, Weng Y, Chu D, Xie D, Chen R. Preparation of alkaline anion exchange membranes based on functional poly(ether-imide) polymers for potential fuel cell applications [J]. Journal of Membrane Science, 2009, 326(1): 4-8.

[70] Wu L, Xu T. Improving anion exchange membranes for DMAFCs by inter-crosslinking CPPO/BPPO blends [J]. Journal of Membrane Science, 2008, 322(2): 286-292.

[71] Yong S K, Sang H N, Shim H S, Ahn H J, Anand M, Kim W B. Electrospun bimetallic nanowires of PtRh and PtRu with compositional variation for methanol electrooxidation [J]. Electrochemistry Communications, 2008, 10(7): 1016-1019.

[72] Hauschild S, Shayan P, Schein E. Preparation and characterization of Pt nanowire by electrospinning method for methanol oxidation [J]. Electrochimica Acta, 2010, 55(16): 4827-4835.

[73] Shui J, Li J C M. Platinum nanowires produced by electrospinning [J]. Nano Letters, 2009, 9(4): 1307.

[74] Su L, Jia W, Schempf A, Ding Y, Lei Y. Free-standing palladium/polyamide 6 nanofibers for electrooxidation of alcohols in alkaline medium [J]. Journal of Physical Chemistry C, 2009, 113(36): 16174-16180.

[75] Park J H, Ju Y W, Park S H, Jung H R, Yang K S, Lee W J. Effects of electrospun polyacrylonitrile-based carbon nanofibers as catalyst support in PEMFC [J]. Journal of Applied Electrochemistry, 2009, 39(8): 1229.

[76] Nataraj S K, Kim B H, Yun J H, Lee D H, Aminabhavi T M, Yang K S. Morphological characterization of electrospun carbon nanofiber mats of polyacrylonitrile containing heteropolyacids [J]. Synthetic Metals, 2009, 159(14): 1496-1504.

[77] Nataraj S K, Kim B H, Yun J H, Lee D H, Aminabhavi T M, Yang K S. Effect of added nickel nitrate on the physical, thermal and morphological characteristics of polyacrylonitrile-based carbon nanofibers [J]. Materials Science & Engineering B, 2009, 162(2): 75-81.

[78] Li M, Zhao S, Han G, Yang B. Electrospinning-derived carbon fibrous mats improving the performance of commercial Pt/C for methanol oxidation [J]. Journal of Power Sources, 2009, 191(2): 351-356.

[79] Li M, Han G, Yang B. Fabrication of the catalytic electrodes for methanol oxidation on electrospinning-derived carbon fibrous mats [J]. Electrochemistry Communications, 2008, 10(6): 880-883.

[80] Liu X, Li M, Han G, Dong J. The catalysts supported on metallized electrospun polyacrylonitrile fibrous mats for methanol oxidation [J]. Electrochimica Acta, 2010, 55(8): 2983-2990.

[81] Xuyen N T, Jeong H K, Kim G, Kang P S, An K H, Lee Y H. Hydrolysis-induced immobilization of Pt(acac)$_2$ on polyimide-based carbon nanofiber mat and formation of Pt nanoparticles [J]. Journal of Materials Chemistry, 2009, 19(9): 1283-1288.

[82] Lin Z, Ji L, Krause W E, Zhang X. Synthesis and electrocatalysis of 1-aminopyrene-functionalized carbon nanofiber-supported platinum–ruthenium nanoparticles [J]. Journal of Power Sources, 2010, 195(17): 5520-5526.

[83] Lin Z, Ji L, Zhang X. Electrocatalytic properties of Pt/carbon composite nanofibers [J]. Electrochimica Acta, 2009, 54(27): 7042-7047.

[84] Savych I, D'arbigny J B, Subianto S, Cavaliere S, Jones D J, Rozière J. On the effect of non-carbon nanostructured supports on the stability of Pt nanoparticles during voltage cycling: A study of TiO_2 nanofibres [J]. Journal of Power Sources, 2014, 257(3): 147-155.

[85] Huang J, Hou H, You T. Highly efficient electrocatalytic oxidation of formic acid by electrospun carbon nanofiber-supported Pt_xAu_{100-x} bimetallic electrocatalyst [J]. Electrochemistry Communications, 2009, 11(6): 1281-1284.

[86] Xiao Z, Yang Z, Wang L, Nie H, Zhong M E, Lai Q, Xu X, Zhang L, Huang S. A lightweight TiO_2/graphene interlayer, applied as a highly effective polysulfide absorbent for fast, long-life lithium-sulfur batteries [J]. Advanced Materials, 2015, 27(18): 2891-2898.

[87] Li H, Yu M, Wang F, Liu P, Liang Y, Xiao J, Wang C, Tong Y, Yang G. Amorphous nickel hydroxide nanospheres with ultrahigh capacitance and energy density as electrochemical pseudocapacitor materials [J]. Nature Communications, 2013, 4: 1894.

[88] Qiu Y, Yu J, Shi T, Zhou X, Bai X, Huang J Y. Nitrogen-doped ultrathin carbon nanofibers derived from electrospinning: Large-scale production, unique structure, and application as electrocatalysts for oxygen reduction [J]. Journal of Power Sources, 2011, 196(23): 9862-9867.

[89] Jeong B, Uhm S, Lee J. Iron-cobalt modified electrospun carbon nanofibers as oxygen reduction catalysts in alkaline fuel cells [J]. Polymer Electrolyte Fuel Cells Symposium , 2010 , 33(1):1757-1767.

[90] Mcclure J P, Jiang R, Chu D, Fedkiw P S. Oxygen electroreduction on Fe- or Co-containing carbon fibers [J]. Carbon, 2014, 79(16): 457-469.

[91] Uhm S, Jeong B, Lee J. A facile route for preparation of non-noble CNF cathode catalysts in alkaline ethanol fuel cells [J]. Electrochimica Acta, 2011, 56(25): 9186-9190.

[92] Lai C, Kolla P, Zhao Y, Hao F, Smirnova A L. Lignin-derived electrospun carbon nanofiber mats with supercritically deposited Ag nanoparticles for oxygen reduction reaction in alkaline fuel cells [J]. Electrochimica Acta, 2014, 130(130): 431-438.

[93] Thamer B M, El-Newehy M H, Al-Deyab S S, Abdelkareem M A, Kim H Y, Barakat N A M. Cobalt-incorporated, nitrogen-doped carbon nanofibers as effective non-precious catalyst for methanol electrooxidation in alkaline medium [J]. Applied Catalysis A General, 2015, 498: 230-240.

[94] Zhao W, Yuan P, She X, Xia Y, Komarneni S, Xi K, Che Y, Yao X, Yang D. Sustainable seaweed-based one-dimensional(1D) nanofibers as high-performance electrocatalysts for fuel cells [J]. Journal of Materials Chemistry A, 2015, 3(27): 14188-14194.

[95] Yousef A, Brooks R M, El-Halwany M M, Abdelkareem M A, Khamaj J A, El-Newehy M H, Barakat N A M, Kim H Y. Fabrication of electrical conductive nicu- carbon nanocomposite for direct ethanol fuel cells [J]. International Journal of Electrochemical Science, 2015, 10(9): 7025-7032.

[96] Yin J, Qiu Y, Yu J. Onion-like graphitic nanoshell structured Fe–N/C nanofibers derived from electrospinning for oxygen reduction reaction in acid media [J]. Electrochemistry Communications, 2013, 30(30): 1-4.

[97] Yan X, Liu K, Wang X, Wang T, Luo J, Zhu J. Optimized electrospinning synthesis of iron-nitrogen-carbon nanofibers for high electrocatalysis of oxygen reduction in alkaline medium [J]. Nanotechnology, 2015, 26(16):

165401.

[98] Barakat N a M, Motlak M, Kim B S, El-Deen A G, Al-Deyab S S, Hamza A M. Carbon nanofibers doped by Ni_xCo_{1-x} alloy nanoparticles as effective and stable non precious electrocatalyst for methanol oxidation in alkaline media [J]. Journal of Molecular Catalysis A Chemical, 2014, 394(394): 177-187.

[99] Kim H J, Yong S K, Min H S, Choi S M, Kim W B. Pt and PtRh nanowire electrocatalysts for cyclohexane-fueled polymer electrolyte membrane fuel cell [J]. Electrochemistry Communications, 2009, 11(2): 446-449.

[100] Shui J L, Chen C, Li J C M. Evolution of nanoporous Pt–Fe alloy nanowires by dealloying and their catalytic property for oxygen reduction reaction [J]. Advanced Functional Materials, 2011, 21(17): 3357-3362.

[101] Ghouri Z K, Barakat N a M, Kim H Y. Influence of copper content on the electrocatalytic activity toward methanol oxidation of Co_xCu_y alloy nanoparticles-decorated CNFs [J]. Scientific Reports, 2015, 5: 16695.

[102] Tekmen C, Tsunekawa Y, Nakanishi H. Electrospinning of carbon nanofiber supported Fe/Co/Ni ternary alloy nanoparticles [J]. Journal of Materials Processing Technology, 2010, 210(3): 451-455.

[103] Imaizumi S, Matsumoto H, Suzuki K, Minagawa M, Kimura M, Tanioka A. Phenolic resin-based carbon thin fibers prepared by electrospinning: Additive effects of poly(vinyl butyral) and electrolytes [J]. Polymer Journal, 2009, 41(12): 1124-1128.

[104] Hiralal P, Imaizumi S, Unalan H E, Matsumoto H, Minagawa M, Rouvala M, Tanioka A, Amaratunga G A. Nanomaterial-enhanced all-solid flexible zinc-carbon batteries [J]. ACS Nano, 2010, 4(5): 2730-2734.

[105] Eastwood B J, Christensen P A, Armstrong R D, Bates N R. Electrochemical oxidation of a carbon black loaded polymer electrode in aqueous electrolytes [J]. Journal of Solid State Electrochemistry, 1999, 3(4): 179-186.

[106] Rahman M A, Wang X, Wen C. High energy density metal-air batteries: A review [J]. Journal of the Electrochemical Society, 2013, 160(10): A1759-A1771.

[107] Muldoon J, Bucur C B, Gregory T. Quest for nonaqueous multivalent secondary batteries: Magnesium and beyond [J]. Chemical Reviews, 2014, 114(23): 11683-11720.

[108] Appleby A J，Jacquelin J，Pompon J P. Charge-discharge behavior of the C.G.E. circulating zinc-air vehicle battery [J]. SAE Technical Paper, 1997, 770381.

[109] Cheiky M, Danczyk, L, Wehrey M. Second-generation Zinc-air powered electric minivans [J]. SAE Technical Paper, 1992, 920448.

[110] Mollá S, Compañ V. Performance of composite Nafion/PVA membranes for direct methanol fuel cells [J]. Journal of Power Sources, 2011, 196(5): 2699-2708.

[111] Fu J, Zhang J, Song X, Zarrin H, Tian X, Qiao J, Rasen L, Li K, Chen Z. A flexible solid-state electrolyte for wide-scale integration of rechargeable zinc–air batteries [J]. Energy & Environmental Science, 2016, 9(2): 663-670.

[112] Ma H, Wang B, Fan Y, Hong W. Development and characterization of an electrically rechargeable zinc-air battery stack [J]. Energies, 2014, 7(10): 6549-6557.

[113] Deiss E, Holzer F, Haas O. Modeling of an electrically rechargeable alkaline Zn /air battery [J]. Electrochimica Acta, 2002, 47: 3995-4010.

[114] Yang J, Zhang E, Li X, Yu Y, Qu J, Yu Z Z. Direct reduction of graphene oxide by Ni foam as a high-capacitance supercapacitor electrode [J]. ACS Applied Materials & Interfaces, 2016, 8(3): 2297-2305.

[115] Park M G, Lee D U, Seo M H, Cano Z P, Chen Z. 3D Ordered mesoporous bifunctional oxygen catalyst for electrically rechargeable zinc-air batteries [J]. Small, 2016, 12(20): 2707-2714.

[116] Skyllas-Kazacos M, Chakrabarti M H, Hajimolana S A, Mjalli F S, Saleem M. Progress in flow battery research and development [J]. Journal of The Electrochemical Society, 2011, 158(8): R55.

[117] Amendola S, Black P J, Sharp-Goldman S, Johnson L, Oster M, Chciuk T, Johnson R. Electrically rechargeable, metal-air battery systems and methods [P]:US20130115531 A1, 2010-7-21[2018-3-1].

[118] Wolfe D, Friesen C A,Johnson P B. Ionic liquid containing sulfonate ions [P]:US 8741491B2, 2014-6-3 [2018-3-1].

[119] Pinto M, Smedley S, Colborn J A. Refuelable electrochemical power source capable of being maintained in a

substantially constant full condition and method of using the same [P]:US 6296958 B1, 2001-10-2[2018-3-1].

[120] Pinto M D T, Smedley S I, Guangwei W U. Recirculating anode [P]:US 2004/0251126 A1, 2003-5-1[2018-3-1].

[121] Fu J, Lee D U, Hassan F M, Yang L, Bai Z, Park M G, Chen Z. Flexible high-energy polymer-electrolyte-based rechargeable zinc-air batteries [J]. Advanced Materials, 2015, 27(37): 5617-5622.

[122] Shim J, Lopez K J, Sun H J, Park G, An J C, Eom S, Shimpalee S, Weidner J W. Preparation and characterization of electrospun $LaCoO_3$ fibers for oxygen reduction and evolution in rechargeable Zn-air batteries [J]. Journal of Applied Electrochemistry, 2015, 45(9): 1005-1012.

[123] Park G S, Lee J S, Kim S T, Park S, Cho J. Porous nitrogen doped carbon fiber with churros morphology derived from electrospun bicomponent polymer as highly efficient electrocatalyst for Zn-air batteries [J]. Journal of Power Sources, 2013, 243: 267-273.

[124] Liang H W, Wu Z Y, Chen L F, Li C, Yu S H. Bacterial cellulose derived nitrogen-doped carbon nanofiber aerogel: An efficient metal-free oxygen reduction electrocatalyst for zinc-air battery [J]. Nano Energy, 2015, 11: 366-376.

[125] Liu Q, Wang Y, Dai L, Yao J. Scalable fabrication of nanoporous carbon fiber films as bifunctional catalytic electrodes for flexible Zn-air batteries [J]. Advanced Materials, 2016, 28(15): 3000-3006.

[126] Wang Y, Fu J, Zhang Y, Li M, Hassan F M, Li G, Chen Z. Continuous fabrication of a MnS/Co nanofibrous air electrode for wide integration of rechargeable zinc-air batteries [J]. Nanoscale, 2017, 9(41): 15865-15872.

[127] Meng F, Zhong H, Bao D, Yan J, Zhang X. *In situ* coupling of strung Co_4N and intertwined N-C fibers toward free-standing bifunctional cathode for robust, efficient, and flexible Zn-air batteries [J]. Journal of the American Chemical Society, 2016, 138(32): 10226-10231.

[128] Li B, Chien S W, Ge X, Chai J, Goh X Y, Nai K T, Andy Hor T S, Liu Z, Zong Y. Ni/NiO_x-decorated carbon nanofibers with enhanced oxygen evolution activity for rechargeable zinc-air batteries [J]. Materials Chemistry Frontiers, 2017, 1(4): 677-682.

[129] Zhang J, Fu J, Song X, Jiang G, Zarrin H, Xu P, Li K, Yu A, Chen Z. Laminated cross-linked nanocellulose/graphene oxide electrolyte for flexible rechargeable zinc-air batteries [J]. Advanced Energy Materials, 2016, 6(14): 1600476.

[130] Becquerel A E. Memoire sur les effects electriques produits sous l'influence des rayons solaires [J]. C R Acad, Sci Paris, 1839, 9: 561-567.

[131] Chapin D M, Fuller C, Pearson G. A new silicon p-n junction photocell for converting solar radiation into electrical power [J]. Journal of Applied Physics, 1954, 25(5): 676-677.

[132] 秦桂红，严彪，唐人剑. 多晶硅薄膜太阳能电池的研制及发展趋势[J]. 上海有色金属, 2004, 25(1):38-42.

[133] Gloeckler M, Sankin I, Zhao Z. CdTe solar cells at the threshold to 20% efficiency [J]. IEEE Journal of Photovoltaics, 2013, 3(4): 1389-1393.

[134] Kamada R, Yagioka T, Adachi S, Handa A, Tai K F, Kato T, Sugimoto H. New world record Cu(In, Ga) (Se, S)2 thin film solar cell efficiency beyond 22% [C]. Proceedings of the Photovoltaic Specialists Conference(PVSC), 2016 IEEE 43rd, 2016. IEEE.

[135] Mishra A, Baeuerle P. Small molecule organic semiconductors on the move: Promises for future solar energy technology [J]. Angewandte Chemie-International Edition, 2012, 51(9): 2020-2067.

[136]Grätzel M. Recent advances in sensitized mesoscopic solar cells [J]. Accounts of Chemical Research, 2009, 42(11): 1788-1798.

[137] Grätzel M. Photoelectrochemical cells [J]. Nature, 2001, 414(6861): 338-344.

[138] Balandin A A, Ghosh S, Bao W, Calizo I, Teweldebrhan D, Miao F, Lau C N. Superior thermal conductivity of single-layer graphene [J]. Nano Letters, 2008, 8(3): 902-907.

[139] Brennan L J, Byrne M T, Bari M, Gun'ko Y K. Carbon nanomaterials for dye-sensitized solar cell applications: A bright future [J]. Advanced Energy Materials, 2011, 1(4): 472-485.

[140]Yun S, Freitas J N, Nogueira A F, Wang Y, Ahmad S, Wang Z S. Dye-sensitized solar cells employing polymers [J]. Progress in Polymer Science, 2016, 59: 1-40.

[141] Günes S, Neugebauer H, Sariciftci N S. Conjugated polymer-based organic solar cells [J]. Chemical Reviews, 2007, 107(4): 1324-1338.

[142] Yin X, Xue Z, Liu B. Electrophoretic deposition of Pt nanoparticles on plastic substrates as counter electrode for flexible dye-sensitized solar cells [J]. Journal of Power Sources, 2011, 196(4): 2422-2426.

[143] Tang Z, Wu J, Zheng M, Tang Q, Liu Q, Lin J, Wang J. High efficient PANI/Pt nanofiber counter electrode used in dye-sensitized solar cell [J]. RSC Advances, 2012, 2(10): 4062-4064.

[144] Chen X, Tang Q, He B. Efficient dye-sensitized solar cell from spiny polyaniline nanofiber counter electrode [J]. Materials Letters, 2014, 119: 28-31.

[145] Ameen S, Akhtar M S, Kim Y S, Yang O B, Shin H S. Sulfamic acid-doped polyaniline nanofibers thin film-based counter electrode: application in dye-sensitized solar cells [J]. The Journal of Physical Chemistry C, 2010, 114(10): 4760-4764.

[146] Hou S, Cai X, Wu H, Lv Z, Wang D, Fu Y, Zou D. Flexible, metal-free composite counter electrodes for efficient fiber-shaped dye-sensitized solar cells [J]. Journal of Power Sources, 2012, 215: 164-169.

[147] Wu K, Chen L, Sun X, Wu M. Transition-metal-modified polyaniline nanofiber counter electrode for dye-sensitized solar cells [J]. ChemElectroChem, 2016, 3(11): 1922-1926.

[148] Xiao Y, Han G, Li Y, Li M, Chang Y. High performance of Pt-free dye-sensitized solar cells based on two-step electropolymerized polyaniline counter electrodes [J]. Journal of Materials Chemistry A, 2014, 2(10): 3452-3460.

[149] Lee S H, Cho W H, Hwang D K, Lee T K, Kang Y S, Im S S. Synthesis of poly(3, 4-ethylene dioxythiophene)/ammonium vanadate nanofiber composites for counter electrode of dye-sensitized solar cells [J]. Electrochimica Acta, 2017.

[150] Su'ait M S, Rahman M Y A, Ahmad A. Review on polymer electrolyte in dye-sensitized solar cells(DSSCs) [J]. Solar Energy, 2015, 115: 452-470.

[151] Priya A S, Subramania A, Jung Y S, Kim K J. High-performance quasi-solid-state dye-sensitized solar cell based on an electrospun PVdF-HFP membrane electrolyte [J]. Langmuir, 2008, 24(17): 9816-9819.

[152] Park S H, Won D H, Choi H J, Hwang W P, Jang S I, Kim J H, Jeong S H, Kim J U, Lee J K, Kim M R. Dye-sensitized solar cells based on electrospun polymer blends as electrolytes [J]. Solar Energy Materials and Solar Cells, 2011, 95(1): 296-300.

[153] Ahn S K, Ban T, Sakthivel P, Lee J W, Gal Y S, Lee J K, Kim M R, Jin S H. Development of dye-sensitized solar cells composed of liquid crystal embedded, electrospun poly(vinylidene fluoride-*co*-hexafluoropropylene) nanofibers as polymer gel electrolytes [J]. ACS Applied Materials & Interfaces, 2012, 4(4): 2096-2100.

[154] Dissanayake M, Divarathne H, Thotawatthage C, Dissanayake C, Senadeera G, Bandara B. Dye-sensitized solar cells based on electrospun polyacrylonitrile(PAN) nanofibre membrane gel electrolyte [J]. Electrochimica Acta, 2014, 130: 76-81.

[155] Sethupathy M, Ravichandran S, Manisankar P. Preparation of PVdF-PAN-V_2O_5 hybrid composite membrane by electrospinning and fabrication of dye-sensitized solar cells [J]. International Journal of Electrochemical Science, 2014, 9(6): 3166-3180.

[156] Li Y, Lee D K, Kim J Y, Kim B, Park N G, Kim K, Shin J H, Choi I S, Ko M J. Highly durable and flexible dye-sensitized solar cells fabricated on plastic substrates: PVDF-nanofiber-reinforced TiO_2 photoelectrodes [J]. Energy & Environmental Science, 2012, 5(10): 8950-8957.

[157] 张晓英. 锰复合基全固态纤维染料敏化太阳能电池的制备研究[D].重庆：重庆大学, 2015.

[158] Bedford N M, Dickerson M B, Drummy L F, Koerner H, Singh K M, Vasudev M C, Durstock M F, Naik R R, Steckl A J. Nanofiber-based bulk-heterojunction organic solar cells using coaxial electrospinning [J]. Advanced Energy Materials, 2012, 2(9): 1136-1144.

[159] Zhang Z, Yang Z, Deng J, Zhang Y, Guan G, Peng H. Stretchable polymer solar cell fibers [J]. Small, 2015, 11(6): 675-680.

第6章

高分子纳米纤维及其衍生物在能源存储领域的应用

6.1 高分子纳米纤维及其衍生物在超级电容器领域的应用

6.1.1 超级电容器简介

超级电容器(supercapacitors 或 ultracapacitors)，也称电化学电容器(electrochemical capacitors)，由于其具有高的功率密度、快速充放电能力和优良的循环稳定性(>10万次)以及比较宽的工作温度范围等显著特点，已成为一类重要的能源存储设备[1, 2]。超级电容器主要应用在需要提供瞬间大电流的设备中，如电动汽车启动电源、闪光灯电源灯，以及需要快速充电的设备，如电动车电源、可再生能源发电并网、备用电源以及航空航天等领域[3]。相对于其他能源存储设备，超级电容器在传统电容器和电池之间搭建了桥梁，具有重要而独特的位置。相对于传统电容器，超级电容器的比能量密度要比传统电容器高出几个数量级。除此之外，超级电容器独特的电荷存储机制，可以确保在短时间内存储和释放大量电荷，因此能够提供比电池更高的功率密度。

超级电容器由两个电极、连接电极的电解液以及隔绝电极的离子渗透膜组成(图 6-1)，是基于德国物理学家 Helmholtz 提出的金属/溶液界面模型的一种全新的绿色电源，它主要通过电极/电解液界面的双电层效应或电极材料表面的氧化还原反应实现能量的存储/释放。超级电容器可以提供比可充电电池高 1～2 个数量级的功率密度(5～55 kW/kg)，并且能够存储比常规介质电容器更多的能量(4～8 W·h/kg)，此外，对称超级电容器还具有极高的循环稳定性(> 10 万次循环)[4]。

根据其储能机理，超级电容器可分为两种，分别是基于多孔电极材料-电解液界面电荷分离所产生的双电层电容(electrical double layer capacitances, EDLCs)，以及基于电极材料的可逆氧化还原反应产生的法拉第准电容(Faradic capacitances)或赝电容(pseudo-capacitances)[6, 7]。根据储能机理，超级电容器主要分为三类：①双电层电容器(EDLCs)；②赝电容器；③混合型超级电容器。

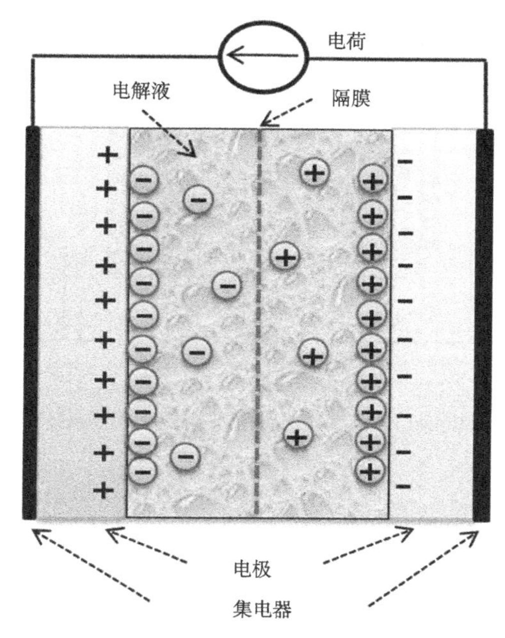

图 6-1　超级电容器结构示意图[5]

1. 双电层电容器

在双电层电容器中，电极/电解液界面处双电层中的电荷发生静电累积，从而实现能量的存储。双电层就是在两个电极间施加电压时，在电极的内表面晶格结构中形成一个电荷层，此时，电解液中的离子在电场的作用下向两极运动，在电极的外表面形成另一个具有相反极性的电子层。双电子层由单层的溶剂分子隔开，由于紧密的电荷层间距较小(纳米级)，因而具有较大的容量。如图 6-2 所示，在充电过程中，电子通过外部负载从负极移动到正极；在电解液中，阳离子向负极移动，而阴离子则向正极移动。放电时，发生相反的过程。在这种类型的超级电容器中，电解质离子通过静电吸附附着在电极的表面，电极与电解质之间不存在电荷转移，也不发生离子交换，也就是说，在充放电过程中，电解质浓度保持恒定，无化学变化，能量以这种方式存储在双电层界面中[8, 9]。双电层电容器利用电极表面上可逆的离子吸附存储电荷，其特征是矩形的循环伏安(CV)曲线与线性的恒流充放电曲线。双电层电容器具有良好的循环稳定性与较高的功率密度，但受限于较低的能量密度。

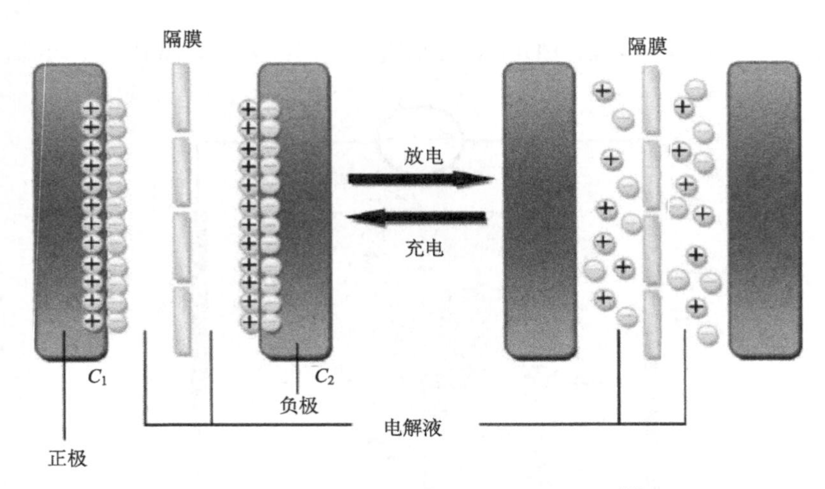

图 6-2 双电层电容器充放电机理示意图[5]

2. 赝电容器

赝电容，也称法拉第准电容，通过电极材料与电解质之间可逆的氧化还原反应实现能量存储。赝电容器电极中常见的法拉第氧化还原过程包括三种：①高度可逆的电化学吸附-脱附，如氢离子在铂或金电极表面的吸附-脱附过程；②基于金属氧化物(MOs)的氧化还原反应；③导电聚合物基电极中可逆的电化学掺杂-脱掺杂过程[10]。在理想情况下，赝电容器的法拉第过程不仅可以发生在电极表面，还可以扩展到电极内部，因而赝电容器能够提供比 EDLCs 更高的理论比电容与能量密度。当电极面积相同时，赝电容器的电容值可以高达 EDLCs 的 10～100 倍。然而，由于氧化还原反应的参与，赝电容器通常缺乏良好的循环稳定性，这与可充电电池类似；此外，赝电容器的功率密度也较低，低于 EDLCs。值得注意的是，与电池不同，赝电容器电极材料在充放电期间不发生相转变。

3. 混合型超级电容器

除了 EDLCs 与赝电容器之外，还有一种特殊类型的电容器系统，即混合型超级电容器，其通常将赝电容(能量源)与双电层电容(功率源)结合，利用法拉第与非法拉第过程来存储电荷[11, 12]。混合型超级电容器主要有三种：①非对称型，正极为赝电容材料，负极为碳；②对称型，正负极材料的储能机理相同或相近，均为 MOs/碳或者导电聚合物/碳复合材料等；③类电池型，正极为嵌锂材料，负极为碳材料。混合型超级电容器具有较高的功率密度与能量密度，然而赝电容有限的循环性能降低了其长期使用寿命。

众所周知，电极材料是决定超级电容器性能的一个重要因素，所以开发高性能电极材料已成为近年来的研究热点。据文献报道，当材料的尺寸减小到纳米级别时，其物理和化学性质会发生急剧变化。在多种形貌的纳米结构中，一维纳米材料具有较大的长径比，能够增加电极与电解液之间的可接触面积，并缩短电子和离子的传输路径，有利于提高储能器件的电化学性能[13]。一维纳米结构作为超级电容器电极材料，具有以下优点：①与颗粒电极相比，一维纳米结构可以提供直接的电流路径，促进电子的转移；②一维纳米结构极大地缩短了离子扩散长度，能够提高电极的倍率性能；③一维纳米结构较大的比表面积使得电极-电解液的接触面积增大，减少了充放电时间；④一维纳米结构可以缓解电极材料的体积膨胀并抑制其机械降解，从而实现长期的循环使用寿命；⑤一维纳米结构易于合成，能够充当基元模块，构建复杂与多功能的结构体系。因此，基于高分子纳米纤维及其衍生物的电极材料在超级电容器中得到广泛研究，包括双电层电容特性的碳纳米纤维、赝电容特性的导电聚合物纳米纤维或金属氧化物纳米纤维，以及混合电容特性的碳纳米纤维/导电聚合物或金属氧化物复合材料等。

6.1.2　双电层电容特性电极材料

多孔碳材料具有比表面积大、孔道结构可控、电导率高、稳定性好以及制备工艺简单等特点，被广泛用作超级电容器的电极材料。目前，用于超级电容器的多孔碳从类型上讲主要包括活性炭、活性碳纤维、碳气凝胶、碳纳米管和石墨烯等。在众多的碳电极材料中，活性碳纤维由于具有较大的比表面积、良好的导电性以及优秀的柔韧性而被大家普遍看好。活性碳纤维是将含碳纤维经过高温活化后使纤维产生孔径从而增大其比表面积并改变其物理或化学性质。常用的活性碳纤维包括酚醛基纤维、聚丙烯腈基纤维、黏胶基纤维、沥青基纤维等。例如，以PAN 基预氧丝为原材料，通过碳化与二氧化碳活化两步得到活性碳纤维，其比表面积达到了 469 m^2/g，在 0.5 mA/cm^2 的电流密度下测试，比电容达到了 140 F/g [14]。此外，由活性碳纤维堆积或编制而成的纤维毡在不需要黏结剂和导电剂的情况下能直接用作超级电容器电极材料，避免了黏结剂带来的惰性电阻，也简化了电极制备工艺，被认为是一种理想的超级电容器电极材料。

一维多孔碳纳米纤维具有较大的比表面积和孔体积、独特的一维属性，且碳纳米纤维堆积成的网络结构有利于离子的传导，被认为是一种优异的超级电容器电极材料。相对于传统碳微球材料，多孔碳纳米纤维直接与集流体相连，提供了精确的一维电子传导通道，从而使电子传输不会受到阻碍，并且缩短了电解质离子的扩散距离，从而促进了电解质的渗透[15]。目前，应用于超级电容器电极材料的多孔碳纳米纤维主要是通过静电纺丝和后处理制得的，该方法制得的纤维直接以薄膜或纤维毡的形式存在，一维纳米纤维形成交联的三维网状结构，从而可以直接作为自支撑电极组装成超级电容器[16]。

电纺碳纳米纤维通常由聚合物前驱体纺丝后碳化得到，由于可纺性、碳产率以及产物柔性的限制，聚合物前驱体的种类比较有限，目前常用的聚合物前驱体包括PAN、聚酰亚胺、聚苯并咪唑、酚醛树脂等。通常由聚合物前驱体直接碳化得到的碳纳米纤维比表面积较小，不利于双电层电容的形成，因此需要对电纺碳纳米纤维进一步处理，以改善碳纳米纤维的孔结构，提高其比表面积以及电导率。碳纳米纤维的有效利用面积直接决定其与电解液接触面积的大小，孔径大小及孔道分布直接影响着电解液离子的扩散速率，因此电极材料的比表面积和孔径分布是决定超级电容器性能好坏的关键因素。目前，常用的制备多孔碳纳米纤维的方法主要分为两大类：一是活化后处理，包括物理活化（水蒸气或CO_2）和化学活化（KOH，$ZnCl_2$等）；二是模板法，即在纺丝液中引入第二组分作为可牺牲模板，再经碳化或后处理方法除去模板以形成孔洞。

1. 活化后处理制备多孔碳纳米纤维

对碳纳米纤维进行活化后处理是最常用的提高碳纳米纤维比表面积和改善孔结构的方法。2003年，Kim等对PAN溶液进行静电纺丝得到了直径约为300 nm的纤维膜，随后在水蒸气中进行活化处理，还研究了不同处理温度对碳纳米纤维孔径分布和电容性能的影响[17]。研究表明，700℃下活化的碳纳米纤维具有最高的比表面积和最低的介孔体积，相反，800℃下活化的碳纳米纤维具有最高的介孔体积和最低的比表面积。在较低的电流密度（10 mA/g）下，700℃下活化的碳纳米纤维具有较高的比电容（173 F/g），而在较高的电流密度（1000 mA/g）下，800℃下活化的碳纳米纤维具有较高的比电容，这主要是由于其介孔体积的增加有利于离子的快速迁移。类似地，聚酰亚胺[18]和聚苯并咪唑[19, 20]也可经过电纺、碳化和水蒸气活化来制备多孔碳纳米纤维，根据活化温度的不同，其比表面积在900～2100 m^2/g范围内，比电容最高可达到200 F/g。然而，水蒸气活化虽然在低温下具有较高的比表面积，但低温下材料的导电性能受限，因此该活化方法难以同时满足高功率密度电极材料的需求。Ra等采用另一种物理活化方法对PAN基碳纳米纤维进行处理，在700～1000℃、CO_2气氛中对PAN纤维进行一步碳化/活化处理即可得到多孔碳纳米纤维[21]。在活化温度为1000℃时，碳纳米纤维可形成纳米孔，比表面积可达到705 m^2/g，在有机电解液中，其比电容可达到100 F/g。在高功率密度下，多孔碳纳米纤维相比活性炭表现出更高的能量密度。

化学活化法制得的多孔碳纳米纤维产率高，而且其孔隙结构比物理活化法更加发达，常用的活化剂包括KOH、$ZnCl_2$等。相对于物理活化，化学活化具有温度较低、活化产率高等优点，通过选择合适的活化剂控制反应条件可制得高比表面积的碳纳米纤维。Kim等以$ZnCl_2$作为活化剂制备得到多孔碳纳米纤维[22]，首先将PAN与$ZnCl_2$共纺得到纳米纤维，经过预氧化和800℃碳化处理即可得到多孔碳纳米纤维，在热处理过程中，氯化锌具有催化脱羟基和脱水的作用，使得 PAN 中的氢和氧以水蒸气的形式放出，形成多孔结构，同时高温下氯化锌气化，并进入碳内部起到骨架作用，碳的高聚物碳化后沉积在骨架上，用酸洗去氯化锌后，碳就变成了具有高比表面积的多孔结构活性炭。研究表明，随着 $ZnCl_2$ 含量从 1 wt %增加到 5 wt %，PAN 纳米纤维的直径从 350 nm 减小到 200 nm，碳化后最小直径仅为 100 nm，碳纳米纤维的比表面积从 310 m^2/g 增加到 550 m^2/g。在 6 mol/L KOH 电解液中，含有 5 wt % $ZnCl_2$ 的碳纳米纤维具有最高的比电容，达到 140 F/g（图 6-3）。除

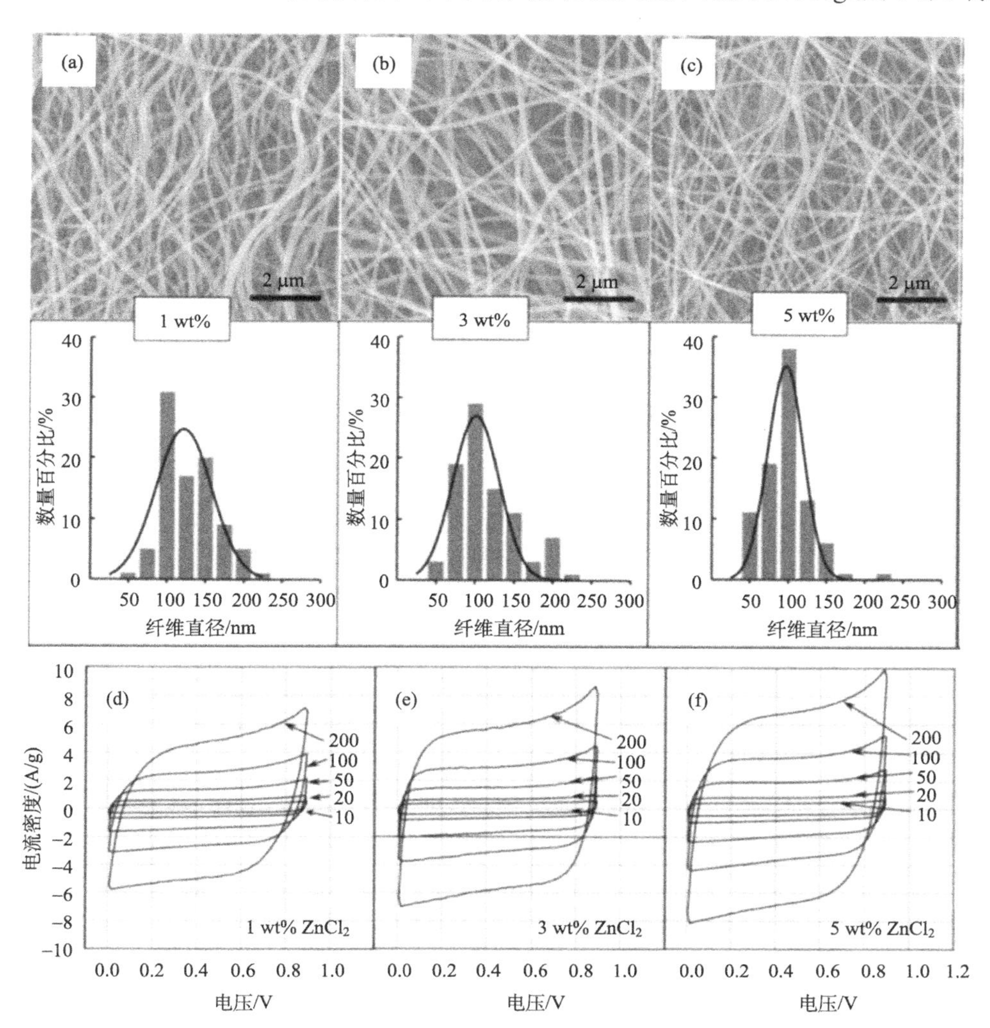

图 6-3　氯化锌活化的碳纳米纤维的（a～c）扫描电镜照片及相应的纤维直径分布；（d～f）不同扫描速率下的循环伏安曲线，电解液为 6 mol/L KOH（800 ℃热处理 1 h）[22]

了静电纺丝法，溶液喷射纺丝法作为一种新型制备微纳米纤维的工艺也引起了研究者们的广泛关注。王冉冉以 PAN 为碳前驱体，在纺丝液中加入不同质量分数的 $ZnCl_2$，通过溶液喷射装置进行纺丝得到纤维毡[23]。经过预氧化、碳化和酸洗得到多孔碳纤维。所有样品均具有完整的纤维形貌，且通过溶液喷射制得的纤维比电纺纤维具有更明显的三维立体网络结构。随着 $ZnCl_2$ 含量的增多，样品的比表面积和孔体积逐渐增大，多孔碳纤维比表面积最高可达到 1469 m^2/g。电化学测试显示，当 $ZnCl_2$ 含量为 15%时，样品的比电容为 219.4 F/g（0.2 A/g）。当 $ZnCl_2$ 含量为 13%时，样品的电容保持率最大，当电流密度增大到 10 A/g 时，电容仍保持 70.1%。

KOH 活化法制得的多孔碳纳米纤维具有较高的比表面积和丰富的孔隙结构，而且通过 KOH 活化法可以增加表面含氧官能团，从而提高碳基电容器的电化学响应。KOH 在进行活化时，所进行的反应如下：

$$6KOH + 2C \longrightarrow 2K + 3H_2 + 2K_2CO_3$$

$$K_2CO_3 \longrightarrow K_2O + CO_2$$

$$CO_2 + C \longrightarrow 2CO$$

$$K_2CO_3 + 2C \longrightarrow 2K + 3CO$$

$$K_2O + C \longrightarrow 2K + CO$$

在反应过程中，有三个因素促成了孔隙的形成：第一，KOH 与碳发生反应，使表面最杂乱、最活泼的碳被去除而留下孔隙；第二，后期酸洗过程中产物碳酸盐的去除过程可以造孔；第三，反应产物金属钾通过插入石墨层进行造孔。目前，对电纺碳纳米纤维的 KOH 活化方法主要是一步活化法和后期浸渍活化法。例如，Ma 等采用一步 KOH 活化法制备得到具有微孔结构的碳纳米纤维[24]，以酚醛树脂/聚乙烯醇混合溶液作为纺丝液，同时在纺丝液中加入不同含量的 KOH，随后经过一步碳化/活化即可得到微孔碳纳米纤维。研究表明，KOH 的加入可以有效调节纤维直径且改善孔结构，纤维直径在 252～666 nm 范围内，纤维内具有丰富的微孔结构，孔尺寸在 0.7～1.2 nm 之间，在 KOH 含量为 20%时比表面积最高可达 597 m^2/g。该微孔碳纳米纤维在 6 mol/L KOH 电解液中，在 0.2 A/g 的电流密度下，质量比电容最高可达 256 F/g，面积比电容最高可达 0.51 F/m^2，且当电流密度增加到 20 A/g 时，容量仍可保持 67%。然而，一步活化法受电纺工艺的限制，KOH 的添加量比较有限，孔隙率和比表面积有限。在此基础上，该研究团队进一步采用后期浸渍活化法制备多孔碳纳米纤维[25]，首先通过静电纺丝获得酚醛纤维，并将其浸渍于 KOH 溶液中，随后经过一步碳化/活化处理即可得到微孔碳纳米纤维。所制备的微孔碳纳米纤维比表面积最高可达 1317 m^2/g，孔体积达到 0.699 cm^3/g。同时，KOH 活化法可以增加碳纳米纤维表面的含氧官能团，纤维表面氧原子含量高达 15.1 at%(at%表示原子分数)。该碳纳米纤维膜可直接作为自支撑柔性电极用于超级电容器，在 6 mol/L KOH 电解液中，在 0.2 A/g 的电流密度下，质量比电容最高可达 362 F/g，能量密度高达 7.1 W·h/kg(图 6-4)。与一步活化法相比，后期浸渍活化法具有更高的比表面积和比电容，但是后期浸渍活化法中活化剂的用量较大，活化剂不能有效利用，而且存在比表面积提高与纤维结构保持的矛盾，且通常 KOH 活化制得的样品以微孔为主。在此基础上，Ma 等进一步以 KOH 为活化剂、熔盐作为介质在高温下对碳纳米纤维造孔[26]。所使用的熔盐(NaF 和 NaCl 混合物)作为活化介质，使 KOH 与酚醛树脂纤维充分接触，且在高温下完成活化，制得的碳纳米纤维引入了部分介孔。介孔的引入为离子的进出提供低阻通道，介孔孔壁可以减少电解质离子的传输阻力，进而有利于电极材料大电流特性的提高。结果表明，在熔盐介质中加入少量 KOH 可以使孔体积和比表面积有很大的提高，孔结构得到改善。所有样品都具有完整的纤维形貌，且纤维无序堆积成网络结构。当活化温度为 800 ℃时，样品形成了一定含量的介孔，比表面积达到 1007 m^2/g，电化学性能最高。在 6 mol/L 的 KOH 溶液中测试，电极材料在 0.2 A/g 的电流密度下比电容达到 288 F/g。

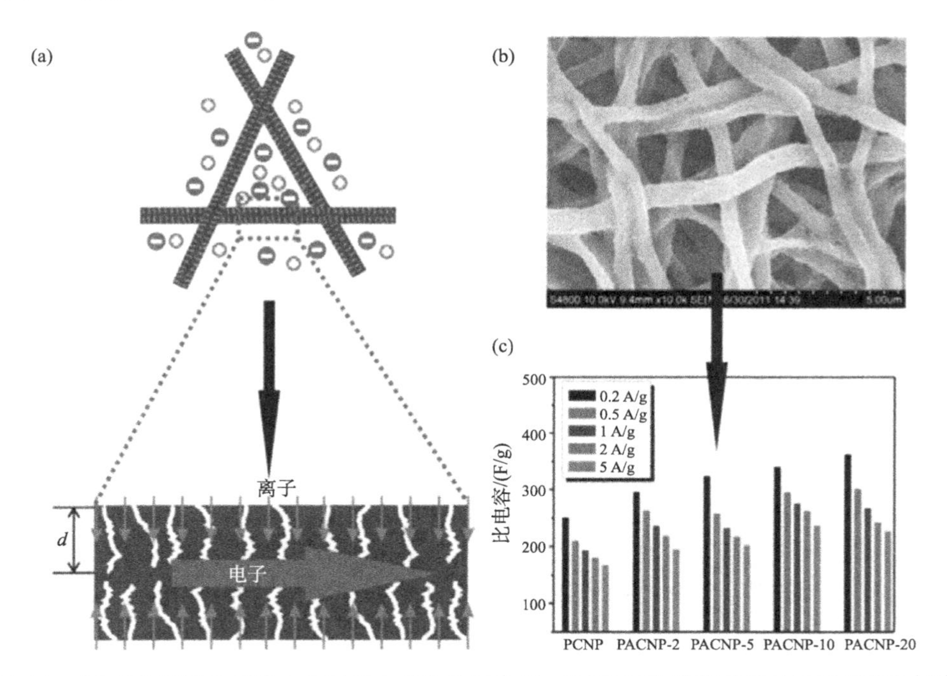

图 6-4　(a)多孔碳纳米纤维电极材料电荷传输示意图。KOH 活化酚醛基碳纳米纤维的扫描电镜照片(b)与超级电容器性能(c)[25]

PCNP：酚醛基碳纳米纤维膜；PACNP：酚醛基活化碳纳米纤维膜

2. 模板法制备多孔碳纳米纤维

制备多孔碳纳米纤维的另一种方法是模板法，即在聚合物纤维纺丝液中引入第二组分作为可牺牲模板，在碳化或者后处理过程中除去以形成孔洞。可牺牲模板主要有两类，一类是聚合物模板，通常选用两种互不相溶的聚合物溶液进行共混后静电纺丝成形，再通过后处理工艺(通常是热处理)去除其中的一种成分，从而形成多孔结构[27, 28]。其中两种聚合物具有不同的热稳定性，一种是碳的前驱体，具有较高的热稳定性，如 PAN、聚酰亚胺等，另一种是造孔剂，在热处理过程中发生分解形成孔结构，常用的聚合物模板有聚苯乙烯(PS)、聚甲基丙烯酸甲酯(PMMA)、聚乙烯吡咯烷酮(PVP)、聚丙烯酸(PAA)等。另一类是金属盐/氧化物模板，该方法是通过在聚合物纺丝液中添加无机盐作为成孔剂，在溶液静电纺丝成形后去除无机盐而形成纳米多孔结构[29, 30]。Chau 等将静电纺 PAN 和全氟磺酸树脂(Nafion)的混合物经过高温处理得到多孔碳纳米纤维[31]。在高温处理过程中，PAN 纤维转化成碳纳米纤维，Nafion 被除去，在纤维内部形成孔结构。所得多孔碳纳米纤维比表面积可达 1600 m^2/g，样品中大多为介孔，孔径分布在 2～4 nm 之间，在 1 mol/L H_2SO_4 电解液中，在 100 mV/s 的扫速下，质量比电容最高可达 210 F/g，体积比电容高达 60 F/cm^3，表现出良好的电化学性能。Abeykoon 等将 PAN 与 PMMA 共纺得到复合纤维，随后碳化得到多孔碳纳米纤维，其中 PMMA 作为可牺牲模板在高温碳化中分解形成孔结构[32]。研究表明，起始纺丝液中 PMMA 的含量对所得碳纳米纤维的比表面积和孔结构有较大影响：当 PAN 与 PMMA 质量比为 95∶5 时，所得碳纳米纤维具有最优的石墨化程度和最高的碳产率，比表面积最高达到 2419 m^2/g。在 1-乙基-3-甲基咪唑啉双(三氟甲基磺酰基)亚胺(EMITFSI)离子液体电解液中，材料的比电容高达 140 F/g，在 4 V 电压宽度下能量密度高达 101 W·h/kg。He 等以 PAN/PMMA 混合溶液作为前驱体，进一步通过调控纺丝工艺，获得了具有多通道孔结构的碳纳米纤维[33]。单根碳纳米纤维的直径约为 450 nm，其内部由多个孔道组成，单个孔道的直径约为 50～60 nm，孔壁厚度约为 45 nm，且孔壁上存在微孔结构。该碳纳米纤维比表面积高达 659 m^2/g，并同时存在微孔、介孔和大孔结构。这种特殊的多孔道结构有利于电解液离子的快速扩散，纤维内部的孔道可以作为离子缓存区，减小离子传输阻值(图 6-5)。将该多孔道碳纳米纤维作为超级电容器电极材料时，在 6 mol/L KOH 电解液中，在 0.1 A/g 的电流密度下，质量比电容最高可达 325 F/g，在 10 A/g 的电流密度下，质量比电容仍可保持 180 F/g。除了比表面积和孔结构，材料的电导率以及材料的微晶结构等因素也对电容器性能有着极大影响。由于直接由聚合物碳化得到的碳纳米纤维导电性能较差，可在静电纺丝过程中加入导电添加剂，如碳纳米管、石墨烯等，以提高碳纳米纤维的导电性能。研究表明，在 PAN/PMMA

纺丝过程中加入石墨烯之后碳化得到的碳纳米纤维比表面积和孔径分布并没有明显改变，但样品的电导率明显增加。在三电极体系下，添加石墨烯之后样品的比电容增大，交流阻抗测试显示，随着石墨烯含量的增加，样品的内阻减小[34]。

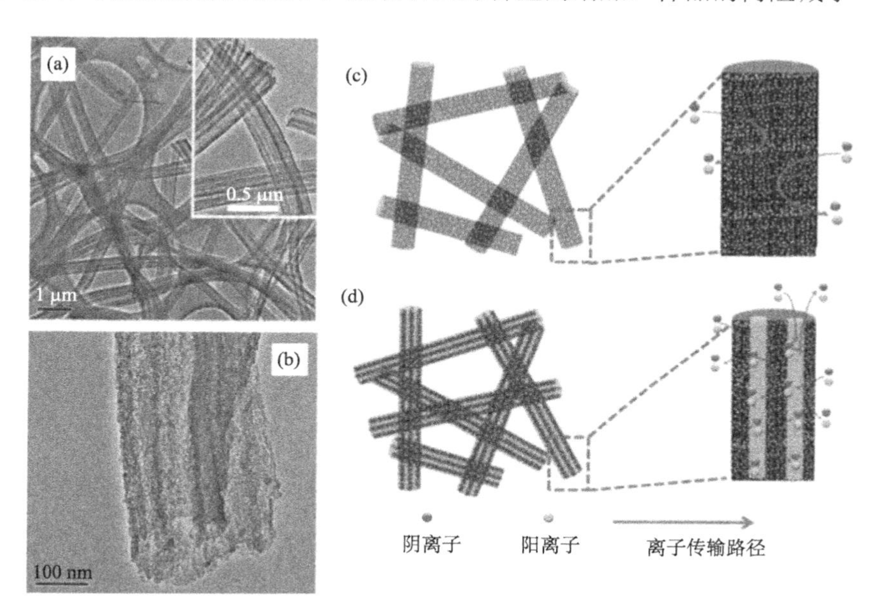

图 6-5　多孔道碳纳米纤维的透射电镜照片：(a) 低倍，(b) 高倍；普通多孔碳纳米纤维 (c) 和多孔道碳纳米纤维 (d) 结构与离子传输示意图[33]

通常金属盐/氧化物作为模板可获得具有介孔结构的碳纳米纤维，该方法是通过在聚合物纺丝液中添加无机盐作为成孔剂，在溶液静电纺丝成形并碳化后形成金属氧化物或者金属粒子，进一步酸洗可除去金属氧化物或金属粒子形成多孔结构。An 等采用同轴静电纺丝法，以 PAN-PVP 为壳层，以 PVP 和无机盐氯化锡为核层，在热处理碳化制备碳纳米纤维的过程中，无机盐氯化锡转变为 SnO_2，进一步经氢气还原气氛处理使纤维表面及内部形成 Sn 颗粒，再经过后期酸洗除掉 Sn 颗粒便制得多孔碳纳米纤维 (图 6-6)，其比表面积达 1082 m^2/g，比电容可达 289 F/g [35]。类似地，Ma 等以酚醛树脂作为碳前驱体，以无机盐 $Mg(NO_3)_2{\cdot}6H_2O$ 为模板，通过静电纺丝制备具有介孔结构的碳纳米纤维[36]。其介孔体积含量高达 95%，比表面积达到 674 m^2/g，将其作为超级电容器电极材料使用时，比电容达到 270 F/g，并具有良好的倍率与循环性能。金属钴盐不仅可以作为造孔剂制备多孔碳纳米纤维，同时在碳化过程中金属钴还可以促进碳的石墨化，提高碳纳米纤维的导电性能并增强纤维膜的柔韧性[37]。将 PAN/PVP 与 $Co(NO_3)_2{\cdot}6H_2O$ 溶液共纺，进一步碳化并酸洗除去钴离子得到的多孔碳纳米纤维具有良好的柔韧性和较高的石墨化程度，因而作为超级电容器电极材料时，具有良好的离子扩散路径和电子传输通道。该电极材料具有良好的循环稳定性，在 2000 次充放电循环后容量仍能保持 94%，组装成的柔性超级电容器具有良好的弯折性，500 次弯折后容量仍能保持 89.4%。除了在纺丝液中加入金属盐前驱体，可直接在纺丝液中加入纳米粒子作为模板。Zhang 等直接在 PAN 纺丝液中加入商用的碳酸钙($CaCO_3$)纳米颗粒进行静电纺丝，在碳化过程中，$CaCO_3$ 分解产生二氧化碳形成微孔与介孔，酸洗去除 CaO 之后形成大孔[38]。将该微孔-介孔-大孔共存的碳纳米纤维作为超级电容器电极材料时，在 6 mol/L KOH 电解液中，在 0.5 A/g 的电流密度下，质量比电容最高可达 251 F/g。通常模板法制备的碳纳米纤维孔结构是开放的，直接与电解液接触，在大电流长循环下电极材料不可避免地会有损失，从而导致其容量衰减。Xie 等将 PVP 与锡盐、铁盐共纺得到纳米纤维，随后在其表面包覆一层聚多巴胺作为壳层，进一步碳化并酸洗除去金属氧化物得到内部多孔的碳纳米纤维[39]。该材料在 1 A/g 的电流密度下，质量比电容最高可达 328 F/g，能量密度最高可达 13.6 W·h/kg。

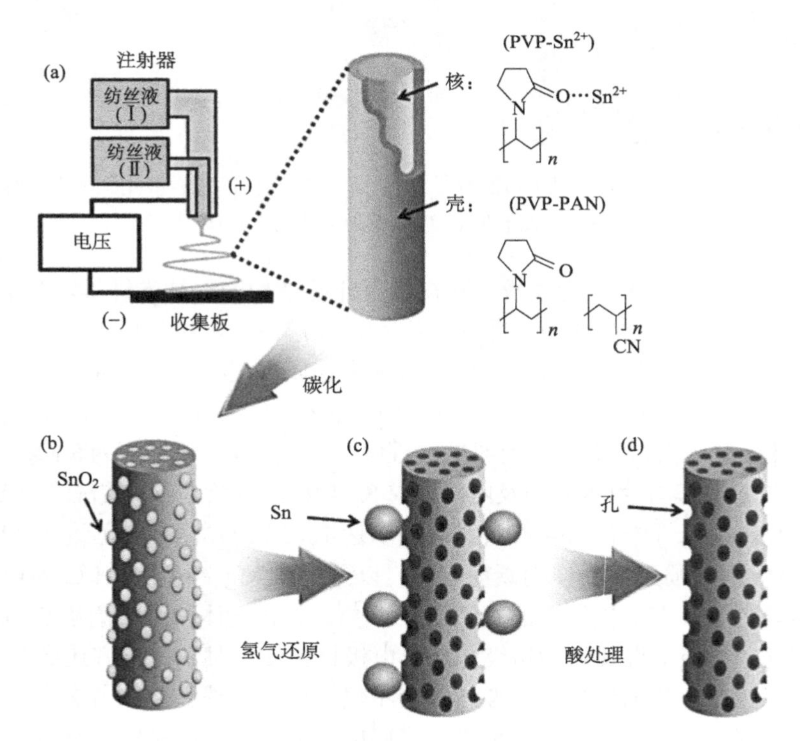

图 6-6 (a)同轴静电纺丝示意图；(b)800 ℃氮气中热处理后得到的 SnO_2/C 复合纤维；(c)氢气还原后在碳纳米纤维表面形成 Sn 颗粒；(d)酸洗后得到的多孔碳纳米纤维[35]

6.1.3　赝电容特性电极材料

1. 杂原子掺杂碳纳米纤维

通过对碳材料进行掺杂，可有效提高其电化学特性。目前普遍认为，对碳材料进行杂原子(如氮、氧、硼、氟、磷等)掺杂可以在材料表面引入官能团，有利于吸附电解液离子，进一步改善碳纳米材料的亲疏水性，增强电极材料的浸润性，并且有利于增强电解液离子在材料微孔中的快速传输。同时，碳纳米材料表面的杂原子官能团使材料具有酸性或碱性活性位点，这些活性位点与电解液离子之间发生法拉第氧化还原反应，由此产生赝电容，使电极材料的比电容值增加[40, 41]。

由于氮与碳原子直径相近，在取代碳的过程中，材料结构不会发生明显的畸形变化，所以氮掺杂碳材料的研究最多也最为深入[42, 43]。作为超级电容器的电极材料，氮原子的存在可大幅度提高电化学性能，主要表现在以下几个方面：①含氮官能团的引入可以产生赝电容反应，大大增加超级电容器的比电容，进而增加能量密度。②氮掺入碳材料中增加了碳材料的亲水性极化位点，使得电极材料和电解液的可接触面积增加，即增加了材料表面的润湿性，降低了电解液离子在孔隙中的扩散阻力，从而提高表面利用率，增加比电容。③碳骨架中氮原子的孤对电子可以使 sp^2 杂化碳骨架的离域 π 系统带负电荷，它的自旋密度主要集中在邻近的 C 原子处，可活化邻近的 C 原子，促进电子在碳基体中的传输，吸引电解液离子从而提高双电层浓度，增加双电层电容。目前，制备氮掺杂碳纳米纤维的常用方法是，在纳米纤维中引入富氮前驱体，经过一步碳化即可得到氮掺杂碳纳米纤维。2012 年，Chen 等首先制备了氮掺杂碳纳米纤维，首先在碳纳米纤维表面聚合富氮前驱体聚吡咯，随后一步碳化制备得到氮掺杂碳纳米纤维[图 6-7(a)][44]。研究表明，碳化温度对碳纳米纤维中的氮含量和比表面积有较大影响，在较低碳化温度下(500 ℃)，氮原子掺杂含量较高，但比表面积较小，随着碳化温度升高，氮原子含量逐渐降低，而比表面积逐渐增大。当碳化温度达到 900 ℃时，所得碳纳米纤维上氮原子含量为 7.22%，比表面积为 562 m^2/g，具有最优电容性能，在 1 A/g 的电流密度下，比电容最高可达 202 F/g，相比于非氮掺杂样品有大幅提高，且具有良好的倍率性能，在 30 A/g 的电流密度下，容量仍能保持 81.7%[图 6-7(b)]。同时，阻抗图谱显示，氮原子掺杂可有效降低电化学反应的溶液电阻，有利于电解液离子的浸润[图 6-7(c)]。类似地，在碳纳米纤维表面聚合聚苯胺后碳化也可实现对碳纳米纤维的氮掺杂[45, 46]。在 PAN 纺丝液中引入富氮前驱体(如 PVP 等)进行混合纺丝，在碳化后也可实现对碳纳米纤维的氮掺杂[47]。Zhan 等采用同轴静电纺丝法，以 PAN/PVP 为壳层，以 PVP 为核层，纺丝成形后经过碳化/活化制备得到氮掺杂碳纳米纤维[48]，其中氮原子含量达到 14.4 wt%，将其作为超级电容器电极材料时，在 1 A/g 的电流密度下，质量比电容最高可达 292 F/g，面积比电容达到 40 μF/cm^2。

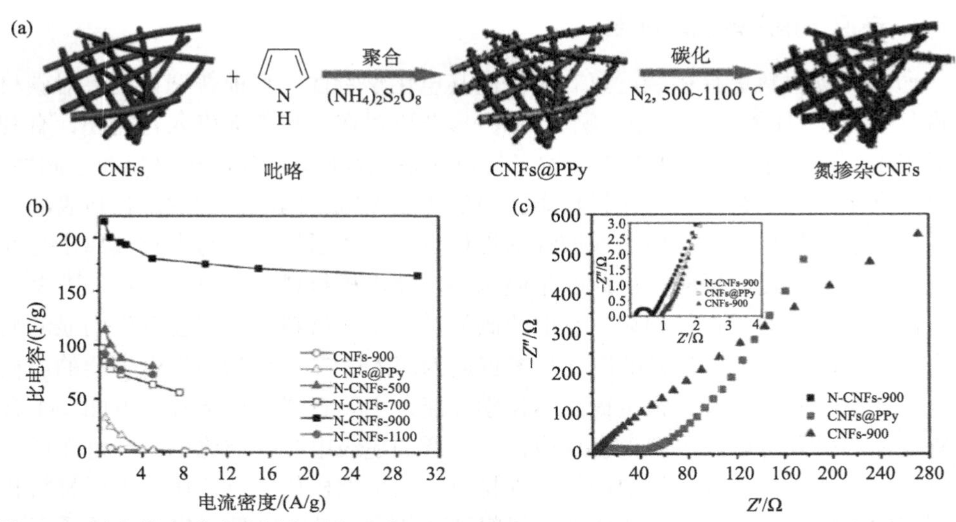

图 6-7 (a)氮掺杂碳纳米纤维制备示意图；(b)氮掺杂碳纳米纤维的倍率性能；(c)氮掺杂碳纳米纤维的阻抗图谱[44]

除了常用的氮掺杂方法以外，其他杂原子也被用于碳纳米纤维的掺杂。Yu 等将所制备的碳纳米纤维浸泡于硼酸溶液中，随后烘干、碳化处理即可得到硼、氧共掺杂的碳纳米纤维[49]。随着硼酸浓度的增加，所得碳纳米纤维中硼原子与氧原子的含量也逐渐增加，其质量比电容也增加，在 1 A/g 的电流密度下，质量比电容从 76.5 F/g 提高到 225.9 F/g，但是纤维膜的堆积密度减小，不利于体积比电容的增加。在硼原子含量与纤维膜的堆积密度都适中的情况下，最优质量比电容可达到 192.8 F/g，体积比电容可达到 179.3 F/cm^3。Na 等先将 PAN/PVP 共同纺丝碳化后制备得到氮掺杂碳纳米纤维，进一步在八氟环丁烷气氛中真空等离子处理，得到氟、氮共掺杂的碳纳米纤维[50]，其中氮、氟原子的含量分别为 11.3 at%和 10.9 at%。氟和氮原子的共掺杂有利于电子的传导、电解液的浸润，并引入赝电容特性，该电极材料在 0.5 A/g 的电流密度下，质量比电容达到 252.6 F/g。

以细菌纤维素作为前驱体，制备得到的碳纳米纤维具有长径比大、比表面积高、导电性好、纤维连通性强等特点。将细菌纤维素碳化后的碳纳米纤维浸于氨水溶液中水热即可得到氮掺杂碳纳米纤维[51]。所得纤维膜可直接作为电极材料组装柔性超级电容器，其功率密度高达 390.53 kW/kg，且具有良好的循环稳定性，5000 次循环后，容量仍能保持 95.9%。该方法具有简单易得、普适性强的优势，将细菌纤维素浸于不同的溶液中，如磷酸、磷酸二氢铵、硼酸/磷酸溶液中，之后碳化即可得到不同杂原子掺杂的碳纳米纤维，如 P 掺杂，N、P 共掺杂，B、P 共掺杂碳纳米纤维[52]。

2. 导电聚合物纳米纤维

导电聚合物由于储存电荷密度高、成本低廉且兼具柔性等优点，被认为是非常有应用前景的一类超级电容器电极材料。以导电聚合物为电极的超级电容器，其电容一部分来自电极/溶液界面的双电层，更主要的部分来自电极在充放电过程中的氧化还原反应。在充放电过程中，电极内具有高电化学活性的导电聚合物进行可逆的p型或n型掺杂或去掺杂，从而使导电聚合物电极存储高密度的电荷，产生大的法拉第电容[53, 54]。目前应用于超级电容器的导电聚合物主要有聚吡咯(PPy)[55]、聚苯胺(PANI)[56-58]、聚噻吩(polythiophene)[59]等。导电聚合物的比电容介于碳材料和过渡金属氧化物材料之间，具有导电性好、成本低、来源丰富、易加工等优势，但是在充放电过程中聚合物链段易于溶胀和收缩，甚至断裂，存在不稳定、循环寿命低的问题。研究表明，导电聚合物的微观结构对材料的电容性能有着较大影响，其中一维纳米纤维由于具有较大的长径比，能够增加电极与电解液之间的可接触面积，并缩短电子和离子的传输路径，并且特殊的一维结构可以缓解电极材料的体积膨胀并抑制其机械降解，从而实现长期的循环使用寿命[60, 61]。因此，基于导电聚合物纳米纤维的超级电容器电极材料得到了广泛研究。

聚苯胺由于具有成本低、易聚合、稳定性好、易掺杂、高比电容等优点，是目前研究最广泛的应用于超级电容器电极材料的导电聚合物。目前制备聚苯胺纳米纤维的方法主要有化学聚合和电化学聚合两种。一般化学聚合采用氧化剂如三氯化铁使单体发生氧化聚合，通过控制反应条件可获得聚苯胺纳米纤维。例如，Zhang等在水溶液中通过化学氧化法制备得到聚苯胺纳米纤维，纤维直径在17～26 nm之间，电导率可达32 S/cm [62]。由直接聚合得到的聚苯胺纳米纤维通常具有较小的直径，一般小于100 nm，用作超级电容器电极材料时，其容量通常在300～400 F/g之间。Simotwo等采用静电纺丝法制备了聚苯胺纳米纤维[63]，以少量高分子量聚环氧乙烯作为助纺剂，所得的纳米纤维中聚苯胺纯度高达93 wt %，所得纳米纤维直径约(678 ± 54) nm，在0.5 A/g的电流密度下比电容达到308 F/g，1000次充放电循环之后，容量仍能保持70%。Miao等以静电纺聚酰胺酸纳米纤维作为模板，在其表面原位聚合苯胺，随后去除聚酰胺酸模板而获得聚苯胺中空纳米纤维。通过调控起始苯胺单体的浓度，可方便地调节聚苯胺中空纳米纤维的壳层厚度，起始苯胺浓度为0.01 mol/L，0.03 mol/L和0.05 mol/L时，所得到的聚苯胺壳层的厚度分别为50 nm，75 nm，125 nm，分别记为H-PANI1#，H-PANI2#，H-PANI3#[64]。中空结构具有较高的表面积/体积比，有利于离子的快速扩散，以及电化学活性位点的充分利用。所制备的聚苯胺中空纳米纤维在1 A/g的电流密度下，比电容最高可达601 F/g(图6-8)。

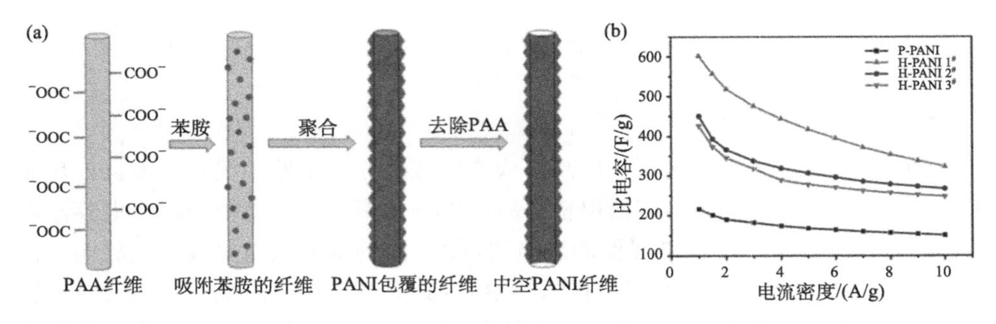

图 6-8 (a) 聚苯胺中空纳米纤维的制备示意图；(b) 聚苯胺中空纳米纤维的倍率性能[64]

P—PANI：聚苯胺粉末；H—PANI：聚苯胺中空纳米纤维

3. 金属氧化物纳米纤维

金属氧化物是另一类赝电容材料，其存储机制是利用表面快速、可逆的氧化还原反应，通过电化学电荷迁移存储电荷。与碳材料相比，金属氧化物具有较高的比电容；和导电聚合物相比，金属氧化物具有较好的循环稳定性。过渡金属氧化物具有对环境无害、成本低、水电解液与生态兼容性好等优异性能，是一类性能非常好的超级电容器电极材料。金属氧化物在电化学电容器中的应用需要具备以下几个基本条件：①有一定的电导率；②在一个连续范围内金属要存在两个或者更多的氧化态，而不发生相变及三维结构的不可逆变化；③质子在还原条件下可以自由插入到氧晶格内，在氧化条件下可以脱离氧晶格，简单的互变过程就是 $2H^{+}+O^{2-} \rightleftharpoons 2OH^{-}$。到目前为止，广泛研究的过渡金属氧化物电极材料主要包括氧化钌、氧化镍、氧化锰以及氧化钴等。纳米纤维特殊的一维结构可以较大程度地暴露金属氧化物的活性位点，提高电容量[65, 66]。目前，制备金属氧化物纳米纤维的主要方法是静电纺丝法，通常将金属盐前驱体与高分子助纺剂混合纺丝，或者以高分子纳米纤维作为模板，后处理之后可得到金属氧化物纳米纤维。

二氧化锰 (MnO_2) 成本低、环境友好和理论比电容 (1100～1300 F/g) 高，因此二氧化锰作为超级电容器电极材料已经引起了很大关注。Zhao 等以 PAN 基碳纳米纤维作为模板，将其与高锰酸钾反应制备得到多孔 MnO_2 纳米纤维[67]。在较低的高锰酸钾浓度和较长的反应时间下，高锰酸钾与碳反应生成的 MnO_2 呈相互连接的片状，具有蜂窝多孔结构，片层厚度约为 4～7 nm。将该 MnO_2 纳米纤维组装成对称超级电容器，在 1 mol/L Na_2SO_4 水性电解液中，超级电容器工作电压高达 2.2 V，在功率密度为 3.3 kW/kg 下，能量密度高达 41.4W·h/kg，同时该超级电容器还具有良好的循环稳定性，3500 次充放电循环之后，其容量仍能保持 76%。在此基础上，Huang 等进一步通过调控反应条件，以 PAN 基碳纳米纤维作为模板，制备得到具有中空结构的 MnO_2 纳米纤维[68]。该中空 MnO_2 纳米纤维具有双层结构，内表层为致密堆积的 MnO_2，而外表层为介孔结构 MnO_2。将其作为超级电容器电极材料时，在 0.5 mol/L Na_2SO_4 水性电解液中，质量比电容高达 231 F/g，面积比电容达到 309 mF/cm^2。Radhamani 等利用静电纺丝方法，首先将 PVA 与醋酸锌盐共纺后热处理得到 ZnO 纳米纤维，随后在其表面水热生长 MnO_2 纳米片，制备得到具有核壳结构的 ZnO@MnO_2 纳米纤维[69]。其中 ZnO 具有较高的电导率，而 MnO_2 具有较高的赝电容，作为超级电容器电极材料时，在 0.6 A/g 的电流密度下，比电容达到 907 F/g。

6.1.4 混合电容特性电极材料

通常混合电容特性电极材料将赝电容与双电层电容结合，利用法拉第与非法拉第过程来存储电荷。一方面，双电层电容材料具有良好的循环稳定性，但存在容量低的缺陷；另一方面，赝电容材料具有较高的比电容，但是存在循环稳定性差的缺陷。将双电层电容材料与赝电容材料相复合，可以同时克服双电层电容材料容量低以及赝电容材料稳定性差的缺点，获得同时具有高容量和高循环稳定性的电极材料。对于纳米材料而言，混合电容特性材料主要包括两类，一是导电聚合物/碳复合纳米纤维，二是金属氧化物/碳复合纳米纤维。

1. 导电聚合物/碳复合纳米纤维

将导电聚合物与碳材料复合的方式有两种，一是将聚合物纳米纤维与碳纳米材料如石墨烯、碳纳米管等相复合，其中碳纳米材料可增强材料整体的导电性，并赋予材料结构稳定性，通过特定工艺可制备得到具有柔性的膜材料；二是以碳纳米纤维为基板，在其表面负载导电聚合物，一方面，碳纳米纤维可以充分暴露导电聚合物的活性位点，增加其赝电容特性，另一方面，碳纳米纤维可以作为支撑骨架，通常以柔性膜的形式存在，可直接用于超级电容器电极材料。

Zhang 等直接在石墨烯表面原位聚合苯胺，得到石墨烯/聚苯胺纳米纤维复合材料，该电极材料在 0.1 A/g 的电流密度下，比电容达到 480 F/g [70]。Zhou 等利用静电相互作用力将带负电的石墨烯与带正电的聚苯胺纳米纤维组装得到石墨烯包覆的聚苯胺纳米纤维，该电极材料在有机电解液中，在 0.3 A/g 的电流密度下，比电容达到 250 F/g，相比于纯聚苯胺纳米纤维提高了 39.7%[71]。Wu 等将聚苯胺纳米纤维与石墨烯溶液混合，通过真空抽滤的方式制备得到石墨烯/聚苯胺纳米纤维(G-PNF)复合膜材料[72]，复合膜的电导率高达 550 S/m，约是聚苯胺纳米纤维电导率的 10 倍。作为超级电容器电极材料时，在 0.3 A/g 的电流密度下，比电容达到 210 F/g。并且充放电曲线显示，相比于聚苯胺纳米纤维(PANI-NF)，复合膜具有更小的压降(IR drop)，表明石墨烯(CCG)的加入可有效减小材料的内阻，提高材料的电容性能(图 6-9)。

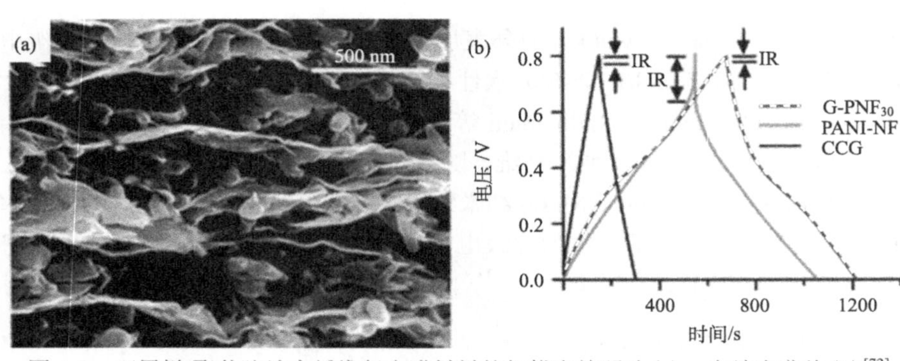

图 6-9　石墨烯/聚苯胺纳米纤维复合膜材料的扫描电镜照片(a)、充放电曲线(b)[72]

以碳纳米纤维膜负载导电聚合物可直接制备得到具有柔性、自支撑的电极材料[73-75]。Yan 等以 PAN 基碳纳米纤维作为基体，在其表面原位聚合苯胺，得到聚苯胺/碳纳米纤维复合膜，该复合膜具有良好的柔性和自支撑性，可反复弯折而不发生改变[76]。将其作为超级电容器电极材料时，在 2 A/g 的电流密度下，比电容达到 638 F/g，约是纯碳纳米纤维的 2 倍，且该复合膜具有良好的循环稳定性，1000 次充放电循环后，容量仍保持 90%以上(图 6-10)。Chen 等在 PAN 基碳纳米纤

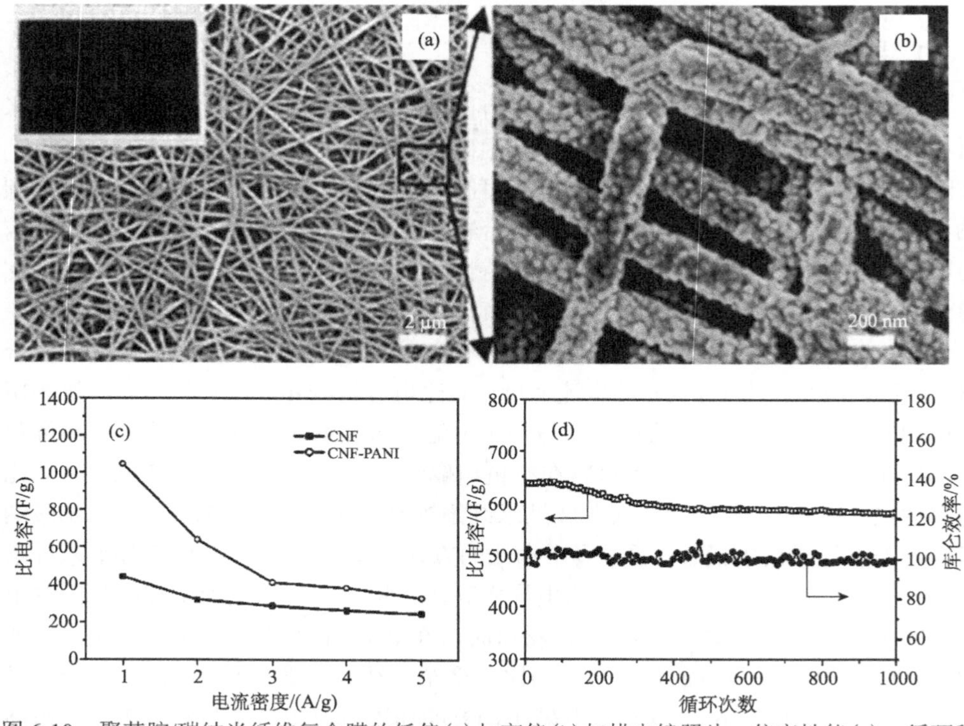

图 6-10　聚苯胺/碳纳米纤维复合膜的低倍(a)与高倍(b)扫描电镜照片、倍率性能(c)、循环稳定性(d)[76]

维表面电化学合聚吡咯，随后在其表面包覆一层石墨烯，得到碳纳米纤维@聚吡咯@石墨烯纤维膜[77]。外层石墨烯的包覆可进一步增加电极材料的导电性能，并抑制聚吡咯在充放电过程中的体积变化，提高材料的循环稳定性。该电极材料在 2 mV/s 扫描速率下，容量最高可达 336.2 F/g，相比于碳纳米纤维@聚吡咯纳米纤维提高了 10%，且该复合膜具有良好的循环稳定性，2500 次充放电循环后，容量仍保持 98%。

2. 金属氧化物/碳复合纳米纤维

金属氧化物虽然具有较高的理论比电容，但是其通常以团聚体的形式存在，电化学活性位点不能得到充分暴露，且材料内部电子传导能力较弱，因而其实际比电容与理论值相差较远。研究表明，制备具有纳米结构的金属氧化物粒子可以有效暴露其电化学活性位点，提高其实际比电容。以碳纳米纤维作为基板负载金属氧化物，具有以下优势：①碳纳米纤维可以抑制金属氧化物颗粒的团聚，增加其比表面积，充分暴露其电化学活性位点；②碳纳米纤维可以提高材料的电导率，三维网络结构有利于电子和离子的快速传输；③碳纳米纤维骨架的存在可以有效抑制金属氧化物在充放电过程中的体积收缩与膨胀，增强材料的循环稳定性；④碳纳米纤维膜具有良好的柔性与自支撑性，可直接作为柔性电极材料使用，不需要添加黏结剂或复杂的电极制备过程。目前，用于负载金属氧化物的碳纳米纤维主要包含两类，一是静电纺聚合物基碳纳米纤维，二是生物质基碳纳米纤维。迄今为止，碳纳米纤维已被用于负载各类金属氧化物/氢氧化物，如 MnO_2[78-82]，Fe_3O_4[83]，Co_3O_4[84]，$ZnCo_2O_4$[85]，V_2O_5[86]，$Ni(OH)_2$[87]，层状双金属氢氧化物(LDH)[88]等，以用于超级电容器电极材料。

静电纺聚合物基碳纳米纤维作为基板负载金属氧化物目前研究最为广泛。Zhi 等在碳纳米纤维上生长 MnO_2 片层，碳纳米纤维直径约为 200 nm，MnO_2 壳层厚度约为 4 nm，该电极材料在 2 mV/s 扫描速率下，容量最高可达 311 F/g [78]。Mu 等在碳纳米纤维上生长了 Fe_3O_4 纳米片，复合材料的比电容达到 135 F/g，而纯的 Fe_3O_4 纳米片只有 83 F/g，且复合材料的循环稳定性也有较大程度的提高[83]。Zhang 等在碳纳米纤维上生长了 $Ni(OH)_2$ 纳米片[$Ni(OH)_2$/CNF]，$Ni(OH)_2$ 纳米片可以均匀且垂直生长在碳纳米纤维表面，$Ni(OH)_2$/CNF 复合膜三维开放式结构有利于电解液离子的快速扩散，且碳纳米纤维可为 $Ni(OH)_2$ 氧化还原反应提供快速的电子通道(图 6-11)[87]。该电极材料在 2 mV/s 扫描速率下，容量最高可达 701 F/g，且该复合膜具有良好的循环稳定性，1000 次充放电循环后，容量仍保持 83%。

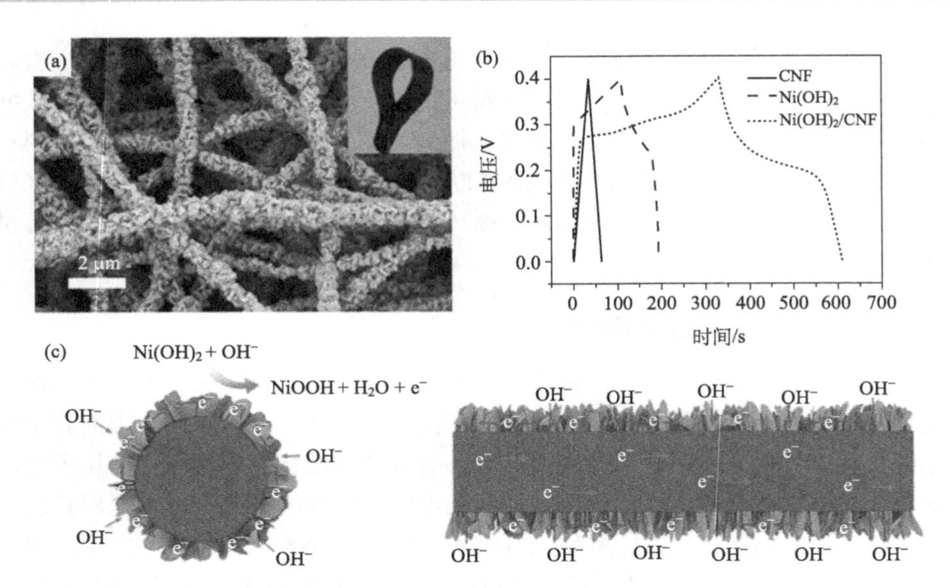

图 6-11 Ni(OH)$_2$/碳纳米纤维复合膜扫描电镜照片(a)、充放电曲线(b)以及电极材料内部离子与电子传输示意图(c)[87]

以细菌纤维素作为前驱体，制备得到的碳纳米纤维具有长径比大、比表面积高、导电性好、纤维连通性强等特点，因而也是用于负载金属氧化物的良好基板[89-91]。Chen 等在细菌纤维素基碳纳米纤维上生长 MnO_2 纳米片作为超级电容器电极材料，在 1 A/g 的电流密度下，比电容最高可达 254.64 F/g [90]。随后将其作为正极材料，以氮掺杂碳纳米纤维作为负极，组装非对称超级电容器，在 1 mol/L Na_2SO_4 水性电解液中，超级电容器工作电压高达 2.0 V，功率密度最高可达 284.63 kW/kg，能量密度高达 32.91 W·h/kg，同时该超级电容器还具有良好的循环稳定性，2000 次充放电循环之后，其容量仍能保持 95.4%。类似地，Lai 等在细菌纤维素基碳纳米纤维上生长 Ni-Co LDH 纳米片作为超级电容器电极材料[91]，在 1 A/g 的电流密度下，比电容最高可达 1949.5 F/g(基于电化学活性物质)。

6.2 高分子纳米纤维及其衍生物在锂二次电池领域的应用

6.2.1 锂离子电池电极材料

自 20 世纪 90 年代产业化以来，锂离子电池应用领域已迅速扩大到各种便携式用电设备、混合动力汽车和电动车中。在人类步入信息化社会的今天，为了满足储能电源和电动汽车发展要求，人们对锂离子电池的比容量、倍率性能、循环稳定性和容量保持率等技术参数提出了更高的要求。实质上锂离子电池是一种浓差电池，锂离子(Li^+)在电池内部正、负极之间往返嵌入和脱逸，电极是实际电池反应的场所，分为正极和负极，正、负电极提供锂离子的嵌入场所和锂源[92]。锂离子电池的快速发展离不开材料技术的应用和提高。锂离子电池性能的提高很大程度上取决于电极材料的特性，最根本的方法就是改进现有的并开发新型的正、负极材料，通过材料的选取和工艺的改善提高电池的电化学性能。

然而，目前基于过渡金属氧化物正极材料的传统锂离子电池的发展已经遇到瓶颈，受理论比容量和结构稳定性所限，能量密度很难进一步提高。此外，近年来锂离子电池的大规模生产和使用，使人们开始担忧无机电极材料带来的资源与环境问题。与无机电极材料相比，具有电化学活性的有机电极材料具有原料丰富、环境友好、结构可设计性强和体系安全的优点，有可能取代传统无机电极材料，应用于新一代绿色锂离子电池[93]。与传统锂离子电池的运行机制相似，基于有机电极材料的锂离子电池的充放电过程发生在正、负电极电化学活性材料上，依靠正、负电极之间发生的电化学氧化还原反应需要的电荷转移而成功运行，如图 6-12 所示[94]。纳米材料具有比表面积大、材料间孔隙率高的特点，随着纳米技术的发展，纳米纤维用作电池材料有明显优势。其中，高分子纳米纤维兼具纳米材料的功能性和聚合物的易加工性，与具有较大微型尺寸的传统锂离子电池材料相比，具有可精确设计与调控的微结构以及一定的柔曲性。高分子基纳米纤维在锂二次

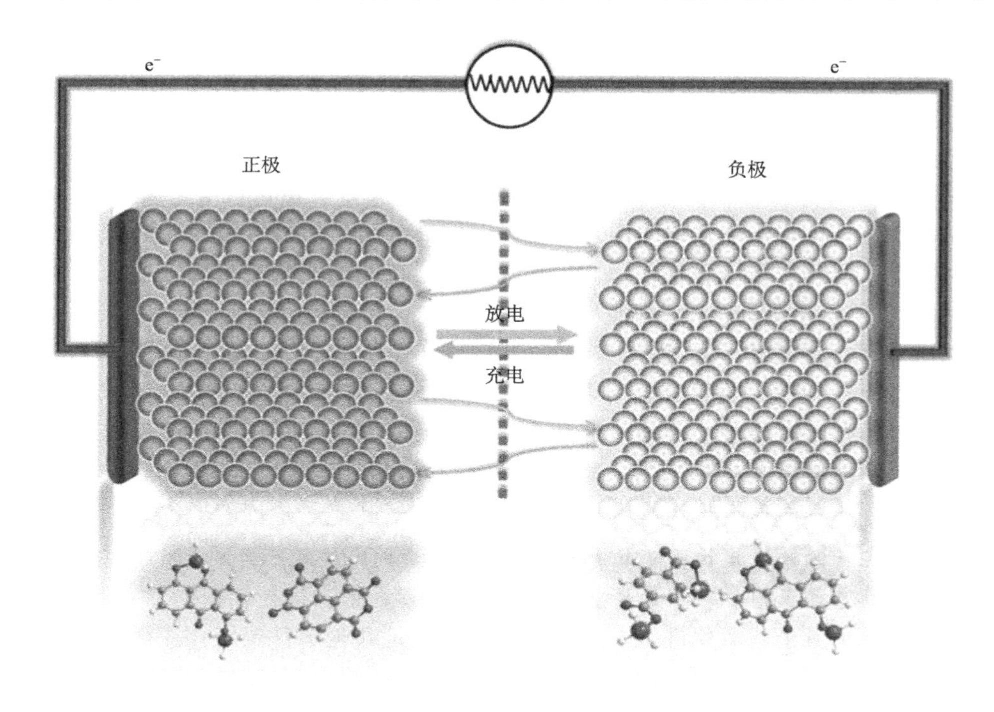

图 6-12　典型的基于有机电极材料的锂离子电池工作原理示意图[44]

电池电极材料领域的应用主要有两种方式：一种是直接作为电化学活性物质的高分子纳米纤维，一般应用于锂离子电池正极材料；另一种是经过高温氧化后处理形成的碳纳米纤维衍生物，一般应用于锂离子电池负极材料。得益于纳米纤维的一维结构，其作为锂离子电池的电极材料使用时具有 Li^+脱嵌深度小、行程短和迁移速率高等优点，因而具有广泛的应用前景。

1. 高分子纳米纤维正极材料

获取一个具有较高能量密度的锂离子电池，首先，正负极需要匹配，这就要求正极具有较高的氧化还原电位(vs. Li/Li^+)，而负极具有较低的氧化还原电位(vs. Li/Li^+)，从而在正负极之间形成较大的电势差；其次，为了获取较高的理论比容量，需要正负电极的电化学活性物质具有较低的分子量，因此，由较轻的原子组成的物质是比较理想的候选者。高分子电极材料主要包括导电聚合物、含硫化合物、氮氧自由基化合物及含氧化合物等。早期研究较多的有机电极材料是导电高分子材料，包括聚乙炔[95]、聚对苯[96, 97]、聚苯胺[98]、聚吡咯[99]、聚噻吩[100]等。导电聚合物于 1977 年问世[101]，人们发现它们不仅在掺杂后具有金属或半导体的导电性，还具有电化学氧化还原活性，因此在 20 世纪 80、90 年代将之作为锂二次电池正极材料展开了大量研究[95]。但一般这些导电聚合物具有较低的理论比容量(< 150 mA·h/g)， 在充放电过程中导电性变差而逐渐失去电化学活性，因此循环性能较差。为了克服其在锂二次电池中实际应用的困难，人们开始了基于导电高分子的各种有机-有机、有机-无机复合材料的研究，通过与其他有机或无机材料进行复合/包覆提高其电子导电性。例如，1988 年，Shimizu 等[102]通过电化学聚合在气相生长的碳纤维表面得到聚吡咯-聚电解质复合材料，用作锂离子电池的正极材料，表现出 3.55 V(vs. Li/Li^+)的开路电压。其工作机制和传统无机电极材料类似，充放电的过程伴随锂离子可逆地从该聚合物正极中嵌入/脱出。在 0.889 mA/cm^2 的电流密度，1.5～3.66 V 的电压窗口下，循环 30 圈可获得 57 A·h/kg 的比能量，还存在很大的改进空间。几乎在研究导电聚合物正极材料的同一时期，受到蛋白质中胱氨酸分子键的可逆开合反应的启发，人们的研究逐渐转移至有机二硫化物正极材料上(图 6-13)。以 S—S 键的断裂和键合进行放能和储能的有机硫化物具有比导电聚合物更高的理论比容量。虽然其在一定程度上提高了电池的电化学活性和循环稳定性能，但有机硫化物普遍存在易发生降解、易在电解液中溶解、循环稳定性能不高、反应速率缓慢等问题，近年来逐渐淡出研究者的视线。

氧的原子量小，氧化性强，含氧有机物尤其是共轭羰基聚合物往往具有较高的理论比容量和氧化还原电位，并且在电化学反应过程中具有较好的结构稳定性，有望发展成为一类具有竞争力的锂离子电池电极材料[93]。但是，除了导电聚合物，

TETD PDMcT PDTDA PDTTA

图 6-13 几种典型的有机二硫化物正极材料

几乎其他的有机电极材料都是电子绝缘体，严重阻碍了对有机电化学活性物质的有效利用。酰亚胺类材料作为其中强结构稳定性和高耐热性的代表，是综合性能最佳的有机聚合物材料之一，近年来也有其应用于锂离子电池材料方面的相关研究。研究热点之一就是将纳米纤维技术引入到聚酰亚胺(PI)电极的制备过程中，并将其与导电材料(如碳纳米管、石墨烯等)复合。东华大学的张清华等通过原位聚合和共混法两种方式制备了萘酐类聚酰亚胺(NOP)，并采用碳纳米管(CNT)作为导电支撑网络，将 NOP 与 CNT 进行复合，通过直接真空抽滤的方法直接制备了自支撑柔性电极膜，并对其结构、形貌和电化学性能进行研究[103]。结果证明，制备的复合电极膜可承受一定程度的弯曲[图 6-14(a)]，当 CNT 含量较低时，聚合物的分散效果不佳，块体外露明显，而具有高浓度 CNT 的复合材料中聚合物的分散情况有所改善。将该复合电极膜直接用作锂离子电池的正极，结果表明，具有高浓度 CNT 组别的复合膜表现出较好的电化学性能，在大电流放电时具有电极极化程度小、可逆容量大和循环寿命长等特点。在 500 mA/g 的电流密度下还能保持在 135 mA·h/g[图 6-14(b)]，说明原位聚合所得材料具有更佳的倍率性能，相比共混法所得产物其在高电流密度下具有更高的比容量。

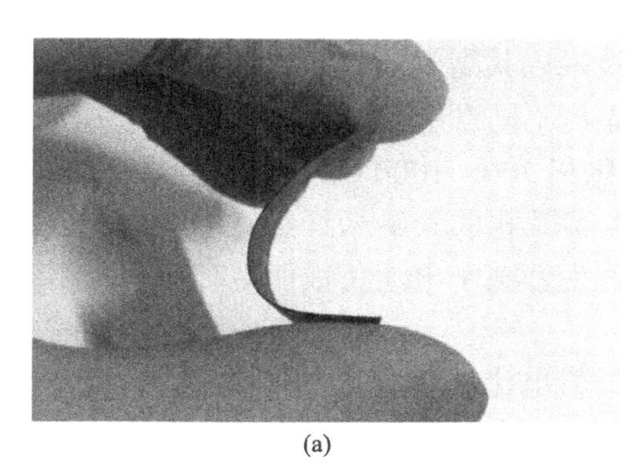

(a)

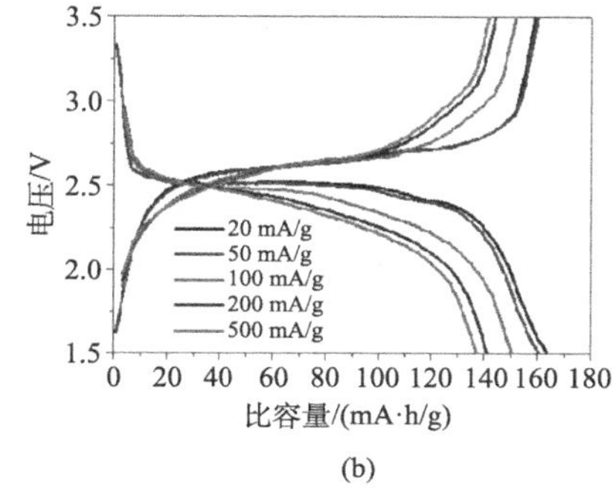

(b)

图 6-14 (a)NOP 与 CNT 复合制备的自支撑柔性电极膜；(b)NOP 与 CNT 复合制备的自支撑柔性电极膜在不同电流密度下的充放电曲线[103]

2. 高分子纳米纤维负极材料

自从 1990 年日本索尼公司首次推出以石油焦炭为负极的商品化锂离子电池至今，碳负极材料就一直是锂离子电池中不可或缺的一部分。用作锂离子电池负极的碳基材料包括石墨化碳基负极材料、无定形碳材料、改性碳材料、碳纳米管及石墨烯等。石墨因为价格低廉，结构稳定，具有接近金属锂的还原电位（0.2 V vs. Li/Li^+），且放电电位平稳，是目前使用最为广泛的负极材料。石墨为分层结构晶体，层间以范德华力结合，在充放电时伴随 Li^+从石墨层间嵌脱。然而，石墨的比容量（372 mA·h/g）已经无法满足当前可充电电池高能量密度、小体积发展的要求；耐过充放电性能差，当放电对负极电位达 0 V 甚至更低时，会有金属锂在负极沉积，存在安全隐患等。无定形碳与石墨化碳不同，一般是热处理温度不够或者前驱体难以碳化时得到的产物。无定形碳材料由石墨微晶和无定形区组成，且在无定形区存在大量的微孔结构。因为其结构与石墨不同，储锂的机制也不尽相同。无定形碳中通常含有大量来自前驱体的氢、氧、氮等元素，同时有各种孔径的微孔与缺陷，这些都可能与 Li^+发生结合或者吸附作用，所以通常无定形碳的比容量比石墨高，根据不同的热处理条件其可逆容量在 372 mA·h/g 以上的很大范围内变化[104-106]。虽然该材料的可逆容量较大，但 Li^+在其中的脱嵌过程是先从微晶中脱嵌然后在微孔中脱嵌，所以采用无定形碳作为电极存在着电压滞后现象。碳纳米管和石墨烯为特殊的两种碳材料，由于其成本高，不利于大规模推广，因而现在大多被用作活性物载体。

针对上述碳基负极材料的缺点，寻求一种可逆容量较大且在锂离子电池充放电过程中保持稳定的负极材料成为新型锂离子电池的发展趋势。一些研究者以碳基材料为基础，引入纳米技术来满足新型锂离子电池的要求，其中，作为制备纳米纤维材料的有效制备手段，静电纺丝技术以其高效低成本的特点受到越来越多的关注。Ji 等在聚丙烯腈（PAN）溶液中添加不同含量的 SiO_2，通过静电纺丝工艺制备碳纳米纤维前驱体，经过 280℃预氧化和 700～1000℃的碳化后形成碳纳米纤维，然后在氢氟酸中除去 SiO_2，形成带有微孔的碳纳米纤维（图 6-15）[107]。在 1000℃下碳化获得的微孔碳纳米纤维膜作为锂离子电池负极使用时，初次循环可逆容量为 593 mA·h/g。

化学掺杂是一种很重要的提高碳质材料电化学性能的方法，常用的掺杂剂有氮、硫、硼和磷等。氮原子的大小和碳原子很接近，而且氮的电负性（3.04）比碳（2.55）高，使得氮很容易扩散到碳的位置并与周围的碳原子成键，因此氮掺杂是研究最多的。研究表明，氮掺杂可以增加很多缺陷位点用于存储锂离子，从而提高材料的容量；并且氮掺杂碳会出现 n 型传导行为，从而提高材料的电子导电性。因此，碳材料进行氮掺杂更有利于锂的存储。Nan 等将 PAN 溶于 *N*，*N*-二甲基

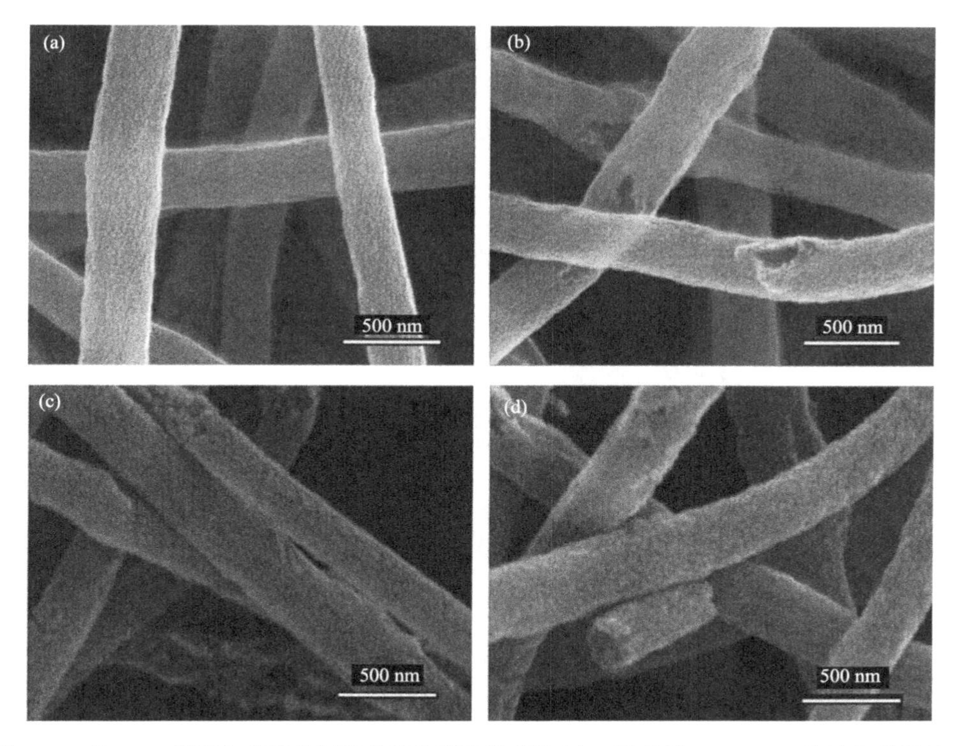

图 6-15　以 PAN 溶液为前驱体制备的无孔碳纳米纤维(a)，以及以 PAN/SiO_2 溶液为前驱体，当 SiO_2 的含量为 5 wt%(b)，10 wt%(c)或 20 wt %(d)时所制备的有孔碳纳米纤维[107]

碳化温度：1000℃

甲酰胺(DMF)中并加入三聚氰胺，纺丝后的纤维通过在惰性气体中高温碳化得到碳纳米纤维(CNF)，再在 20%NH_3+N_2 气氛下氨化 30 min，形成富氮多孔碳纳米纤维(NPCNF)[108]。其中氨化过程是为了将纤维活化，得到更大的比表面积和孔体积；为了形成对比，碳化后的纳米纤维也在 20%H_2O+N_2 气氛下活化了 30 min，得到含水富氮多孔碳纳米纤维(NPCNF-H_2O)。由图 6-16(a)可知，最终得到的 NPCNF 纤维内外都有纳米孔结构。图 6-16(b)则表明氮在碳中有三种原子状态，分别是季氮(N-Q)、吡啶氮(N-6)和吡咯氮(N-5)，其中季氮和吡啶氮是碳材料在高温下氨化处理得到的。季氮和吡啶氮是 sp^2 型杂化，可以提高碳材料的导电性能；而由氮原子替换碳原子形成的吡啶氮有利于锂的嵌入，所以氮掺杂对于提高碳材料的电化学性能非常有利。NPCNF 在 50 mA/g 的电流密度下的循环性能如图 6-16(c)所示，该材料具有非常高的可逆容量和非常稳定的循环性能，循环 50 次后的容量可达到 1150 mA·h/g。图 6-16(d)表明，该纤维的倍率性能也很优异，在 1 A/g 大倍率下容量可保持在 473 mA·h/g，电流密度回到 50 mA/g 时容量可恢复至 1163 mA·h/g。而用水蒸气活化的纤维电化学性能要差得多，50 次循环过程中容量出现迅速下降且最后的容量仅为 500 mA·h/g 左右，为前者的一半；其倍率性能也不好，仅比未活化的掺氮纳米纤维(NCNF)高一点，这充分说明氮掺杂及随后的活化过程对碳材料电化学性能的提高具有重要的作用。

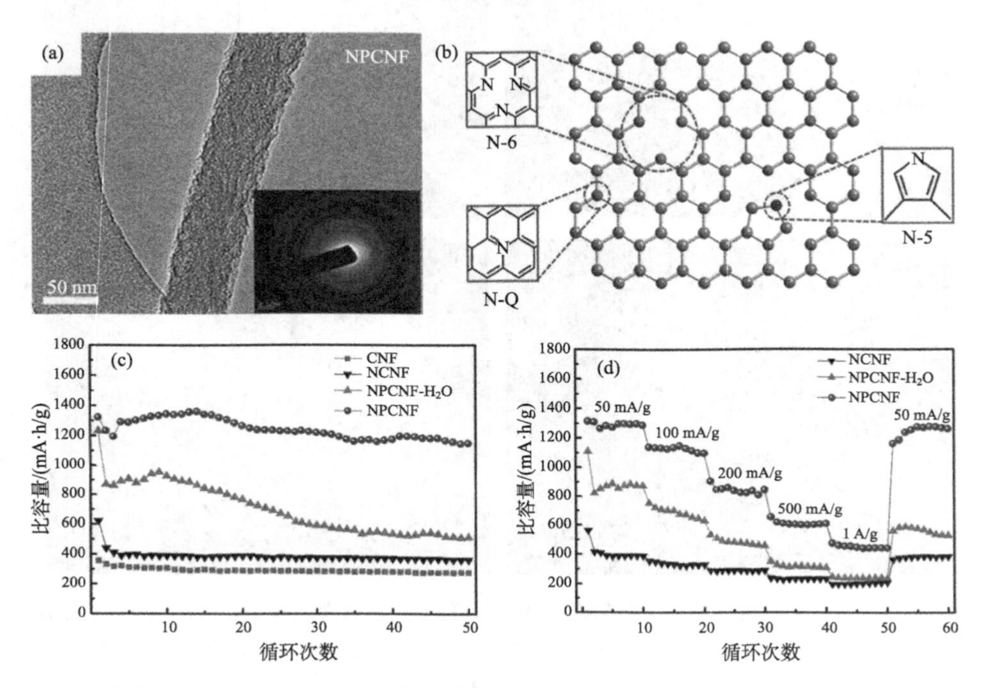

图 6-16　氮掺杂多孔碳纳米纤维的透射电镜照片(a)、氮原子类型(b)、循环性能(c)、倍率性能(d)[108]

6.2.2　锂硫电池电极材料

随着人们对便携式电子设备和下一代电动汽车需求的日益增长，构建高能电池体系成为当前储能电池技术发展的关键科学问题。目前商业化的锂离子电池的正极材料以过渡金属氧化物为主，其理论比容量通常低于 300 mA·h/g，无法达到高比能量电池的需求，寻求具有更高理论比容量的正极材料成为亟待解决的问题。单质硫具有 1675 mA·h/g 的高理论比容量，且储量丰富、对环境危害小，已成为下一代锂二次电池最具发展潜力的正极材料[109]。以单质硫为正极、金属锂为负极的锂硫电池理论比能量高达 2600 W·h/kg，因此锂硫电池已成为下一代高能量密度锂二次电池研究和开发的重点。但现阶段锂硫电池的商业化发展遇到了诸多困难，主要问题在于硫电极充放电过程中所产生的中间产物长链多硫化锂(Li_2S_x，$4 \leqslant x \leqslant 8$)易溶于目前常用的有机电解液，在正负极之间往返迁移和扩散，并与活泼的金属锂发生化学寄生反应，造成活性物质的损耗、硫正极的坍塌及锂负极的腐蚀[110-112]。并且绝缘性的单质硫和其放电最终产物硫化锂（Li_2S）难以传递电荷，以及使用活泼的金属锂造成的潜在危险性也极大地限制了锂硫电池的发展。为解决上述问题，锂硫电池领域的研究者们进行了不断的探索和努力，并取得了许多有意义的进展。目前的研究主要集中在硫正极、电解液和隔膜修饰技术方面，其中关注最多的是对正极材料的结构设计和改性。

1. 硫/导电聚合物纳米纤维复合正极材料

导电聚合物如聚吡咯（PPy）、聚苯胺（PANI）和聚噻吩等，主链上含有交替排列的单键和双键，形成了连续共轭 π 体系，使其具有良好的导电性。聚吡咯是典型的导电聚合物，通过不同的方法可以得到不同形貌的聚吡咯，如树枝状、网状、管状等。2006 年，Sun 等[113]采用热处理熔融法制备了一种网状聚吡咯纳米线-硫（PPy-S）复合正极材料，聚吡咯和硫之间没有化学键形成，硫分散在聚吡咯纳米线骨架及内表面上，形成了硫包覆聚吡咯纳米线正极材料。与传统的炭黑材料相比，采用聚吡咯纳米线能够有效地提高复合材料的硫含量以及导电性等性能，PPy-S 复合材料电极在 0.1 C（1 C = 1675 mA/g）的放电倍率下首次放电比容量可达 1222 mA·h/g，20 次循环后保持 570 mA·h/g。Tsutsumi 等通过静电纺丝技术，制备出直径为 17.8 μm 的硫纤维[图 6-17（a）]，再通过对其进行导电聚合物包覆，得到 PPy 包覆的硫复合纤维[图 6-17（b）][114]。该复合纤维电极材料在 0.045 C 的电流密度下，比容量为 570 mA·h/g。

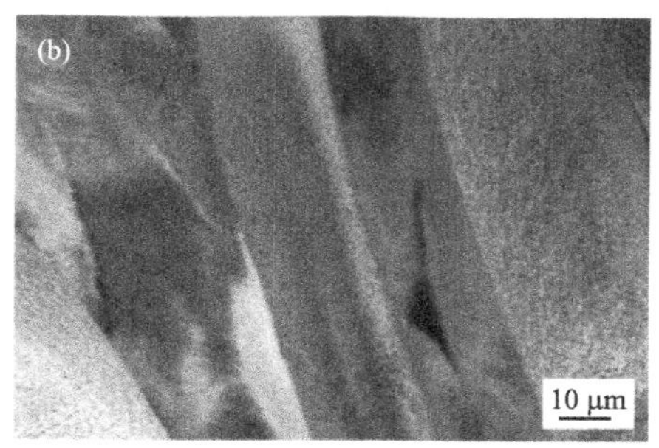

图 6-17　静电纺丝得到的硫纤维（a）与 PPy 包覆的硫纤维（b）的扫描电镜照片[114]

Xiao 等通过自组装方法合成得到了聚苯胺纳米管（polyaniline nanotubes，PANI-NT）[115]。通过扫描电镜[图 6-18（a）]与透射电镜图像[图 6-18（b）]可知，该 PANI-NT 是直径约为 150 nm，长度约为几微米的中空管状结构。PANI-NT 与硫混合后分别在 150℃及 280℃加热硫化后，制备得到了硫化聚苯胺纳米管（SPANI-NT/S）复合材料。如图 6-18（c，d）所示，聚合物的纳米管状骨架得以保持，只是管径增大到 300 nm 左右，管壁变得较为光滑。电化学测试结果表明，在 0.1 C 电流密度下循环 100 圈后，该材料的放电比容量为 837 mA·h/g；在 1 C 的电流密度下循环 500 圈后，其放电比容量可保持在 432 mA·h/g。复合材料良好的电化学性能主要源于该材料独特的结构。SPANI-NT/S 纳米管的结构和充放电过程如图 6-19 所示，其中，交联结构的聚苯胺分子能够通过物理吸附和化学键合的方式固定硫及其中间产物，而导电骨架加快了电子传导，提高了复合物的电化学活性。

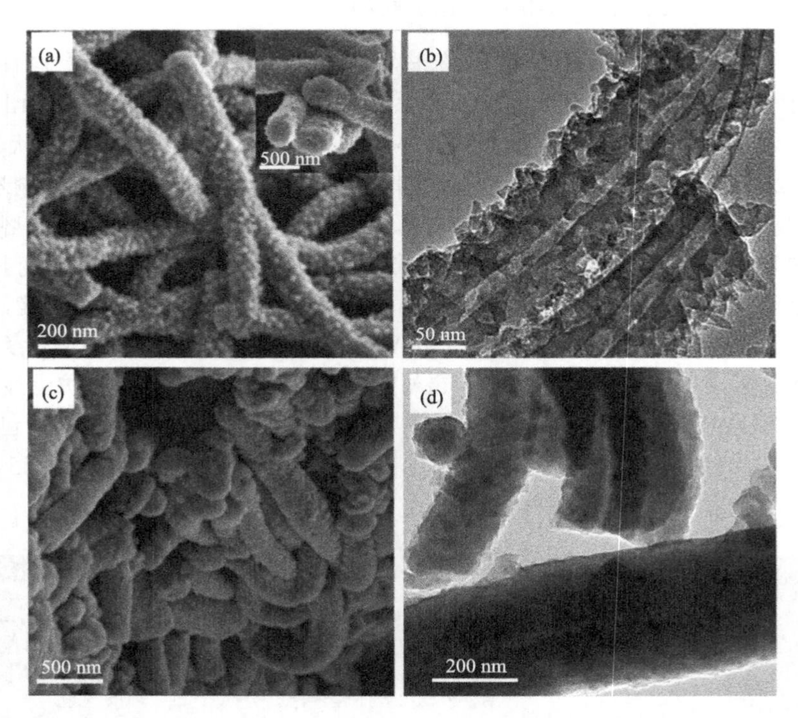

图 6-18 聚苯胺纳米管(PANI-NT)的扫描电镜(a)及透射电镜照片(b)；硫化聚苯胺纳米管(SPANI-NT/S)的扫描电镜(c)及透射电镜照片(d)[115]

2. 硫/碳纳米纤维复合正极材料

碳质材料具有轻质、比表面积高、导电性高及孔结构丰富等优点，是电极活性物质硫的理想载体。因此，以碳作为硫的载体以及导电骨架的碳硫复合正极材料的研究成果尤为显著。一维材料如碳纤维往往具有较大的长径比，有利于形成稳定的导电网络，提高电极的电子导电性。同时，一维材料较大的比表面积，能够有效增加活性材料与电解液的接触而提高电极的离子电导率；此外，一维材料良好的机械强度，还有利于缓冲充放电过程中活性组分的体积效应。因此，碳纤

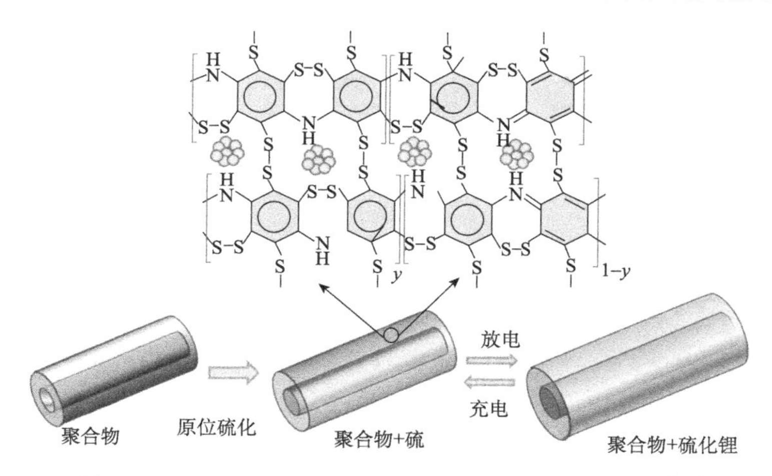

图 6-19　SPANI-NT/S 纳米管的结构和充放电过程示意图[115]

维被广泛应用于锂硫电池中硫正极的导电网络结构。其中，空心和核壳结构的碳纤维由于其独特的结构，在锂硫电池正极中对单质硫的存储和对多硫化锂的吸附能起到比较良好的作用，受到了锂硫电池研究者的广泛关注。Zheng 等以阳极氧化铝(AAO)为模板，以聚苯乙烯为碳源，在 750℃热解制备了碳包覆的 AAO[图 6-20(a)]，将其与硫复合并除去 AAO 模板后得到孔径为 200 nm、长为 60 μm 的空心碳纤维硫碳复合正极材料[图 6-20(b)][116]。光电子能谱元素分布图表明，硫元素及碳元素在纳米纤维中均匀分布[图 6-20(c～e)]。空心碳纤维具有较大的长径比、比表面积及较好的导电性，能够起到抑制可溶的多硫化锂损失的作用，从而提高硫的利用率。结果表明，在 0.2 C 的电流密度下，该复合材料循环 150 圈后，可保持 730 mA·h/g 的比容量。

在碳纤维制备方面，静电纺丝技术与其他一维纳米材料制作技术相比，具有设备简单、成本低、纤维尺寸可控、能直接连续生产等诸多优点。通过控制纺丝工艺参数，再结合高温煅烧、水热反应、气相沉积等技术，可以制备出具有实心结构、中空结构、核壳结构等不同形貌结构的纳米纤维，其可被广泛应用于锂硫电池研究领域。Wang 等以酚醛树脂为纺丝液溶质， DMF 为溶剂，通过静电纺丝技术制备一维导电碳纤维，该纤维具有有序介孔结构，与单质硫复合后，在 0.3 C 的充放电倍率下经过 300 圈循环之后容量保持在 450 mA·h/g [117]。Ji 等以 PAN、PMMA 的 DMF 溶液为纺丝液进行静电纺丝得到聚合物复合纤维，经过环化、碳化、造孔后得到多孔碳纳米纤维(CNF)，如图 6-21 所示，再进一步通过简单的化学沉淀法将硫包裹在多孔碳纳米纤维中，并除去纤维外部附着的硫之后，获得硫含量为 42%的碳硫复合正极材料(CNF-S) [118]。在 0.05 C、0.1 C 及 0.2 C 的电流密度下，其放电比容量分别为 1400 mA·h/g、1100 mA·h/g 和 900 mA·h/g，显示出

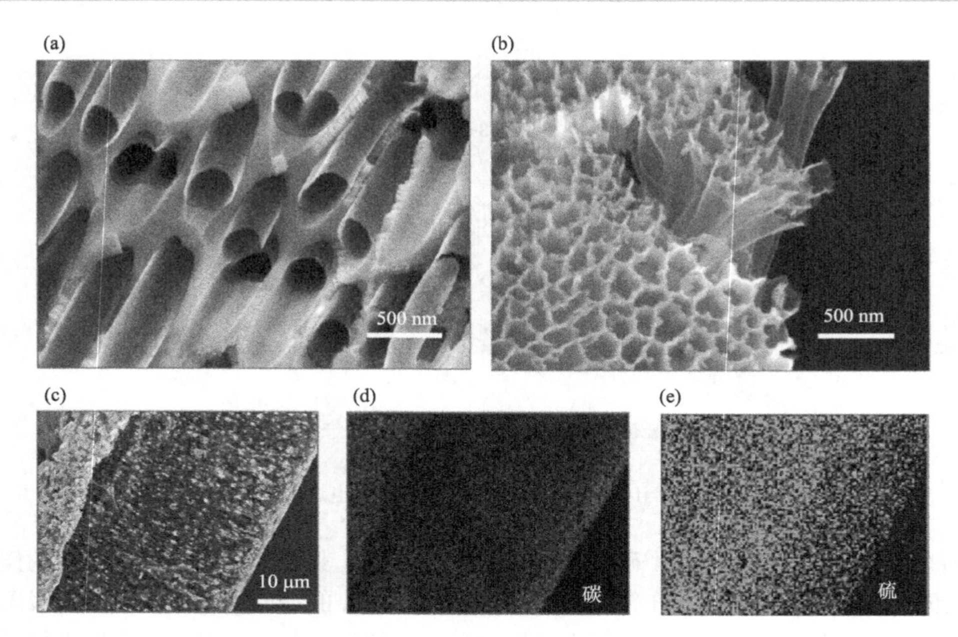

图 6-20 (a) 碳包覆 AAO 的扫描电镜照片；(b) 与硫复合并除去 AAO 模板后得到的空心硫碳复合纤维材料的扫描电镜照片；空心硫碳复合纤维截面的扫描电镜照片 (c) 及对应的碳 (d)、硫 (e) 的元素分布图[116]

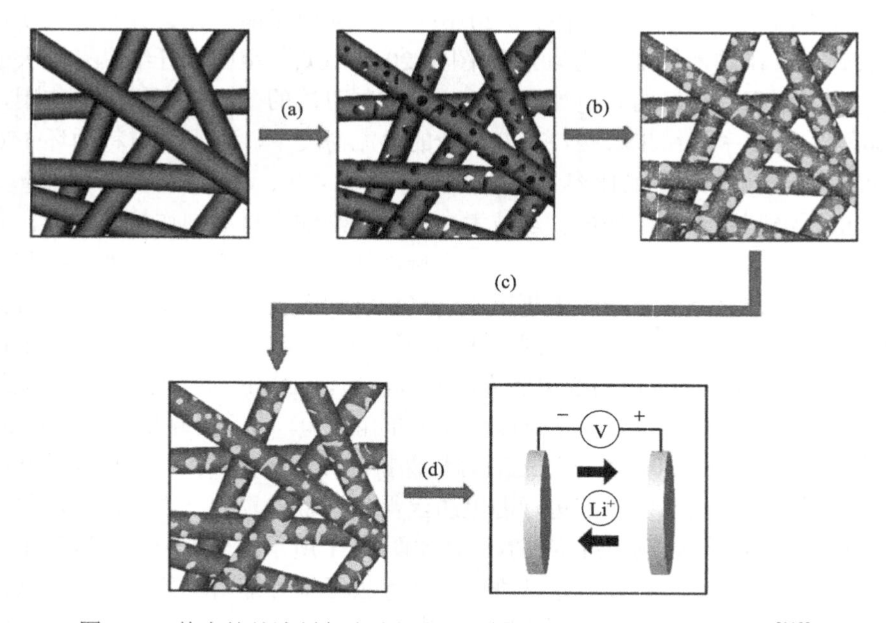

图 6-21 静电纺丝法制备硫碳复合正极材料合成过程及应用示意图[118]

(a) PAN、PMMA 的 DMF 纺丝液经环化、碳化、造孔后得到多孔 CNF；(b) 通过化学沉淀法灌硫得到 CNF-S 纳米复合纤维；(c) 加热除去孔外的硫；(d) 应用于锂硫电池正极材料

良好的可逆容量、放电容量保持率和倍率性能。这源于该碳纳米纤维材料的高导电性、高比表面积以及多孔结构。多孔碳纤维的高比表面积可以吸附多硫化锂，并为电化学过程提供更多的反应活性位点；硫均匀分散并固定在其多孔结构中，缓解了多硫化物穿梭现象。循环 30 圈后，电极材料的形貌未发生明显的变化，展示出良好的结构稳定性。

尽管导电碳材料在锂硫体系中的应用可以极大地提高电极导电性，缓解多硫化锂的溶解和扩散，但是通常单一的非官能化的碳材料直接和硫复合，一方面，其物理吸附能力比较弱，固硫能力有限；另一方面，碳的疏水界面使其难以和硫有效地复合，难以和极性较强的放电最终产物硫化锂形成较好的界面，不利于硫化锂的沉积，影响碳硫复合正极材料性能的高效发挥。研究发现，通过在硫正极材料表面包覆导电聚合物，可以在物理包覆多硫化锂的同时产生界面化学吸附的作用。据报道，导电聚合物中包含高电负性元素(N、O、S 等)的富电子官能团，如腈类、胺类、噻吩和咯酮都是吸附硫的活性位点。为此，Zheng 等在复合材料中引入了聚乙烯吡咯烷酮(PVP)作为表面活性剂，促使硫碳复合正极材料的循环性能得到进一步改善。在 0.5 C 的电流密度下循环 300 圈后容量保持率达到 80%[119]。为了更有效地控制多硫化锂，既要考虑表面层的稳定和坚固，但又不能坚固到在体积膨胀之后断裂。Yang 等[120]报道了一种在电解液中稳定的新型导电聚合物聚(3, 4-乙烯二氧噻吩)-聚苯磺酸钠(PEDOT-PSS)，将 PEDOT-PSS 包覆在介孔碳与硫复合物(CMK-3/S)的外表面。充放电过程如图 6-22 所示，和未包覆 PEDOT-PSS 的 CMK-3/S 复合材料相比，外层导电聚合物可以有效地捕获多硫化锂，同时降低多硫化锂的溶解和正极材料中活性材料的损失，从而改善了锂硫电池的性能，首圈放电容量保持在 1140 mA·h/g，与 CMK-3/S 相比提高了 10%，循环寿命和库仑效率明显改善，容量保持率从 100 次循环保持 60%增加到 100 次循环之后保持在 85%，库仑效率也从 93%增加到 97%。在 150 次循环之后容量依然能够保持在 600 mA·h/g 以上。

类似地，He 等以气相生长碳纤维(CF)为导电基体，将硫通过化学沉积法均匀沉积在碳纤维表面得到了硫包裹的碳纤维(CF/S)，再以 PEDOT-PSS 作为表面包覆物，制备了具有同轴三明治结构的高负载硫(70.8 wt %)的 CF/S/PEDOT 复合纤维材料[121]。该材料以垂直气相生长碳纤维为轴心、硫为夹心、PEDOT-PSS 为表层(图 6-23)。在这种结构中，内层相互交联的碳纤维作为导电网络，有利于电子及离子的传输，外层包覆的聚合物起到了缓冲层及隔离层的作用，有效缓冲硫电极锂化过程中的体积变化并抑制多硫化锂的溢出。并且聚合物层与多硫化锂之间的化学吸附作用，稳定了正极的结构。在 0.1 C 的电流密度下，该 PEDOT/PSS 复合材料首圈放电容量为 1272 mA·h/g，循环 200 圈，可保持 807 mA·h/g 的比容量[121]。Wang 等[122]采用化学沉积法在碳纳米管的表面沉积硫得到硫@多壁碳纳米管

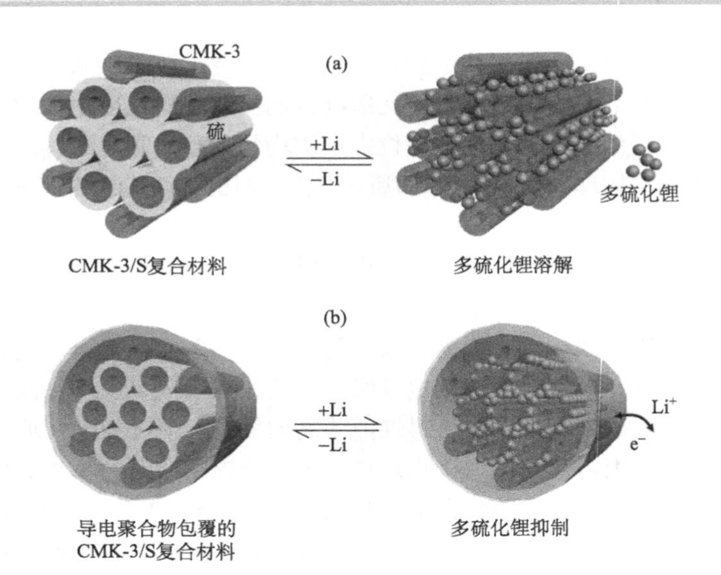

图 6-22　PEDOT-PSS 包覆的 CMK-3/S 复合材料与未包覆 PEDOT-PSS 的 CMK-3/S 复合材料的充放电过程示意图[120]

(a) 脱嵌锂过程中，多硫化物溶出碳基质；(b) 导电聚合物将多硫化物限制在碳基质内

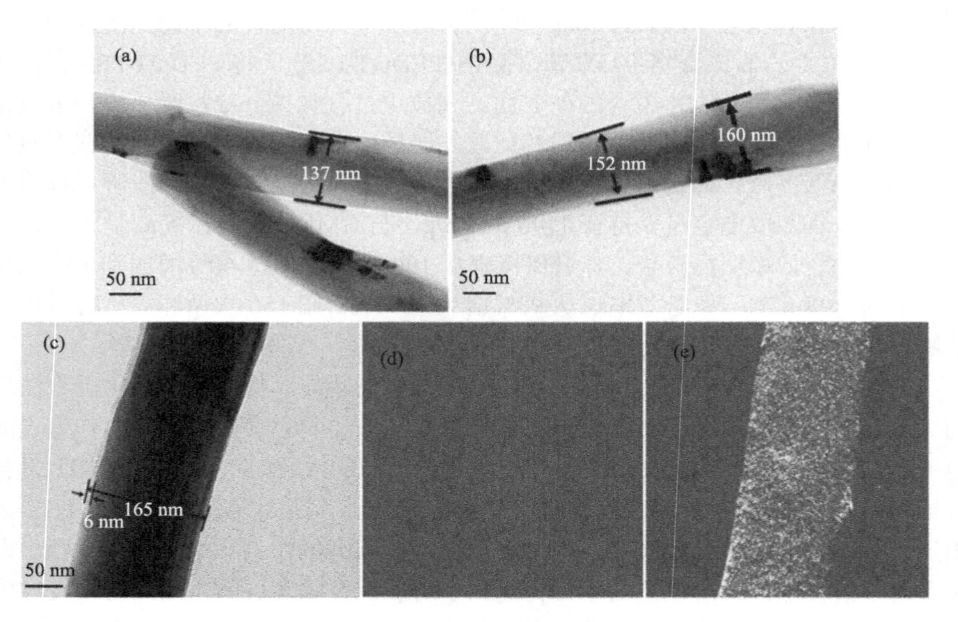

图 6-23　CF (a)、CF/S (b) 和 CF/S/PEDOT (c) 的透射电镜照片，以及与 (c) 对应的碳 (d) 和硫 (e) 元素分布图[121]

(S@MWCNT) 复合物，然后利用原位聚合的方法在其表面聚合一层导电聚合物 PPy，得到双层核壳结构的 MWCNT@S@PPy 复合材料，如图 6-24 所示。该复合材料在 200 mA/g 的电流密度下循环 60 圈后，放电比容量保持为 917 mA·h/g，在 1500 mA/g 的电流密度下循环 200 圈后，其放电比容量仍有 560 mA·h/g。在其结构中，内层的 MWCNT 不仅作为导电网络提高材料的导电性，而且对聚硫阴离子产生一定的吸附作用；而外层的导电聚合物层可进一步抑制可溶性多硫化锂的溶解流失，缓解硫化过程的体积膨胀。

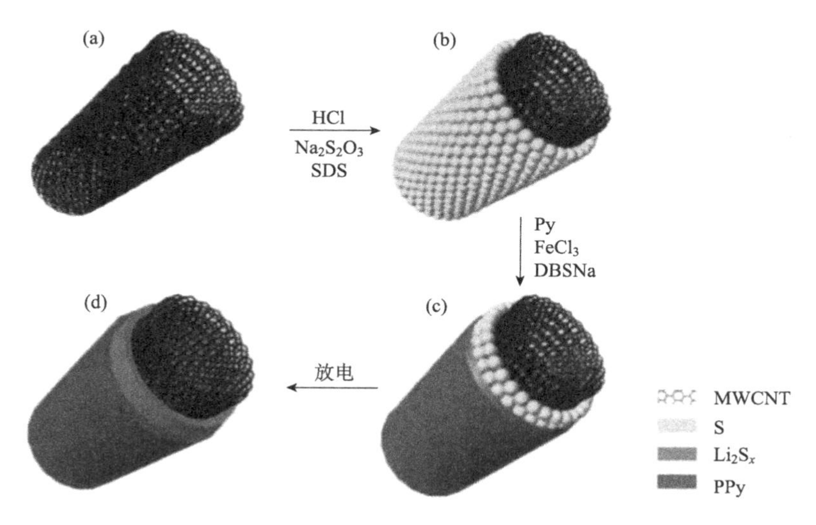

图 6-24 双层核壳结构的 MWCNT@S@PPy 复合材料的合成及其作为锂硫电池正极材料的放电结构示意图[122]

在寻找更有效的固硫策略的过程中，人们发现轻质碳材料通过非金属杂原子掺杂发展的化学改性碳，除了具有物理吸附能力，还具有一定的化学吸附能力，与强极性的多硫化锂或者硫化锂的结合力大大增强，缓解了多硫化物的溶解、迁移和穿梭，减少了活性材料的流失，同时提供利于硫化锂沉积的界面。Wang 等通过 FTIR、XPS 技术和 DFT 模拟计算，得出碳材料官能团中 N、O、P 的掺杂均可以和聚硫离子形成一定的化学键合，起到化学吸附的作用(图 6-25)[123]。大量的研究已经证实了基于化学键合作用的化学改性碳在改善锂硫电池器件性能，尤其是循环性能方面比基于物理吸附作用的碳质材料表现出更大的优势。Zhou 等以软模板法合成的聚吡咯网状结构为前驱体，氢氧化钾为活化剂，在氮气气氛下经过高温碳化后合成具有多孔结构的氮掺杂碳纳米纤维网状结构，比表面积和孔容分别是 2808 m^2/g 和 2.137 cm^3/g[124]。这种独特的三维网状结构可以缩短锂离子的传输路径，其多孔结构还能容纳更多的活性硫，并能把电化学反应产物极大地限制在多孔道结构中，避免其向电解液中扩散，从而减少穿梭效应的发生。除此之外，杂原子氮的掺入，可以同时提高多硫化锂与碳孔之间的化学相互作用，也在一定程度上提高了材料的活性和导电性。作者把这种氮掺杂碳纳米纤维网状结构与硫在 155℃下复合，得到含硫量为 60%的硫碳复合材料。在 200 mA/g 的电流密度下，循环 10 圈后，该材料放电容量保持在 800 mA·h/g，当电流密度增至 1600 mA/g，放电容量仍高于 400 mA·h/g。Li 等以 PAN、PMMA、$Ni(Ac)_2 \cdot 4H_2O$ 的 DMF 溶液为纺丝液进行静电纺丝得到聚合物复合纤维，经过预氧化、碳化、造孔、氮化后得到氮原子掺杂的多孔碳纳米纤维[125]。之后与硫在 400℃真空条件下复合得到硫碳复合多孔纤维。硫均匀分散在纳米孔道中抑制了可溶的充放电中间产物多硫化锂的损失，氮掺杂提高了多硫化锂与碳之间的化学相互作用。因此，其用作锂硫电池正极材料，表现出良好的性能，在 0.2 C 的电流密度下，首圈放电容量达到 1230 mA·h/g，循环 100 圈可保持 920 mA·h/g 的比容量。

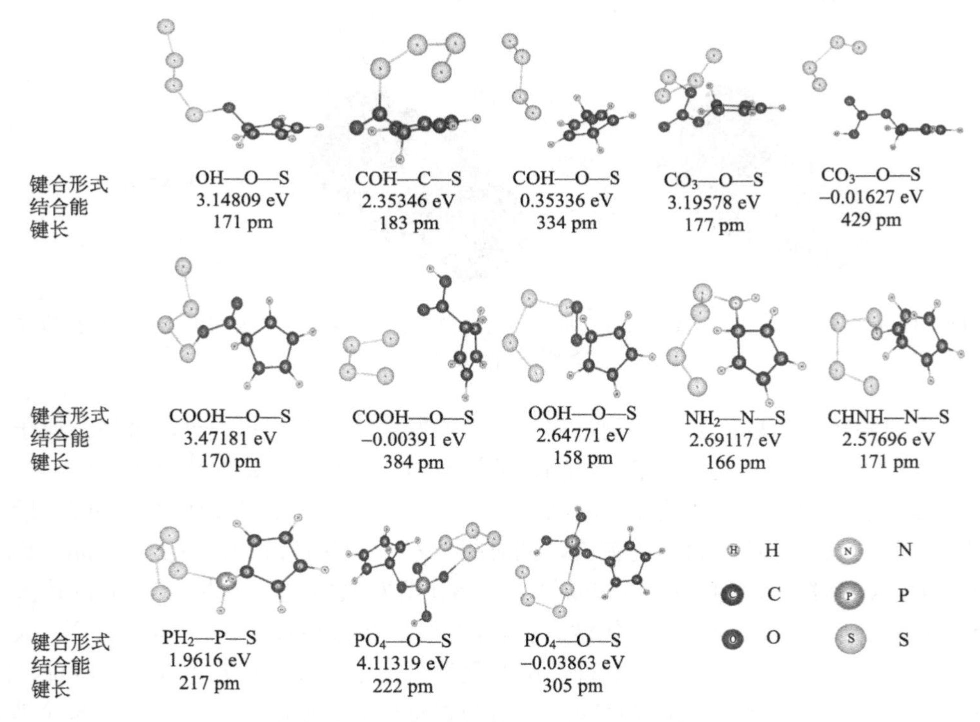

图 6-25　S_4 与不同类型的官能团之间的相互作用 DFT 计算结果[123]

较低的结合能与较短的键长（150～220 pm）说明 S_4 与官能团之间强烈的键合力

天然生物质是一种比较经济的制备碳纳米材料的前驱体，因而被广泛应用于锂硫电池正极材料的导电基体中。作为细菌纤维素气凝胶的衍生物，碳纳米纤维气凝胶(carbon nanofiber aerogel，CNFA)作为电极材料基体具有非常独特的优势。Li 等通过细菌的发酵及冷冻干燥过程制备了泡沫状的细菌纤维素气凝肢[图 6-26(a)]，之后经过高温热解得到了轻质的具有交联网状结构的 CNFA [图 6-26(b)][126]。将 Li_2S_6 溶液滴入 CNFA 即可将其作为锂硫电池的正极材料。当硫的质量分数为 75%时，在 0.2 C 的电流密度下，锂硫电池的首圈放电容量为 1360 mA·h/g，循环 200 圈后还可保持 76%的可逆容量。较好的电化学性能是由于高温热解后得到的 CNFA 含有残余的带 O、N 元素的官能团，对多硫化锂具有化学吸附作用；同时，CNFA 的三维多孔交联结构也抑制了多硫化锂在充放电过程中的损失，并为电荷和离子的传输提供了导电通道。

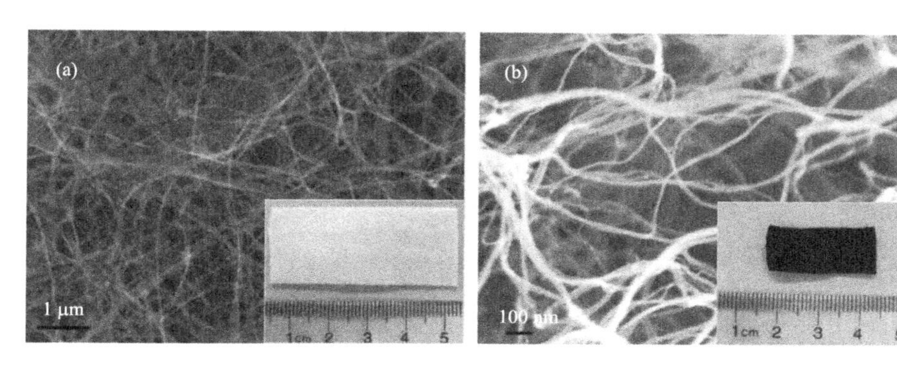

图 6-26　细菌纤维素气凝胶(a)与碳纳米纤维气凝胶(b)的扫描电镜照片及数码照片[126]

3. 硫/金属化合物/碳纳米纤维复合正极材料

研究发现，金属化合物如金属氧化物(MnO_2，TiO_2，Ti_4O_7，MoO_2，Nb_2O_5，SnO_2 等)、金属碳化物(Ti_2C，TiC 等)、金属硫化物(WS_2，CoS_2，Co_8S_9，MoS_2 等)、金属卤化物($InCl_3$、$CaCl_2$、$MgCl_2$ 等)、金属氮化物(TiN 等)等也可以通过金属原子或者非金属杂原子与多硫化锂的化学键合作用高效抑制其在电解液中的溶解和扩散。由于此类金属化合物是极性化合物，它们与极性的多硫化锂具有强的化学相互作用，与非极性的碳材料相比能够更有效地捕获多硫化锂；同时还发现，此类金属化合物的极性界面更有利于放电产物硫化锂的沉积，促进硫化锂的利用，从而改善硫正极的循环稳定性。在这些极性的化合物中，Nazar 等最早报道了 MnO_2 作为化学抑制剂，有效缓解了锂硫电池中多硫化锂的穿梭效应[127]。Ni 等以 PAN 的 DMF 溶液为前驱体，通过碳化及在 $KMnO_4$ 的原位氧化还原反应合成了一种典型的同轴 C/MnO_2 纳米纤维。经过硫化得到 S@C/MnO_2 化合物，并将其用作锂硫电池的正极材料[128]。在这种结构中，硫被包裹在纳米纤维的介孔结构中，同时外层的 MnO_2 通过与多硫化锂的强烈的化学相互作用，可以进一步减少硫的损失，因而表现出良好的电化学性能。在 2 C 的大电流密度下，首周放电比容量具有 670 mA·h/g，循环 200 圈，容量衰减率为每圈 0.051%。

Hao 等将 $Sr(CH_3COO)_2$、$Co(CH_3COO)_2 \cdot 4H_2O$、$La(CH_3COO)_3$ 及 PAN 溶于 DMF 溶液中作为前驱体，通过静电纺丝方法，合成了一种新型的钙钛矿型的化合物 $La_{0.6}Sr_{0.4}CoO_{3-\delta}$(LSC) 纤维，并通过溶液法包覆一层 SiO_2 得到 LSC@SiO_2，通过在其表面包覆一层间苯二酚再经碳化，得到三明治结构的同轴的 LSC@SiO_2@C 复合材料，最后经 HF 刻蚀及硫化后，得到 LSC@S@C 复合材料，其合成路线如图 6-27 所示[129]。理论计算及实验结果都表明，Sr 原子在 La 位的掺杂导致 Co 及氧原子位置的空位，该空位对聚硫阴离子具有强烈的化学吸附作用。当硫的负载量为 2.1 mg/cm^2 时，该 LSC@S@C 正极复合材料在 0.5 C 的电流密度下，具有 996 mA·h/g 的可逆容量，同时表现出较好的循环稳定性，循环 400 周的容量衰减率为每圈 0.039%。当硫的负载量高达 5.4 mg/cm^2 时，仍然保持较好的循环稳定性。

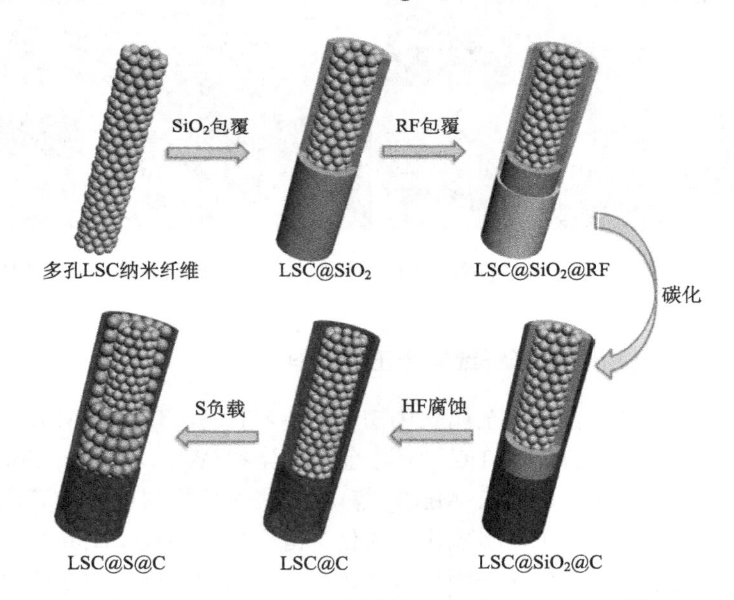

图 6-27 LSC/@S@C 复合材料的合成路线示意图[129]

Fan 等以 PAN、PVP 的 DMF 溶液进行静电纺丝得到聚合物复合纤维，经过预氧化、碳化后得到碳纳米纤维[130]。之后通过物理气相沉积在碳纳米纤维的表面包覆一层氯化物，制备了一系列氯化物包覆的碳纳米纤维材料，作为硫正极材料的载体。理论计算结果显示，当氯化物与硫化物的结合能适中时，不仅可以有效地吸附多硫化物，并且不会因为结合力太强而抑制多硫化锂顺利地扩散到碳纳米纤维表面进行电化学反应，这一结果与实验结果相吻合。在一系列的卤化物中，氯化铟($InCl_3$)与多硫化物的结合能适中，作为硫正极材料的载体性能最佳。扫描电镜图[图 6-28(a～c)]及透射电镜图[图 6-28(d～f)]显示 $InCl_3$ 包覆的碳纳米纤维材料是一种直径为 200～300 nm 的无纺布纳米纤维结构。电子衍射图谱证实了表面凸起的颗粒为 $InCl_3$ 晶体[图 6-28(f)]。EDX 谱图[图 6-28(g)]及元素分布图[图 6-28(h～j)]证实了 $InCl_3$ 在碳纳米纤维表面的均匀包覆。在硫的负载量为 2 mg/cm^2 时，$InCl_3$ 包覆的碳纳米纤维在 0.2 C 的电流密度下，循环 200 圈，仍可保持 1217 mA·h/g 的比容量。当硫的负载量提高到 4 mg/cm^2 时，经过 650 周充放电循环后，平均每个循环容量仅衰减 0.019%。该工作为抑制多硫化物的穿梭提供了一个新的思路，通过调控氯化物对多硫化物的吸附作用与扩散作用，最大限度地抑制多硫化物的溶出，促进电化学反应的进行。

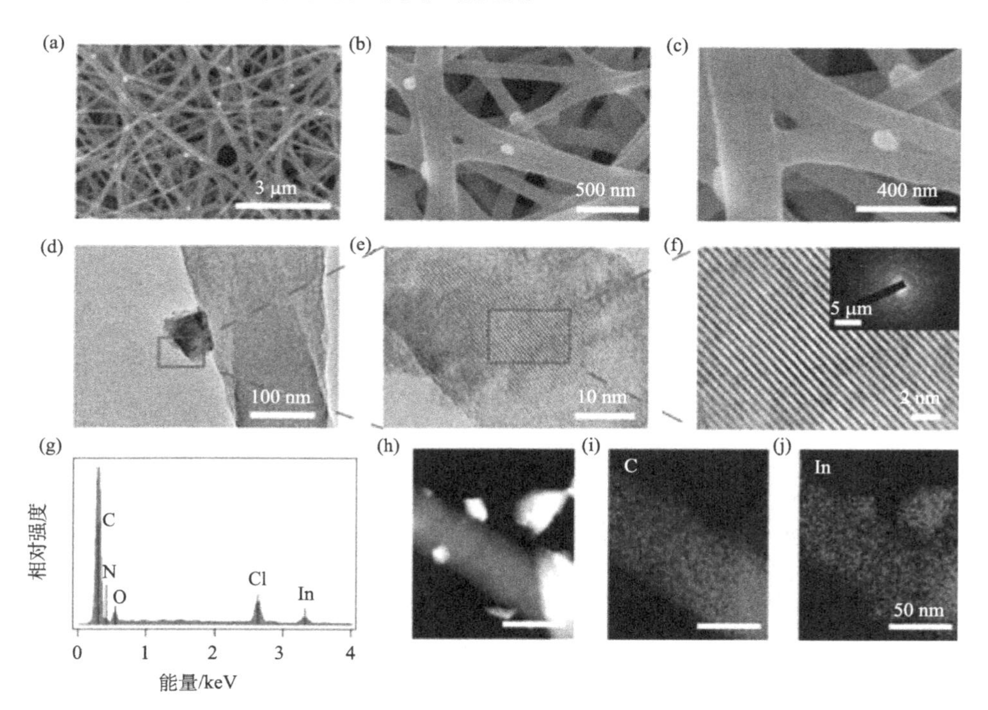

图 6-28 氯化物包覆的碳纳米纤维材料的扫描电镜照片(a～c)、透射电镜照片(d～f)、EDX 图(g)及元素分布图(h～j)[130]

6.2.3 锂-空气电池电极材料

近年来，我国加快了对新能源技术的科研投入，为未来能源结构调整提供方针指导和技术支持。在风能、核能、太阳能、潮汐能等新能源技术中，化学电源是最引人关注的。与传统能源相比，化学电源清洁、高效和安全，被认为是应用潜力最大的清洁能源技术[131]。

目前，已经商业化的化学电源包括镍氢电池、锂离子电池和铅酸电池等，这些商品化的化学电源具有能量密度小、安全性差、生产成本较高等问题，限制了其在未来新能源汽车和移动设备上的应用。因此开发具有更高能量密度、高安全性和低成本的新型化学能源技术来满足人们对大规模电量存储和大功率输出移动设备的需求，已经成为广大科研技术人员面临的重大课题。锂-空气电池由于具有工作温度低、无电解液损失、启动速度快、高功率密度、稳定性好和环境友好等优点，引起了许多研究者的注意，他们从电解质[133]、催化剂[134]、催化剂载体[135]、柔性器件的制备[136]以及催化原理[137]等方面对该类电池开展了深入的研究。图 6-29 给出了常见的化学电源的理论与实际能量密度的对比图，其中，锂-空气电池在二次电池中具有最大的理论能量密度。

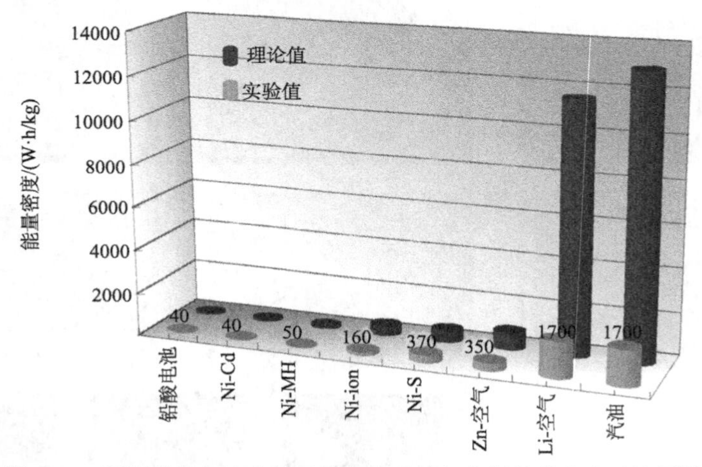

图 6-29　不同类型二次电池及汽油的理论与实际能量密度对比图[132]

锂-空气电池的主要活性物质是空气中的氧气，其主要来自于大气环境，无需特殊的容器进行储存，这极大地降低了电池的整体质量，使电池拥有更大的空间携带更多的金属，提高了电池的整体能量密度。因此，理论上锂-空气电池仅取决于电池携带的金属质量，金属锂是密度最小的金属（M_w = 6.94, ρ=0.535 g/cm^3），且相对于标准氢电极（SHE）的电势为–3.045 V，金属锂的理论容量为 3861 mA·h/g（包含活性物质氧气质量），这与传统的化石燃料汽油的能量密度接近，约为传统锂离子二次电池的 5～10 倍，最有希望应用在未来新能源汽车和移动手持设备上[138]。

1. 锂-空气电池的种类和发展历程

在开发锂-空气电池的公司中，美国 IBM 起步最早，在 2009 年与美国阿贡国家实验室合作开发“锂-空气电池应用于汽车的研发项目”，并于 2012 年和日本

Asahi Kasei 和 Central Glass 公司共同开发 Battery-500 项目，在 2013 年与德国宝马公司共同研发锂-空气电池。根据 IBM 商业计划，锂-空气电池技术将于 2020 年左右实现商业化。此外，我国也较早在锂-空气电池技术上布局，我国政府早在 2008 年就将锂-空气电池的研发列入国家重大研究计划资助项目。国内外对锂-空气电池研究较为深入的课题组有英国圣安德鲁斯大学的 Peter G. Bruce 教授课题组，美国阿贡国家实验室的 Larry A. Curtiss 和 Khalil Amine 教授课题组，美国麻省理工学院 Shao-Horn Yang 课题组，加拿大滑铁卢大学 Linda F. Nazar 课题组，韩国汉阳大学的 Yang-Kook Sun 教授课题组等。目前，国内开展关于锂-空气电池研究的课题组较多，主要有中国科学院长春应用化学研究所的张新波教授课题组，中国科学院上海硅酸盐研究所的温兆银教授课题组，哈尔滨工业大学孙克宁教授课题组，南京大学现代工程与应用科学学院的周豪慎教授课题组，南开大学陈军教授课题组，复旦大学余爱水教授课题组等。

(1) 锂-空气电池分类及工作原理

目前，实验用锂-空气电池主要由三部分构成，分别是负极锂金属片、载有催化剂的空气正极和电解液。根据电解液有机相和水相的不同，目前锂-空气电池可以分为以下四类(图 6-30)：非水有机体系锂-空气电池、水系锂-空气电池、水-有机双液体系锂-空气电池、全固态锂-空气电池。

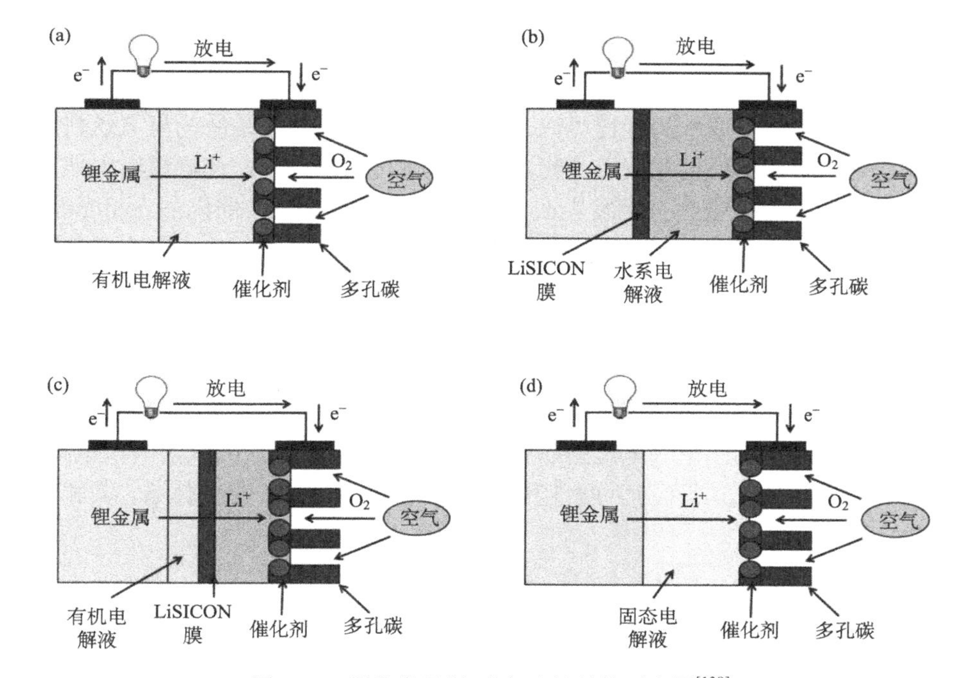

图 6-30　四种常见锂-空气电池结构示意图[139]

(a) 非水有机体系锂-空气电池；(b) 水系锂-空气电池；(c) 水-有机双液体系锂-空气电池；(d) 全固态锂-空气电池

(2) 非水有机体系锂-空气电池

非水有机体系锂-空气电池最早由 Abraham 课题组于 1996 年提出，该课题组在实验过程中证实了锂-空气电池可进行可逆充放电反应，激发了各国科研工作者对新型化学电源的广泛研究。该电池结构与传统锂离子电池的结构基本一致，不同之处在于电池处于敞开体系，即不需要对电池正极部分进行完全密封。

非水有机体系锂-空气电池的充放电过程中，不需要考虑空气中的氮气、二氧化碳、水等引起的副反应，根据大量文献报道，比较认可的锂-空气电池反应机理如下[140]：

$$O_2 + e^- \longrightarrow O_2^-$$

$$O_2^- + Li^+ \longrightarrow LiO_2$$

$$2\,LiO_2 \longrightarrow Li_2O_2 + O_2$$

然而，也有部分争议[141]，认为锂-空气电池反应机理如下：

$$LiO_2 + Li^+ \longrightarrow Li_2O_2$$

$$Li_2O_2 + 2Li^+ + 2e^- \longrightarrow 2\,Li_2O$$

氧还原产物 Li_2O_2 的分解反应如下：

$$Li_2O_2 \longrightarrow 2\,Li^+ + 2\,e^- + O_2$$

根据如上锂-空气电池的反应历程可知，正极材料并不作为活性物质参与电化学反应，而仅作为 Li_2O_2 的生成和分解反应的催化场所。这一点与氢氧燃料电池阴极表面的氧还原生成水的过程类似。然而，锂-空气电池与传统的氢氧燃料电池的不同之处在于，燃料电池放电产物水可及时排出体系之外，使得燃料电池可以连续工作，而锂-空气电池反应发生在多孔电极材料、电解液、催化剂三相界面处，随着放电反应的持续进行，生成的不溶产物 Li_2O_2 逐渐覆盖并填充整个多孔阴极材料的孔道，减小催化剂与氧气及电解液的接触面积，降低电极的电子电导率并堵塞氧气和锂离子的传输通道，最终导致放电反应终止。此外，由于诸多物理、化学因素的影响，正极材料上实际进行的电化学反应过程要复杂得多。

(3) 水系锂-空气电池

目前，针对水系锂-空气电池的研究大多数采用不同pH值的水溶液作电解液，根据 pH 值大小不同，其可分为酸性和碱性水溶液体系的锂-空气体系，其相应的电化学反应为[142]

$$2\,Li + 1/2\,O_2 + 2\,H^+ \longrightarrow 2\,Li^+ + H_2O\text{（酸性溶液）}$$

$$4\,Li + O_2 + 2\,H_2O \longrightarrow 4LiOH\text{（碱性溶液）}$$

在弱酸性或碱性水溶液电解液体系中，室温条件下锂-空气电池电化学反应电势的

计算公式为

$$E^{\ominus} = 4.268 - 0.0592\,\text{pH}\,(\text{V})$$

由于水系锂-空气电池结构涉及负极金属锂片的保护膜，该膜能将水相与金属锂负极隔开，阻挡水或正极侧氧气的渗透对锂片的腐蚀，通常情况下，该膜还须具有一定的离子电导率、化学/电化学稳定性和机械强度。然而，这种锂离子玻璃纤维膜组成及制备工艺复杂，目前水溶液体系锂-空气电池主要围绕金属锂负极的保护及高效稳定水溶液探索方面展开。

(4) 水-有机双液体系锂-空气电池

为了解决水系锂-空气电池电解液中锂金属负极易腐蚀的问题，以及在非水有机体系电解液中锂-空气电池正极由于放电产物的积累导致气体扩散通道堵塞而终止放电反应等问题，2009 年日本产业技术研究院周豪慎课题组首次提出一种新型的锂-空气电池结构——水-有机双液体系锂-空气电池，其电池结构如图 6-31 所示。在水-有机双液体系锂-空气电池中，金属锂负极侧为非水有机电解液，催化剂正极侧为水系溶液，为了有效阻隔两种溶液、外部空气中的二氧化碳和水渗透腐蚀金属锂，中间加入了一种超级锂离子玻璃纤维膜 LiSICON。关于水-有机双液体系锂-空气电池的研究工作，目前主要集中在水溶液体系侧金属负极的保护方面，寻找能够同时与水相及有机相共存的 LiSICON 膜成为本领域的研究重点[143]。用于双液体系锂-空气电池的隔离膜需要具备以下几个特点：①良好的锂离子传导性；②能有效阻隔空气侧氧气或水分的渗透；③具有较高的水相/有机相环境下的电化学稳定性；④具有较高的机械强度。

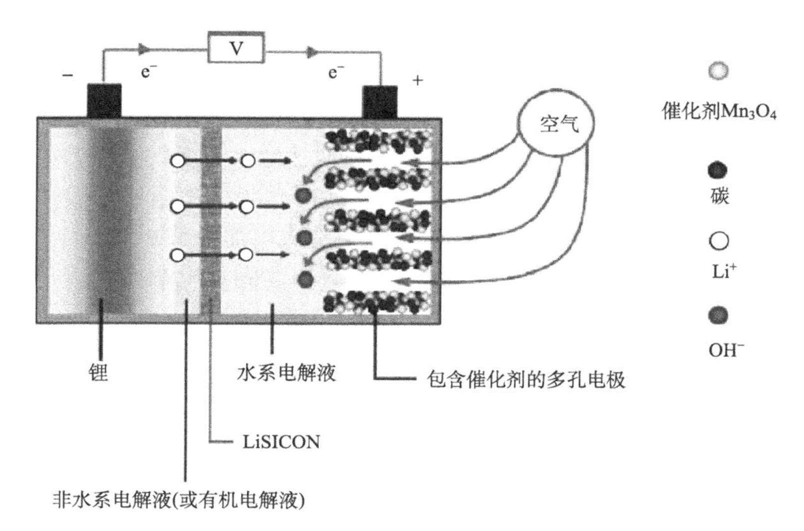

图 6-31　水-有机双液体系锂-空气电池结构示意图

(5) 全固态锂-空气电池

全固态锂-空气电池结构与目前大量报道的全固态锂离子电池结构基本相同(图 6-32)，全固态电解质可以真正从适用性方面彻底解决采用液态电解液出现的漏液或者挥发而导致的安全性问题。根据采用的电解质形态不同，全固态锂-空气电池可分为无机和聚合物基全固态电解质电池。无机全固态电解质主要由无机盐与少量水按照不同的配比进行物理混合，得到粉体材料后再经高温烧结并压制而成。一般聚合物基全固态电解质是由聚环氧乙烷、聚丙烯腈、聚环氧丙烯等聚合物材料作为基质，加入适量溶剂进行分散，再向其中加入无机锂盐和粉体填料，经均匀搅拌混合制备而成[144]。

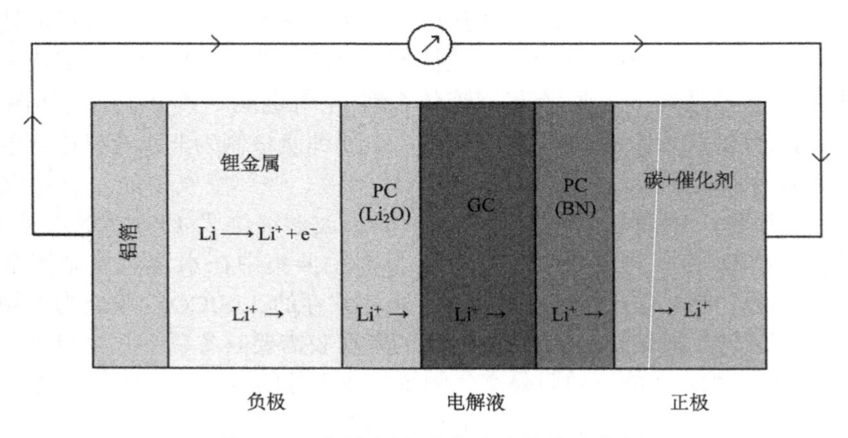

图 6-32 全固态锂-空气电池结构示意图

全固态锂-空气电池不存在漏液、挥发问题，安全性有所提高，同时固态电解质可以有效阻隔水分的渗入，防止金属锂负极被腐蚀，循环稳定性好，可在高温环境下使用，提高了电池的安全适用范围及电池性能。然而，全固态电解质界面电阻随温度升高而变大，且固体-固体界面接触时其界面电阻比一般液态电解液大，充放电过程中易导致固体-固体界面间隙，造成电池内部断路。目前，制约全固态锂-空气电池发展的关键问题在于如何有效提高固态电解质的离子迁移率及界面稳定性等。

2. 锂-空气电池正极材料

调控锂-空气电池正极材料的多孔和三相结构，将对锂-空气电池的电化学性质产生极大影响。与石墨烯等碳纳米材料相比，高分子纳米纤维及其衍生碳纳米纤维材料具有较大的孔隙率和比表面积。在锂-空气电池正极中，采用具有大孔隙率和高比表面积的碳纳米纤维材料，可以增加电极/电解液界面的接触面积；而碳纳米纤维材料的多孔性则有利于离子和氧气穿梭，促使电化学反应发生，生成产物 Li_2O_2 和 Li_2O。将碳纳米纤维材料与金属氧化物结合构筑的复合电极材料，通常具有优良的空气电极催化性能，并优于常见的商业化的正极材料，如 RuO_2，Co_3O_4 以及 α-MnO_2 等。常用的与碳纳米纤维材料复合的金属氧化物材料包括 RbO_2，CoO 和 MnO 等[145-153]，图 6-33 给出了碳纳米纤维/氧化铷复合材料作为锂-空气正极材料的电化学性能曲线。

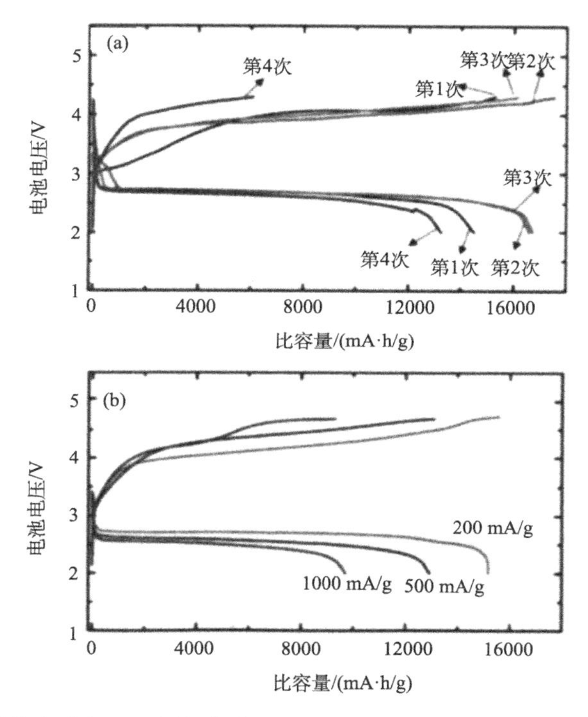

图 6-33　碳纳米纤维/氧化铷复合材料作为锂-空气正极材料在 100 mA/g 的电流密度下的电化学充/放电曲线(a)和倍率性能(b)

高性能的空气正极催化剂材料对于提升锂-空气电池的电化学性能和长寿命非常重要。锂-空气电池反应过程中生成的 Li_2O_2 很难进行逆反应，导致电池比容量在循环几次后就会发生严重的衰竭。为了克服这些限制，Kim 等通过静电纺丝技术，借助聚合物模板方法制备了可作为空气正极催化剂使用的 Co_3O_4 纳米纤维材料，并实现了其在高导电性石墨烯纳米片(GNF)表面的均匀负载。图 6-34 给出了 Co_3O_4-GNF 复合纤维材料的合成示意图。用该空气正极催化剂材料组装的锂-空气电池首次放电比容量为 10500 mA·h/g，并在循环 80 圈后仍保持 1000 mA·h/g 的比容量。以下三个因素导致该催化剂具有如此优良的性能：①一维结构的 Co_3O_4

纳米纤维具有很大的比表面积；②Co_3O_4 纳米纤维在 GNF 上分布均匀，具有良好的导电性；③超薄的 GNF 片层和多孔的 Co_3O_4 纳米纤维非常利于氧气的扩散。

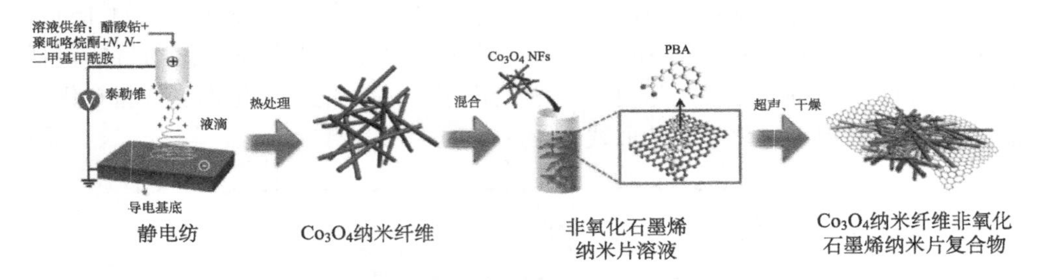

图 6-34 Co_3O_4-GNF 复合纤维材料的合成示意图

Shin 等[147]研究发现，将沸石咪唑类骨架材料 9(ZIF-9)和聚丙烯腈(PAN)通过静电纺丝复合构筑复合纳米纤维，并通过热处理得到的自支撑 Co_3O_4/碳纳米纤维复合材料(图 6-35)，可以在无需黏结剂的条件下直接作为非水溶剂的锂-空气电池的正极材料使用。Co_3O_4/碳纳米纤维复合材料组装的锂-空气电池的首圈放电容量为 760 mA·h/g，远高于纯的碳纳米纤维(72 mA·h/g)。由于 Co_3O_4 在 Co_3O_4/碳纳米纤维复合材料中实现了均匀负载，锂-空气电池还表现出较高的循环稳定性，表明合成的 Co_3O_4/碳纳米纤维复合材料可被应用在下一代锂-空气电池空气电极上。

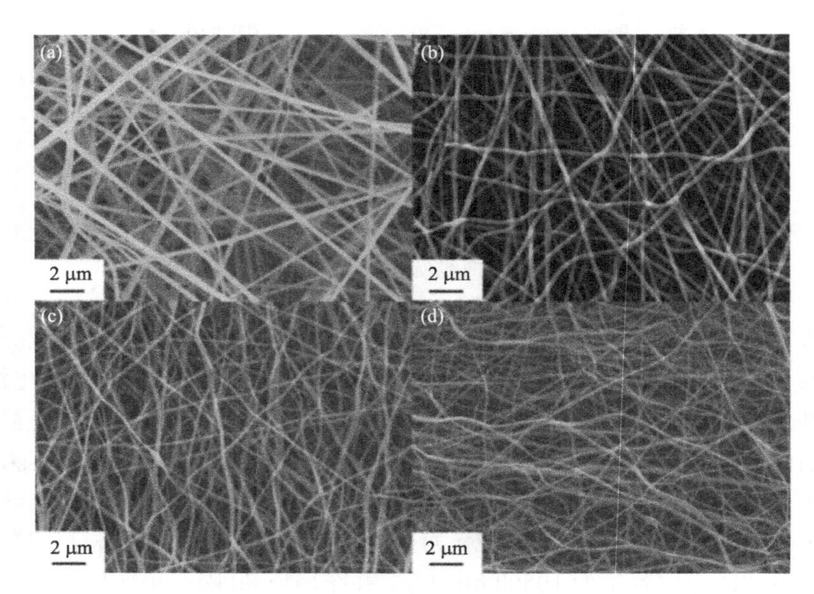

图 6-35 (a)静电纺 PAN 纳米纤维；(b)ZIF-9/PAN 复合纳米纤维；(c)碳化后的 ZIF-9/碳纳米复合纤维；(d)Co_3O_4/碳纳米纤维复合材料

Chen 等配制 5 wt % PAN 和 0.2 wt %醋酸铁的溶液，通过静电纺丝法构筑纳米纤维材料[154]。经 250℃空气预氧化和 900℃惰性气体保护下的进一步碳化，可将非贵金属 Fe 元素掺杂到合成的碳纳米纤维材料中。作为一种高效的 Fe-C-N 催化剂，旋转圆盘电极测试结果表明，该碳纳米纤维材料具有优越的氧还原性能，起始电位和极限电流均接近于商业化的铂炭电极材料。而水系半电池伏安法测试的结果进一步证实，该碳纳米纤维材料是一种高效廉价的锂-空气电池阴极催化剂材料。

Wang 等首次将水分散性良好的掺杂磷酸酯的聚苯胺纤维材料直接作为锂-空气电池的正极催化剂使用[153]。掺杂磷酸酯的聚苯胺材料廉价易得，且无需任何额外的催化剂，在不同的放电电流密度下都具有很高的比容量，表现出良好的倍率性能和循环稳定性能。这为后续研究高容量二次锂-空气电池正极材料提供了新的研究思路(图 6-36)。

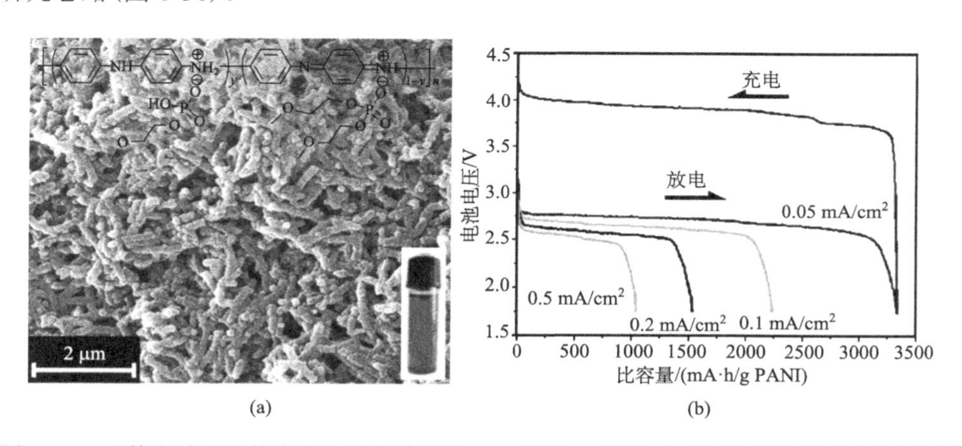

图 6-36　(a)掺杂磷酸酯的聚苯胺纤维材料的 SEM 照片；(b)掺杂磷酸酯的聚苯胺纤维材料作为锂-空气电池正极材料的充放电曲线

6.2.4　锂二次电池隔膜材料

典型的锂二次电池主要以正极、负极、隔膜和电解液四部分构成。正负极中间的多孔膜材料通称为聚合物隔膜，是锂离子电池的关键组成部分之一。其主要作用是隔离正负极并使电池内的电子不能自由穿过，而让离子在正负极间自由通过[155]。隔膜材料对锂电池性能有着至关重要的影响，其性能决定了电池的界面结构、内阻等，直接影响电池的容量、循环性能等特性。隔膜材料必须具备良好的化学、电化学稳定性和力学性能及高的离子通过率，并在反复充放电过程中对电解液保持高度浸润性。隔膜材料看似简单，但实现在亚微米甚至纳米尺度上的微孔结构均一性、纳米尺度上的填充材料均一性，对制造工艺的要求非常高，甚至需要应用纳米技术。为了实现对隔膜的高性能要求，做好结构设计是走向成功的第一步。当然，隔膜不可能满足所有电池设计的需要，具体的电池型号需要对隔膜的性能有所侧重和取舍。近年来，针对聚合物锂二次电池隔膜材料的研究在国内外都是一个热点。

由于锂电池隔膜苛刻复杂的使用环境，为了提高隔膜的电导率，介电常数较大、结晶度低、电化学性能稳定和热稳定性好的聚合物是研究隔膜材料的首选。聚烯烃微孔隔膜，如聚乙烯(PE)和聚丙烯(PP)隔膜，因具有较高的孔隙率、机械强度、耐化学腐蚀性和廉价、易制备等优点，成为目前商业化隔膜的主要材料[156]。实际应用中又包括单层PP或PE隔膜、双层PE/PP复合隔膜、双层PP/PP复合隔膜及三层PP/PE/PP复合隔膜。聚烯烃复合隔膜由Celgard公司开发，主要有PP/PE复合隔膜和PP/PE/PP复合隔膜，由于PE隔膜柔韧性好，但是熔点低，为135℃，闭孔温度低，而PP隔膜力学性能好，熔点较高，为165℃，将两者结合起来使得复合隔膜具有闭孔温度低，熔断温度高的优点[157]。它具有微孔自闭保护作用，可以较好地防止电池在过度充电或者温度升高的情况下引起的电池过热和电流的升高，从而防止电池短路引起的爆炸，对电池起到安全保护的作用。而且外层PP膜具有抗氧化作用，因此该类隔膜的循环性能和安全性能得到一定提升，在动力电池领域应用较广。

但是，由于PE和PP的热变形温度比较低(PE的热变形温度为80～85℃，PP为100℃)，温度过高时隔膜会发生严重的热收缩，从而导致电池正负极发生接触而导致电池内部短路，存在安全隐患，因此这类隔膜不适于在高温环境下使用。而且聚烯烃材料本身疏液表面和低的表面能导致这类隔膜对电解液的浸润性较差，同时，聚烯烃微孔膜也存在孔隙率低等缺点，影响电池的倍率性能。针对锂离子电池技术的发展需求，研究者们在传统聚烯烃隔膜的基础上发展了各种新型锂离子电池隔膜材料。

1. 高分子纳米纤维隔膜

为了满足动力电池安全性能及大功率条件下快速充放电的需求，具有三维孔隙结构的无纺布隔膜成了锂离子电池隔膜的有力竞争者。无纺布隔膜是通过化学、物理机械方法制备的，且由大量纤维堆积而成[158]。一般无纺布隔膜具有较高的孔隙率和较大的孔径，与聚烯烃微孔隔膜相比，较高的孔隙率有利于隔膜吸收更多的电解液，但是过大的孔径使得无纺布隔膜并不适用于锂离子电池隔膜。通常采用增加厚度的方法使无纺布隔膜的孔径降低，但是由于隔膜厚度增加，整个电池的能量密度降低了。为了使隔膜同时具备较低的厚度及较小的孔径，采用静电纺丝技术制备无纺布锂离子电池隔膜受到了广泛的关注。应用静电纺丝技术可以容易地选择不同高分子材料的溶液或熔体、变化各种填充颗粒、选择受热稳定和机械强度好的基材、以工艺参数调节纳米纤维的形态和孔隙率的大小。目前，溶液电纺丝制备锂电池隔膜的研究较多，适合用电纺工艺来制备锂电池隔膜的聚合物主要包括可溶性聚酰亚胺、聚偏氟乙烯、聚丙烯腈、聚甲基丙烯酸甲酯及聚对苯二甲酸乙二醇酯等。聚酰亚胺是指主链上含有酰亚胺环的一类综合性能良好的聚合物，具有优异的热稳定性、较高的孔隙率和较好的耐高温性能，可以在–200～300℃下长期使用[159]。电纺是制备 PI 多孔膜的易操作、低成本的工艺。该法制备的隔膜孔隙率高、孔隙均匀，而且离子电导可通过调节纤维直径得到控制。结合电吹工艺、特殊的接收装置或调节聚合物结构使其发生高度取向等手段可克服电纺纤维膜力学性能较差的缺点。

Miao 等用静电纺丝法制备了 PI 纳米纤维隔膜[160]。该隔膜热分解温度为 500℃，在 150℃高温条件下 Celgard 隔膜会发生严重的热收缩，而不同厚度的 PI 隔膜不会发生老化和热收缩[图 6-37(a)]。其次，由于 PI 极性强，对电解液润湿性好，所制备的隔膜表现出极佳的吸液率。因此，静电纺丝制造的 PI 隔膜相比于聚烯烃微孔隔膜(Celgard)具有较低的阻抗和较高的倍率性能。江西师范大学侯豪情等利用高速气电纺丝技术制备了厚度分别为 40 μm 和 100 μm 的聚酰亚胺纳米纤维膜(PI1#和 PI2#)，研究表明，其作为锂离子电池隔膜具有较好的隔膜性能和电化学性能[图 6-37(b)]。美国杜邦公司开发了新型聚酰亚胺锂离子电池隔膜，并将其应用于混合动力汽车和电动汽车，目的是提高电池动力和延长寿命，研究表明，可使电力提高 15%～30%。目前，国内的江西先材纳米纤维科技有限公司、中国科学院理化技术研究所和北京捷朗可控膜技术有限公司等单位也在从事 PI 纤维隔膜的研发及产业化工作。PI 隔膜能否实现商品化，取决于其制造方法的效率和成本是否具有竞争力。

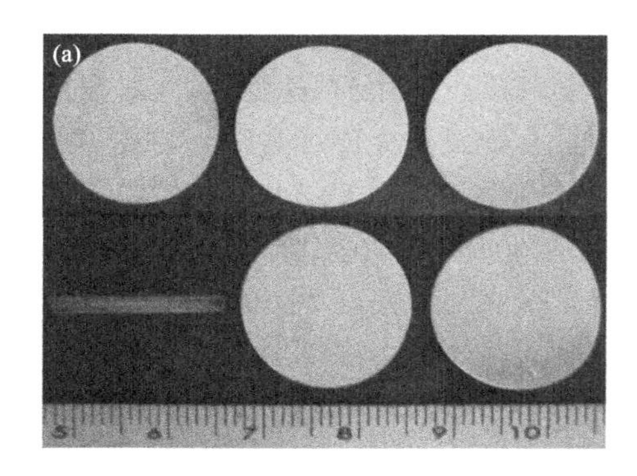

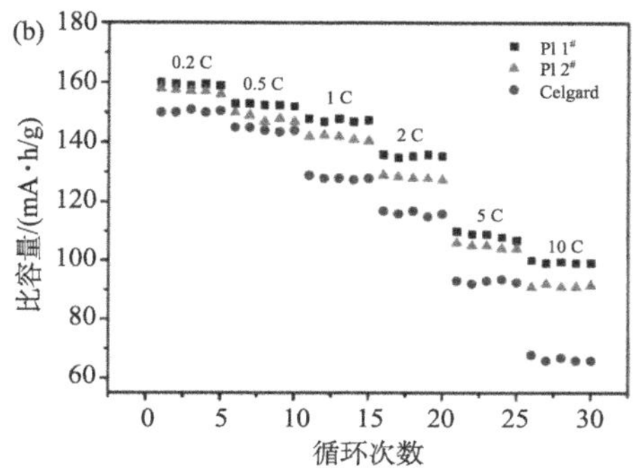

图 6-37　(a) Celgard、PI1#、PI2#隔膜 150℃处理前(上)和处理后(下)热收缩；(b)倍率测试[160]

聚偏氟乙烯(PVDF)属于线型结晶性热塑性聚合物，熔点为 170℃，热分解温度为 316℃以上，具有优良的成膜性、较高的热稳定性和化学稳定性，较高的介电常数和较低的玻璃化转变温度。因此，PVDF 成为制备锂二次电池隔膜最具优势的聚合物之一。Choi 等用静电纺丝法制备出 PVDF 隔膜，并将其有效地应用在锂离子电池中，通过改变静电纺丝的工艺参数，可以制备出孔隙率从 30%到 90%变化，孔径从亚微米到微米级别的隔膜[161]。但 PVDF 结构规整、结晶度高，影响了其离子电导率。此外，含氟聚合物的力学性能并不高，因此常用来和其他力学性能高的聚合物复合。台湾明志科技大学的吴怡双等通过静电纺丝和溶液浇铸法制造了 PVDF-HFP/PET/PVDF-HFP 复合隔膜[162]，结构如图 6-38 所示，其中中间层 PET 膜是由含季胺 SiO_2 纳米粒子改性的 PET 纳米纤维无纺布层，可提供良好的机械支撑，表面的 PVDF-HFP 层则通过将 PET 隔膜沉浸在 PVDF-HFP 浆料中形成，由此得到的三明治结构复合隔膜在 150℃下热收缩率为 8%，对电解液的接触角约为 2.9°，吸液率为 282%，离子电导率为 6.39×10^{-3} S/cm。

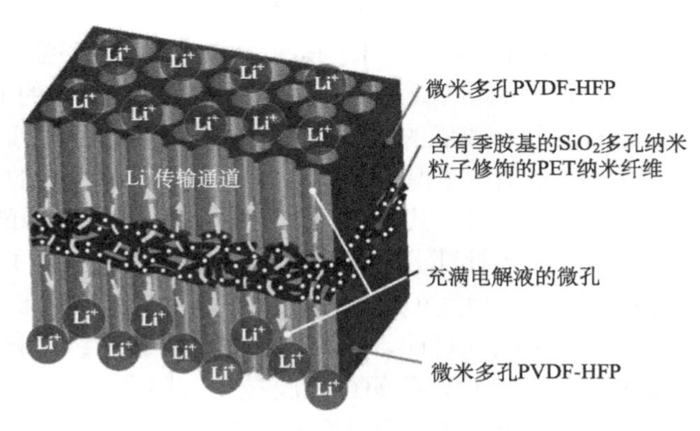

图 6-38 PVDF-HFP/PET/PVDF-HFP 复合隔膜结构示意图[162]

斯坦福大学崔屹课题组于 2017 年开发了一种核壳结构微米纤维，利用静电纺丝技术将防火剂磷酸三苯酯(TPP)作为纤维内核，并用聚偏氟乙烯-六氟丙烯(PVDF-HFP)作为高分子外壳将其包裹，由此复合纤维无序堆叠得到自支撑的独立膜[163]。如图 6-39 所示，该复合膜在电池正常工作时防火剂被包裹在 PVDF-HFP 聚合物内防止其与电解液接触，减少防火剂的添加对电池电化学性能的影响，而在电池发生热失控的时候，PVDF-HFP 外壳部分熔化，使内部防火剂 TPP 释放到电解液中，起到抑制燃烧的作用。实验对比了商业 PE 隔膜和 TPP@PVDF-HFP 复合隔膜与不同电解液组合的石墨电极循环性能，结果显示，在电池正常工作时，由于高分子保护层的存在，该种隔膜对石墨性能没有明显负面影响。通过点火试验测试了商业 PE 隔膜和 TPP@PVDF-HFP 燃烧时间以及两种隔膜的吸热峰，结果显示，加入 TPP 的隔膜能有效提高隔膜的安全性能。且这种核壳结构的纤维隔膜制备工艺简单，原料易得，适合商业化大规模生产。

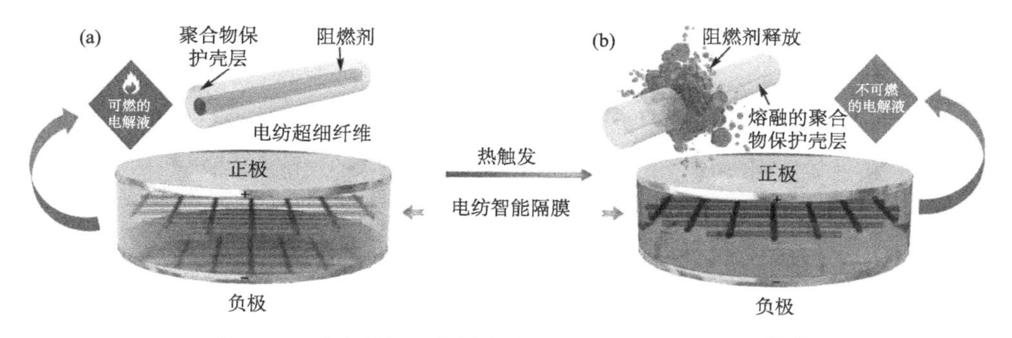

图 6-39　核壳结构及热触发时聚合物外壳熔化示意图[163]

韩国蔚山科学技术大学的 Lee 团队报道了一种双层非对称多孔隔膜，其制备过程及结构如图 6-40(a)所示，其顶层是三联吡啶(TPY)功能化纤维素纳米纤维(CNF)构成的纳米多孔薄层，底层是静电纺 PVP/PAN 微孔层，通过真空辅助浸渗法将 TPY-CNF 层和 PVP/PAN 层紧密结合在一起[164]。顶层的扫描电镜俯视图显示，TPY-CNF 纳米纤维堆积紧密并分布均匀，其相互交联形成很多纳米微孔[图 6-40(b)]。EDS 元素分析图显示 N 元素均匀分布，说明 TPY 分子通过化学键合连接到 CNF 上。底层的 PVP/PAN 层作为支撑结构，和 TPY-CNF 纳米纤维相比，PVP/PAN 纤维具有更大的微米级直径，其相互交织形成很多微孔结构[图 6-40(c)]。SEM 照片显示 TPY-CNF 薄层与 PVP/PAN 层结合为一体，形成多级孔结构膜[图 6-40(d)]。这样的设计用作以 $LiMn_2O_4$ 为正极的锂离子电池的隔膜时，既保证了离子的运输，也能有效防止电流损失，TPY 分子上的多电子含氮官能团能与电极上溶解的 Mn^{2+}形成二吡啶/金属配合物，而底层的 PVP 能有效捕捉电解液中副反应产生的氢氟酸，这两者的化学功能协同耦合共同抑制了锰金属引起的不良反应，提高了电池的高温循环性能。

中国科学院的胡继文团队采用多次浸渍法将芳纶纤维(ANF)涂覆在 PP 膜表面，涂覆后的隔膜表面结构如图 6-41 所示。实验发现，随着浸渍次数的增加，ANF 涂层变得更加致密和均一，复合 ANF 后的隔膜孔隙率降低，但是孔径分布更集中，相比于 PP 隔膜，芳纶纤维复合隔膜表现出较高的尺寸稳定性，倍率和循环性能可以媲美多巴胺改性的 PP 隔膜[165]。Zhu 等在 PP/PE 无纺布双面涂覆一层 PVDF/DMAc 溶液，溶剂挥发成膜，对 1 mol/L $LiPF_6$-EC/DMC/EMC 电解液的吸液率为 83.2%，室温电导率为 0.3×10^{-3} S/cm，拉伸强度为 25 MPa，断裂伸长率为 27%[166]。复合膜中 PP/PE 无纺布提高了 PVDF 膜的机械强度，而 PVDF 提高了 PP 膜的高温保持电解液的能力以及抗燃烧性。

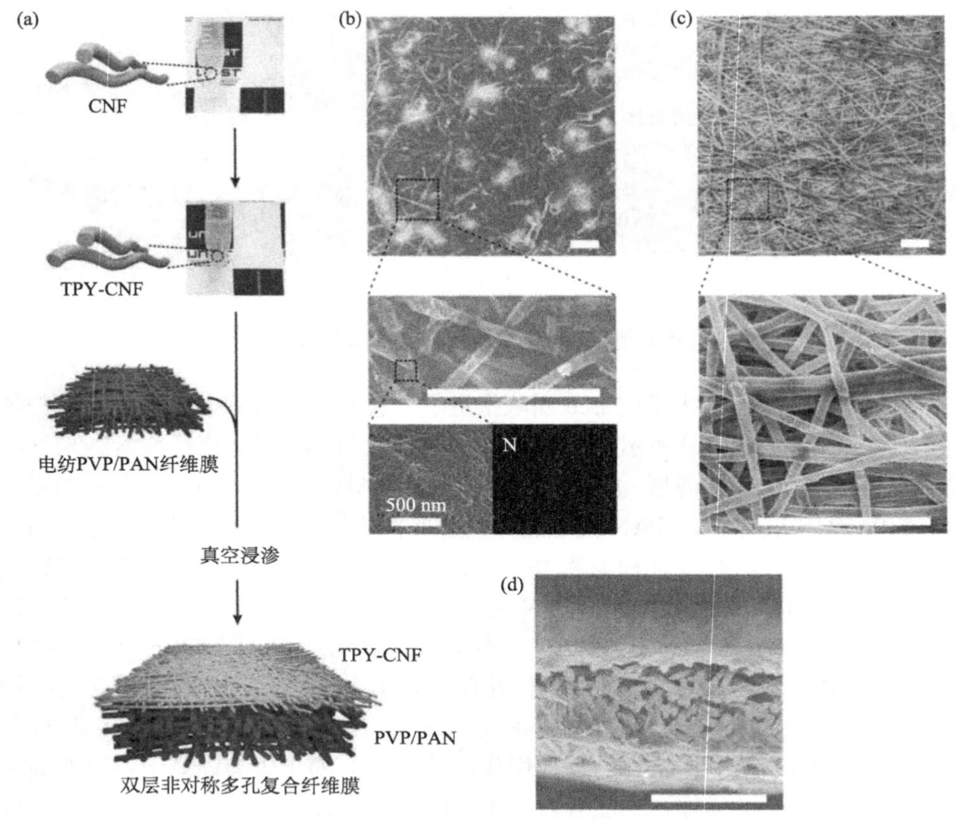

图 6-40 (a)非对称多孔隔膜制备过程及结构示意图。复合纤维膜顶层(b)、底层(c)及横截面(d)的扫描电镜照片[164]

此外，一些新型高分子材料也有望应用在锂二次电池隔膜领域。例如，新型高分子材料聚对苯撑苯并二嗯唑(PBO)是一种具有优异力学性能、热稳定性、阻燃性的有机纤维，在 650℃以下不分解，具有超高强度和模量，是理想的耐热和耐冲击纤维材料。由于 PBO 纤维表面极为光滑，物理化学惰性极强，因此纤维形貌较难改变。PBO 纤维只溶于浓硫酸、甲基磺酸、氟磺酸等，经过强酸刻蚀后的 PBO 纤维上的原纤会从主干上剥离脱落，形成分丝形貌，提高了比表面积和界面黏结强度。北京理工大学的郝晓明等用甲基磺酸和三氟乙酸的混合酸溶解 PBO 原纤维形成纳米纤维后，通过相转化法制备了 PBO 纳米多孔隔膜[167]。其纤维形貌见图 6-42，该隔膜的极限强度可达 525 MPa，杨氏模量有 20 GPa，热稳定性可达 600℃，隔膜接触角为 20°，小于 Celgard2400 隔膜的接触角(45°)，离子电导率为 2.3×10^{-4} S/cm，在 0.1 C 循环条件下表现好于商业化 Celgard2400 隔膜。

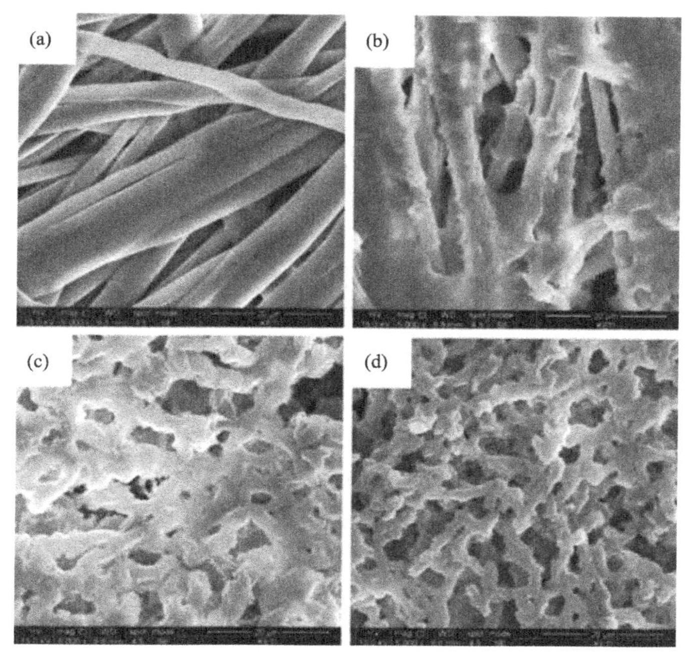

图 6-41　PP 膜(a)及复合 ANF 后的隔膜(b～d)[165]

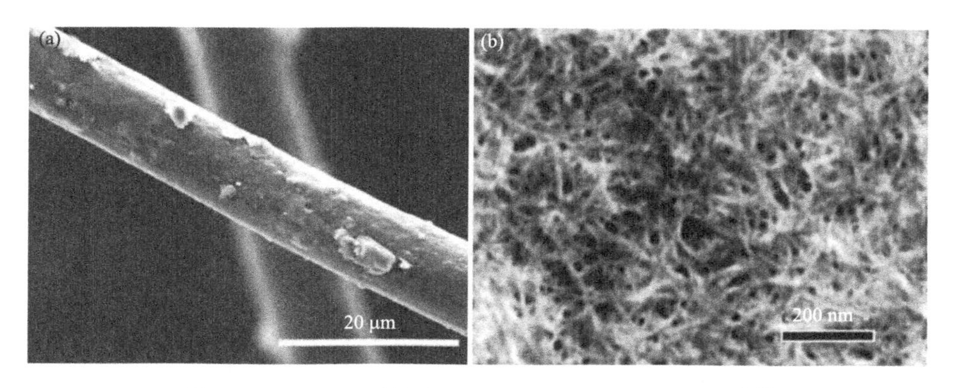

图 6-42　(a)PBO 原纤维；(b)PBO 纳米纤维隔膜结构[167]

2. 无机/高分子复合纳米纤维隔膜

高分子纳米纤维隔膜的缺点在于在制备过程中较难控制孔径大小与均一性，另外，其机械强度较低，很难满足动力电池的需求。近年来，复合隔膜已成为动力锂离子电池隔膜的发展方向，该类隔膜是以干法、湿法以及无纺布为基材，在基材上涂覆无机陶瓷颗粒层或复合聚合物层的复合型多层隔膜。无纺布的大孔由紧密堆积的超细无机陶瓷颗粒来填充并保留适当的孔隙，形成的复合隔膜材料有望成为聚烯烃隔膜的换代产品。通常采用的无机颗粒有 SiO_2，TiO_2，Al_2O_3，MgO，$LiAlO_2$，$CaCO_3$ 和 $BaSO_4$ 等[168-170]。较早开展此类研究并将产品投放市场的是德国德固赛(Degussa)公司，其产品 Separion®以聚对苯二甲酸乙二醇酯(PET)无纺布为基材，经浸涂水性浆料复合 Al_2O_3/SiO_2、干燥和硬化处理后制得。Separion®的纤维直径为 10～30 μm，无机填充物的粒径分布为 100 nm～5 μm，其最突出的特征是热稳定性好、可提高电池的安全性，但无法彻底解决的问题是掉粉。结合陶瓷材料和聚合物材料的各自优点，华南师范大学的李伟善等报道了一种在 PE 隔膜表面涂覆掺入 CeO_2 陶瓷颗粒的四元聚合物 P(MMA-BA-AN-St)基复合隔膜，其中 MMA 单体起到提高电解质亲和性的作用，St 单体起到提高隔膜力学性能的作用，AN 和 BA 单体则提供黏结力和提高离子电导率[171]。他们还研究了聚合物涂层中陶瓷颗粒含量对复合隔膜性质的影响，发现陶瓷颗粒的加入影响聚合物涂层中聚合物的结晶度，如图 6-43 所示，随着陶瓷含量的增多，涂层内部孔洞分布更加紧密，但是大量陶瓷的加入会使孔洞数目变小，孔径尺寸变大，孔隙率变小。因此，电解液保持率和离子电导率随着陶瓷浓度先增加后降低，不同浓度的陶瓷含量会使隔膜具有不同的性能优势。

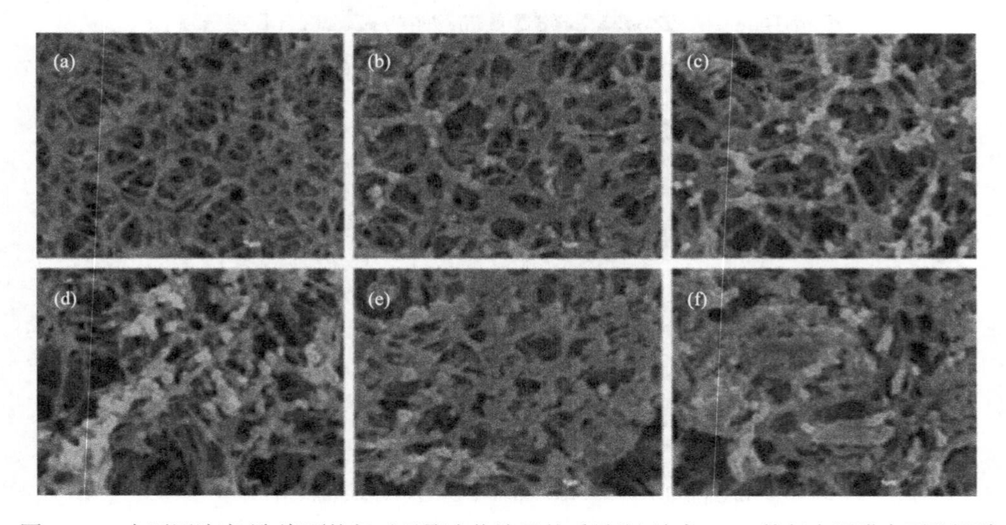

图 6-43 含不同浓度(陶瓷颗粒相对于聚合物涂层的质量比)纳米 CeO_2 的复合隔膜表面孔洞结构 SEM 照片[171]

(a) 0 wt %；(b) 10 wt %；(c) 50 wt %；(d) 100 wt %；(e) 150 wt %；(f) 200 wt %

Cho 等将 SiO_2 纳米颗粒与 PVDF-HFP 的混合物(90∶10，质量比)制成浆料，以浸涂工艺涂覆在 PET 无纺布表面得到复合膜材料，并通过改变 SiO_2 纳米颗粒的粒径来调节复合膜的孔隙结构[172]。实验表明，该无纺布复合隔膜在对受热收缩的抑制、浸润性和吸液量方面有明显提高。同时发现，与 530 nm 的大颗粒 SiO_2

相比，40 nm 的小颗粒使复合膜具有较高的孔隙率和较短的离子迁移通道。以 40 nm 颗粒复合膜制成的电池，经过 100 次充放电循环后容量几乎没有下降。PP 无纺布的机械强度较高，而 SiO_2/PVDF 复合纳米纤维的电化学性能较好，将 SiO_2/PVDF 分散液通过静电纺丝方法在 PP 无纺布上纺丝制备可得到高性能的 PVDF/SiO_2/PP 复合膜[173]，与纯 PVDF 纳米纤维涂覆的 PP 膜相比，SiO_2 的加入提高了电解质吸液率及电化学氧化极限，降低了膜与锂电极间的界面电阻。将 15% SiO_2/PVDF 复合纤维涂覆 PP 无纺布膜的纤维直径为 307 nm，孔隙率为 73%，对 1 mol/L $LiPF_6$/EC/DMC/DEC 电解质溶液的吸液率为 291 wt %，室温电导率为 2.6×10^{-3} S/cm。杨氏模量从 85.3 MPa 增大为 109.2 MPa，拉伸强度从 2.8 MPa 增大为 3.9 MPa，而断裂伸长率从 180%减小为 150%。

6.3　高分子纳米纤维及其衍生物在其他二次电池领域的应用

锂离子电池在移动电源市场已获得巨大成功，但是由于锂元素在地壳中的含量有限且分布不均匀，锂离子电池的成本居高不下，锂离子电池发展遭遇价格瓶颈，短期内很难打破，在大规模储能设备上的应用前景不容乐观。从资源和环境等方面考虑，寻求比锂储备丰富、分布更广泛的新型储能材料，开发高效便捷、适合大规模储能的二次电池便成了解决这一问题的关键。在这种情况下，钠离子电池、铝离子电池、钾离子电池等廉价高效的新型电池储能体系成为当下研究的热点。

6.3.1　钠离子电池

钠元素与锂元素位于同一主族，在地壳中含量为 2.74%，是锂元素的 420 倍，在所有元素丰度中排名第六。世界上盐的一半是由钠元素组成，并且分布广泛，原材料成本低，只有锂元素价格的 3%。钠离子比锂离子的半电池电位高 0.3 V 左右，因此可选用分解电势低的电解质体系，其具有更加稳定的电化学性能和安全性能。钠离子电池的工作原理和锂离子电池一样，都是基于摇椅式电池模型，即充放电过程中，钠离子在电池正负极之间可逆地脱出和嵌入。钠离子电池不是一个全新的概念，二十世纪六七十年代发生的石油危机迫使人们寻找新的替代能源，锂离子电池就和钠离子电池一起开始被人们广泛研究[174]。随着索尼公司在 1990 年成功地将锂离子电池商业化，并逐渐占据移动电源市场，钠离子电池逐渐淡出。近年来，随着对更廉价、更高效电池储能技术研究的兴起，人们又重新把目光放在钠离子电池上，研究开发了一系列钠离子电池用正负极材料[175, 176]。从成本、能耗、资源等角度来说，钠离子电池在规模化储能方面具有更大的市场竞争优势。但是，钠离子半径比锂离子大(分别为 0.102 nm、0.059 nm)，且原子量也大(分别为 22.99、6.94），导致其迁移速率缓慢，制约了快速充放电能力。此外，储钠过程容易造成电极材料较大的体积变化，甚至诱发不可逆结构相变，给电极材料的选取带来了较大困难，对于负极尤为严重。设计能够快速、稳定储钠的关键电极材料成为当前研究的重点。纳米电极材料往往具有较大的比表面积进而暴露出丰富的活性位点，同时能够承受高的形变应力，缩短离子迁移路径，加快反应动力学，因此，纳米结构被广泛应用于储钠方面，并展现出巨大优势。在众多纳米结构中，一维纳米材料凭借高的比表面积，定向的离子、电子传输路径以及强的抗形变能力，在钠离子电池中具有应用前景。常见的一维纳米材料包括纳米线、纳米棒、纳米纤维和纳米管，其中纳米纤维由于不易团聚等结构优势在制备电极上表现出更大的潜能。目前，一维纳米纤维的制备主要有直接模板法、化学气相沉积法、溶剂热和水热碳化法、自组装法及静电纺丝法。静电纺丝法能耗低，产量大，可以选用不同的纺丝高分子溶液前驱体并控制不同的合成条件来实现多种形貌、结构、成分可控的一维纳米材料的构筑，近年来被广泛应用于设计钠离子电池电极材料。而高分子在钠离子电池中的应用主要是其衍生的碳纳米纤维作为导电骨架或者直接作为电极材料，以下就正极材料和负极材料两个方面进行详细讨论。

1. 钠离子电池正极材料

作为钠离子电池的关键部件之一，正极材料应该满足以下条件：首先，具有较高的电化学活性；其次，具有较高的比容量及氧化还原电位，同时钠离子在材料中的嵌入脱出对其电位影响较小；再次，具有良好的结构稳定性，能够确保钠离子快速可逆地嵌入和脱出；最后，还应该具有成本低、制备简单以及无污染等特点。因此，对钠离子电池正极材料来说，目前的研究重点主要集中在过渡金属氧化物、磷酸盐系化合物、有机化合物等方面。

钠基层状过渡金属氧化物是钠离子电池正极材料领域的一个研究热点。Kalluri 等分别以含有 Na、Fe、Mn 的化合物及 PVP 的 DMF 溶液为纺丝液，通过静电纺丝法合成了直径约为 400 nm 的复合纤维前驱体[图 6-44(a)]，在空气中高温煅烧后，PVP 及有机残留物均分解去除，得到了直径约为 170 nm 的 P2 型 $Na_{2/3}(Fe_{1/2}Mn_{1/2})O_2$ 纳米纤维[图 6-44(b)][177]。相比简单的 $Na_{2/3}(Fe_{1/2}Mn_{1/2})O_2$ 纳米颗粒，这种纳米纤维展示出较高的比容量及较好的循环性能，在 0.1 C(1 C = 260 mA/g) 的电流密度下，首圈放电容量为 195 mA·h/g，循环 80 圈后还能保持 167 mA·h/g 的比容量。这是因为纳米纤维提供了更有效的电子、离子传输路径，并且能够缓冲形变应力、抑制团聚、增强结构稳定性。

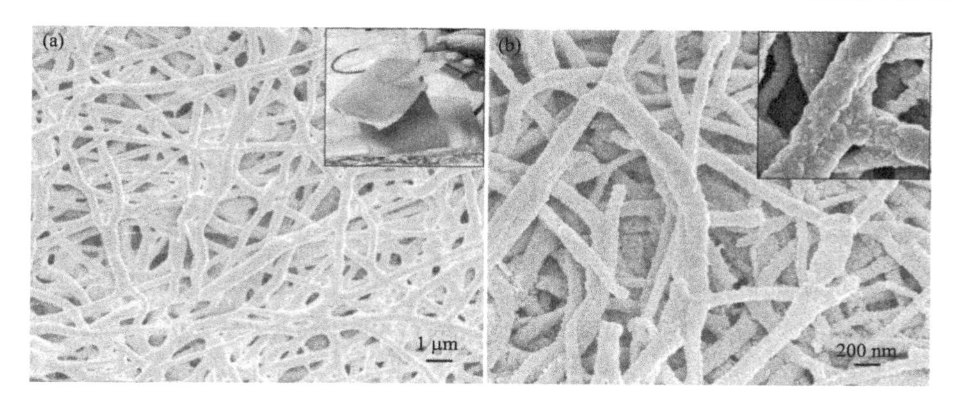

图 6-44　(a)静电纺丝得到的纳米复合纤维前驱体，右上角插图是数码照片；(b)高温煅烧后得到的 $Na_{2/3}(Fe_{1/2}Mn_{1/2})O_2$ 的扫描电镜照片，右上角插图是高倍率下的放大照片[177]

聚阴离子型钠盐具有结构多样性和稳定性，以及强的阴离子诱导效应，被认为是一类非常有前景的钠离子电池正极材料，展示出高的工作电压和好的循环稳定性。其中，钠快离子导体(NASICON)型正极材料，如 $Na_3V_2(PO_4)_3$，凭借良好的离子传输通道受到广泛关注。但 $Na_3V_2(PO_4)_3$ 的电子导电性差，严重影响其电化学性能。通过碳复合、纳米化、制造多孔结构等方法可以显著提升 $Na_3V_2(PO_4)_3$ 的性能。Liu 等以 NaH_2PO_4、NH_4VO_3、PEO、柠檬酸溶于水的溶液作为纺丝液，经过静电纺丝技术得到长而连续的复合纳米纤维前驱体，经过在 500℃及 800℃多惰性气氛中碳化后得到 $Na_3V_2(PO_4)_3/C$ 复合纳米纤维[178]，合成路线如图 6-45 所示。其

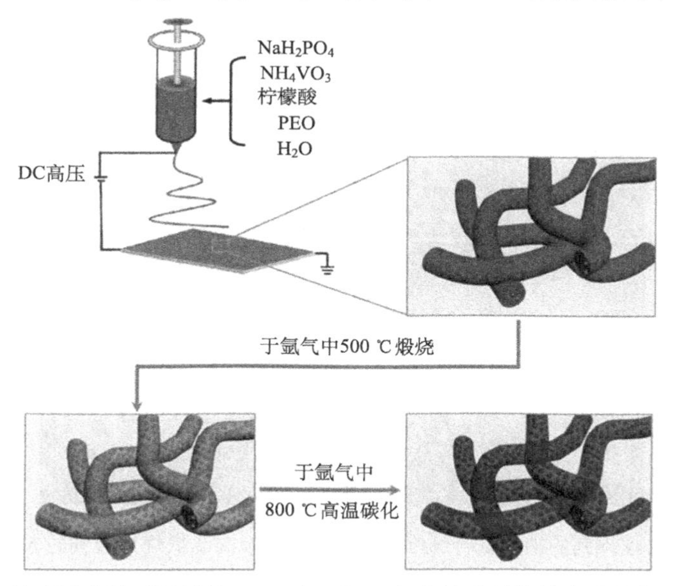

图 6-45　钠离子电池正极材料 $Na_3V_2(PO_4)_3/C$ 复合纳米纤维的合成路线示意图[178]

中，20～30 nm 的 $Na_3V_2(PO_4)_3$ 纳米颗粒均匀地镶嵌在相互交联的一维碳纳米纤维中。该结构在很大程度上增加了复合材料的电子电导率，展现出优异的倍率性能，在 0.1 C(1 C = 117 mA/g)的电流密度下，可逆容量为 101 mA·h/g，10 C 和 20 C 时仍能保持 39 mA·h/g 和 20 mA·h/g，而且首次循环库仑效率高达 98%。Li 等[179]将 NaH_2PO_4, NH_4VO_3 和柠檬酸的水溶液与 PVP 的水溶液混合后作为纺丝液，采用静电纺丝法制备了直径为 400 nm 左右、表面光滑的纳米复合纤维前驱体[图 6-46(a，b)]。经在氩气中高温碳化后制备了直径为 250 nm 左右柳枝状的 $Na_3V_2(PO_4)_3$/C 复合纳米纤维[图 6-46(c～f)]，$Na_3V_2(PO_4)_3$ 纳米颗粒在碳纳米纤维内部和表面均匀分布。这种结构一方面有利于活性物质与电解液充分接触，另一方面提高了材料的电子电导率。该复合材料用于储钠时，0.2 C 倍率时的比容量为 106.8 mA·h/g，循环 125 圈后仍能保持 107.2 mA·h/g，而且在 2 C 倍率下容量达到 103 mA·h/g，而 30 圈后还能保持 96.8 mA·h/g。

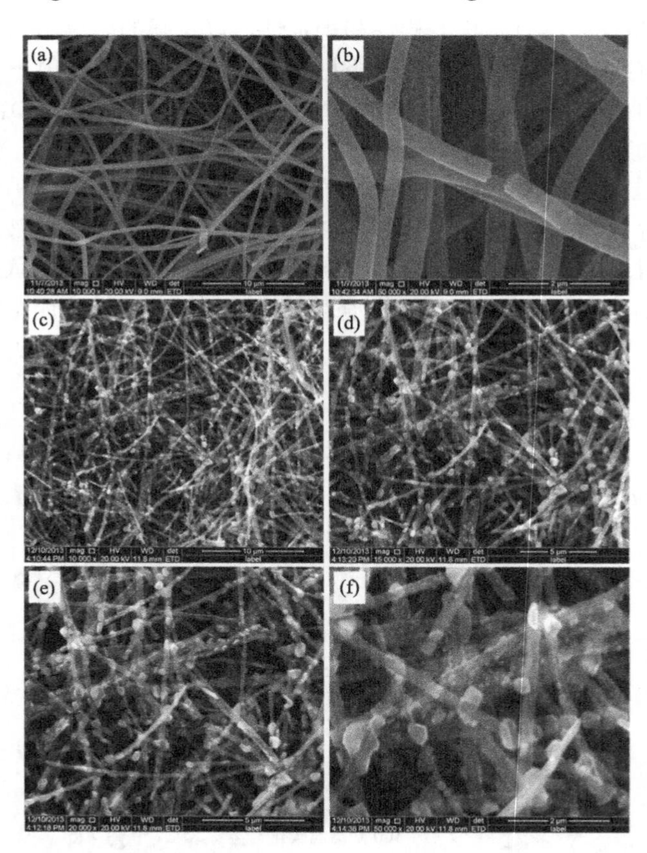

图 6-46　静电纺丝得到的纳米复合纤维前驱体(a，b)及高温煅烧后得到的 $Na_3V_2(PO_4)_3$/C 复合纳米纤维(c～f)的扫描电镜照片[179]

2. 钠离子电池负极材料

目前，正在研究的钠离子负极材料主要分为三大类：碳基储钠负极材料、合金类储钠负极材料、其他储钠负极材料。碳基储钠负极材料包括软碳、硬碳、天然石墨和石墨烯。碳质材料凭借其在自然界中的广泛存在和可再生性，是钠离子电池负极材料的首选。石墨是商业化锂离子电池的负极材料，但钠离子的半径比锂离子的大，导致钠离子在石墨层间脱嵌困难，使其储钠能力较差[180]。结晶度小的碳比石墨具有更高的钠电化学活性，近年来碳质负极储钠材料的研究主要集中在活性位点丰富的无定形碳上。因此，各种各样的碳质材料如焦炭、炭黑、热解碳、碳纳米纤维、模板碳、空心碳纳米线、碳纳米球等受到极大关注，因为它们有很大的层间距和无序结构。其中，三维交联的碳纳米纤维结构稳定，离子、电子传输能力强，吸引了研究者们的兴趣。

Chen 等通过静电纺丝制备出直径约 200～300 nm 的粗细均匀的碳纳米纤维[图 6-47(a，b)][181]。透射电镜显示，该碳纳米纤维具有乱层石墨结构[图 6-47(c，d)]。将其作为钠离子电池负极材料，由于材料结构无序且石墨烯层间距很大，该碳纳米纤维表现出较好的电化学性能。在 50 mA/g 的电流密度下首圈可逆比容量为 233 mA·h/g，循环 50 次时的比容量可保持 217 mA·h/g。Jin 等研究了碳化温度(800～1500℃)对 PAN 衍生碳纳米纤维电化学性能的影响，指出不同的碳化温度会导致不同的碳层结构和储钠容量[182]。如图 6-48 所示，在不同温度热解 PAN 衍

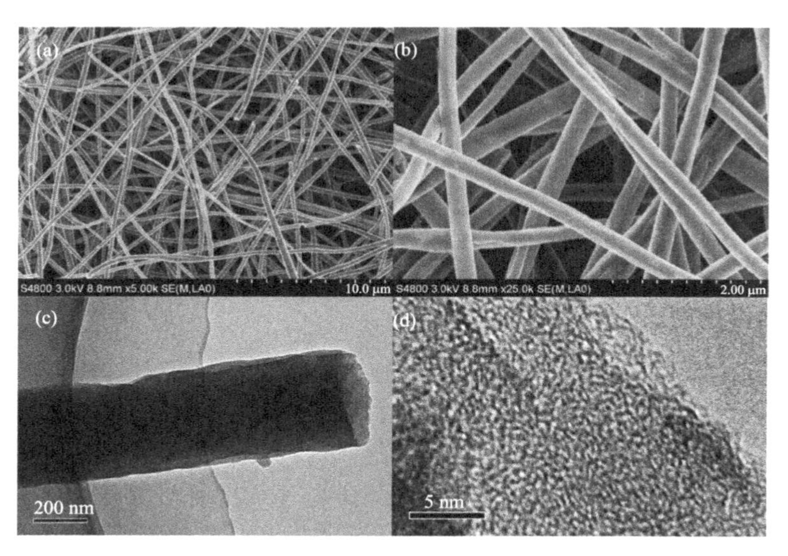

图 6-47　静电纺丝得到的纳米复合纤维前驱体的扫描电镜照片(a，b)及透射电镜照片(c，d)[181]

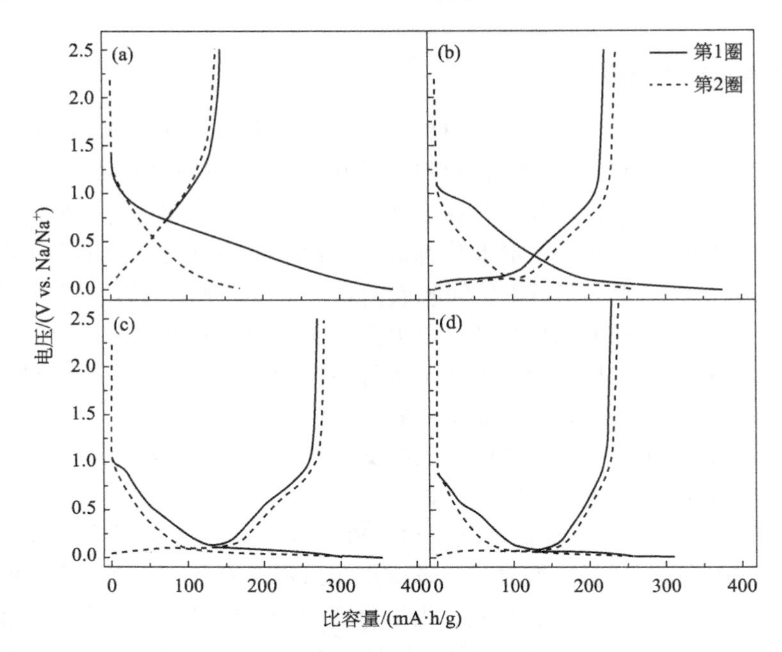

图 6-48 在 800 ℃(a)、1000 ℃(b)、1250 ℃(c)及 1500℃(d)热解 PAN 衍生的碳纳米纤维作为钠离子电池负极材料前两圈的充放电曲线图[182]

电流密度：0.02 A/g

生的碳纳米纤维的放电曲线都包括两个相似的放电区间：第一个区间在 1.5～0.1 V之间，对应于钠离子嵌入石墨化结构层间；第二个区间在 0.1～0 V 之间，对应于钠离子在纳米孔洞结构中的吸附。结果显示，1250℃煅烧得到的碳纤维在首圈具有最高的库仑效率(72%)，在第二圈具有最高的可逆比容量(271 mA·h/g)。

为了进一步增加碳纳米纤维的储钠位点并提高其离子、电子电导率，常引入氮等杂原子掺杂或者多孔结构。Zhu 等以 PAN 的 DMF 溶液进行静电纺丝得到 PAN 纳米纤维，在氮气中高温碳化后，制备了不同直径的碳纳米纤维[183]。由于高温导致纤维中很多小分子分解挥发，随着碳化温度的升高，碳纳米纤维的直径有所降低，在 700℃、800℃及 900℃分别是 250 nm、200 nm 和 150 nm。而 N 原子的含量随着温度升高，从 16.28%降低到 10.68%。作为钠离子电池的负极材料，在 800℃合成的样品表现出最高的容量及循环效率，在 50 mA/g 的电流密度下循环 200 圈的比容量为 254 mA·h/g，容量保持率为 86.7%。结果说明，提高碳纳米纤维电化学性能，可以通过选择合适的碳化温度来调控碳纳米纤维的石墨化程度及 N 元素的含量来实现。Li 等[184]以三嵌段共聚物普鲁兰尼克®F127 为造孔模板，制备了 PAN 衍生的微孔碳纳米纤维(P-CNPs)。在用于钠离子电池负极材料时，在 2 C 时循环 1000 次后容量保持率为 71.5%[图 6-49(a)]。在 0.2 C(1 C=

250 mA/g) 倍率下循环 100 次时，容量可保持在 266 mA·h/g，循环后的扫描电镜图片[图 6-49 (b)]显示碳纳米纤维的形貌和结构保持不变。因此，良好的循环稳定性和倍率性能源于以下几个方面：①P-CNPs 中大量均匀分布的微孔提高了碳纳米纤维的比表面积，有利于 Na^+的储存；②P-CNPs 多孔结构有效缩短了 Na^+及电子的传输路径；③高强度三维多孔导电网络的构建保证了 P-CNPs 的长循环性能。类似地，Wang 等通过静电纺丝技术合成了自支撑的柔性多孔氮掺杂碳纳米纤维膜，并将其直接用作钠离子电池负极，在 5000 mA/g 循环 7000 次时的容量仍维持在 210 mA·h/g [185]。

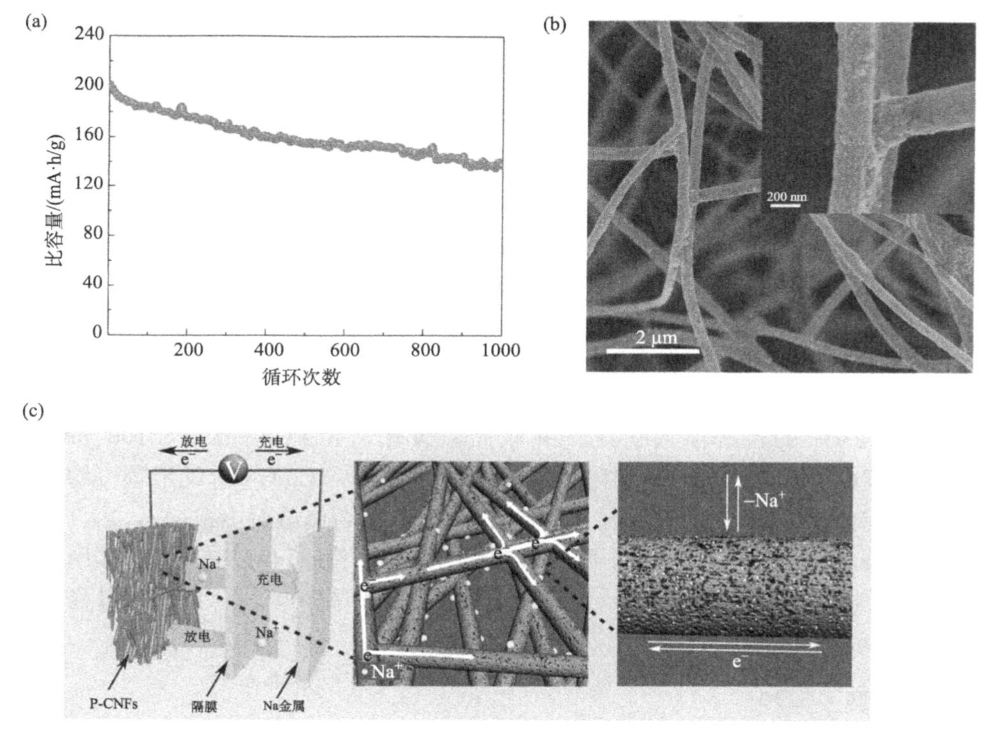

图 6-49　(a) P-CNFs 在 500 mA/g (2 C) 充放电 1000 次的循环性能图（电池首圈在 50 mA/g 的小电流密度下循环 5 圈）；(b) 在 0.2 C 倍率下循环 100 次后的 P-CNFs 的扫描电镜照片，插图是高倍率下的扫描电镜照片；(c) P-CNFs 在钠离子电池中的工作机理示意图[184]

石墨烯比表面积大、活性位点多，相比其他碳质材料展示出更高的储钠容量(600～800 mA·h/g)。但石墨烯层间具有较强的 π–π 相互作用，导致其在电化学循环过程中极易团聚，影响循环稳定性。结合石墨烯及多孔碳纳米纤维的优点，Liu 等将 PVP 溶解在分散有氧化石墨烯的水溶液中，利用静电纺丝技术纺丝，之后在 H_2 (10 vol%，vol%表示体积分数)/Ar (90 vol%) 气氛中于 500℃热解得到多孔碳纳米纤维[图 6-50(a)][186]。在此过程中，氧化石墨烯在热解的过程中还原成石墨烯。高倍透射电镜照片表明，高度剥离的单层或双层石墨烯均匀分散在多孔碳纳米纤维中[图 6-50(b)]。该石墨烯/多孔碳纳米纤维复合材料在用于钠离子电池负极材料时展现出高的可逆容量，在 100 mA/g 的电流密度下，循环 100 圈还可保持 408.8 mA·h/g 的比容量。

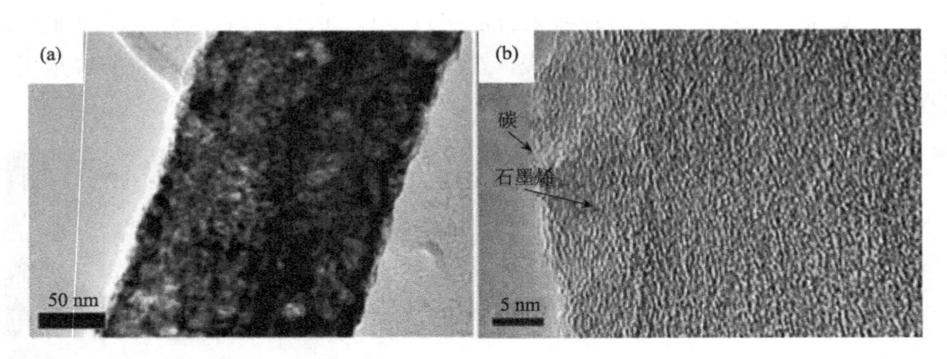

图 6-50 石墨烯/多孔碳纳米纤维复合材料的透射电镜照片(a)及高倍透射电镜照片(b)[186]

此外，纳米纤维在其他储钠负极材料包括金属氧化物、硫化物、磷化物、钛酸钠盐化合物等中的应用也很广泛。最常用的策略是，将纳米级的活性物质分散在高分子衍生的碳纳米纤维中。例如，Liu 等用 $Li(CH_3COO)_2·H_2O$、乙酰丙酮氧钛(Ⅳ)、PVP 的乙醇溶液纺丝，并在高温碳化，得到直径约为 100 nm 的 $Li_4Ti_5O_{12}$@C 纳米纤维复合材料[图 6-51(a)][187]。其中，$Li_4Ti_5O_{12}$ 纳米颗粒均匀地嵌入一维碳纳米纤维中，形成分级结构[图 6-51(b)]。高倍透射电镜显示，$Li_4Ti_5O_{12}$ 纳米颗粒的直径小于 10 nm，并且具有高度的结晶结构[图 6-51(c, d)]。其用作储钠负极材料时，在 0.2 C(1 C = 175 mA/g)倍率下循环 100 次，可逆容量稳定在 162.5 mA·h/g。

6.3.2 铝离子电池

除第一主族的碱金属之外，含有多个可释放电子的金属如铝、镁、钙也可以用作二次电池的离子载体。同时，得益于它们的多电子反应和较小的原子量，这些储藏量丰富的金属的比容量相对较高并且负极电位较低，因此在电池领域也可以发挥独特的作用[188]。铝是地壳上含量最丰富的金属元素，其每年的全球开采量是锂的 1000 多倍。相比于锂和钠元素，铝元素作为电池的正极有着明显的成本优势。考虑到能量密度和电荷储存能力，铝的质量比容量(2980 mA·h/g)稍低于锂的比容量(3860 mA·h/g)，然而铝的体积能量密度(8.04 A·h/cm^3)却是锂的 3 倍。

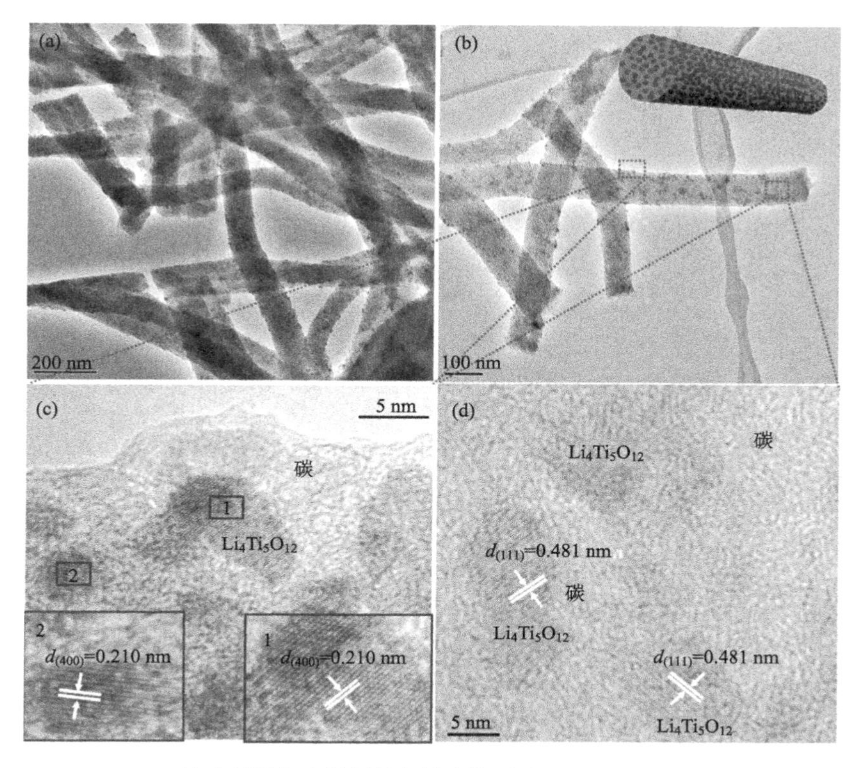

图 6-51　$Li_4Ti_5O_{12}$@C 纳米纤维复合材料的扫描电镜照片(a、b)及高倍透射电镜照片(c、d)[187]

在过去多年里，人们对铝离子电池的探索从未中断，然而早期对铝离子电池的研究举步维艰。1988 年美国新泽西州 Allied-Signal Incorporated 公司就报道过可充放电的铝离子电池，但由于其阴极材料容易分解，在当时并没有引起足够的关注[189]。2011 年，美国康奈尔大学的 Archer 教授研究组也报道了以离子液体氯代 1-乙基-3-甲基咪唑-三氯化铝([EMIm]Cl/$AlCl_3$)为电解液、V_2O_5 为正极材料、金属铝为负极的铝离子电池，并实现了 270 mA·h/g 的比容量和 20 圈的稳定循环，美中不足的是其放电电压较低[190]。2015 年 4 月 6 日，*Nature* 在线发表了美国斯坦福大学戴宏杰团队关于铝离子电池的论文 *An ultrafast rechargeable aluminium-ion battery*, 这是铝离子电池领域的一个新突破[191]。该电池以三维泡沫石墨烯为正极、以离子液体[EMIm]Cl/$AlCl_3$ 为电解液，在室温下实现了电池长时间可逆充放电。如图 6-52 所示，$AlCl_4^-$ 是电池中的电荷载体。在放电过程中，$AlCl_4^-$ 从石墨烯正极中脱嵌出来，同时在金属铝负极反应生成 $Al_2Cl_7^-$。在充电过程中，上述反应发生逆转，从而实现充放电循环。戴宏杰团队后续又报道了高质量石墨正极在应用于铝离子电池时，在高负载量低倍率下比容量可达 110 mA·h/g，并通过各种测试手段再次证实了充电过程中 $AlCl_4^-$ 离子插层入石墨形成石墨插层化合物的反应过程[192]。尽管目前该团队制备的只是铝离子电池的雏形，但其廉价的原材料以及优异的循环性能使得人们确信，在不久的将来铝离子电池将会成为新能源领域的新宠。

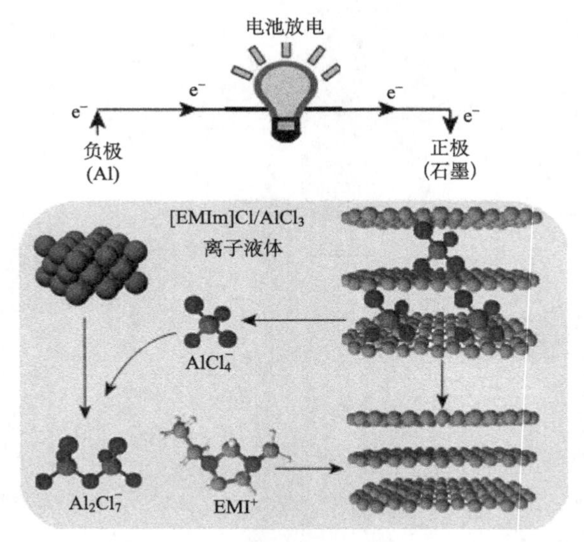

图 6-52　铝离子电池放电工作示意图[191]

在后续铝离子电池的相关研究中，提高铝离子电池的能量密度、功率密度及循环寿命是未来发展的核心研究方向。而设计和发展具有更高工作电压和更大存储容量的新型正极材料是其中的关键。得益于一维纳米纤维独特的结构，其在铝离子电池正极材料的设计中具有很大的应用潜力。例如，如图 6-53(a)所示，Hu 等以 $Co(Ac)_2$、PAN、PS 的 DMF 溶液为前驱体，通过静电纺丝技术制备了含 Co 纳米颗粒的复合纳米纤维前驱体，并以 Co 为活性位点，经高温热解，在碳纳米纤维复合材料的表面得到原位生长的碳纳米管(Co@CNTs-CNFs)[193]。该复合材料进一步硫化后得到含 Co_9S_8 纳米颗粒的碳纳米管-碳纳米纤维复合材料(Co_9S_8@CNTs-CNFs)。该复合材料具有高度的柔性，可以作为自支撑的电极材料用于铝离子电池正极[图 6-53(b)]。XRD 测试显示, Co@CNTs-CNFs 的 Co 全部成功硫化为 Co_9S_8[图 6-54(a)]，扫描电镜照片[图 6-54(b～d)]、高倍透射电镜照片及相应的元素分布图[图 6-54(e～g)]显示，Co_9S_8 均匀分布在碳纳米管-碳纳米纤维复合材料的多孔网络结构中。将 Co_9S_8@CNTs-CNFs 用作铝离子电池正极材料时，电池在 100 mA/g 的电流密度下表现出 315 mA·h/g 的高比容量，循环 200 周还能保持 297 mA·h/g。在更高的电流密度下，如 1000 mA/g，电池循环 6000 圈还可保持 87 mA·h/g 的比容量，显示出极其稳定的循环性能。

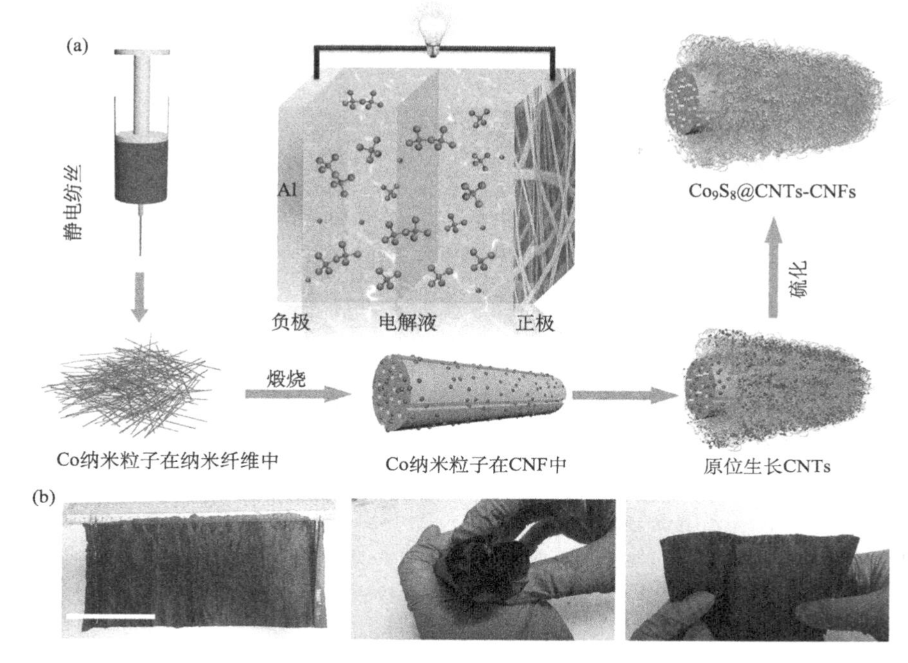

图 6-53　(a) Co_9S_8@CNTs-CNFs 纳米复合材料的合成示意图；(b) 该复合材料作为自支撑柔性电极在弯曲前后的数码照片[193]

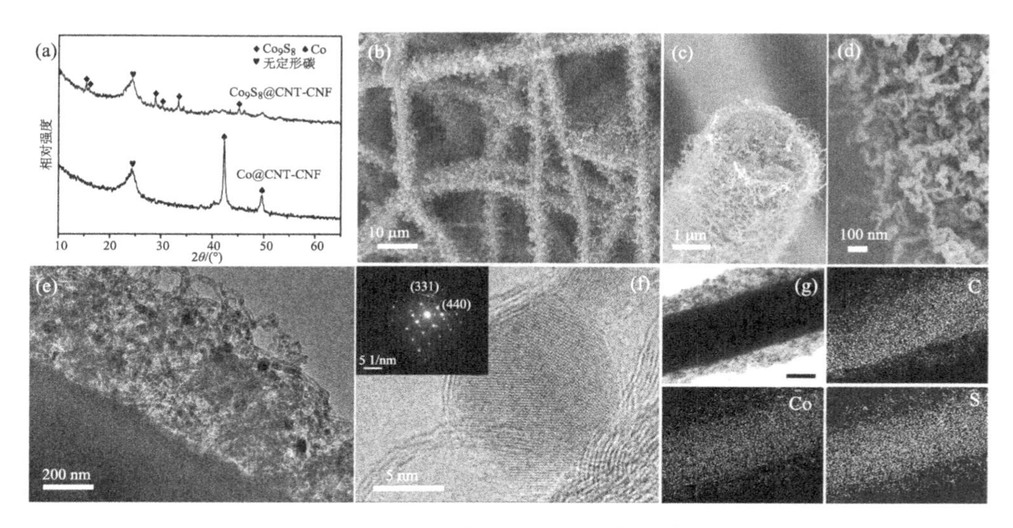

图 6-54　(a) Co_9S_8@CNTs-CNFs 的 XRD 图谱；(b～d) 扫描电镜照片；(e～g) 透射电镜照片及对应的元素分布图[193]

参考文献

[1] Yan J, Wang Q, Wei T, Fan Z J. Recent advances in design and fabrication of electrochemical supercapacitors with high energy densities [J]. Advanced Energy Materials, 2014, 4(4): 1300816.

[2] Lu X H, Yu M H, Wang G M, Tong Y X, Li Y. Flexible solid-state supercapacitors: Design, fabrication and applications [J]. Energy & Environmental Science, 2014, 7(7): 2160-2181.

[3] Wang Y G, Xia Y Y. Recent progress in supercapacitors: From materials design to system construction [J]. Advanced Materials, 2013, 25(37): 5336-5342.

[4] 乜广弟. 一维复合纳米结构的可控构筑及其超级电容器电极性能研究 [D]. 长春: 吉林大学, 2017.

[5] Bose S, Kuila T, Mishra A K, Rajasekar R, Kim N H, Lee J H. Carbon-based nanostructured materials and their composites as supercapacitor electrodes [J]. Journal of Materials Chemistry, 2012, 22(3): 767-784.

[6] Li X, Wei B. Supercapacitors based on nanostructured carbon [J]. Nano Energy, 2013, 2(2): 159-173.

[7] Wang G P, Zhang L, Zhang J J. A review of electrode materials for electrochemical supercapacitors [J]. Chemical Society Reviews, 2012, 41(2): 797-828.

[8] Zhai Y, Dou Y, Zhao D, Fulvio P F, Mayes R T, Dai S. Carbon materials for chemical capacitive energy storage [J]. Advanced Materials, 2011, 23(42): 4828-4850.

[9] Zhang L L, Zhao X S. Carbon-based materials as supercapacitor electrodes [J]. Chemical Society Reviews, 2009, 38(9): 2520-2531.

[10] Jiang J, Li Y, Liu J, Huang X, Yuan C, Lou X W D. Recent advances in metal oxide-based electrode architecture design for electrochemical energy storage [J]. Advanced Materials, 2012, 24(38): 5166-5180.

[11] Zhi M, Xiang C, Li J, Li M, Wu N. Nanostructured carbon-metal oxide composite electrodes for supercapacitors: A review [J]. Nanoscale, 2013, 5(1): 72-88.

[12] Yu G, Xie X, Pan L, Bao Z, Cui Y. Hybrid nanostructured materials for high-performance electrochemical capacitors [J]. Nano Energy, 2013, 2(2): 213-234.

[13] Yu Z, Tetard L, Zhai L, Thomas J. Supercapacitor electrode materials: nanostructures from 0 to 3 dimensions [J]. Energy & Environmental Science, 2015, 8(3): 702-730.

[14] 王禹. 活性碳纤维及其复合材料超级电容性能的研究 [D]. 长春: 吉林大学, 2015.

[15] Zhang L, Aboagye A, Kelkar A, Lai C, Fong H. A review: Carbon nanofibers from electrospun polyacrylonitrile and their applications [J]. Journal of Materials Science, 2014, 49(2): 463-480.

[16] Cavaliere S, Subianto S, Savych I, Jones D J, Rozière J. Electrospinning: Designed architectures for energy conversion and storage devices [J]. Energy & Environmental Science, 2011, 4(12): 4761 - 4785.

[17] Kim C, Yang K S. Electrochemical properties of carbon nanofiber web as an electrode for supercapacitor prepared by electrospinning [J]. Applied Physics Letters, 2003, 83(6): 1216-1218.

[18] Kim C, Choi Y O, Lee W J, Yang K S. Supercapacitor performances of activated carbon fiber webs prepared by electrospinning of PMDA-ODA poly(amic acid) solutions [J]. Electrochimica Acta, 2004, 50(2-3): 883-887.

[19] Kim C, Park S H, Lee W J, Yang K S. Characteristics of supercapaitor electrodes of PBI-based carbon nanofiber web prepared by electrospinning [J]. Electrochimica Acta, 2004, 50(2-3): 877-881.

[20] Chan K. Electrochemical characterization of electrospun activated carbon nanofibres as an electrode in supercapacitors [J]. Journal of Power Sources, 2005, 142: 382-388.

[21] Ra E J, Raymundo-Pinero E, Lee Y H, Beguin F. High power supercapacitors using polyacrylonitrile-based carbon nanofiber paper [J]. Carbon, 2009, 47(13): 2984-2992.

[22] Kim C, Ngoc B T N, Yang K S, Kojima M, Kim Y A, Kim Y J, Endo M, Yang S C. Self-sustained thin webs consisting of porous carbon nanofibers for supercapacitors via the electrospinning of polyacrylonitrile solutions containing zinc chloride [J]. Advanced Materials, 2007, 19(17): 2341-2346.

[23] 王冉冉. 纳米炭纤维的制备、改性及其电化学性能 [D]. 天津: 天津工业大学, 2017.

[24] Ma C, Song Y, Shi J, Zhang D, Zhai X, Zhong M, Guo Q, Liu L. Preparation and one-step activation of microporous carbon nanofibers for use as supercapacitor electrodes [J]. Carbon, 2013, 51: 290-300.

[25] Ma C, Li Y, Shi J, Song Y, Liu L. High-performance supercapacitor electrodes based on porous flexible carbon nanofiber paper treated by surface chemical etching [J]. Chemical Engineering Journal, 2014, 249: 216-225.

[26] Ma C, Wang R, Xie Z, Zhang H, Li Z, Shi J. Preparation and molten salt-assisted KOH activation of porous carbon nanofibers for use as supercapacitor electrodes [J]. Journal of Porous Materials, 2017, 24(6): 1437-1445.

[27] Kim C, Jeong Y I, Ngoc B T N, Yang K S, Kojima M, Kim Y A, Endo M, Lee J W. Synthesis and characterization of porous carbon nanofibers with hollow cores through the thermal treatment of electrospun copolymeric nanofiber webs [J]. Small, 2007, 3(1): 91-95.

[28] Le T H, Yang Y, Yu L, Gao T, Huang Z, Kang F. Polyimide-based porous hollow carbon nanofibers for supercapacitor electrode [J]. Journal of Applied Polymer Science, 2016, 133(19): 43397.

[29] Liu Z, Fu D, Liu F, Han G, Liu C, Chang Y, Xiao Y, Li M, Li S. Mesoporous carbon nanofibers with large cage-like pores activated by tin dioxide and their use in supercapacitor and catalyst support [J]. Carbon, 2014, 70: 295-307.

[30] Wang L, Zhang G, Zhang X, Shi H, Zeng W, Zhang H, Liu Q, Li C, Liu Q, Duan H. Porous ultrathin carbon nanobubbles formed carbon nanofiber webs for high-performance flexible supercapacitors [J]. Journal of Materials Chemistry A, 2017, 5(28): 14801-14810.

[31] Chau T, Kalra V. Fabrication of porous carbon nanofibers with adjustable pore sizes as electrodes for supercapacitors [J]. Journal of Power Sources, 2013, 235: 289-296.

[32] Abeykoon N C, Bonso J S, Ferraris J P. Supercapacitor performance of carbon nanofiber electrodes derived from immiscible PAN/PMMA polymer blends [J]. RSC Advances, 2015, 5(26): 19865-19873.

[33] He H, Shi L, Fang Y, Li X, Song Q, Zhi L. Mass production of multi-channeled porous carbon nanofibers and their application as binder-free electrodes for high-performance supercapacitors [J]. Small, 2014, 10(22): 4671-4676.

[34] Kim B H, Yang K S, Ferraris J P. Highly conductive, mesoporous carbon nanofiber web as electrode material for high-performance supercapacitors [J]. Electrochimica Acta, 2012, 75: 325-331.

[35] Huang K J, Wang L, Liu Y J, Liu Y M, Wang H B, Gan T, Wang L L. Layered MoS 2-graphene composites for supercapacitor applications with enhanced capacitive performance [J]. International Journal of Hydrogen Energy, 2013, 38(32): 14027-14034.

[36] Ma C, Sheng J, Ma C, Wang R, Liu J, Xie Z, Shi J. High-performanced supercapacitor based mesoporous carbon nanofibers with oriented mesopores parallel to axial direction [J]. Chemical Engineering Journal, 2016, 304: 587-593.

[37] Cai W, Li G, He F, Jin L, Liu B, Li Z. A novel laminated separator with multi functions for high-rate dischargeable lithium–sulfur batteries [J]. Journal of Power Sources, 2015, 283: 524-529.

[38] Zhu J, Chen C, Lu Y, Zang J, Jiang M, Kim D, Zhang X. Highly porous polyacrylonitrile/graphene oxide membrane separator exhibiting excellent anti-self-discharge feature for high-performance lithium–sulfur batteries [J]. Carbon, 2016, 101:272-280.

[39] Xie W, Jiang X, Qin T, Yang H, Liu D, He D. Inner porous carbon nanofibers as binder-free electrodes for high-rate supercapacitors [J]. Electrochimica Acta, 2017, 258: 1064-1071.

[40] Yun Y S, Im C, Park H H, Hwang I, Tak Y, Jin H J. Hierarchically porous carbon nanofibers containing numerous heteroatoms for supercapacitors [J]. Journal of Power Sources, 2013, 234: 285-291.

[41] 张玲. 杂原子掺杂多孔炭的制备及其电容行为研究 [D]. 大连: 大连理工大学, 2014.

[42] Zhou W, Yu Y, Chen H, Disalvo F J, Abruña H D. Yolk-shell structure of polyaniline-coated sulfur for lithium–sulfur batteries [J]. Journal of the American Chemical Society, 2013, 135(44): 16736-16743.

[43] 冯晨辰, 吴爱民, 黄昊, Aimin W, Hao H. 超级电容器电极用 N-掺杂多孔碳材料的研究进展 [J]. 材料导报, 2016, 1: 143-149.

[44] Chen L F, Zhang X D, Liang H W, Kong M, Guan Q F, Chen P, Wu Z Y, Yu S H. Synthesis of nitrogen-doped

porous carbon nanofibers as an efficient electrode material for supercapacitors [J]. ACS Nano, 2012, 6(8): 7092-7102.

[45] Zhang J, Zhang X, Zhou Y, Guo S, Wang K, Liang Z, Xu Q. Nitrogen-doped hierarchical porous carbon nanowhisker ensembles on carbon nanofiber for high-performance supercapacitors [J]. ACS Sustainable Chemistry & Engineering, 2014, 2(6): 1525-1533.

[46] Miao F, Shao C, Li X, Wang K, Liu Y. Flexible solid-state supercapacitors based on freestanding nitrogen-doped porous carbon nanofibers derived from electrospun polyacrylonitrile@polyaniline nanofibers [J]. Journal of Materials Chemistry A, 2016, 4(11): 4180-4187.

[47] Cheng Y, Huang L, Xiao X, Yao B, Yuan L, Li T, Hu Z, Wang B, Wan J, Zhou J. Flexible and cross-linked N-doped carbon nanofiber network for high performance freestanding supercapacitor electrode [J]. Nano Energy, 2015, 15: 66-74.

[48] Zhan C, Xu Q, Yu X, Liang Q, Bai Y, Huang Z H, Kang F. Nitrogen-rich hierarchical porous hollow carbon nanofibers for high-performance supercapacitor electrodes [J]. RSC Advances, 2016, 6(47): 41473-41476.

[49] Yu Z Y, Chen L F, Song L T, Zhu Y W, Ji H X, Yu S H. Free-standing boron and oxygen co-doped carbon nanofiber films for large volumetric capacitance and high rate capability supercapacitors [J]. Nano Energy, 2015, 15: 235-243.

[50] Na W, Jun J, Park J W, Lee G, Jang J. Highly porous carbon nanofibers co-doped with fluorine and nitrogen for outstanding supercapacitor performance [J]. Journal of Materials Chemistry A, 2017, 5(33): 17379-17387.

[51] Chen L F, Huang Z H, Liang H W, Yao W T, Yu Z Y, Yu S H. Flexible all-solid-state high-power supercapacitor fabricated with nitrogen-doped carbon nanofiber electrode material derived from bacterial cellulose [J]. Energy & Environmental Science, 2013, 6(11): 3331-3338.

[52] Chen L F, Huang Z H, Liang H W, Gao H L, Yu S H. Three-dimensional heteroatom-doped carbon nanofiber networks derived from bacterial cellulose for supercapacitors [J]. Advanced Functional Materials, 2014, 24(32): 5104-5111.

[53] 吕进玉, 林志东, Zhidong L I N. 超级电容器导电聚合物电极材料的研究进展 [J]. 材料导报, 2007, 21(3): 29-31.

[54] 涂亮亮, 贾春阳, Chunyang J. 导电聚合物超级电容器电极材料 [J]. 化学进展, 2010, 22(8): 1610-1618.

[55] Ghenaatian H R, Mousavi M F, Rahmanifar M S. High performance hybrid supercapacitor based on two nanostructured conducting polymers: Self-doped polyaniline and polypyrrole nanofibers [J]. Electrochimica Acta, 2012, 78: 212-222.

[56] Ghenaatian H R, Mousavi M F, Kazemi S H, Shamsipur M. Electrochemical investigations of self-doped polyaniline nanofibers as a new electroactive material for high performance redox supercapacitor [J]. Synthetic Metals, 2009, 159(17-18): 1717-1722.

[57] Mi H, Zhang X, Yang S, Ye X, Luo J. Polyaniline nanofibers as the electrode material for supercapacitors [J]. Materials Chemistry and Physics, 2008, 112(1): 127-131.

[58] Sk M M, Yue C Y, Jena R K. Facile growth of heparin-controlled porous polyaniline nanofiber networks and their application in supercapacitors [J]. RSC Advances, 2014, 4(10): 5188-5197.

[59] Laforgue A. All-textile flexible supercapacitors using electrospun poly(3, 4-ethylenedioxythiophene) nanofibers [J]. Journal of Power Sources, 2011, 196(1): 559-564.

[60] Park H W, Kim T, Huh J, Kang M, Lee J E, Yoon H. Anisotropic growth control of polyaniline nanostructures and their morphology-dependent electrochemical characteristics [J]. ACS Nano, 2012, 6(9): 7624-7633.

[61] Tebyetekerwa M, Yang S, Peng S, Xu Z, Shao W, Pan D, Ramakrishna S, Zhu M. Unveiling polyindole: Freestanding as-electrospun polyindole nanofibers and polyindole/carbon nanotubes composites as enhanced electrodes for flexible all-solid-state supercapacitors [J]. Electrochimica Acta, 2017, 247: 400-409.

[62] Zhang H, Zhao Q, Zhou S, Liu N, Wang X, Li J, Wang F. Aqueous dispersed conducting polyaniline nanofibers: Promising high specific capacity electrode materials for supercapacitor [J]. Journal of Power Sources, 2011, 196(23): 10484-10489.

[63] Simotwo S K, Delre C, Kalra V. Supercapacitor electrodes based on high-purity electrospun polyaniline and polyaniline-carbon nanotube nanofibers [J]. ACS Applied Materials & Interfaces, 2016, 8(33): 21261-21269.

[64] Miao Y E, Fan W, Chen D, Liu T. High-performance supercapacitors based on hollow polyaniline nanofibers by electrospinning [J]. ACS Applied Materials & Interfaces, 2013, 5(10): 4423-4428.

[65] Huang Y, Miao Y E, Lu H, Liu T. Hierarchical $ZnCo_2O_4$@$NiCo_2O_4$ core-sheath nanowires: Bifunctionality towards high-performance supercapacitors and the oxygen-reduction reaction [J]. Chemistry - A European Journal, 2015, 21(28): 10100-10108.

[66] Xu Y, Wang J, Shen L, Dou H, Zhang X. One-dimensional vanadium nitride nanofibers fabricated by electrospinning for supercapacitors [J]. Electrochimica Acta, 2015, 173: 680-686.

[67] Zhao L, Yu J, Li W, Wang S, Dai C, Wu J, Bai X, Zhi C. Honeycomb porous MnO_2 nanofibers assembled from radially grown nanosheets for aqueous supercapacitors with high working voltage and energy density [J]. Nano Energy, 2014, 4: 39-48.

[68] Huang Y, Liang Z, Miao Y E, Liu T. Diameter-controlled synthesis and capacitive performance of mesoporous dual-layer MnO_2 nanotubes [J]. ChemNanoMat, 2015, 1(3): 159-166.

[69] Radhamani A V, Shareef K M, Rao M S R. ZnO@MnO_2 core-shell nanofiber cathodes for high performance asymmetric supercapacitors [J]. ACS Applied Materials & Interfaces, 2016, 8(44): 30531-30542.

[70] Zhang K, Zhang L L, Zhao X S, Wu J. Graphene/polyaniline nanofiber composites as supercapacitor electrodes [J]. Chemistry of Materials, 2010, 22(4): 1392-1401.

[71] Zhou S, Zhang H, Zhao Q, Wang X, Li J, Wang F. Graphene-wrapped polyaniline nanofibers as electrode materials for organic supercapacitors [J]. Carbon, 2013, 52: 440-450.

[72] Wu Q, Xu Y, Yao Z, Liu A, Shi G. Supercapacitors based on flexible graphene/polyaniline nanofiber composite films [J]. ACS Nano, 2010, 4(4): 1963-1970.

[73] Jang J, Bae J, Choi M, Yoon S H. Fabrication and characterization of polyaniline coated carbon nanofiber for supercapacitor [J]. Carbon, 2005, 43(13): 2730-2736.

[74] Kotal M, Thakur A K, Bhowmick A K. Polyaniline-carbon nanofiber composite by a chemical grafting approach and its supercapacitor application [J]. ACS Applied Materials & Interfaces, 2013, 5(17): 8374-8386.

[75] Chau T, Singhal R, Lawrence D, Kalra V. Polyaniline-coated freestanding porous carbon nanofibers as efficient hybrid electrodes for supercapacitors [J]. Journal of Power Sources, 2015, 293: 373-379.

[76] Yan X, Tai Z, Chen J, Xue Q. Fabrication of carbon nanofiber-polyaniline composite flexible paper for supercapacitor [J]. Nanoscale, 2011, 3(1): 212-216.

[77] Chen L, Chen L, Ai Q, Li D, Si P, Feng J, Zhang L, Li Y, Lou J, Ci L. Flexible all-solid-state supercapacitors based on freestanding, binder-free carbon nanofibers@polypyrrole@graphene film [J]. Chemical Engineering Journal, 2018, 334: 184-190.

[78] Zhi M, Manivannan A, Meng F, Wu N. Highly conductive electrospun carbon nanofiber/MnO_2 coaxial nano-cables for high energy and power density supercapacitors [J]. Journal of Power Sources, 2012, 208: 345-353.

[79] Wang J G, Yang Y, Huang Z H, Kang F. A high-performance asymmetric supercapacitor based on carbon and carbon-MnO_2 nanofiber electrodes [J]. Carbon, 2013, 61: 190-199.

[80] Fan Z, Yan J, Wei T, Zhi L, Ning G, Li T, Wei F. Asymmetric supercapacitors based on graphene/MnO_2 and activated carbon nanofiber electrodes with high power and energy density [J]. Advanced Functional Materials, 2011, 21(12): 2366-2375.

[81] Liu J, Essner J, Li J. Hybrid supercapacitor based on coaxially coated manganese oxide on vertically aligned carbon nanofiber arrays [J]. Chemistry of Materials, 2010, 22(17): 5022-5030.

[82] Lai F, Miao Y E, Huang Y, Chung T S, Liu T. Flexible hybrid membranes of $NiCo_2O_4$ -doped carbon nanofiber@MnO_2 core–sheath nanostructures for high-performance supercapacitors [J]. The Journal of Physical Chemistry C, 2015, 119(24): 13442-13450.

[83] Mu J, Chen B, Guo Z, Zhang M, Zhang Z, Zhang P, Shao C, Liu Y. Highly dispersed Fe_3O_4 nanosheets on

one-dimensional carbon nanofibers: Synthesis, formation mechanism, and electrochemical performance as supercapacitor electrode materials [J]. Nanoscale, 2011, 3 (12): 534 - 554.

[84] Abouali S, Akbari Garakani M, Zhang B, Xu Z L, Kamali Heidari E, Huang J Q, Huang J, Kim J K. Electrospun carbon nanofibers with *in situ* Encapsulated Co_3O_4 nanoparticles as electrodes for high-performance supercapacitors [J]. ACS Applied Materials & Interfaces, 2015, 7 (24): 13503-13511.

[85] Niu H, Yang X, Jiang H, Zhou D, Li X, Zhang T, Liu J, Wang Q, Qu F. Hierarchical core–shell heterostructure of porous carbon nanofiber@$ZnCo_2O_4$ nanoneedle arrays: Advanced binder-free electrodes for all-solid-state supercapacitors [J]. Journal of Materials Chemistry A, 2015, 3 (47): 24082-24094.

[86] Kim B H, Kim C H, Yang K S, Rahy A, Yang D J. Electrospun vanadium pentoxide/carbon nanofiber composites for supercapacitor electrodes [J]. Electrochimica Acta, 2012, 83: 335-340.

[87] Zhang L, Ding Q, Huang Y, Gu H, Miao Y E, Liu T. Flexible hybrid membranes with $Ni(OH)_2$ nanoplatelets vertically grown on electrospun carbon nanofibers for high-performance supercapacitors [J]. ACS Applied Materials & Interfaces, 2015, 7 (40): 22669-22677.

[88] Lai F, Huang Y, Miao Y E, Liu T. Controllable preparation of multi-dimensional hybrid materials of nickel-cobalt layered double hydroxide nanorods/nanosheets on electrospun carbon nanofibers for high-performance supercapacitors [J]. Electrochimica Acta, 2015, 174: 456-463.

[89] Ning X, Li F, Zhou Y, Miao Y E, Wei C, Liu T. Confined growth of uniformly dispersed $NiCo_2S_4$ nanoparticles on nitrogen-doped carbon nanofibers for high-performance asymmetric supercapacitors [J]. Chemical Engineering Journal, 2017, 328: 599-608.

[90] Chen L F, Huang Z H, Liang H W, Guan Q F, Yu S H. Bacterial-cellulose-derived carbon nanofiber@MnO_2 and nitrogen-doped carbon nanofiber electrode materials: An asymmetric supercapacitor with high energy and power density [J]. Advanced Materials, 2013, 25 (34): 4746-4752.

[91] Lai F, Miao Y E, Zuo L, Lu H, Huang Y, Liu T. Biomass-derived nitrogen-doped carbon nanofiber network: A facile template for decoration of ultrathin nickel-cobalt layered double hydroxide nanosheets as high-performance asymmetric supercapacitor electrode [J]. Small, 2016, 12 (24): 3235-3244.

[92] Whittingham M S. Lithium batteries and cathode materials [J]. Chemical Reviews, 2004, 104 (10): 4271-4302.

[93] 陈军，丁能文，李之峰，张骞，钟盛文. 锂离子电池有机正极材料 [J]. 化学进展, 2015, 27 (9): 1291-1301.

[94] Xie J, Zhang Q. Recent progress in rechargeable lithium batteries with organic materials as promising electrodes [J]. Journal of Materials Chemistry A, 2016, 4 (19): 7091-7106.

[95] Novák P, Müller K, Santhanam K, Haas O. Electrochemically active polymers for rechargeable batteries [J]. Chemical Reviews, 1997, 97 (1): 207-282.

[96] Fujii M, Kushida K, Ihori H, Arii K. Learning effect of composite conducting polymer [J]. Thin Solid Films, 2003, 438-439: 356-359.

[97] Yang D, Gao Z. Preparation of polyphenylene film on platinum electrode in molten biphenyl medium by potential cycling method [J]. Synthetic Metals, 2000, 108 (2): 89-94.

[98] Karami H, Mousavi M F, Shamsipur M. A novel dry bipolar rechargeable battery based on polyaniline [J]. Journal of Power Sources, 2003, 124 (1): 303-308.

[99] Gemeay A H, Nishiyama H, Kuwabata S, Yoneyama H. Chemical preparation of manganese dioxide/polypyrrole composites and their use as cathode active materials for rechargeable lithium batteries [J]. Journal of The Electrochemical Society, 1995, 142 (12): 4190-4195.

[100] Johansson T, Mammo W, Svensson M, Andersson M R, Inganäs O. Electrochemical bandgaps of substituted polythiophenes [J]. Journal of Materials Chemistry, 2003, 13 (6): 1316-1323.

[101] Shirakawa H, Louis E J, Macdiarmid A G, Chiang C K, Heeger A J. Synthesis of electrically conducting organic polymers: halogen derivatives of polyacetylene, $(CH)_x$ [J]. Journal of the Chemical Society, Chemical Communications, 1977, 16: 578-580.

[102] Shimizu A, Yamataka K, Kohno M. Rechargeable lithium batteries using polypyrrole–poly (styrenesulfonate)

composite as the cathode-active material [J]. Bulletin of the Chemical Society of Japan, 1988, 61(12): 4401-4406.

[103] 陈朝逸. 萘酐类聚酰亚胺正极材料的制备与电化学性能研究 [D]. 上海: 东华大学, 2017.

[104] Buiel E, George A, Dahn J. On the reduction of lithium insertion capacity in hard-carbon anode materials with increasing heat-treatment temperature [J]. Journal of The Electrochemical Society, 1998, 145(7): 2252-2257.

[105] Wu Y, Fang S, Jiang Y. Carbon anodes for a lithium secondary battery based on polyacrylonitrile [J]. Journal of Power Sources, 1998, 75(2): 201-206.

[106] Wu Y P, Wan C R, Jiang C Y, Fang S B, Jiang Y Y. Mechanism of lithium storage in low temperature carbon [J]. Carbon, 1999, 37(12): 1901-1908.

[107] Ji L, Lin Z, Medford A J, Zhang X. Porous carbon nanofibers from electrospun polyacrylonitrile/SiO_2 composites as an energy storage material [J]. Carbon, 2009, 47(14): 3346-3354.

[108] Nan D, Huang Z H, Lv R, Yang L, Wang J G, Shen W, Lin Y, Yu X, Ye L, Sun H. Nitrogen-enriched electrospun porous carbon nanofiber networks as high-performance free-standing electrode materials [J]. Journal of Materials Chemistry A, 2014, 2(46): 19678-19684.

[109] Bruce P G, Freunberger S A, Hardwick L J, Tarascon J M. Li-O_2 and Li-S batteries with high energy storage [J]. Nature Materials, 2012, 11(1): 19-29.

[110] Assary R S, Curtiss L A, Moore J S. Toward a molecular understanding of energetics in Li-S batteries using nonaqueous electrolytes: A high-level quantum chemical study [J]. The Journal of Physical Chemistry C, 2014, 118(22): 11545-11558.

[111] Mikhaylik Y V, Akridge J R. Polysulfide shuttle study in the Li/S battery system [J]. Journal of the Electrochemical Society, 2004, 151(11): A1969-A1976.

[112] Nelson J, Misra S, Yang Y, Jackson A, Liu Y, Wang H, Dai H, Andrews J C, Cui Y, Toney M F. In operando X-ray diffraction and transmission X-ray microscopy of lithium sulfur batteries [J]. Journal of the American Chemical Society, 2012, 134(14): 6337-6343.

[113] Sun M, Zhang S, Jiang T, Zhang L, Yu J. Nano-wire networks of sulfur–polypyrrole composite cathode materials for rechargeable lithium batteries [J]. Electrochemistry Communications, 2008, 10: 1819-1822.

[114] Tsutsumi H, Sunada K. Electrospun micrometer-sized sulfur fibers as an active material for lithium batteries [J]. ECS Transactions, 2011, 35(33): 49-54.

[115] Xiao L, Cao Y, Xiao J, Schwenzer B, Engelhard M H, Saraf L V, Nie Z, Exarhos G J, Liu J. A soft approach to encapsulate sulfur: Polyaniline nanotubes for lithium-sulfur batteries with long cycle life [J]. Advanced Materials, 2012, 24(9): 1176-1181.

[116] Zheng G, Yang Y, Cha J J, Hong S S, Cui Y. Hollow carbon nanofiber-encapsulated sulfur cathodes for high specific capacity rechargeable lithium batteries [J]. Nano letters, 2011, 11(10): 4462-4467.

[117] Shen L, Wang J, Xu G, Li H, Dou H, Zhang X. $NiCo_2S_4$ nanosheets grown on nitrogen-doped carbon foams as an advanced electrode for supercapacitors [J]. Advanced Energy Materials, 2015, 5(3): 1400977.

[118] Ji L, Rao M, Aloni S, Wang L, Cairns E J, Zhang Y. Porous carbon nanofiber-sulfur composite electrodes for lithium/sulfur cells [J]. Energy & Environmental Science, 2011, 4(12): 5053-5059.

[119] Zheng G, Zhang Q, Cha J J, Yang Y, Li W, Seh Z W, Cui Y. Amphiphilic surface modification of hollow carbon nanofibers for improved cycle life of lithium sulfur batteries [J]. Nano Letters, 2013, 13(3): 1265-1270.

[120] Yang Y, Yu G, Cha J J, Wu H, Vosgueritchian M, Yao Y, Bao Z, Cui Y. Improving the performance of lithium–sulfur batteries by conductive polymer coating [J]. ACS nano, 2011, 5(11): 9187-9193.

[121] He F, Ye J, Cao Y, Xiao L, Yang H, Ai X. Coaxial three-layered carbon/sulfur/polymer nanofibers with high sulfur content and high utilization for lithium–sulfur batteries [J]. ACS Applied Materials & Interfaces, 2017, 9(13): 11626-11633.

[122] Wang C, Wan W, Chen J T, Zhou H H, Zhang X X, Yuan L X, Huang Y H. Dual core-shell structured sulfur cathode composite synthesized by a one-pot route for lithium sulfur batteries [J]. Journal of Materials Chemistry A, 2013, 1(5): 1716-1723.

[123] Wang X, Gao Y, Wang J, Wang Z, Chen L. Chemical adsorption: Another way to anchor polysulfides [J]. Nano Energy, 2015, 12: 810-815.

[124] Zhou L, Lin X, Huang T, Yu A. Nitrogen-doped porous carbon nanofiber webs/sulfur composites as cathode materials for lithium-sulfur batteries [J]. Electrochimica Acta, 2014, 116: 210-216.

[125] Li X, Fu N, Zou J, Zeng X, Chen Y, Zhou L, Huang H. Sulfur-impregnated N-doped hollow carbon nanofibers as cathode for lithium-sulfur batteries [J]. Materials Letters, 2017, 209: 505-508.

[126] Li S, Warzywoda J, Wang S, Ren G, Fan Z. Bacterial cellulose derived carbon nanofiber aerogel with lithium polysulfide catholyte for lithium–sulfur batteries [J]. Carbon, 2017, 124: 212-218.

[127] Pang Q, Kundu D, Cuisinier M, Nazar L. Surface-enhanced redox chemistry of polysulphides on a metallic and polar host for lithium-sulphur batteries [J]. Nature communications, 2014, 5: 4759.

[128] Ni L, Zhao G, Wang Y, Wu Z, Wang W, Liao Y, Yang G, Diao G. Coaxial carbon/MnO_2 hollow nanofibers as sulfur hosts for high-performance lithium-sulfur batteries [J]. Chemistry–An Asian Journal, 2017, 12(24): 3128-3134.

[129] Hao Z, Zeng R, Yuan L, Bing Q, Liu J, Xiang J, Huang Y. Perovskite $La_{0.6}Sr_{0.4}CoO_{3-\delta}$ as a new polysulfide immobilizer for high-energy lithium-sulfur batteries [J]. Nano Energy, 2017, 40: 360-368.

[130] Fan L, Zhuang H L, Zhang K, Cooper V R, Li Q, Lu Y. Chloride-reinforced carbon nanofiber host as effective polysulfide traps in lithium–sulfur batteries [J]. Advanced Science, 2016, 3(12): 1600175.

[131] Shao M, Chang Q, Dodelet J P, Chenitz R. Recent advances in electrocatalysts for oxygen reduction reaction [J]. Chemical Reviews, 2016, 116(6): 3594-3657.

[132] Girishkumar G, Mccloskey B, Luntz A C, Swanson S, Wilcke W. Lithium-air battery: Promise and challenges [J]. The Journal of Physical Chemistry Letters, 2010, 1(14): 2193-2203.

[133] Wang D W, Zeng Q, Zhou G, Yin L, Li F, Cheng H M, Gentle I R, Lu G Q M. Carbon-sulfur composites for Li-S batteries: Status and prospects [J]. Journal of Materials Chemistry A, 2013, 1(33): 9382-9394.

[134] Wang Z L, Xu D, Xu J J, Zhang X B. Oxygen electrocatalysts in metal-air batteries: From aqueous to nonaqueous electrolytes [J]. Chemical Society Reviews, 2014, 43(22): 7746-7786.

[135] Nakanishi S, Mizuno F, Nobuhara K, Abe T, Iba H. Influence of the carbon surface on cathode deposits in non-aqueous Li-O_2 batteries [J]. Carbon, 2012, 50(13): 4794-4803.

[136] Liu Q, Chang Z, Li Z, Zhang X. Flexible metal-air batteries: Progress, challenges, and perspectives [J]. Small Methods, 2017, 1700231.

[137] Lyu Z, Zhou Y, Dai W, Cui X, Lai M, Wang L, Huo F, Huang W, Hu Z, Chen W. Recent advances in understanding of the mechanism and control of Li_2O_2 formation in aprotic Li-O_2 batteries [J]. Chemical Society Reviews, 2017, 46(19): 6046-6072.

[138] Lim H D, Lee B, Bae Y, Park H, Ko Y, Kim H, Kim J, Kang K. Reaction chemistry in rechargeable Li-O_2 batteries [J]. Chemical Society Reviews, 2017, 46(10): 2873-2888.

[139] Lee J S, Tai Kim S, Cao R, Choi N S, Liu M, Lee K T, Cho J. Metal-air batteries with high energy density: Li-air versus Zn-air [J]. Advanced Energy Materials, 2011, 1(1): 34-50.

[140] Black R, Oh S H, Lee J H, Yim T, Adams B, Nazar L F. Screening for superoxide reactivity in Li-O_2 batteries: Effect on Li_2O_2/LiOH crystallization [J]. Journal of the American Chemical Society, 2012, 134(6): 2902-2905.

[141] Mai L Q, Yang F, Zhao Y L, Xu X, Xu L, Luo Y Z. Hierarchical $MnMoO_4$/$CoMoO_4$ heterostructured nanowires with enhanced supercapacitor performance [J]. Nature Communications, 2011, 2: 381.

[142] Shimonishi Y, Zhang T, Johnson P, Imanishi N, Hirano A, Takeda Y, Yamamoto O, Sammes N. A study on lithium/air secondary batteries—Stability of NASICON-type glass ceramics in acid solutions [J]. Journal of Power Sources, 2010, 195(18): 6187-6191.

[143] Peng Z, Freunberger S A, Hardwick L J, Chen Y, Giordani V, Barde F, Novak P, Graham D, Tarascon J M, Bruce P G. Oxygen reactions in a non-aqueous Li^+ electrolyte [J]. Angewandte Chemie International Edition, 2011, 50(28): 6351-6355.

[144] He P, Wang Y G, Zhou H S. A Li-air fuel cell with recycle aqueous electrolyte for improved stability [J].

Electrochemistry Communications, 2010, 12(12): 1686-1689.

[145] Kim D S, Park Y J. Buckypaper electrode containing carbon nanofiber/Co_3O_4 composite for enhanced lithium air batteries [J]. Solid State Ionics, 2014, 268: 216-221.

[146] Ryu W H, Yoon T H, Song S H, Jeon S, Park Y J, Kim I D. Bifunctional composite catalysts using Co_3O_4 nanofibers immobilized on nonoxidized graphene nanoflakes for high-capacity and long-cycle Li-O_2 batteries [J]. Nano Letters, 2013, 13(9): 4190-4197.

[147] Song M J, Kim I T, Kim Y B, Shin M W. Self-standing, binder-free electrospun Co_3O_4/carbon nanofiber composites for non-aqueous Li-air batteries [J]. Electrochimica Acta, 2015, 182: 289-296.

[148] Guo Z, Li C, Liu J, Su X, Wang Y, Xia Y. A core–shell-structured TiO_2(B) nanofiber@porous RuO_2 composite as a carbon-free catalytic cathode for Li-O_2 batteries [J]. Journal of Materials Chemistry A, 2015, 3(42): 21123-21132.

[149] Kalubarme R S, Jadhav H S, Ngo D T, Park G E, Fisher J G, Choi Y I, Ryu W H, Park C J. Simple synthesis of highly catalytic carbon-free $MnCo_2O_4$@Ni as an oxygen electrode for rechargeable Li-O_2 batteries with long-term stability [J]. Scientific Reports, 2015, 5: 13266.

[150] Mitchell R R, Gallant B M, Thompson C V, Shao-Horn Y. All-carbon-nanofiber electrodes for high-energy rechargeable Li-O_2 batteries [J]. Energy & Environmental Science, 2011, 4(8): 2952.

[151] Song M J, Shin M W. Fabrication and characterization of carbon nanofiber@mesoporous carbon core-shell composite for the Li-air battery [J]. Applied Surface Science, 2014, 320: 435-440.

[152] Zhang G Q, Zheng J P, Liang R, Zhang C, Wang B, Hendrickson M, Plichta E J. Lithium-air batteries using SWNT/CNF buckypapers as air electrodes [J]. Journal of The Electrochemical Society, 2010, 157(8): A953.

[153] Lu Q, Zhao Q, Zhang H, Li J, Wang X, Wang F. Water dispersed conducting polyaniline nanofibers for high-capacity rechargeable lithium-oxygen battery [J]. ACS Macro Letters, 2013, 2(2): 92-95.

[154] Wu J, Park H W, Yu A, Higgins D, Chen Z. Facile synthesis and evaluation of nanofibrous iron–carbon based non-precious oxygen reduction reaction catalysts for Li-O_2 battery applications [J]. The Journal of Physical Chemistry C, 2012, 116(17): 9427-9432.

[155] 王振华, 彭代冲, 孙克宁. 锂离子电池隔膜材料研究进展 [J]. 化工学报, 2018, 69(1): 282-294.

[156] 肖伟, 巩亚群, 王红, 赵丽娜, 刘建国, 严川伟. 锂离子电池隔膜技术进展 [J]. 储能科学与技术, 2016, 02: 188-196.

[157] 赵锦成, 杨固长, 刘效疆, 崔益秀. 锂离子电池隔膜的研究概述 [J]. 材料导报: 纳米与新材料专辑, 2012, 26(2): 187-188.

[158] 芦长椿. 非织造布在电池隔膜上的应用 [J]. 合成纤维, 2013, 8: 7-11.

[159] Chen F, Peng X, Li T, Chen S, Wu X F, Reneker D H, Hou H. Mechanical characterization of single high-strength electrospun polyimide nanofibres [J]. Journal of Physics D: Applied Physics, 2008, 41(2): 025308.

[160] Miao Y E, Zhu G N, Hou H, Xia Y Y, Liu T. Electrospun polyimide nanofiber-based nonwoven separators for lithium-ion batteries [J]. Journal of Power Sources, 2013, 226: 82-86.

[161] Choi S W, Jo S M, Lee W S, Kim Y R. An electrospun poly(vinylidene fluoride) nanofibrous membrane and its battery applications [J]. Advanced Materials, 2003, 15(23): 2027-2032.

[162] Wu Y S, Yang C C, Luo S P, Chen Y L, Wei C N, Lue S J. PVDF-HFP/PET/PVDF-HFP composite membrane for lithium-ion power batteries [J]. International Journal of Hydrogen Energy, 2017, 42(10): 6862-6875.

[163] Liu K, Liu W, Qiu Y, Kong B, Sun Y, Chen Z, Zhuo D, Lin D, Cui Y. Electrospun core-shell microfiber separator with thermal-triggered flame-retardant properties for lithium-ion batteries [J]. Science Advances, 2017, 3(1): e1601978.

[164] Kim J H, Gu M, Lee D H, Kim J H, Oh Y S, Min S H, Kim B S, Lee S Y. Functionalized nanocellulose-integrated heterolayered nanomats toward smart battery separators [J]. Nano Letters, 2016, 16(9): 5533-5541.

[165] Hu S, Lin S, Tu Y, Hu J, Wu Y, Liu G, Li F, Yu F, Jiang T. Novel aramid nanofiber-coated polypropylene separators for lithium ion batteries [J]. Journal of Materials Chemistry A, 2016, 4(9): 3513-3526.

[166] Zhu Y, Wang F, Liu L, Xiao S, Chang Z, Wu Y. Composite of a nonwoven fabric with poly(vinylidene fluoride) as a gel membrane of high safety for lithium ion battery [J]. Energy & Environmental Science, 2013, 6(2): 618-624.

[167] Hao X, Zhu J, Jiang X, Wu H, Qiao J, Sun W, Wang Z, Sun K. Ultrastrong polyoxyzole nanofiber membranes for dendrite-proof and heat-resistant battery separators [J]. Nano Letters, 2016, 16(5): 2981-2987.

[168] Kim M, Nho Y C, Park J H. Electrochemical performances of inorganic membrane coated electrodes for Li-ion batteries [J]. Journal of Solid State Electrochemistry, 2010, 14(5): 769-773.

[169] Nagai N, Ihara K, Itoi A, Kodaira T, Takashima H, Hakuta Y, Bando K K, Itoh N, Mizukami F. Fabrication of boehmite and Al_2O_3 nonwovens from boehmite nanofibres and their potential as the sorbent [J]. Journal of Materials Chemistry, 2012, 22(39): 21225-21231.

[170] Zhang S, Xu K, Jow T. An inorganic composite membrane as the separator of Li-ion batteries [J]. Journal of Power Sources, 2005, 140(2): 361-364.

[171] Luo X, Liao Y, Zhu Y, Li M, Chen F, Huang Q, Li W. Investigation of nano-CeO_2 contents on the properties of polymer ceramic separator for high voltage lithium ion batteries [J]. Journal of Power Sources, 2017, 348: 229-238.

[172] Cho J H, Park J H, Kim J H, Lee S Y. Facile fabrication of nanoporous composite separator membranes for lithium-ion batteries: Poly(methyl methacrylate) colloidal particles-embedded nonwoven poly(ethylene terephthalate) [J]. Journal of Materials Chemistry, 2011, 21(22): 8192-8198.

[173] Yanilmaz M, Chen C, Zhang X. Fabrication and characterization of SiO_2/PVDF composite nanofiber-coated PP nonwoven separators for lithium-ion batteries [J]. Journal of Polymer Science Part B: Polymer Physics, 2013, 51(23): 1719-1726.

[174] Whittingham M S. Chemistry of intercalation compounds: Metal guests in chalcogenide hosts [J]. Progress in Solid State Chemistry, 1978, 12(1): 41-99.

[175] Kim S W, Seo D H, Ma X, Ceder G, Kang K. Electrode materials for rechargeable sodium-ion batteries: Potential alternatives to current lithium-ion batteries [J]. Advanced Energy Materials, 2012, 2(7): 710-721.

[176] Palomares V, Serras P, Villaluenga I, Hueso K B, Carretero-González J, Rojo T. Na-ion batteries, recent advances and present challenges to become low cost energy storage systems [J]. Energy & Environmental Science, 2012, 5(3): 5884-5901.

[177] Kalluri S, Hau Seng K, Kong Pang W, Guo Z, Chen Z, Liu H K, Dou S X. Electrospun P2-type $Na_{2/3}(Fe_{1/2}Mn_{1/2})O_2$ hierarchical nanofibers as cathode material for sodium-ion batteries [J]. ACS Applied Materials & Interfaces, 2014, 6(12): 8953-8958.

[178] Liu J, Tang K, Song K, Van Aken P A, Yu Y, Maier J. Electrospun $Na_3V_2(PO_4)_3$/C nanofibers as stable cathode materials for sodium-ion batteries [J]. Nanoscale, 2014, 6(10): 5081-5086.

[179] Li H, Bai Y, Wu F, Li Y, Wu C. Budding willow branches shaped $Na_3V_2(PO_4)_3$/C nanofibers synthesized via an electrospinning technique and used as cathode material for sodium ion batteries [J]. Journal of Power Sources, 2015, 273: 784-792.

[180] 何菡娜, 王海燕, 唐有根, 刘又年. 钠离子电池负极材料 [J]. 化学进展, 2014, 26(04): 572-581.

[181] Chen T, Liu Y, Pan L, Lu T, Yao Y, Sun Z, Chua D H, Chen Q. Electrospun carbon nanofibers as anode materials for sodium ion batteries with excellent cycle performance [J]. Journal of Materials Chemistry A, 2014, 2(12): 4117-4121.

[182] Jin J, Shi Z Q, Wang C Y. Electrochemical performance of electrospun carbon nanofibers as free-standing and binder-free anodes for sodium-ion and lithium-ion batteries [J]. Electrochimica Acta, 2014, 141: 302-310.

[183] Zhu J, Chen C, Lu Y, Ge Y, Jiang H, Fu K, Zhang X. Nitrogen-doped carbon nanofibers derived from polyacrylonitrile for use as anode material in sodium-ion batteries [J]. Carbon, 2015, 94: 189-195.

[184] Li W, Zeng L, Yang Z, Gu L, Wang J, Liu X, Cheng J, Yu Y. Free-standing and binder-free sodium-ion electrodes with ultralong cycle life and high rate performance based on porous carbon nanofibers [J]. Nanoscale, 2014, 6(2): 693-698.

[185] Wang S, Xia L, Yu L, Zhang L, Wang H, Lou X W D. Free-standing nitrogen-doped carbon nanofiber films: Integrated electrodes for sodium-ion batteries with ultralong cycle life and superior rate capability [J]. Advanced Energy Materials, 2016, 6(7): 1502217.

[186] Liu Y, Fan L Z, Jiao L. Graphene highly scattered in porous carbon nanofibers: A binder-free and high-performance anode for sodium-ion batteries [J]. Journal of Materials Chemistry A, 2017, 5(4): 1698-1705.

[187] Liu J, Tang K, Song K, Van Aken P A, Yu Y, Maier J. Tiny $Li_4Ti_5O_{12}$ nanoparticles embedded in carbon nanofibers as high-capacity and long-life anode materials for both Li-ion and Na-ion batteries [J]. Physical Chemistry Chemical Physics, 2013, 15(48): 20813-20818.

[188] Muldoon J, Bucur C B, Gregory T. Quest for nonaqueous multivalent secondary batteries: Magnesium and beyond [J]. Chemical Reviews, 2014, 114(23): 11683-11720.

[189] Gifford P, Palmisano J. An aluminum/chlorine rechargeable cell employing a room temperature molten salt electrolyte [J]. Journal of The Electrochemical Society, 1988, 135(3): 650-654.

[190] Jayaprakash N, Das S K, Archer L A. The rechargeable aluminum-ion battery [J]. Chemical Communications, 2011, 47(47): 12610-12612.

[191] Lin M C, Gong M, Lu B, Wu Y, Wang D Y, Guan M, Angell M, Chen C, Yang J, Hwang B J. An ultrafast rechargeable aluminium-ion battery [J]. Nature, 2015, 520(7547): 324-328.

[192] Wang D Y, Wei C Y, Lin M C, Pan C J, Chou H L, Chen H A, Gong M, Wu Y, Yuan C, Angell M. Advanced rechargeable aluminium ion battery with a high-quality natural graphite cathode [J]. Nature Communications, 2017, 8, 14283.

[193] Hu Y, Ye D, Luo B, Hu H, Zhu X, Wang S, Li L, Peng S, Wang L. A binder-free and free-standing cobalt sulfide@carbon nanotube cathode material for aluminum-ion batteries [J]. Advanced Materials, 2018, 30, 1703824.

第7章 基于高分子纳米纤维的功能与智能材料

7.1 传感纤维材料

7.1.1 传感纤维材料概述

现代科技发展中信息技术正扮演着越来越重要的角色[1]。现代信息技术主要由信息采集(传感技术)、信息传递(通信技术)和信息处理(计算机技术)三大部分构成。其中，传感技术是获取信息的重要方法，它在当代科学技术和智能材料的发展中起着愈发重要的作用[2-6]。

传感器是一种能将外界刺激信号(气体、湿度、力、热、声等)转换为可检测的电、磁或光信号的装置[7]。传感器的组成部分包括敏感元件、转换元件和相应的电子线路(图 7-1)。其中，敏感元件因为承担着直接感受被测信息的重要任务，并负责输出对应于被测信息的感应信号，因而成为传感器的关键部位。

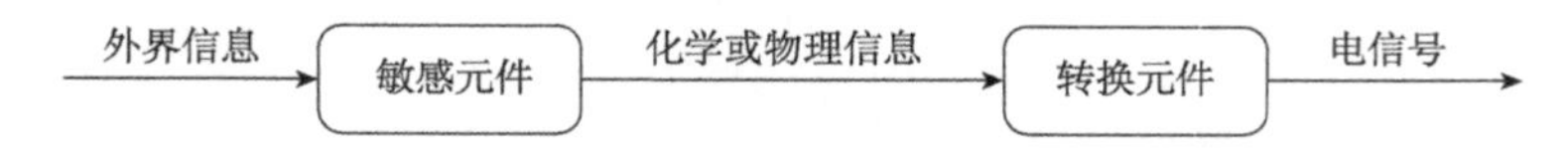

图 7-1 传感器的传感原理

纳米纤维材料因为其高比表面积和较好的连通性等优点，非常适合作为传感材料应用于传感器中。此外，高分子纳米纤维传感材料因为具备良好的柔性和可拉伸性，还能应用于柔性可穿戴式传感设备。纳米纤维材料组分的多样性和结构的可控性赋予了这类传感材料良好的适应性，使其可以应用于各种不同的传感器中，如光电式、电阻式、压力式、光学式、振频式等检测原理的传感器。表 7-1 归纳了文献中报道的各种纳米纤维传感材料及其性能参数。

表 7-1　基于高分子纳米纤维及其衍生物的传感材料

传感器种类	纤维材料	纤维直径/nm	被检测物	检测极限	操作温度/℃
光电式	CNF/C QDs/ZnO[8]	1～1.5 μm	波长	—	RT
	Co/ZnO[9]	50～400	O_2	0.32 Torr	RT
	GaN[10]	32～48	波长	—	RT
电阻式	SnO_2[11]	700	H_2O	—	RT
	SnO_2[12]	100	C_2H_5OH	10 ppb	300
	Mg^{2+}/Na^{+}-TiO_2[13]	200	H_2O	11%	400
	TiO_2/ZnO[14]	250	O_2	5.1×10^{-3} Torr	RT
	ZnO[15]	80～235	C_2H_5OH	10 ppm	200
	TiO_2[16]	200～500	NO_2	500 ppb	150
	PMMA/PANI[17]	250～600	$(C_2H_5)_3N$	20 ppm	RT
	PPy/TiO_2/ZnO[18]	100	NH_3	60 ppb	200
	KCl/SnO_2[19]	100～200	H_2O	11%	300
	α-Fe_2O_3[20]	150～280	C_2H_5OH	100 ppm	RT
	Ag/In_2O_3[21]	60～130	HCHO	5 ppm	400
	$SrTi_{0.8}Fe_{0.2}O_{3-\delta}$[22]	100	CH_3OH	5 ppm	115
	LiCl/TiO_2[23]	150～260	H_2O	11%	300
	Pt/In_2O_3[24]	60～100	H_2S	50 ppm	400
	TiO_2/PEDOT[25]	72～108	NO_2	7 ppb	RT
	PDPA/PMMA[26]	400	NH_3	1 ppm	400
	PEO/PANI[27]	250～500	H_2O	22%	RT
	MWCNT/PA[28]	110～140	VOCs	—	RT
	HCSA/PANI[29]	100～500	NH_3	500 ppb	300
	WO_3[30]	20～140	NH_3	50 ppm	220
	MWCNT/SnO_2[31]	300～800	CO	47 ppm	330
	ZnO/SnO_2[32]	100～150	C_2H_5OH	3 ppm	350
	Fe/SnO_2[33]	60～150	C_2H_5OH	10 ppm	RT
压力式	PEDOT:PSS/PVA[34]	250	应力	−1.2%～1.2%	RT
	P(VDF-TrFE)[35]	60～120	压力	—	130
光学式	PAA/PM[36]	100～400	Fe^{3+}, Hg^{2+}, DNT	—	RT
	Oxides/PAN[37]	50～200	CO_2	700 ppm	RT
	PDA[38]	3000	α-CD	—	30
振频式	PAA[39]	11～264	H_2O	6%	RT
	PEI/PVA[40]	100～600	H_2S	500 ppb	RT
	ZnO[41]	80～100	H_2O	10%	RT
	PAA/PVA[42]	100～400	NH_3	50 ppm	RT
	PVP/$LiTaO_3$[43]	200～400	H_2	1250 ppm	RT

注：碳量子点(C QDs)，聚甲基丙烯酸甲酯(PMMA)，聚苯胺(PANI)，聚吡咯(PPy)，聚 3,4-乙烯二氧噻吩(PEDOT)，聚二苯胺(PDPA)，聚氧乙烯(PEO)，多壁碳纳米管(MWCNT)，聚酰胺(PA)，樟脑磺酸(HCSA)，聚苯乙烯磺酸钠(PSS)，聚乙烯醇(PVA)，聚(偏二氟乙烯-三氟乙烯)[P(VDF-TrFE)]，聚丙烯酸(PAA)，二异氰酸酯(PM)，聚丙烯腈(PAN)，聚二乙炔(PDA)，聚乙烯亚胺(PEI)，聚乙烯吡咯烷酮(PVP)，α-环糊精(CD)，挥发性有机化合物(VOCs)，室温(RT)。1Torr = 1.33322×10^2Pa，ppb 为 10^{-9}，ppm 为 10^{-6}。

7.1.2 光电式传感器

光电式传感器是一种将刺激信号通过光量的变化转换成电量的传感器。它首先将被测量的变化转换成光信号的变化，然后借助光电元件参数的变化将光信号转换成电信号，它的物理基础是光电效应。

ZnO 是一种被广泛应用的气体传感器材料。一般来说，一维纳米尺度的 ZnO 传感器的最佳工作温度都较高，这大大限制了其实际应用。然而，由于 ZnO 具备良好的光电性能，Xie 等[9]提出利用其发光机制替代升温机制来改变导电系数，从而实现其在室温下的气体传感。将一定比例的醋酸锌和醋酸钴加入 PVP 的乙醇/水溶液中，利用静电纺丝方法将纺制的醋酸锌/醋酸钴/PVP 复合纳米纤维直接沉积在 ITO 梳状电极上。通过后续的 500 ℃高温处理去掉 PVP 之后，得到 Co 掺杂的 ZnO 纳米纤维网络。Co/ZnO 纤维的形貌如图 7-2 所示，能够看到 Co/ZnO 纳米纤维的直径在 150～300 nm 之间，单根纤维呈疏松多孔的形貌，纤维之间形成彼此交叉的发达网络结构。

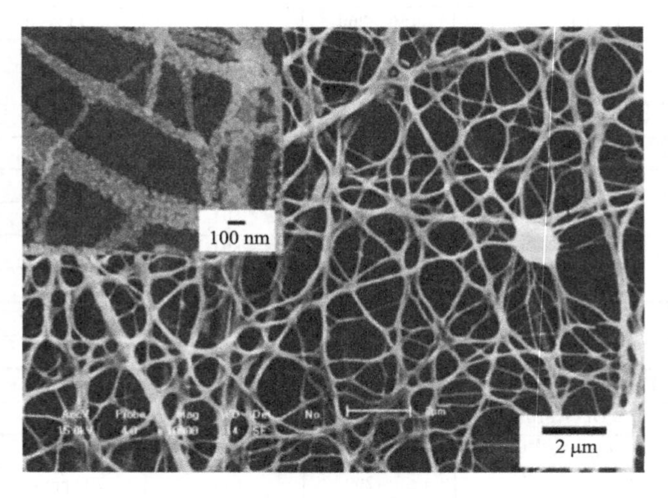

图 7-2 Co 掺杂的 ZnO 纳米纤维的 SEM 照片

插图为其高倍 SEM 照片

Co/ZnO 纤维电极的表面光电流(I_{SPC})通过光源单色仪探测技术测定梳状电极来得到。所用的单色光源来自 500 W 的氙灯，ITO 梳状电极两侧都加上了 9.65 V 的外加偏压。研究者还使用了锁定放大器来增大 I_{SPC}。所使用的光电流电池的结构如图 7-3 所示，是三明治结构，所有的测试都是在室温下进行。

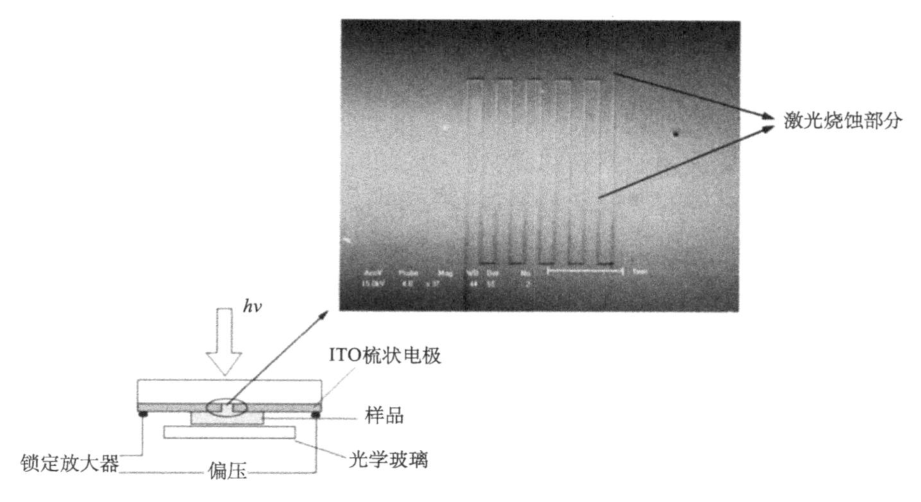

图 7-3 光电流电池的组装示意图

插图为 ITO 梳状电极的 SEM 照片

为了测试 Co/ZnO 纤维在光电传感器中的应用，研究者采用了四个不同的氧气压力值，分别为 9.28 Torr、7.25 Torr、4.06 Torr 和 1.16 Torr。测试结果(图 7-4)

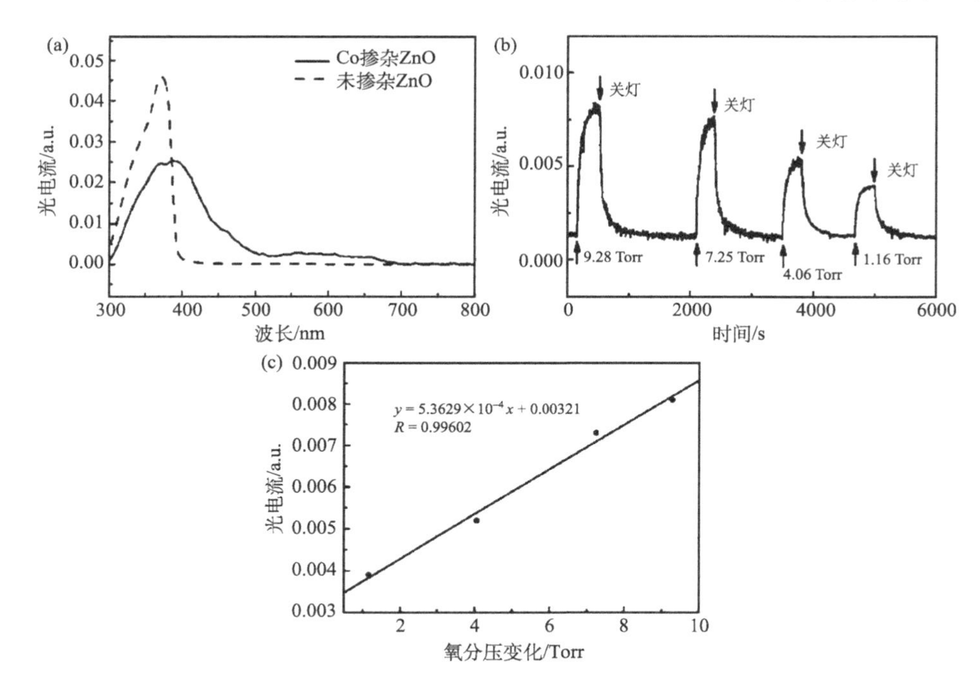

图 7-4 (a) Co 掺杂前后 ZnO 纳米纤维的表面光电流曲线；(b) 1% Co 掺杂的 ZnO 纳米纤维在 4 个不同的氧分压下的响应曲线；(c) I_{SPC} 对氧气浓度的变化趋势及其线性拟合

显示，该传感器对氧气的响应时间短(70%的均衡值下响应时间为 1 min)，恢复周期短，在经过氙灯照射后，重复使用性高。I_{SPC} 对氧气浓度的变化呈线性关系，检测极限为 0.322 Torr。

金属杂化的介电复合材料具有增强的三阶非线性磁化率，尤其是其表面等离子体谐振(SPR)频率能够得到较大增强，因此可以增强光电传感器的性能。Jiang 等[44]利用静电纺丝技术制得了 Au 纳米颗粒包埋的 TEOS/PVP 聚合物复合纳米纤维，经过高温处理分解 PVP 之后，制备了一种 Au 纳米颗粒包埋的 SiO_2 纳米纤维。如图 7-5 所示，所得的 Au/SiO_2 纳米纤维直径极小，Au 纳米颗粒均匀分布在纳米纤维内部，呈豆荚形结构。

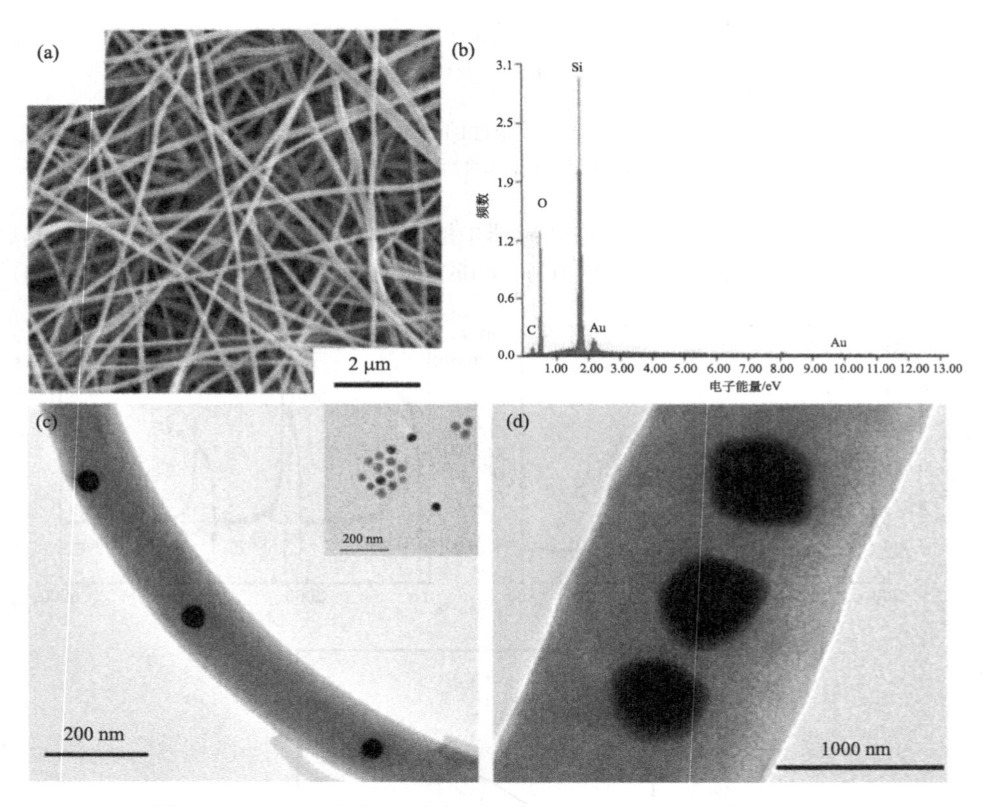

图 7-5　Au/SiO_2 纳米纤维的 SEM(a)、EDX(b)和 TEM(c，d)照片

Au/SiO_2 纳米纤维的光电性能是在黑暗条件或不同波长(410 nm，550 nm，680 nm)光照辐射下得到的，其测试装置如图 7-6(a)所示。测试结果显示，Au/SiO_2 纳米纤维在光照下表现出明显的光电响应，且电流响应强度显示出高度的波长依赖性。在辐照波长为 550 nm 时，光电流响应达到最大值[图 7-6(b)]，这是由于该

入射光波长与 Au/SiO_2 纳米纤维的 SPR 吸收带一致。这种 Au 包埋的 SiO_2 纳米纤维材料有望作为波长调控的光电传感器。

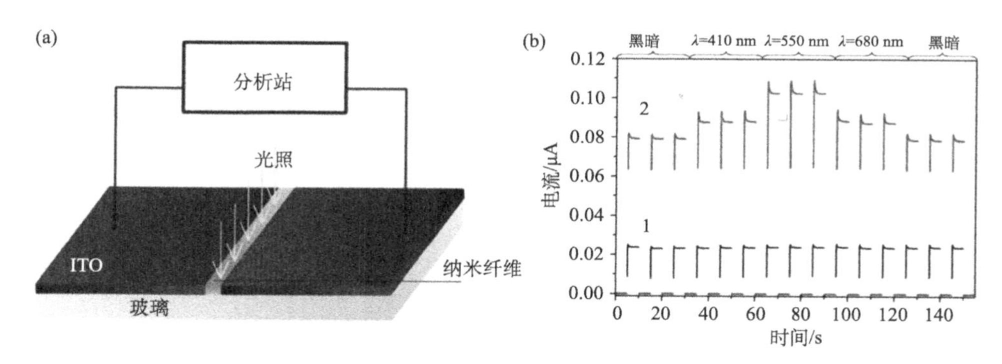

图 7-6 (a) Au/SiO_2 纳米纤维光电测试装置示意图；(b) 不同纤维样品在不同辐照波长下的光电流：1—纯 SiO_2 纳米纤维，2—Au/SiO_2 纳米纤维

7.1.3 电阻式传感器

电阻式传感器是通过半导体氧化物传感材料接触到被分析物时其电阻值的变化来得到被分析物浓度的。和传统体相材料相比，一维纳米尺度的半导体氧化物纳米纤维材料由于具有较大的比表面积和孔隙率，能够具备更大的检测反应区域和更快的被监测物传质速度，同时载流子沿着纤维轴向具备更快的传输速率，因此半导体氧化物纳米纤维电阻式传感器有着更好的传感性能。

通过静电纺丝技术可以方便地制备 ZnO、SnO_2、TiO_2、WO_3、MoO_3、In_2O_3 等半导体氧化物纳米纤维材料，这些具备优异一维纳米结构的传感材料已被成功地应用于高性能电阻传感器，实现了对多种气体如 O_2、NO_2、CO、CO_2、NH_3、H_2S 等的高精度检测。在以上的半导体氧化物中，TiO_2 纳米纤维由于成本低廉、制备方法简单而广泛应用于高灵敏度电阻传感器领域。Rothschild 等[16]将静电纺丝制备的 TiO_2/PVAc 复合纳米纤维直接接收在交叉排列的铂电极表面，通过 120 ℃热压处理和 450 ℃的高温煅烧处理，最后制备得到 TiO_2 纳米纤维电阻式传感器(图 7-7)。

热压及煅烧处理后的 TiO_2 纳米纤维如图 7-8(a) 所示，可以看到纳米纤维有着大量孔隙结构。TEM 照片也显示单根 TiO_2 纳米纤维是由无数 TiO_2 纳米棒构成的[图 7-8(b)]。煅烧前的热压处理主要有两个目的，一个是增强 TiO_2 与铂电极基底之间的附着力，另一个是通过压力使 TiO_2 纳米纤维暴露出更多的活性表面，从而增大被检测物分子和传感材料之间的接触面积。该传感器对 NO_2 的检测结果显示，在 NO_2 浓度低于 5 ppm 时，传感器能在 NO_2 脱附后快速恢复到初始值[图 7-8(c)]。

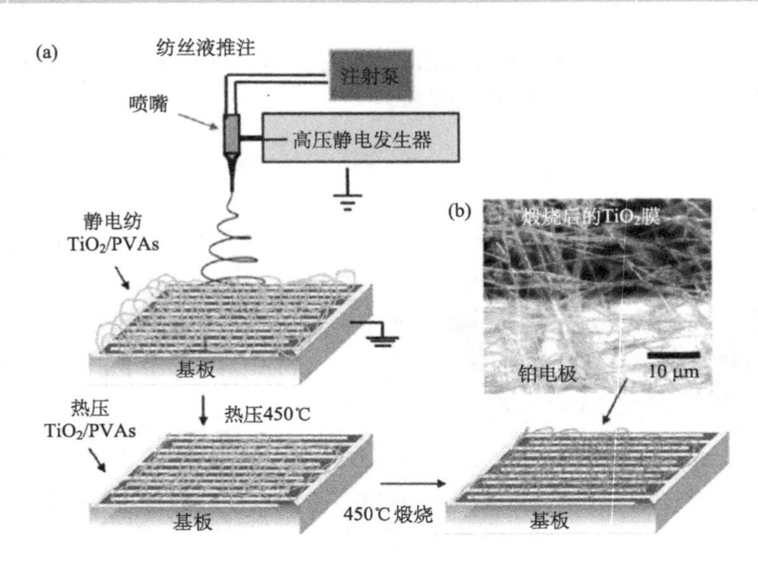

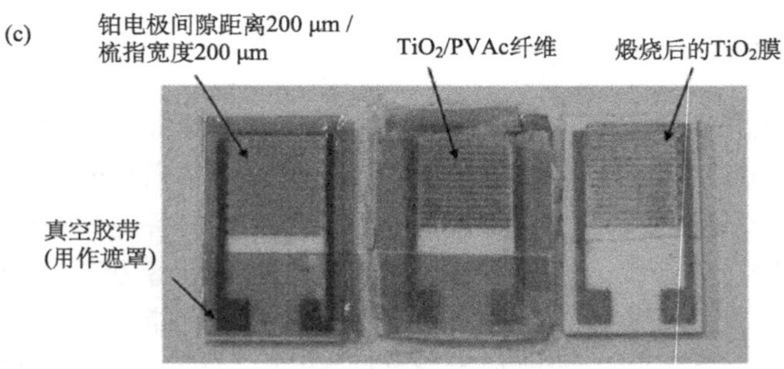

图 7-7 (a) TiO_2 纳米纤维膜沉积铂电极的制备示意图；(b) TiO_2 纳米纤维膜沉积铂电极的光学显微镜照片；(c)不同处理阶段的传感器器件的数码照片

另外，不同工作温度下的检测结果表明，在较低工作温度时，由于起主导作用的是动力学过程，传感器电阻的变化率随温度的升高而增大，并于 300 ℃时达到最高。但是随着温度的进一步升高，NO_2 的解吸附占据了主导地位，从而导致电阻的变化率逐渐降低[图 7-8(d)]，说明传感器的工作温度对其灵敏度影响很大。该工作所制备的 TiO_2 纳米纤维电阻式传感器有着极低的检测极限(1 ppb)，显示出其在环境监测中具备极大的应用潜力。

SnO_2 是一种具有优良光学和电学性质的宽禁带 n 型金属氧化物半导体材料($E_g = 3.6$ eV)，它被广泛应用于锂离子电池[45]、太阳能电池[46]、透明导电电极[47]和气体传感器[48]等领域。目前与 SnO_2 有关的气体传感器的研究工作约占气敏研究工作的 1/3。影响 SnO_2 传感性能的因素包括几何参数(晶粒尺寸、多孔结构等)和物理-化学参数(缺陷、颗粒尺寸与密度等)。He 等[12]通过近场静电纺丝法将

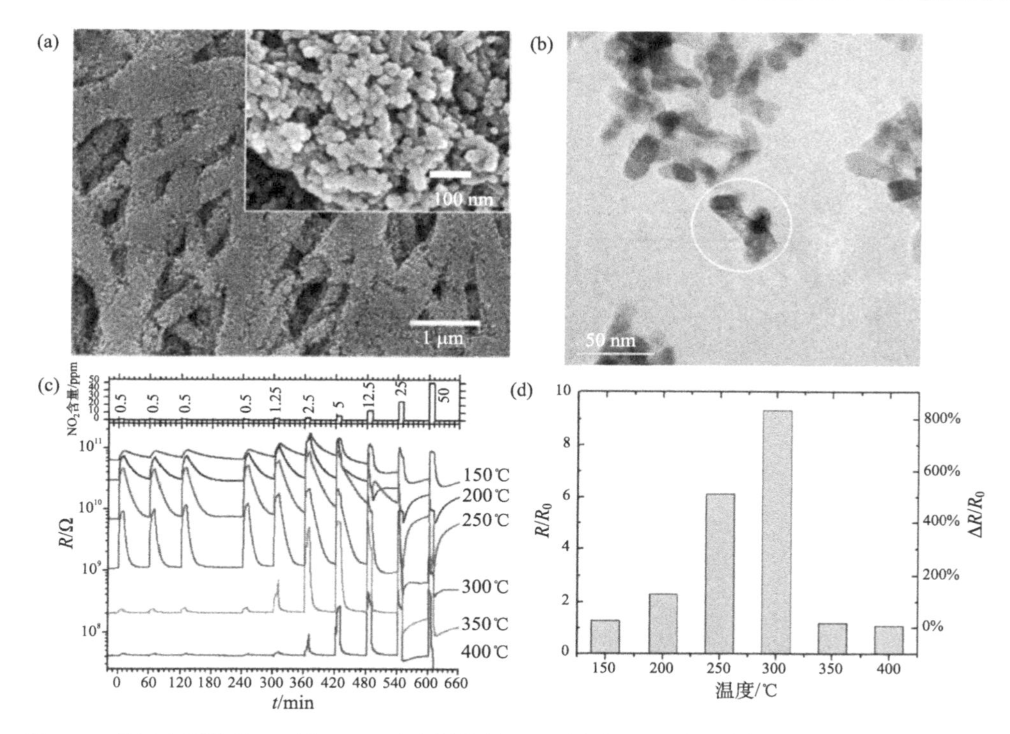

图 7-8 热压和煅烧处理后的 TiO_2 纳米纤维的 SEM(a)和 TEM(b)照片；(c)不同温度下 TiO_2 纳米纤维电阻式传感器对应于不同 NO_2 浓度的电阻响应曲线；(d)传感器在不同温度下的灵敏度变化趋势图

$SnCl_4$/PVA 纳米纤维沉积在面积为 2 mm^2 的微型热台上[图 7-9(a)～(c)]，经过 700 ℃煅烧处理，制备得到 SnO_2 纳米纤维微传感器。SnO_2 纳米纤维的 TEM 照片如图 7-9(d)所示，其疏松多孔的纳米结构有利于被检测分子的扩散，大大增加了气敏反应的活性面积。该工作测试了 SnO_2 纳米纤维微传感器对乙醇蒸气的气敏性能，结果显示，传感器对乙醇的响应非常快速且具有很强的可逆性，检测极限可低至 10 ppb，且在 10 ppm 的乙醇蒸气下，传感器的响应/恢复时间小于 14 s。因此，调控半导体金属氧化物纳米结构并探索其与传感性能之间的构效关系，是未来研究半导体金属氧化物基电阻式传感器的一个重要方向。

除了半导体氧化物，同样可用作电阻式传感器传感材料的还有各种导电聚合物及其复合物，包括 PANI、PPy、聚噻吩(PTH)、聚二苯胺(PDPA)等，这些导电聚合物具有良好的加工性、易调节的电导率和优异的化学特异性。其中，PANI 对 NH_3、CO、NO_2 等气体具有很好的识别能力，当被检测气体分子吸附在 PANI 上时，含负电子的气体分子减少了 PANI 中载流子的浓度，造成电导率下降，从而根据电流强度的变化得出被检测气体的浓度。Ji 等[17]通过原位聚合方法将 PANI

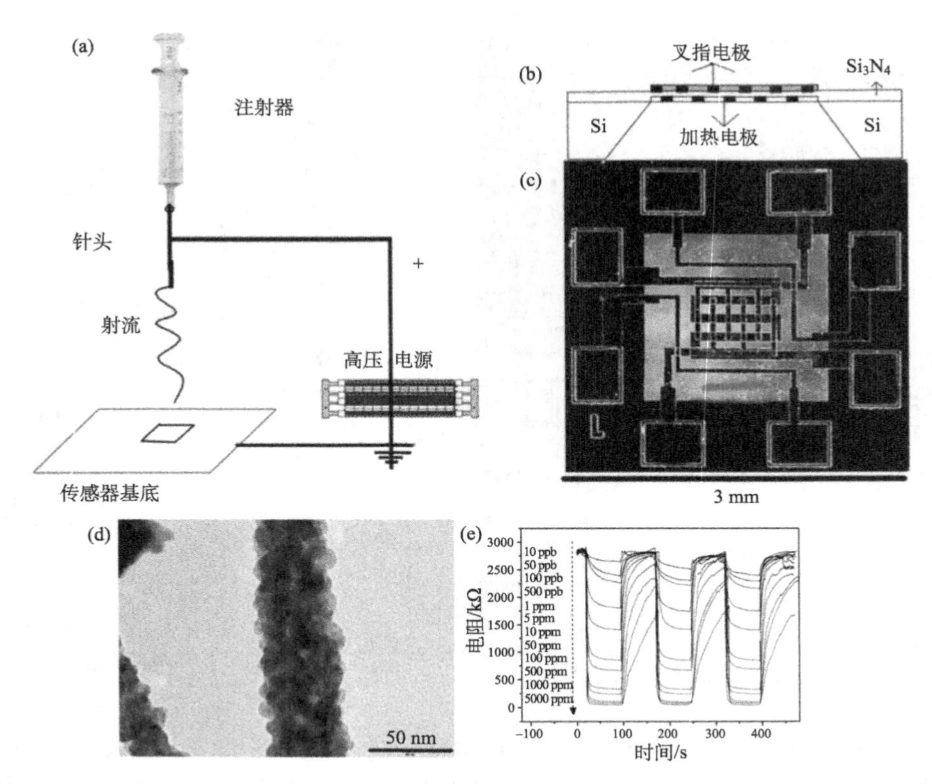

图 7-9 (a) $SnCl_4$/PVA 纳米纤维的制备装置示意图；微型热台的侧面 (b) 和顶面 (c) 结构图；(d) SnO_2 纳米纤维的 TEM 照片；(e) SnO_2 纳米纤维微传感器对不同浓度乙醇蒸气的响应曲线

负载在电纺 PMMA 纳米纤维表面，制备得到 PANI/PMMA 同轴纳米纤维。使用该复合纳米纤维制备的电阻式传感器对三乙胺(TEA)蒸气进行探测(图 7-10)，结果显示，传感器对 500 ppm TEA 的响应级别高达 77。另外，在 20～500 ppm 的浓度范围内，传感器对 TEA 的响应表现出高度线性、可逆性和可重复性。研究者还发现，PMMA 纳米纤维的直径大小对气体传感器的响应级别有较大影响，这可能是因为不同直径的纤维有着不同的比表面积。此外，掺杂酸的种类也显著地影响着传感器的性能，其中苯磺酸掺杂的 PANI/PMMA 纳米纤维传感器有着更佳的响应性能。

此外，很多研究工作也将导电聚合物和传统半导体金属氧化物进行复合，制备复合型的电阻式传感器。Wang 等[25]首先通过电纺和煅烧方法制备直径约为 78 nm 的 TiO_2 纳米纤维，然后使用气相聚合法将厚度为约 6 nm 的 PEDOT 包裹在 TiO_2 纳米纤维表面，制备的导电 TiO_2/PEDOT 纳米线(图 7-11)对 NO_2 和 NH_3 皆显示出快速和可逆的识别响应，检测极限分别达到了 7 ppb 和 675 ppb。研究者认为，TiO_2 纳米纤维表面的超薄导电聚合物层有利于气体分子的快速和大量吸附，从而增强了这种复合传感器的传感性能。

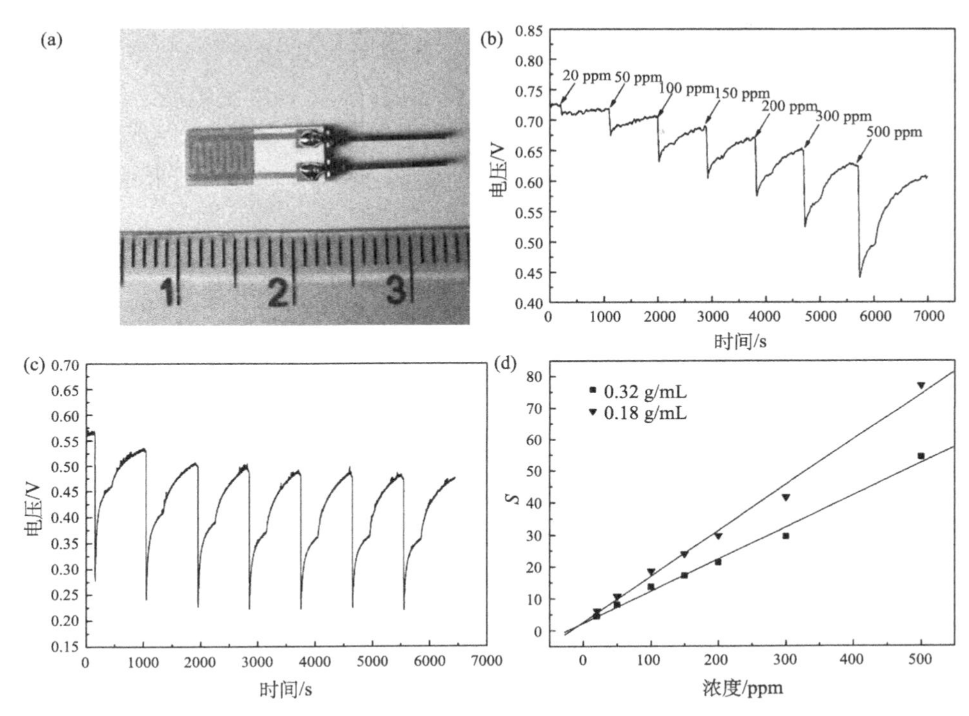

图 7-10　(a) PANI/PMMA 同轴纳米纤维制备的气体传感器照片；(b) 传感器在不同 TEA 浓度下的响应曲线；(c) 传感器对 TEA 的循环性能测试；(d) 在不同的 PMMA 纺丝液浓度下传感器的响应级别对应 TEA 蒸气浓度的变化趋势图

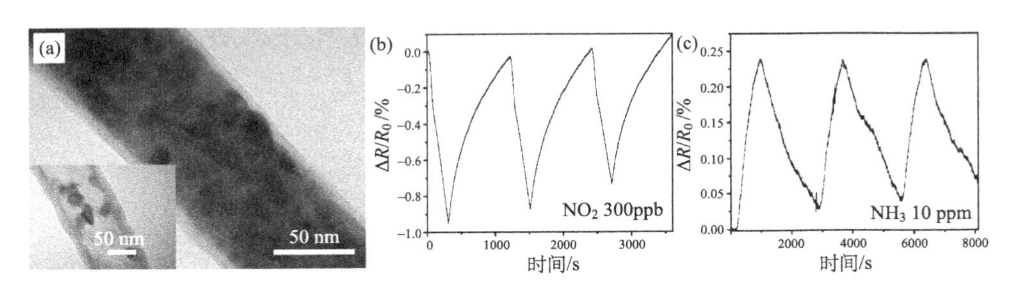

图 7-11　(a) TiO_2/PEDOT 核壳纳米线的 TEM 照片；TiO_2/PEDOT 纳米线传感器对 300 ppb NO_2 (b) 和 10 ppm NH_3 (c) 的响应曲线

7.1.4　压力传感器

随着可穿戴电子设备和柔性传感器的发展，智能纺织品逐渐成为未来穿戴电子器件的发展主流。能够准确感知外部条件变化，如应力、应变，或内部环境变化，如人体脉搏、呼吸、肢体运动等，是智能纺织品应具备的基本功能。由此可见，压力传感器是智能纺织品的核心部分。PVDF 是一种压电常数大、加工性能好、频响宽的新型高分子压电功能材料，它能实现材料机械能和电能之间的转换。相比传统的流延法和热压辊轧法制备 PVDF 压电薄膜，静电纺丝技术因为简单方便，制备的 PVDF 压电纤维薄膜更加柔软、轻质、透气等优势而越来越受到国内外学者的青睐。

传统的静电纺丝技术所制备的 PVDF 纤维膜由于纤维呈无规堆叠状态，纤维膜整体的压电性能一般较低。王凌云等[49]采用高速滚筒收集方法制备了高度有序的 PVDF 薄膜，傅里叶变换红外光谱测试结合压电性能测试显示，随着滚筒转速的提高，纤维有序度增加，纤维膜中 β 晶相的 PVDF 含量相应提高，其压电电压的输出也显著增大[图 7-12(a～c)]。基于此，研究者设计制备了基于有序取向 PVDF 纳米纤维膜的压力传感器，并在不同的压力下测试了传感器的动态响应[图 7-12(d～f)]。结果表明，所制备的有序取向 PVDF 纳米纤维压力传感器在 0.145～0.165 MPa 压力范围内的电压输出随压力的变化线性增加，有着很高的线性响应，其灵敏度达 179 mV/kPa，因此该有序取向 PVDF 纳米纤维膜压力传感器具备很好的实用价值。

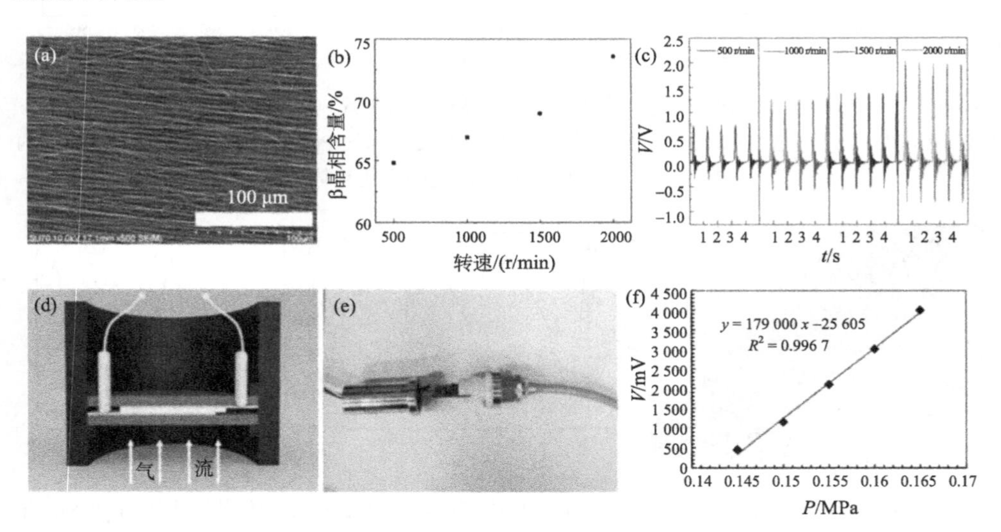

图 7-12 (a)转速为 2000 r/min 时 PVDF 纳米纤维的 SEM 照片；(b)不同滚筒转速下纤维膜中 β 晶相的含量；(c)相同测试条件下四种滚筒转速制得的纤维膜压电电压波形图；压力传感器示意图(d)与数码照片(e)；(f)动态气压频率恒定时输出电压随气压幅值变化曲线

此外，Fang 等[34]还将导电聚合物引入到压力传感器材料的制备中。他们通过静电纺丝法将制备的聚 3,4-乙烯二氧噻吩/聚苯乙烯磺酸钠-聚乙烯醇(PEDOT:PSS/PVA)复合纳米纤维沉积在聚酰亚胺基底上，然后采用聚二甲基硅氧烷薄膜封装制备了压力传感器。研究结果显示，通过调节纺丝液中二甲基亚砜(DMSO)的含量，PEDOT:PSS/PVA 纳米纤维的电导率可以在 4.8×10^{-8}～1.7×10^{-5} S/cm 范围内进行调节。该压力传感器表现出良好的稳定性和灵敏性，对细微的手指弯曲都能进行快速感应，且应变系数高达 396(图 7-13)。同时，该传感器可以使用太阳能电池进行驱动，能够用作户外自供电的运动传感器。

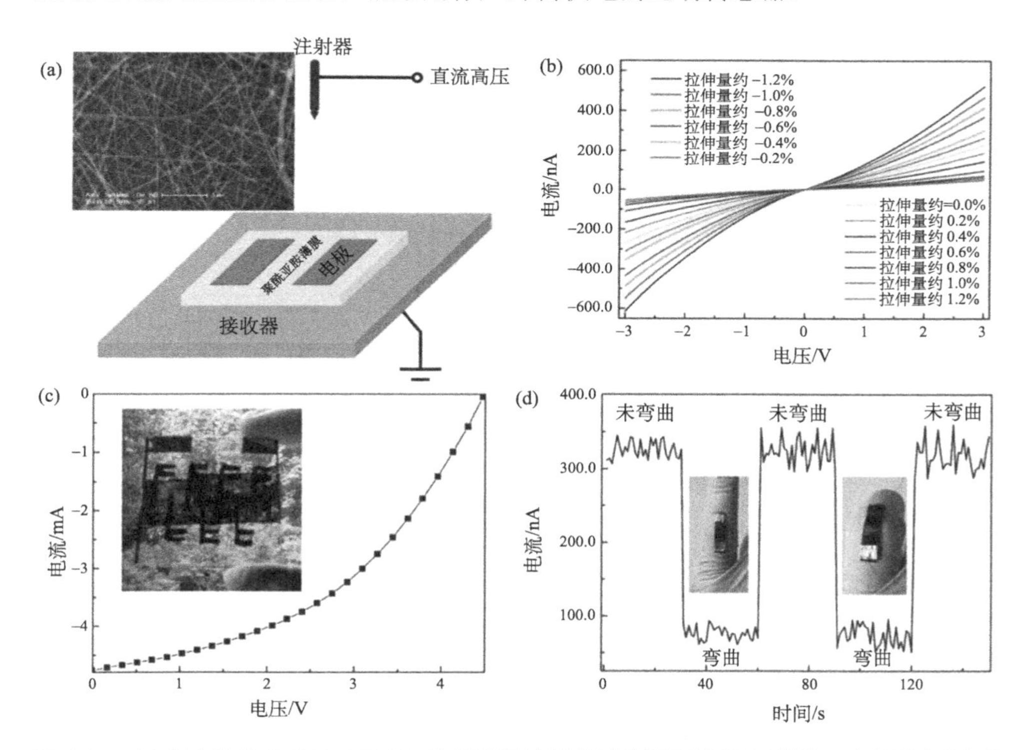

图 7-13　(a)静电纺 PEDOT:PSS/PVA 纳米纤维的制备示意图及其 SEM 照片；(b)不同压力条件下传感器的伏安特性曲线；(c)八个串联太阳能电池的伏安特性曲线；(d)太阳能电池的驱动下传感器对手指弯曲的电流响应曲线

7.1.5　光学传感器

一般基于静电纺丝技术的光学传感器有两大类：一种是傅里叶转换红外光谱(FTIR)光学传感器，其传感机理是传感器所吸附的气体分子对红外光具有特征吸收作用。另一种是荧光猝灭光学传感器，传感物质的荧光会被吸附的被检测物质分子猝灭从而达到检测效果。Hahn 等[37]采用静电纺丝法将 Fe_2O_3 纳米粒子掺入到 PAN 纳米纤维中制备复合光学传感材料。相比于传统的平滑膜，复合纳米纤维膜具有更高的孔隙率和更大的比表面积，因此能够吸附更多的被检测分子。研究结果显示，Fe_2O_3/PAN 复合纳米纤维膜传感器对 2000 ppm 的 CO_2 气体响应强度提高了 140%，其响应快速且具有良好的重复性。FTIR 光学传感器具有特异性强、准确度高的优点，但受光源强度变化、光纤折射率波动和外界干扰等因素的影响比较大。Wang 等[36]使用了一种荧光聚合物聚丙烯酸-聚芘甲醇(PAA/PM)，通过静电纺丝和热交联制备了一种水不溶的荧光猝灭光学传感器。该 PAA/PM 纳米纤维传感器对二硝基甲苯(DNT)和 Fe^{3+}、Hg^{2+}具有高灵敏检测性能。传感测试实验表明，PAA/PM 纳米纤维膜有着良好的猝灭性能，荧光强度随检测物浓度的增加而减小，符合 Stern-Volmer 双分子猝灭理论。该材料优异的光学传感性能归功于电纺纳米纤维较高的比表面积。

7.2 智能响应性纤维材料

7.2.1 智能响应性纤维材料概述

智能响应性纳米纤维，也称刺激响应性纳米纤维，是对外界刺激如温度变化、酸碱度变化、光线、磁场、电场等具有特异性响应的纳米纤维材料。智能纳米纤维受到外界刺激后，一般会发生尺寸、孔隙率、折光指数等物理化学性质的变化。纳米纤维材料因其高孔隙率和高比表面积，在应用为智能响应材料时相比块状材料有着更快的刺激响应性。以下简述与新能源应用相关的智能响应性纤维材料。

7.2.2 温度响应性纳米纤维

温度响应性纳米纤维是能对外界温度变化产生响应的智能纳米纤维。温度响应性纳米纤维因其在传感器和驱动器等领域的使用前景而受到高度关注[50, 51]。迄今为止，研究最多的温度响应性聚合物材料是聚(*N*-异丙基丙烯酰胺)(PNIPAM)，因为其最低临界共溶温度(LCST)为 32 ℃，当环境温度高于该温度时，PNIPAM 不溶于水而析出沉淀，当环境温度低于 LCST 时，PNIPAM 溶于水。Okuzaki 等[52]报道了通过静电纺丝法制备聚(*N*-异丙基丙烯酰胺-*co*-丙烯酸十八酯)(poly(NIPAM-*co*-SA))共聚物纳米纤维膜的研究工作。如图 7-14 所示，当水介质的温度从 25 ℃快速升温到 40 ℃时，该纳米纤维表现出快速的温度响应性，具体显示为纤维膜体积大幅缩小。原子力显微照片结果表明，poly(NIPAM-*co*-SA)纳米纤维膜的温度响应微观上是纳米纤维直径在温度刺激下的快速减小。

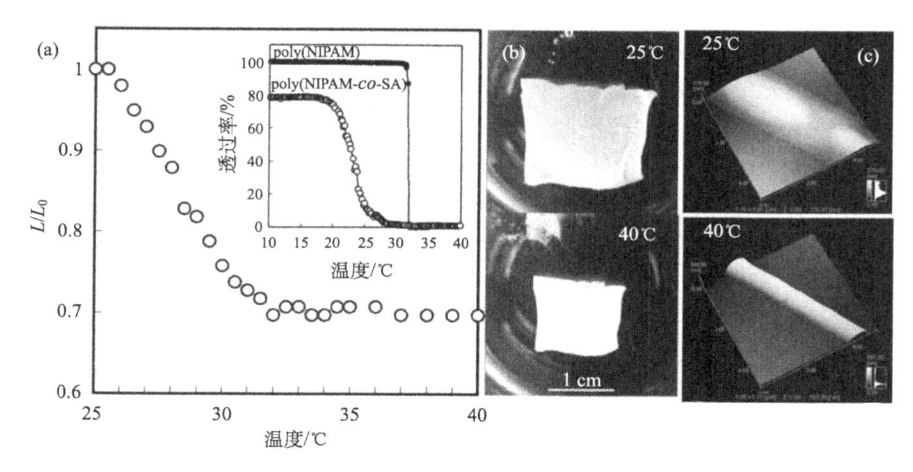

图 7-14　(a) poly (NIPAM-*co*-SA) 共聚物纳米纤维膜在水中随温度变化的长度变化曲线；不同温度下纳米纤维的数码照片 (b) 和原子力显微照片 (c)

7.2.3　磁场响应性纳米纤维

在磁性纳米材料的研究中，磁场响应性纳米纤维不仅具有一般纳米纤维材料的高比表面和高孔隙率等优点，而且还拥有独特的磁各向异性和形状各向异性，突破了各向同性的粉末材料对电磁性能的限制，在构建新型功能电磁材料和器件方面具有重要的应用价值，并有望在电磁波吸收、催化、纳米磁体、微纳电磁器件、高密度磁记录、自旋电子器件等方面得到实际应用[53, 54]。

1997 年，英国学者 Pullar 首次使用静电纺丝技术制备了几种磁响应性的磁铅石铁氧体纳米纤维材料：$BaFe_{12}O_{19}$ (BaM)[55]、$BaCo_2Fe_{16}O_{27}$ (Co_2W)[56] 和 $Ba_2Co_2Fe_{12}O_{22}$ (Co_2Y)[57]。之后，大量基于静电纺丝技术的磁性纳米纤维的研究工作开始涌现，这些材料包括多种磁铅石铁氧体、尖晶石铁氧体、铁钴镍及其合金材料等。Shen 等[58]通过静电纺丝和煅烧处理得到 $NiFe_2O_4$ 纳米纤维，随后将其置于氢气气氛下进行部分还原得到 Fe-Ni/$NiFe_2O_4$ 复合纳米纤维。所得的 Fe-Ni 相大大改善了复合纳米纤维的磁性质，这可能是因为 Fe 有较大的磁晶各向异性常数、Fe-Ni 合金相和 $NiFe_2O_4$ 铁氧体相两者之间较好的磁交换耦合作用。

7.2.4　光响应性纳米纤维

光响应性纳米纤维膜是对光刺激产生响应或光学性能对环境变化敏感的智能纳米纤维。纳米纤维具有很高的比表面积，能够接收更多的光刺激，因此光响应性纳米纤维的灵敏度非常高，由光响应性纳米纤维形成的无纺膜可用于光学传感器。最早将纳米纤维用作光学传感器的是由具有荧光特性的聚丙烯酸-

聚芘甲醇嵌段共聚物和可交联的聚氨酯胶乳混合后通过静电纺丝制得的复合纳米纤维[59]。该纳米纤维膜对金属离子 Fe^{3+}和 Hg^{2+}以及 DNT 具有荧光敏感性。当 Fe^{3+}、Hg^{2+}或 DNT 存在时，纤维膜产生的荧光就会被这些缺电子的待分析物猝灭，荧光的强度和这些待分析物的浓度成反比。Chen 等[60]将易降解的 PCL 和光响应性聚合物偶氮苯(azo)共混进行静电纺丝，制备了一种新型光响应改变亲水性的 PCL-azo 聚合物纳米纤维膜[图 7-15(a)]，通过调节纺丝液中偶氮苯的加入量来调节纳米纤维[图 7-15(b)]的响应性能。偶氮苯在不同波长光线刺激下产生顺反异构，这会显著改变偶氮苯的偶极矩和表面自由能，从而导致其表面亲水性的变化。结合紫外–可见光谱和接触角测试，研究者发现，PCL-azo 纳米纤维膜的亲水性对光照刺激显示出明显、可逆的光响应。该材料在光存储方面具有很大的应用潜力。

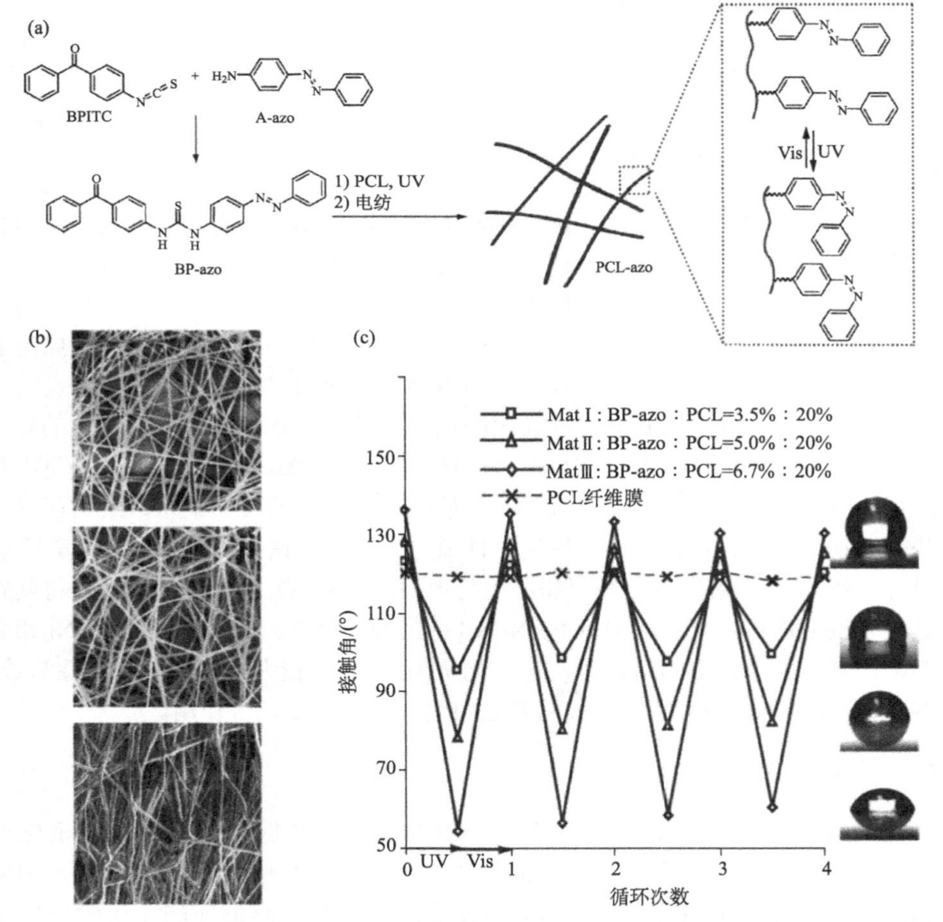

图 7-15 (a)PCL-azo 聚合物纳米纤维的制备过程；(b)三种不同偶氮苯含量的 PCL-azo 聚合物纳米纤维；(c)三种不同 PCL-azo 聚合物纳米纤维在光刺激下接触角的变化

7.3　发光纤维材料

发光纤维是一种在光照或紫外线照射下能够吸收能量，然后将其转化成光辐射的特殊纤维，一般是以高分子材料为基材，添加稀土长余辉发光材料和纳米功能材料，经过特种纺丝工艺制成的光转化功能纤维。该纤维在有可见光时具有各种色彩，当无可见光时，则能发出各种色彩的光。根据所添加发光材料的不同，发光纤维主要分为荧光纤维和夜光纤维两类。荧光纤维根据激发光源的不同可分为红外荧光纤维和紫外荧光纤维。红外荧光纤维在红外光(波长通常在 0.7～1.6 μm 之间)激发下能够发出不同颜色的光，采用的是上转换荧光粉，用低能级光源积累转换成高能级光释放。因激发光源波长处于不可见光波长范围，所以红外荧光纤维常用于防伪技术领域。紫外荧光纤维是指在紫外光激发下能发射出各种不同的颜色，且当紫外光消失后又能回复到原色的纤维。夜光纤维是一种无毒无害、无放射性、可循环使用的功能性纤维，最大的特征是具有优良的余辉性能。目前研制的夜光纤维余辉性能依然达不到夜晚照明的亮度，其离开激发光源后光亮迅速衰减。长余辉材料颜色丰富多彩，但应用在纤维中的材料少之又少，制出的夜光纤维在夜间发光均为黄绿色系，较为单一。

稀土化合物是一种常用的发光材料，稀土元素发光是基于它们的 4 f 电子在 f-f 组态之间或 f-d 组态之间的跃迁，其发光几乎覆盖了整个固体发光的范畴，可发射从紫外光、可见光到红外光范围的各种波长的电磁辐射[61, 62]。将稀土及其化合物等功能性分散材料与高分子基体材料复合来制备发光纤维材料是一种新型的方法。静电纺丝法是制备纳米材料的有效方法，它具有制备过程方便，能够得到纳米级别纤维的优点，同时可以将不同功能的纳米粒子加入到聚合物的纺丝液中，制备各种功能性纳米纤维。这种复合纳米纤维除了其中的纳米粒子赋予的特殊的功能外，高分子基体相还与颗粒周围局部场效应发生协同作用，从而在不破坏高分子原有性质的基础上产生一些新的性能。

稀土 β-二酮类有机配合物以其独特的荧光特性，如发光色彩纯度高、荧光寿命长以及量子产率高等优点而被广泛应用于发光领域。Liu 等[63]将合成的 $Eu(TTA)_3phen$(phen=1,10-phenanthroline)稀土配合物加入到 PVP 溶液中，通过静电纺丝法实现了稀土配合物在高分子基体中的高度分散，从而制备出具有较高荧光强度及量子产率的稀土发光纳米纤维复合材料。从图 7-16(a，b)中可以观察到 $Eu(TTA)_3phen$/PVP 复合纳米纤维膜的均匀形貌和多孔结构，$Eu(TTA)_3phen$ 纳米材料分布在 PVP 纤维内部。荧光测试表明，$Eu(TTA)_3phen$/PVP 复合纳米纤维发射 Eu^{3+}的特征红色荧光，而且随着稀土配合物在纤维基体中添加量的增加，复合材料的荧光强度呈上升趋势，在其质量分数为 23%时荧光强度达到最大值，随后表现出一定程度的荧光猝灭[图 7-16(c,d)]。应用 Judd-Ofelt 理论对 Eu(TTA)$_3$phen 和 Eu(TTA)$_3$phen/PVP 复合纳米纤维的荧光性能进行分析，结合二者的荧光量子产率计算结果，复合纤维材料的荧光性较纯配合物有较大幅度的改善，证实了 Eu(TTA)$_3$phen 在纤维基体中良好的分散是提升材料荧光性能非常有效的方法。

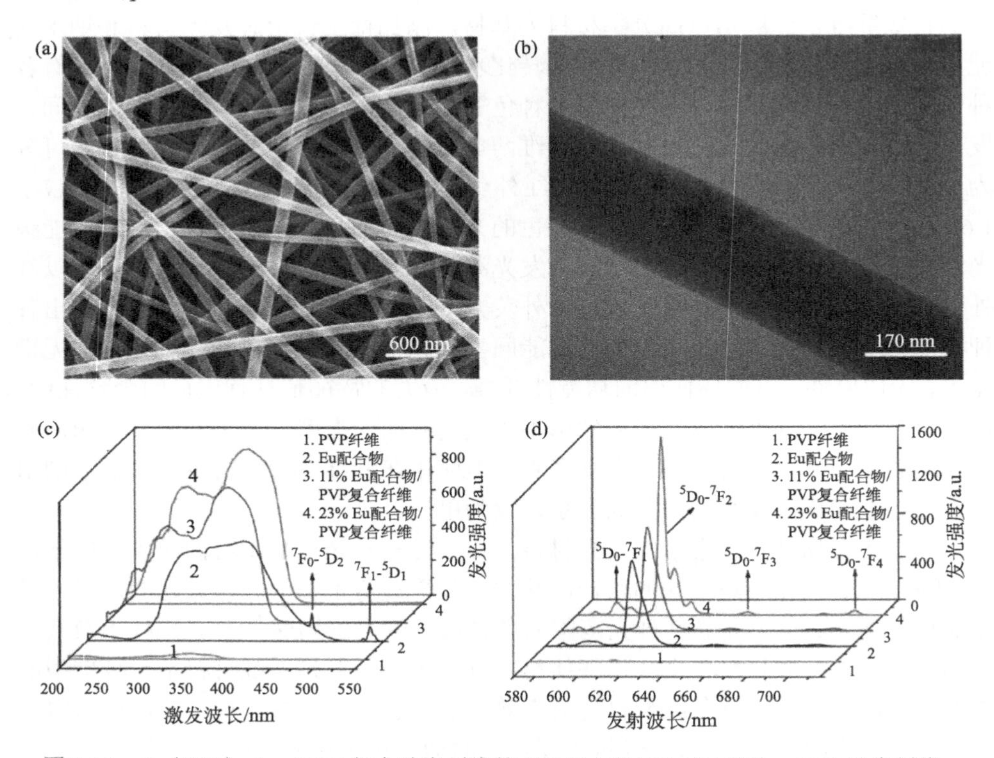

图 7-16 Eu(TTA)$_3$phen/PVP 复合纳米纤维的 SEM(a)和 TEM(b)照片；PVP 纳米纤维、Eu(TTA)$_3$phen 及不同 Eu(TTA)$_3$phen 质量分数下复合纳米纤维的荧光激发光谱(c)和荧光发射光谱(d)

夜光纤维所使用的发光材料为长余辉发光材料，当受到光照激发时，长余辉发光材料吸收光能并将吸收的光能储存在基体内，激发光结束后，该发光材料又将储存的光能再以光的形式慢慢释放出来，且其发光寿命可持续较长时间。由于这种吸收光能—储存光能—发射光能—再激发—再发光过程可无限重复，和蓄电池的充电—放电—再充电—再放电的反复重复过程相似，因而又称为蓄光型发光材料。长余辉蓄光型发光材料的最大优点是，在可见光的作用下就可被完全激发而产生持续的发光现象，因此其具有非常广泛的应用价值和巨大的发展潜力。迄今使用较多的长余辉发光材料一般为碱土金属盐类化合物，该发光材料具备较高的发光亮度和较长的余辉时间。

李跃军等[64]采用溶胶-凝胶过程与静电纺丝技术相结合，以氧化镧、氧化铽、磷酸二氢铵和PAN为主要原料，制备了稀土Tb^{3+}掺杂的$LaPO_4$($LaPO_4$:Tb)纳米纤维。形貌观察结果显示，所得的纳米纤维为单斜结构的$LaPO_4$，具有比较规则的纤维形貌，单根纤维直径约为150 nm，表面呈粗糙状[图7-17(a)]。使用荧光光谱仪对纳米纤维材料进行光谱性质分析[图7-17(b, c)]，以211 nm为激发波长时，$LaPO_4$:Tb纳米纤维发射出强的绿光和弱的蓝光，而这种现象主要是通过电偶极-电偶极作用而形成的交叉弛豫引起的。

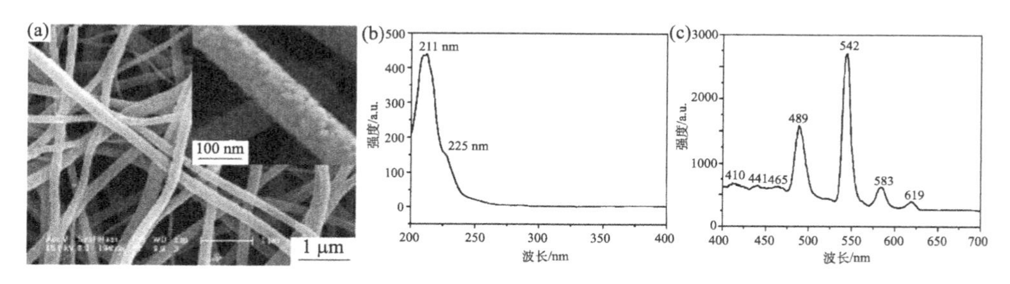

图7-17　(a)$LaPO_4$:Tb纳米纤维的SEM照片；纤维样品的激发(b)和发射(c)光谱

7.4　热电纤维材料

热电材料是一种利用固体内部载流子运动，实现热能和电能直接相互转换的功能材料。由电流引起的可逆热效应和温差引起的电效应称为热电效应，包括Seebeck效应、Peltier效应和Thomson效应。利用热电效应制备的热电器件属于新型绿色能源，其具有结构简单、坚固耐用、无需运动部件、无磨损、无噪声及零污染等优点。热电器件包括热电发电和热电制冷两类，基本工作原理如图7-18所示。

高热电性能的材料需具备塞贝克系数大、电导率高及热导率低等特点。传统的无机热电材料一般具有较高的塞贝克系数和良好的导电性，如碲化铅(PbTe)、锑化钴($CoSb_3$)、碲化铋(Bi_2Te_3)、具有笼状结构的β-Zn_4Sb_3和硼化物等。但是这些元素储量低、价格昂贵、毒性大，且这类材料的机械性能普遍较差，因此，人们致力于寻找价格低廉、储量高的其他热电材料。Li等[65]通过溶胶-凝胶静电纺丝法制备了直径为300～400 nm的层状钴氧化物$Ca_3Co_4O_9$纳米纤维，得益于较小的颗粒粒径和较大的比表面积，$Ca_3Co_4O_9$纳米纤维的塞贝克系数、电导率和热导率相比普通体相无机热电材料都有很大的提升，在975 K下其热电优值预计可达0.40(图7-19)。

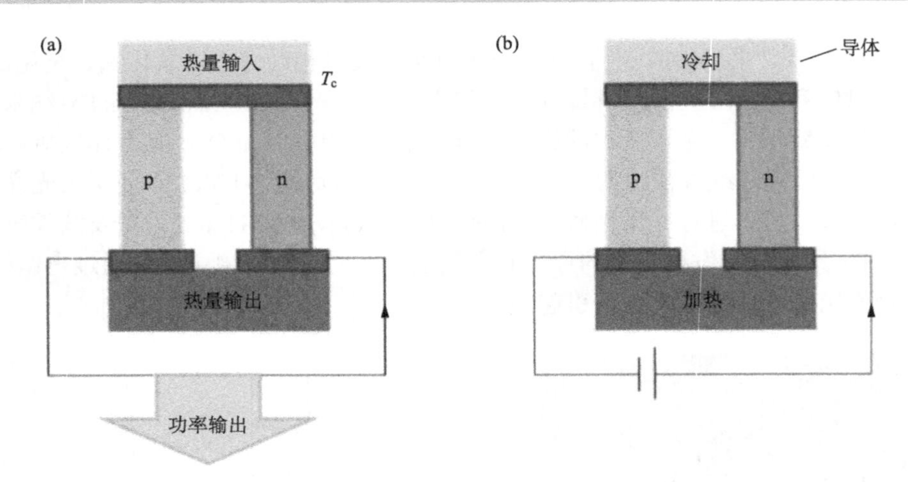

图 7-18　热电器件的两种工作方式

(a) 热电发电；(b) 热电制冷

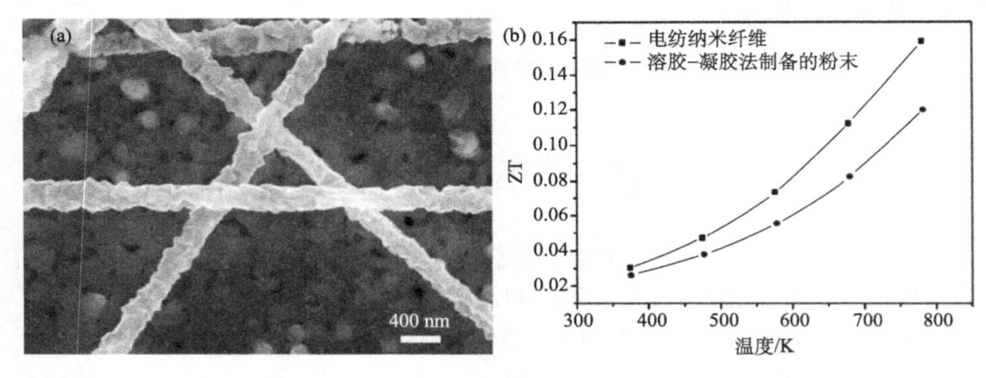

图 7-19　(a) $Ca_3Co_4O_9$ 纳米纤维的 SEM 照片；(b) $Ca_3Co_4O_9$ 纳米纤维和体相颗粒的热电优值对比图

相比于无机热电材料，高分子热电材料资源丰富、成本低，具有质量小、柔韧性好、热导率低等独特优势，因此，具有较高载流子浓度的导电高分子材料[如聚苯胺(PANI)、聚吡咯(PPy)、聚噻吩(PTH)、聚 3,4-乙烯二氧噻吩(PEDOT)等]成为制备热电材料的新选择。Wang 等[66]通过原位聚合方法，将 PANI 均匀包覆在多壁碳纳米管(MWCNT)表面，制备核壳结构的 PANI 复合纳米纤维材料。在非常低的 MWCNT 含量下(<1 wt%)，复合纤维的电导率可达 14.1 S/cm，塞贝克系数为 79.8 μV/K，热导率为 0.27 W/(m·K)，并获得了较高的热电优值(0.01)。Chatterjee 等[67]通过电沉积的方法合成了硝酸铋[$Bi(NO_3)_3$]掺杂的 PANI 纳米棒，并对其热电性能进行了研究。当 $Bi(NO_3)_3$ 与聚苯胺的质量比为 20∶1 时，得到的 $Bi(NO_3)_3$/PANI 复合材料的电导率达到最大，在 305 K 时可以达到 15. 08 S/cm。

由于其载流子为负电荷，所以其塞贝克系数为负值，在 340 K 时达到最大值，为 –18.9 μV/K，其热电功率因数是盐酸掺杂 PANI 纳米棒的 2 倍。虽然 PANI 类热电材料的热电性质较无机热电材料还有很大差距，但其具备丰富的可设计性和多样性。

参 考 文 献

[1] 周继明, 江世明. 传感技术与应用[M]. 第 2 版. 长沙: 中南大学出版社, 2009.

[2] Yang D J, Kamienchick I, Youn D Y, Rothschild A, Kim I D. Ultrasensitive and highly selective gas sensors based on electrospun SnO_2 nanofibers modified by Pd loading [J]. Advanced Functional Materials, 2010, 20(24): 4258-4264.

[3] Lee J S, Kwon O S, Park S J, Park E Y, You S A, Yoon H, Jang J. Fabrication of ultrafine metal-oxide-decorated carbon nanofibers for dmmp sensor application [J]. ACS Nano, 2011, 5(10): 7992-8001.

[4] Song X F, Wang Z J, Liu Y B, Wang C, Li L J. A highly sensitive ethanol sensor based on mesoporous ZnO-SnO_2 nanofibers [J]. Nanotechnology, 2009, 20(7).

[5] Jaroenapibal P, Boonma P, Saksilaporn N, Horprathum M, Amornkitbamrung V, Triroj N. Improved NO_2 sensing performance of electrospun WO_3 nanofibers with silver doping [J]. Sensors and Actuators B: Chemical, 2018, 255(2): 1831-1840.

[6] Mayorga-Martinez C C, Sofer Z, Luxa J, Huber S, Sedmidubsky D, Brazda P, Palatinus L, Milkulics M, Lazar P, Medlin R, Pumera M. TaS_3 nanofibers: Layered trichalcogenide for high-performance electronic and sensing devices [J]. ACS Nano, 2018, 12(1): 464-473.

[7] 吕泉. 现代传感器原理及应用[M]. 北京: 清华大学出版社, 2006.

[8] Sagitha P, Reshmi C R, Sundaran S P, Sujith A. Recent advances in post-modification strategies of polymeric electrospun membranes [J]. European Polymer Journal, 2018, 105:227-249.

[9] Yang M, Xie T, Peng L, Zhao Y, Wang D. Fabrication and photoelectric oxygen sensing characteristics of electrospun Co doped ZnO nanofibres [J]. Applied Physics A: Materials Science & Processing, 2007, 89(2): 427-430.

[10] Wu H, Sun Y, Lin D, Zhang R, Zhang C, Pan W. GaN nanofibers based on electrospinning: Facile synthesis, controlled assembly, precise doping, and application as high performance UV photodetector [J]. Advanced Materials, 2009, 21(2): 227-231.

[11] Wang Y, Ramos I, Santiago-Aviles J J. Detection of moisture and methanol gas using a single electrospun tin oxide nanofiber [J]. IEEE Sensors Journal, 2007, 7(9): 1347-1348.

[12] Zhang Y, He X, Li J, Miao Z, Huang F. Fabrication and ethanol-sensing properties of micro gas sensor based on electrospun SnO_2 nanofibers [J]. Sensors and Actuators B: Chemical, 2008, 132(1): 67-73.

[13] Zhang H, Li Z, Liu L, Wang C, Wei Y, Macdiarmid A G. Mg^{2+}/Na^{+}-doped rutile TiO_2 nanofiber mats for high-speed and anti-fogged humidity sensors [J]. Talanta, 2009, 79(3): 953-958.

[14] Park J Y, Choi S W, Lee J W, Lee C, Sang S K. Synthesis and sas sensing properties of TiO_2-ZnO core-shell nanofibers [J]. Journal of the American Ceramic Society, 2009, 92(11): 2551-2554.

[15] Wu W Y, Ting J M, Huang P J. Electrospun ZnO nanowires as gas sensors for ethanol detection [J]. Nanoscale Research Letters, 2009, 4(6): 513.

[16] Kim I D, Rothschild A, Lee B H, Kim D Y, Jo S M, Tuller H L. Ultrasensitive chemiresistors based on electrospun TiO_2 nanofibers [J]. Nano Letters, 2006, 6(9): 2009-2013.

[17] Ji S, Li Y, Yang M. Gas sensing properties of a composite composed of electrospun poly(methyl methacrylate) nanofibers and *in situ* polymerized polyaniline [J]. Sensors and Actuators B: Chemical, 2008, 133(2): 644-649.

[18] Wang Y, Jia W, Strout T, Schempf A, Zhang H, Li B, Cui J, Lei Y. Ammonia gas sensor using polypyrrole-coated TiO_2/ZnO nanofibers [J]. Electroanalysis, 2009, 21(12): 1432-1438.

[19] Song X, Qi Q, Zhang T, Wang C. A humidity sensor based on KCl-doped SnO_2 nanofibers [J]. Sensors and Actuators B: Chemical, 2009, 138(1): 368-373.

[20] Wang Y, Zheng W, Li Z, Zhang H, Wang W, Wang C. Electrospinning route for alpha-Fe_2O_3 ceramic nanofibers and their gas sensing properties [J]. Materials Research Bulletin, 2009, 44(6): 1432-1436.

[21] Wang J, Zou B, Ruan S, Zhao J, Chen Q, Wu F. HCHO sensing properties of Ag-doped In_2O_3 nanofibers synthesized by electrospinning [J]. Materials Letters, 2009, 63(20): 1750-1753.

[22] Sahner K, Gouma P, Moos R. Electrodeposited and sol-gel precipitated p-type $SrTi_{1-x}FexO_{3-\delta}$ semiconductors for gas sensing [J]. Sensors, 2007, 7(9): 1871-1886.

[23] Wang Z, Li Z, Li L, Xu X, Zhang H, Wang W, Zheng W, Wang C. A novel alcohol detector based on ZrO_2-doped SnO_2 electrospun nanofibers [J]. Journal of the American Ceramic Society, 2010, 93(3): 634-637.

[24] Zheng W, Lu X, Wang W, Li Z, Zhang H, Wang Z, Xu X, Li S, Wang C. Assembly of Pt nanoparticles on electrospun In_2O_3 nanofibers for H_2S detection [J]. Journal of Colloid and Interface Science, 2009, 338(2): 366-370.

[25] Wang Y, Jia W, Strout T, Ding Y, Lei Y. Preparation, characterization and sensitive gas sensing of conductive core-sheath TiO_2-PEDOT Nanocables [J]. Sensors, 2009, 9(9): 6752-6763.

[26] Manesh K M, Gopalan A I, Lee K P, Santhosh P, Song K D, Lee D D. Fabrication of functional nanofibrous ammonia sensor [J]. IEEE Transactions on Nanotechnology, 2007, 6(5): 513-518.

[27] Li P, Li Y, Ying B, Yang M. Electrospun nanofibers of polymer composite as a promising humidity sensitive material [J]. Sensors and Actuators B: Chemical, 2009, 141(2): 390-395.

[28] Lala N, Thavasi V, Ramakrishna S. Preparation of surface adsorbed and impregnated multi-walled carbon nanotube/nylon-6 nanofiber composites and investigation of their gas sensing ability. [J]. Sensors, 2009, 9(1): 86.

[29] Liu H, Kameoka J, And D A C, Craighead H G. Polymeric nanowire chemical sensor [J]. Nano Letters, 2004, 4(4): 671-675.

[30] Wang G, Ji Y, Huang X, Yang X, Pelagiairene Gouma A, Dudley M. Fabrication and characterization of polycrystalline WO_3 nanofibers and their application for ammonia sensing [J]. The Journal of Physical Chemistry B, 2006, 110(47): 23777.

[31] Yang A, Tao X, Wang R, Lee S, Surya C. Room temperature gas sensing properties of SnO_2/multiwall-carbon-nanotube composite nanofibers [J]. Applied Physics Letters, 2007, 91(13): 151.

[32] Song X, Wang Z, Liu Y, Wang C, Li L. A highly sensitive ethanol sensor based on mesoporous ZnO-SnO_2 nanofibers [J]. Nanotechnology, 2009, 20(7): 75501.

[33] Wang Z, Liu L. Synthesis and ethanol sensing properties of Fe-doped SnO_2 nanofibers [J]. Materials Letters, 2009, 63(11): 917-919.

[34] Liu N, Fang G, Wan J, Zhou H, Long H, Zhao X. Electrospun PEDOT:PSS-PVA nanofiber based ultrahigh-strain sensors with controllable electrical conductivity [J]. Journal of Materials Chemistry, 2011, 21(47): 18962-18966.

[35] Mandal D, Yoon S, Kim K J. Origin of piezoelectricity in an electrospun poly(vinylidene fluoride-trifluoroethylene) nanofiber web-based nanogenerator and nano-pressure sensor. [J]. Macromolecular Rapid Communications, 2011, 32(11): 831-837.

[36] Wang X Y, Drew C, Lee S, Senecal K J, Kumar J, Samuelson L A. Electrospun nanofibrous membranes for highly sensitive optical sensors [J]. Nano Letters, 2002, 2(11): 1273-1275.

[37] Luoh R, Hahn H T. Electrospun nanocomposite fiber mats as gas sensors [J]. Composites Science and Technology, 2006, 66(14): 2436-2441.

[38] Chae S K, Park H, Yoon J, Lee C H, Ahn D J, Kim J M. Polydiacetylene supramolecules in electrospun microfibers:

Fabrication, micropatterning, and sensor applications [J]. Advanced Materials, 2007, 19(4): 521-524.

[39] Wang X, Ding B, Yu J, Wang M, Pan F. A highly sensitive humidity sensor based on a nanofibrous membrane coated quartz crystal microbalance. [J]. Nanotechnology, 2010, 21(5): 55502.

[40] Ding B, Kikuchi M, Li C, Shiratori S. Electrospun nanofibrous polyelectrolytes membranes as high sensitive coatings for QCM-based gas sensors [A].//Dirote E. Nanotechnology at the Leading Edge, New York: Nova Science Publishers, Inc., 2006: 1-28.

[41] Horzum N, Taşçioglu D, Okur S, Demir M M. Humidity sensing properties of ZnO-based fibers by electrospinning. [J]. Talanta, 2011, 85(2): 1105-1111.

[42] Ding B, Kim J, Miyazaki Y, Shiratori S. Electrospun nanofibrous membranes coated quartz crystal microbalance as gas sensor for NH_3 detection [J]. Sensors and Actuators B: Chemical, 2004, 101(3): 373-380.

[43] He X, Arsat R, Sadek A Z, Wlodarski W, Kalantar-Zadeh K, Li J. Electrospun PVP fibers and gas sensing properties of PVP/36° YX $LiTaO_3$ SAW device [J]. Sensors and Actuators B: Chemical, 2010, 145(2): 674-679.

[44] Shi W, Lu W, Jiang L. The fabrication of photosensitive self-assembly Au nanoparticles embedded in silica nanofibers by electrospinning [J]. Journal of Colloid and Interface Science, 2009, 340(2): 291-297.

[45] Cojocaru L, Olivier C, Toupance T, Sellier E, Hirsch L. Size and shape fine-tuning of SnO_2 nanoparticles for highly efficient and stable dye-sensitized solar cells [J]. Journal of Materials Chemistry A, 2013, 1(44): 13789-13799.

[46] Goebbert C, Aegerter M A, Burgard D, Schmidt R N H. Conducting membranes and coatings made from redispersable nanoscaled crystalline SnO_2:Sb particles [J]. MRS Online Proceedings Library, 1998, 520: 253-258.

[47] Rothschild A, Komem Y. The effect of grain size on the sensitivity of nanocrystalline metal-oxide gas sensors [J]. Journal of Applied Physics, 2004, 95(11): 6374-6380.

[48] Huang H, Lee Y C, Tan O K, Zhou W, Peng N, Zhang Q. High sensitivity SnO_2 single-nanorod sensors for the detection of H_2 gas at low temperature [J]. Nanotechnology, 2009, 20(11): 115501.

[49] 王凌云，马思远，吴德志．电纺压电聚偏二氟乙烯有序纳米纤维及其在压力传感器中的应用 [J]．光学精密工程, 2016, 34(10): 2498-2504.

[50] Nagase K, Kobayashi J, Okano T. Temperature-responsive intelligent interfaces for biomolecular separation and cell sheet engineering [J]. Journal of The Royal Society Interface, 2009, 6(Suppl 3): S293.

[51] Rockwood D N, Chase D B, Jr R E A, Rabolt J F. Characterization of electrospun poly(*N*-isopropyl acrylamide) fibers [J]. Polymer, 2008, 49(18): 4025-4032.

[52] Okuzaki H, Kobayashi K, Hu Y. Thermo-responsive nanofiber mats [J]. Macromolecules, 2009, 42(16): 5916-5918.

[53] 孙建荣．高频用尖晶石结构 Mn-Zn 铁氧体薄膜制备与性能研究[D]．兰州：兰州大学, 2007.

[54] 刘青春．静电纺丝法制备过渡金属(钌、铼)有机配合物纳米发光纤维[D]．长春：东北师范大学, 2008.

[55] Pullar R C, Taylor M D, Bhattacharya A K. Magnetic Co_2Y ferrite, $Ba_2Co_2Fe_{12}O_{22}$ fibres produced by a blow spun process [J]. Journal of Materials Science, 1997, 32(2): 365-368.

[56] Pullar R C, Taylor M D, Bhattacharya A K. Aligned hexagonal ferrite fibres of Co_2W, $BaCo_2Fe_{16}O_{27}$ produced from an aqueous sol-gel process [J]. Journal of Materials Science, 1997, 32(4): 873-877.

[57] Pullar R C, Taylor M D, Bhattacharya A K. Novel aqueous sol-gel preparation and characterization of barium M ferrite, $BaFe_{12}O_{19}$ fibres [J]. Journal of Materials Science, 1997, 32(2): 349-352.

[58] Xiang J, Shen X, Song F, Liu M, Zhou G, Chu Y. Fabrication and characterization of Fe-Ni alloy/nickel ferrite composite nanofibers by electrospinning and partial reduction [J]. Materials Research Bulletin, 2011, 46(2): 258-261.

[59] Huang C, Soenen S J, Rejman J, Lucas B, Braeckmans K, Demeester J, De Smedt S C. Stimuli-responsive electrospun fibers and their applications. [J]. Cheminform, 2011, 42(34): 2417-2434.

[60] Chen M, Besenbacher F. Light-driven wettability changes on a photoresponsive electrospun mat [J]. ACS Nano, 2011, 5(2): 1549-1555.

[61] Liu L, Zhang W, Li X, Wu X F, Yang C, Liu Y D, He L, Lu Y L, Xu R W, Zhang X J. Preparation and luminescence properties of $Sm(TTA)_3$ phen/NBR composites [J]. Composites Science and Technology, 2007, 67(10): 2199-2207.

[62] 刘光华. 稀土材料学[M]. 北京：化学工业出版社, 2007.

[63] Zhang X, Wen S, Hu S, Chen Q, Hao F, Zhang L, Liu L. Luminescence properties of Eu(III) complex/polyvinylpyrrolidone electrospun composite nanofibers [J]. The Journal of Physical Chemistry C, 2010, 114(114): 3898-3903.

[64] 刘彦波, 李跃军. 电纺制备 Tb^{3+}离子掺杂 $LaPO_4$ 微米纤维材料及发光性能 [J]. 中国稀土学报, 2013, 31(6).

[65] Yin T, Liu D, Ou Y, Ma F, Xie S, Li J, Li J. Nanocrystalline thermoelectric $Ca_3Co_4O_9$ ceramics by sol-gel based electrospinning and spark plasma sintering [J]. The Journal of Physical Chemistry C, 2010, 114(21): 10061-10065.

[66] Zhang K, Davis M, Qiu J, Hope-Weeks L, Wang S. Thermoelectric properties of porous multi-walled carbon nanotube/polyaniline core/shell nanocomposites [J]. Nanotechnology, 2012, 23(38): 385701.

[67] Chatterjee K, Ganguly S, Kargupta K, Banerjee D. Bismuth nitrate doped polyaniline-characterization and properties for thermoelectric application [J]. Synthetic Metals, 2011, 161(3-4): 275-279.

关键词索引

K

L

N

Q

R

S

T

W

X

Y

Z